Dr. Ewald Gerhardt

Guía de los HONGOS de España y de Europa

Más de 1200 especies descritas y más de 1000 fotografías en color

OMEGA

Nota

El valor culinario de las especies descritas en este libro está indicado de acuerdo con los conocimientos contrastados más recientes. Sin embargo, quien consume hongos actúa bajo su propia responsabilidad, ya que ni el autor, ni la editorial pueden conocer las posibles intolerancias individuales o las costumbres particulares en lo que concierne a la recolección. Prevenimos en general contra el consumo de ejemplares viejos y, también, de ejemplares crudos. El adjetivo "comestible" se aplica siempre a hongos cocidos, asados o preparados de alguna manera, a menos que se indique de otro modo.

Procedencia de las fotografías:

Erwin Gerhardt: p. 118 c., p. 128 ar., 134 ar., p. 652 ab.
Heinz Michaelis: p. 142 c.der., p. 358 c., p. 626 ar.
Ernst Schälow: p. 26 c.izq., p. 446 ar.

Las demás fotografías y dibujos son del autor.
Pictogramas, según modelo del autor: Daniela Farnhammer
Fotografía p. 2/3: Gemeiner Hallimasch

La edición original de esta obra ha sido publicada en alemán por la editorial BLV, Múnich, con el título

DER GROSSE BLV PILZFÜHRER FÜR UNTERWEGS

Traducción
Laura Patricio

Plató, 26 – 08006 Barcelona
www.ediciones-omega.es

ISBN 978-84-282-1487-2
Depósito legal B. 47.393-2008
Printed in Spain
EGEDSA - Sabadell

Introducción

¿Qué aficionado a los hongos no desearía tener un manual manejable, ligero, que contuviese descripciones e imágenes de todas las especies importantes, y que además tuviese un precio asequible? ¡Eso es precisamente lo que la presente guía de campo le quiere ofrecer! Para el interés de recolectores y amantes de la naturaleza contiene 1019 especies distintas de hongos, junto a indicaciones tales como: frecuencia, valor comestible, toxicidad, curiosidad o rareza. Un ejemplo: además de todas las especies comestibles y venenosas de Europa, se hallan alrededor de 100 especies de políporos lignícolas o terrícolas de las cuales apenas se da cuenta ni siquiera en obras específicas. Las personas aficionadas a buscar setas comestibles agradecerán la alta cifra de boletales: 46; amanitas: 21; Russula y Lactarius: 96; tricolomas: 30; cortinarius: 68; champiñones: 20, etc. De entre ellos, los buscadores de setas concederán prioridad a las especies grandes.
Es evidente que no resulta posible citar las 4000-5000 especies grandes de nuestro entorno. Algunas de ellas son tan raras que pueden no encontrarse nunca y cuyas diferencias, tanto para el recolector "normal" como para quien tiene intereses científicos, resultan difícilmente discernibles. Sin embargo, de entre las especies presentadas se puede encontrar alguna que otra rareza, así como especies propias de otros hábitats.
Intentar clasificar tanta variedad de manera que resulte comprensible para todo el mundo es un arte. Para que el libro pueda ser utilizado por el máximo de usuarios posible, se ha prescindido de algunas complicadas características identificatorias. En lugar de éstas, se ha utilizado un código de color, colocado en la parte superior de la página, para identificar de manera fácil y rápida a qué grupo pertenece el hongo descrito. La clasificación empleada no obedece estrictamente a criterios científicos, sino que es fruto de una combinación entre sistemática moderna y la asociación de características fácilmente reconocibles. En todo momento se ha procurado mantener los géneros juntos para que no se desvaneciesen los rasgos comunes entre especies emparentadas. La clasificación jerárquica (orden o familia) vuelve a ser polémica en la actualidad y puesto que está en crisis, se ha prescindido aquí de una clasificación sistemática.

Cómo utilizar este libro

El propósito de este libro es presentar al amante de los hongos el mayor número posible de especies, en imágenes y descripciones, sin que esto afecte a la calidad del libro. Las fotografías, tomadas directamente de la naturaleza, hablan por sí mismas. Salvo contadas excepciones, se describen tres especies por página, razón por la cual el texto se limita a lo esencial. Algunas descripciones cortas del género al cual pertenecen dos o más especies, hace que no sea necesaria la repetición de al-

gunas características. Por razones de espacio, en principio, no se mencionan propiedades (como olores o sabores especiales, reacciones químicas en la carne, etc.). Por otra parte, y por consideración a personas ya iniciadas, se ha creído indispensable incluir algunos detalles microscópicos relevantes para la identificación. De especial importancia es el tamaño de las esporas, que no falta en ninguna especie. También es útil la mención de los sinónimos más comunes (utilizados en el pasado o caídos en desuso), que orientan respecto a nuevas nomenclaturas. Junto al actual nombre científico se encuentra el nombre de la persona que describió la especie por primera vez. Las abreviaturas y símbolos se rigen por las normas actuales vigentes. En caso de existir, se facilitan los nombres comunes en castellano, catalán, euskera, gallego e inglés. No faltan indicaciones para prevenir posibles confusiones, información sobre los conocimientos más recientes acerca de especies tóxicas, ni tampoco consejos para la preparación de especies comestibles.
Al principio de cada descripción, junto al nombre del hongo, se halla un símbolo que indica el valor comestible de la especie (leyendas en p. 15) y, según sea el caso, se añade indicación de que se trata de una especie protegida o amenazada, de acuerdo con la lista roja actual. Se debe tener especial cuidado con los hongos silvestres.
Los números de las figuras de las páginas 695-699 se corresponden con los que aparecen en algunas descripciones.

Símbolos utilizados

Estos indicativos, que muestran de manera práctica el orden sistemático de los respectivos géneros, contienen una línea de color (visible incluso con el libro cerrado), símbolos y texto.

Significado de los colores

- Agaricales (de carne compacta)
- Rusulales (*Lactarius* y *Russula*)
- Hongos con tubos o poros
- Poriales (sin tubos)
- Gasteromycetes
- Ascomycetes
- Formas especiales (proceden de grupos diversos)

Los símbolos, organizados en 1 o 2 pictogramas al principio de la descripción, adelantan algunas características reconocibles. Su significado queda desarrollado por el texto que hay a continuación (ver también más adelante). En los agaricales se adjunta a menudo otro símbolo que indica el grosor del pie, puesto que la naturaleza no produce dos especies idénticas, forzosamente se deben añadir categorías intermedias (fino, grueso, de fino a grueso).
Por descontado, las indicaciones de medidas sirven para el conjunto del género y no sólo para una especie. Por eso, cuando se busca una especie en el manual es recomendable mirar las que se encuentran en grupos adyacentes.

Para identificar agaricales es muy útil considerar el color de las esporas. (En el glosario se explica brevemente cómo obtenerlas.) Detrás del recuadro del primer símbolo, se indica el color de las esporas en 3 tonos claramente distintos:

- blanco (blanco puro, blanquecino, crema)
- rosado (rosa asalmonado, rojizo)
- oscuro (ocre, marrón, negro)

El tono exacto se puede encontrar en la descripción del género o de la especie.

Los símbolos y su significado

Láminas libres

Las láminas que no llegan al pie son una de las características más importantes del género y, con algo de práctica, resultan fáciles de reconocer. Cuando las láminas casi no alcanzan el pie, se habla de "láminas libres". Si observamos, por ejemplo, la parte inferior del sombrero de un *Agaricus* o *Lepiota*, es fácil reconocer su pertenencia al grupo de hongos de "láminas libres". En caso de duda, se puede seccionar el hongo por la mitad. En algunos casos extremos de *Tricoloma*, *Colibia* o *Marasmius*, las láminas pueden ser aparentemente libres, hecho que, eventualmente, confunde a principiantes. Pertenecen verdaderamente al grupo de láminas libres sólo aquellas especies que en este libro presentan el símbolo correspondiente.

Láminas adnatas

Por motivos prácticos, en este libro sólo se han distinguido mediante símbolo los hongos de láminas libres y adnatas. Las segundas, por su parte, pueden ser "adheridas", "sinuadas" o "decurrentes". En la naturaleza se pueden encontrar incluso diferentes variedades dentro de un mismo género. La descripción de cada especie proporciona información más precisa.

Pie grueso

El pie está centrado respecto al carpóforo; dentro de un mismo género el grosor es de 8 mm o más.

Pie grueso o fino

El pie está centrado respecto al carpóforo; dentro de un mismo género el grosor es de alrededor de 3-10 mm.

Pie fino

Pie colocado en el centro del carpóforo; grosor inferior a 4 mm.

Pie excéntrico o sésil

Especialmente en géneros lignícolas (con menos frecuencia en terrícolas) el pie puede estar situado en el lateral del sombrero (como en el género *Pleurotus*). Al desarrollarse el hongo, sin embargo, el pie puede atrofiarse o incluso desaparecer (ejemplos: *Crepidotus* y otros hongos de forma coclear), adoptando una apariencia peculiar. Grosor del pie no significativo.

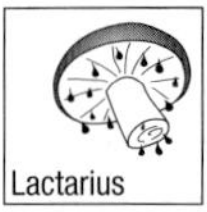

Lactarius

Los hongos formados predominantemente por una carne de células redondeadas y que al rasgarlos exudan látex se denominan *Lactarius*. Junto al género *Russula* (ver apartado siguiente) forman el orden de los Rusulales. Las especies que a él pertenecen, características por la fragilidad de sus láminas, resultan fáciles de identificar. El látex puede presentar un color característico de la especie, pero en la mayoría de casos es blanquecino. A veces puede cambiar al entrar en contacto con el aire y en ejemplares secos o muy viejos puede secarse. Por otra parte, otros géneros no emparentados, como *Micena*, que pueden presentar látex, no se consideran bajo este apartado.

Russula

Bajo este pictograma se incluyen las especies del género *Russula* que no exudan látex al ser dañadas. Aunque tanto *Russula* como *Lactarius* presentan láminas en la parte inferior del sombrero, no están emparentados con los verdaderos hongos laminados. A causa de su dermis celular, la carne del pie se resquebraja en migajas, pero los hilos siguen unidos. Con un poco de práctica, este abundante género resulta fácil de identificar, mientras que determinar las especies concretas conlleva a menudo dificultad.

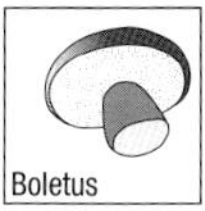

Boletus

Los *Boletus* son carnosos (ni duros, ni elásticos o leñosos), presentan el pie en el centro y en general habitan sobre el suelo. (Ejemplos: *Boletus edulis*, *Xerocomus badius*.) En lugar de láminas, en la parte inferior del sombrero tienen una capa esponjosa de poros que se separa fácilmente del resto de la carne. Este rasgo los diferencia de los políporos. Una sección longitudinal muestra claramente cómo los finos poros están situados unos junto a otros.

Políporos anuales

La consistencia del carpóforo es carnosa, pero sobre todo leñosa o tenaz. En la parte inferior del sombrero tiene tubos finos, por lo general relativamente cortos. La mayoría son lignícolas. Pocos grupos (como en *Albatrellus*) se parecen a los *Boletus*, que son terrícolas. Presentan sólo un estrato tubular; no son, por lo tanto, estratificados.

Pedunculados (con pie)

Son políporos con carpóforo de pie central o excéntrico: terrícolas o lignícolas. Todos los géneros son anuales.

Sésiles (sin pie)

Son políporos que carecen de pie, pero que eventualmente presentan una base contraída a modo de pie o rosetón; anuales, los carpóforos son por lo general planos o flabeliformes.

Políporos de varios años

Son políporos con varios estratos tubulares (cada año se forma un nuevo estrato), lignícolas y tienen una consistencia de acorchada a leñosa. Una excepción son las especies que aquí se clasifican bajo el género *Ganoderma*, que pueden ser anuales. Todas viven como parásitos de árboles.

Con vénulas

Estos hongos son terrícolas con pie. Las venas decurrentes que presentan en el pie pueden parecer verdaderas láminas (p.ej. los rebozuelos), pero tienen un corte transversal divergente y están más pegados a la carne del sombrero. Algunos *Cantharellaceae* y otros géneros aquí incluidos (*Craterellus*, *Gomphus*) se distinguen por tener un surco. Como grupo son fáciles de reconocer.

Con agujas

Especies con espinas en la parte inferior del sombrero; tanto terrícolas como lignícolas; algunos carpóforos tienen pie, otros no; de consistencia entre carnosa y acorchada (en caso de ser gelatinosos, véase el grupo en cuestión).

Claviformes o coraloides

Los carpóforos tienen forma de coral o de porra ramificada, en ocasiones presentan el aspecto de una esponja; tanto terrícolas como lignícolas (en caso de ser gelatinosos, véase el grupo en cuestión).

Maduros pulverizan las esporas

Gasteromycetes (esporas formadas en el interior), cuyas esporas se dispersan en forma de polvo cuando está maduro.

Esféricos o sacciformes

Carpóforo pulverulento de forma esférica, piriforme o sacciforme (*Bovista*, *Lycoperdon*).

En forma de estrella

Carpóforos en forma de estrella, al madurar las lacinias (lóbulos) se arquean y dejan al descubierto el peridio (*Geastrum*).

Con “huevos del diablo”

Gasteromycetes que no pulverizan al madurar. Se desarrollan a partir de una estructura ovoide “huevo del diablo”, cuya superficie externa rompen al crecer. Ya desarrollados exhalan un olor a carroña que atrae a insectos, los cuales dispersan las esporas.

Con peridiolo

Gasteromycetes pequeños cuyo cuerpo fructífero no pulveriza. En el interior tienen una estructura esporífera lenticular (peridiolo) que contiene las esporas.

Morchella, Helvella

Ascomycetes grandes, cuyos cuerpos fructíferos se reparten entre el pie y el sombrero. A este grupo pertenece el género *Verpa*.

Otidea, Peziza

Ascomycetes en forma de cuenco, copa u oreja. Por lo general son sésiles y con menos frecuencia presentan una protuberancia contraída a modo de pie. Aunque algunos géneros se han incluido en este apartado a causa de su forma, pertenecen sistemáticamente a los géneros *Morchella* o *Lorchella* (véase *Discina*, *Disciotis*).

Pyrenomycete

Ascomycetes cuyas ascosporas no se encuentran en el himenio, sino en el peritecio. Los diminutos peritecios están por lo general justo debajo del vientre y son visibles si se hace un corte longitudinal.

Especies subterráneas

Hongos tuberiformes se desarrollan de forma subterránea y son difíciles de encontrar. Pueden emerger un tanto al madurar o con la lluvia. No todos son auténticos, las trufas pertenecen a los Ascomycetes. Hay también Basidiomycetes tipo trufa, de los cuales aquí se muestran 2 géneros (*Melanogaster* y *Rhizopogon*).

Gelatinosos

Dentro de este grupo se han juntado diferentes géneros cuyos carpóforos presentan una consistencia gelatinosa, con independencia de su orden. Al secarse se contraen y se vuelven leñosos pero con la humedad vuelven a vivir.

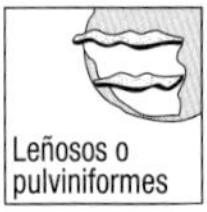

Leñosos y pulviniformes

Dentro de este grupo se incluyen las familias Corticiaceae y Stereaceae en sentido amplio, así como géneros cuyos carpóforos no encajan en ninguno de los grupos anteriores.

La práctica de recolectar hongos

Hongos venenosos

La persona aficionada a los hongos suele encontrarse con un gran número de especies cuyo valor desconoce. Quien recoja setas para consumirlas, debe tener la total seguridad de que no contienen sustancia tóxica alguna. Los buenos manuales de hongos resultan de gran ayuda en la identificación, pero no pueden sustituir a la experiencia que cada uno adquiere con la práctica. La lectura cuidadosa de las descripciones y el estudio de las imágenes no siempre es una garantía absoluta para no equivocarse, especialmente cuando se empieza. Por este motivo, se recomienda restringir la recolección a especies fáciles de identificar, como los *Boletus*, sobre todo al principio. Aunque entre ellos también haya alguno tóxico, como mucho pueden causar alteraciones gastrointestinales, en ningún caso de consecuencias graves. Para mayor seguridad, se recomienda muy especialmente consultar las descripciones e imágenes de la siguiente lista de especies venenosas (**todas mortales**). Aunque sus descripciones están repartidas en diferentes grupos, la lista sirve para localizarlas rápidamente.

Amanita phalloides (Seta mortal u Oronja verde) p. 18
A. phalloides* var. *verna (Amanita verna) p. 18
Amanita virosa (Amanita maloliente u Oronja fétida) p. 20
Lepiota castanea (Lepiota castaña) p. 42
Lepiota helveola p. 42
Cortinarius orellanus (Cortinario de montaña) p. 272
Cortinarius speciossisimus p. 272
Galerina marginata (Galerina rebordeada) p. 380

No cuesta descubrir que todas pertenecen al orden de los Agaricales. No se debe entender esta lista como una enumeración exhaustiva de especies peligrosas. Entre otras muchas que pueden desencadenar efectos nefastos, incluso la muerte, se encuentran, por decir algunas: *Amanita pantherina*, *A. muscaria*, *Tricholoma pardalotum*, *Clitocybe phyllophila*, *Entoloma sinuatum*, *Paxilus involutus*, *Inocybe erubescens*, *Boletus satanas* y *Gyromitra esculenta*.

Recolección y preparación de hongos comestibles

Para contribuir a la protección de la naturaleza, la recolección de especies comestibles debe restringirse al consumo propio. Quien comercializa especies silvestres, se enriquece a costa de la naturaleza. De todos es sabido que el recolector con fines comerciales suele arrasar, impidiendo, además, que el recolector aficionado encuentre algo. No podemos seguir sosteniendo la antigua creencia en que la Tierra seguirá produciendo, pase lo que pase. Por otra parte, el gesto aparentemente inocuo de arrancar setas, si no se hace con cuidado, perjudica al micelio. Quien, por otra parte, tenga un comportamiento adecuado, no tiene por qué tener cargos de conciencia.
Un cesto es el mejor recipiente para el transporte, ya que permite el paso del aire e impide que las setas se aplasten. Los ambientes demasiado húmedos o calientes, así como las magulladuras o las condiciones de amasijo pueden hacer que los hongos se estropeen con rapidez e incluso que, al descomponerse las proteínas del hongo, éste se vuelva tóxico. Algo parecido pasa con los ejemplares recolectados en otoño tardío que han sufrido una helada nocturna. Una navaja de bolsillo puede servir tanto para arrancar o cortar la seta como para limpiarla un poco ya al encontrarla. Los restos de humus o de tierra no deben transportarse al cesto. Tampoco se deben recoger ejemplares demasiado jóvenes o demasiado viejos, ni aquellos que contengan gusanos. Los primeros todavía deben crecer y los otros cumplen funciones muy importantes en su entorno natural; pueden dispersar esporas o servir de cobijo a algunos insectos. Las especies desconocidas o supuestamente venenosas que se recogen para posterior análisis deben separarse de las comestibles.
Las setas frescas pueden conservarse en el frigorífico durante varios días, sin embargo, en beneficio de la calidad, es mejor

La suerte del recolector: al lado de este enorme Boleto de pino el cesto casi se queda pequeño.

prepararlas y consumirlas el mismo día. Las formas más populares de conservarlas a largo plazo son la desecación y la congelación.

Algunas especies determinadas (como el Shiitake y las Trompetas de los muertos) se vuelven muy aromáticas al ser secadas. En principio, la mayoría de especies son aptas para secar. Los carpóforos se deben cortar en finas láminas, o como mínimo por la mitad, y calentar a unos 40 °C (en tostadora, calefactor u horno con ventilador y la puerta medio abierta). Para impedir que vuelvan a absorber humedad, se pueden colocar en recipientes de vidrio o plástico cerrados.

Para la congelación, las setas deben estar en el mejor estado posible, es decir, frescas y recolectadas en el período adecuado. Se recomienda rehogarlas o hervirlas previamente en un poco de agua salada (a la que se puede añadir una pizca de ralladura de limón). De esta manera se eliminan las bacterias que pudiesen contener. Tras dejarlos enfriar y secar, se pueden congelar y, en condiciones adecuadas, se conservan bien hasta 6 meses.

La acidificación y el hervido hasta la ebullición son otros modos de conservación que, aunque en el centro de Europa han caído progresivamente en desuso, aún se practican en Escandinavia y Europa del este. Por otro lado, algunas especies sin valor culinario sirven para hacer pigmentos para lanas y tejidos. De Suecia, donde hay especial interés en esta aplicación de los hongos como afición, nos llegan recetas caseras y sencillas. Muy populares son los pigmentos de los *Cortinarius*, y también de la *Tapinella atromentosa*.

Abreviaturas y símbolos utilizados en el texto

 comestible

 comestible pero con precaución (ver texto)

 no comestible/de valor culinario desconocido

 tóxico

 mortal

Las especies señaladas mediante "**RL**" figuran en la **lista roja de las grandes especies protegidas** (ley 1992). El grado de protección de cada especie es el siguiente:

RL 0: extinguida o desaparecida
RL 1: amenazada de extinción
RL 2: muy amenazada
RL 3: amenazada
RL R: rara (amenazada latente)
prot: protegida

c. fr. : cuerpo fructífero o carpóforo
cl. : clase
esp.: esporas
espp.: esporada
Fam. : familia
Hp : hidróxido potásico
p. g.: poro germinativo
Subgen.: subgénero
tr.: trama
μ: micrómetro, unidad de longitud de una milésima de milímetro.

Género **Amanita**
Fam. Amanitaceae

Sombreros con o sin restos del velo, láminas blancas, a veces doradas, libres; pie bulboso, vaginado, con o sin anillo; espp. blanca, amiloide o inamiloide; esp. redondeado-elipsoidales, lisas, sin p. g.; tr. bilateral; micorrizógeno; ¡especies mortales!

Amanita citrina, Oronja limón

Amanita citrina (Schaeff.) Pers. Sin.: *A. mappa*

c. Reig bord groc, *e.* Lanperna limoi, *g.* Francesiñas, *in.* Citron amanita

Caracteres: Sombrero de 4-10 cm de ancho, amarillo claro, a veces blanco (ejemplares albinos), con restos del velo planos, ocráceos, pie de blanco a amarillo claro, con anillo colgante; se vuelve pardo al roce; bulbo raras veces con restos de la volva, marginado; olor insulso, a patata grillada; espp. amiloide; esp. redondeadas, 7-10 μ. **Hábitat**: (VII)VIII-XI; bosques de planifolios de coníferas, en especial bajo pinos, en suelos arenosos; frecuente. **Confusiones**: *Amanita verna* y *A. phalloides* (mortales, p. 18).

Tóxica; contiene "veneno de sapo" bufotenina (que provoca taquicardias), y pierde su actividad al ser calentada.

Amanita purpúrea

Amanita porphyria Alb. & Schwein.: Fr.

Caracteres: Sombrero de 4-8 cm de ancho, marrón pórfido, con restos del velo planos, gris violeta, margen liso; pie del mismo color, con dibujo en zigzag, con anillo; bulbo raras veces con restos de la volva, marginado; olor a patata grillada; espp. amiloide; esp. redondeadas, 7-10 μ. **Hábitat**: VII-X; sobre todo en bosques de coníferas, entre píceas y pinos, sobre suelos ácidos; relativamente frecuente. **Confusiones**: *Amanita pantherina* (tóxico, p. 24), *Amanita excelsa* (abajo).

Tóxica; contiene bufotenina (V. Amanita citrina u oronja limón).

Amanita, Oronja de pie grueso

Amanita excelsa (Fr.) Bertillon Sin: *A. spissa*

c. Cua de cavall grossa, *e.* Lamperna iluna, *in.* Grey spotted amanita

Caracteres: Sombrero de 5-15 cm de ancho, marrón oscuro, gris oscuro, con finos restos del velo, planos, blanco grisáceos; bulbo a menudo liso sin restos membranosos, anillo provisto de estrías longitudinales; carne pardusca clara sobre todo en el bulbo; olor y sabor rafanoide; espp. amiloide; esp. ampliamente elipsiodales, 8-10 x 5-8 μ. **Hábitat**: (VI)VII-X; más frecuente en bosques de coníferas que de planifolios, entre abetos y hayas, sobre suelos ácidos o calcáreos; localmente frecuente. **Confusiones**: *Amanita pantherina* (tóxico, p. 24), *A. rubescens* (p. 18), *A. porphyria* (tóxica, ctr.).

Amanita rojiza, Oronja vinosa

Amanita rubescens (Pers.: Fr.) Gray

c. Cua de cavall, *e.* Galdakao lanperna limoi, *g.* Cacaforra viñosa, *in.* Warty cup

Caracteres: Sombrero de 5-15 cm de ancho, pardo cárneo claro, oscuro o amarillento; con restos flocosos del velo, blanquecino sucio o parduscos; láminas viejas casi cárneas; pie de glabro a finamente pruinoso, bulbo sin restos membranosos, liso o provisto de un círculo de verrugas; anillo colgante, con estrías en la parte superior, blanco (en caso de ser amarillento: var. *annulosulphurea*); carne bajo la cutícula rojiza, sobre todo en el ápice del pie, enrojece en las galerías hechas por gusanos o larvas; espp. amiloide; esp. elipsoidales, 7-9 x 5-7 µ. **Hábitat**: VI-X; bosques de coníferas y planifolios, sobre casi cualquier tipo de suelo; generalmente frecuente. **Confusiones**: *Amanita pantherina* (tóxico, p. 24), *A. excelsa* (p.16).

Comestible, pero se debe calentar bien. A menudo tiene gusanos y su carne se estropea rápidamente. Por eso se recomienda usar los ejemplares jóvenes, aún cerrados.

Oronja verde, Seta mortal †

Amanita phalloides (Fr.) Link

c. Farinera borda, *e.* Hitzaile berde, *g.* Cacaforra da morte, *in.* Death cup

Caracteres: Sombrero de 4-12 cm de ancho, de amarillo verdoso claro a oliváceo fuerte, a menudo con estrías radiales, generalmente glabro, raras veces con restos del velo planos, blancos; pie de blanquecino a verdoso, con dibujo en zigzag y anillo colgante, estriado por arriba, base bulbosa con la volva blanca, membranosa, vaginada; olor dulzón, aumenta al envejecer; espp. amiloide, esp. redondeadas, 8-10 x 7-9 µ (fig. 16). **Hábitat**: (VI)VII-X; bosques de planifolios y coníferas, parques, en especial bajo *Fagus* o *Quercus*; relativamente frecuente, algunos años localmente masivo. **Confusiones**: *Amanita citrina* (tóxica, p. 16); V. *Tricholomas* y *Russulas* verdes.

† Mortal; un ejemplar de tamaño mediano es suficiente para matar a una persona. Contiene amatoxina y falotoxina, que perjudican sobre todo al hígado. Los primeros síntomas de intoxicación (dolor de barriga tipo cólico, vómitos, diarrea) se presentan entre 4-16 h después de consumirlos. Un 30 % de los pacientes puede morir.

Amanita verna †

Amanita phalloides var. *verna* Bull.

c. Cogomassa, *g.* Cacaforra branca, *in.* Fool's mushroom

Caracteres: Sombrero de 5-10 cm de ancho, casi siempre glabro, blanco en todas partes. Los demás caracteres son comunes a los de la *Amanita phalloides*. **Hábitat**: VI-VIII, en el sur de Europa también a partir de V (otro nombre: Oronja blanca); bosques de planifolios, en especial bajo *quercus* en parques; menos frecuente que la *A. phalloides*. **Confusiones**: *Amanita virosa* (mortal, p. 20), *A. ovoidea* (p. 22), *A. gilbertii* (p. 22); V. Champiñones blancos (con láminas rosa o marrones).

† Mortal; sobre tóxicos y toxicidad V. especie anterior.

Amanita maloliente, Oronja fétida †

Amanita virosa (Fr.) Bertillon
c. Farinera pudent, *in.* Destroying angel

Caracteres: Sombrero de 5-10 cm de ancho, blanco puro, forma globosa, sin restos del velo, cutícula mucilaginosa; pie flocoso, con zigzags; base bulbosa, anillo ligero, a menudo apendiculado; olor rafanoide, al envejecer desagradablemente dulzón; espp. amiloide; esp. redondeadas, 7-10 µ. **Nota**: Los caracoles corroen a menudo esta especie. **Hábitat**: VII-X, en bosques de coníferas y planifolios, en especial bajo píceas, pinos y hayas, prefiere suelos ácidos; de ocasional a raro. **Confusiones**: *Amanita verna* (mortal p. 18), *Volvariela vistosa* (p. 50); V. variantes blancas de *Amanitopsis* sin anillo.
† Mortal; contiene amatoxina y falotoxina (V. Oronja verde o Seta mortal, p. 18).

Amanita solitaria RL 3

Amanita strobiliformis (Paulet ex Vittad.) Bertillon
in. Warted amanita

Caracteres: Sombrero de (8)10-25 cm de ancho, entre blanco y gris blanquecino, con espesos restos flocosos del velo, en ejemplares jóvenes velo apendiculado en el margen; láminas con aristas finas y bastas; pie con la base bulbosa, no vaginado, con anillo flocoso-harinoso, acanalado por arriba, a menudo parcial o roto, a veces adherido al margen; olor imperceptible o agradable, recuerda a avellanas, desagradable cuando es maduro; espp. amiloide; esp. elipsoidales, 10-14 x 7-9 µ (fig. 17). **Hábitat**: VI-IX, preferentemente en planifolios, sobre todo bajo robles, hayas, menos bajo pinos, sobre suelos calizos; relativamente raro en Europa central, más frecuente en el sur. **Confusiones**: *Amanita ovoidea* (p. 22).
Comestible, especie muy sabrosa siempre y cuando no sea demasiado vieja; debería ser protegida a causa de la escasez.

Amanita baccata

Amanita baccata (Fr.) Gillet Sin: *A. boudierii*

Caracteres: Sombrero de 5-12 cm de ancho, de blanquecino sucio a ocráceo claro, cutícula con restos del velo de granulosos a planos, blanquecinos, margen a menudo con restos oleosos del anillo; pie blanco con anillo colgante, acanalado por arriba, bulbo ensanchado, napiforme, radicante, sin vaina cuticular, a menudo con un círculo de verrugas; olor agradable, recuerda a avellanas; la carne enrojece al roce; espp. amiloide; esp. elipsoidales, 9,5-14,5 x 6,5-8,5 µ. **Hábitat**: IX-XI o en la primavera, en zonas arenosas de la costa mediterránea, bajo coníferas (*Pinus pinea*); habitual.
Confusiones: *Amanita strobiliformis* (ctro.), *A. gilbertii* (p. 22).
Comestible, buena especie culinaria.

Amanita ovoide

Amanita ovoidea (Bull: Fr.) Quél.

c. Farinera, *e.* Kukuma, *g.* Amanita branca, *in.* Ovoid amanita

Caracteres: Sombrero de 10-20(30) cm de ancho, blanquecino, en la madurez amarillo paja, por lo general sin restos del velo, con flequillo flocoso en el margen; pie recio y consistente, normalmente sin anillo, base recia, bulbosa, radicante, la vaina se torna pronto amarillo ocre; olor y sabor agradables cuando es joven, pútrido al madurar (la carne se estropea rápido); espp. amiloide; esp. elipsoidales, 10-12 x 6-7,5 µ. **Hábitat**: VII-IX; en bosques de coníferas y planifolios, bajo castaños, abetos blancos, robles, especialmente sobre suelo calcáreo; frecuente. **Nota**: Es una especie de zonas cálidas, típica del sur. En las Islas Baleares se puede encontrar desde otoño hasta primavera bajo *Pinus halepensis*. **Confusiones**: *Amanita verna* (mortal, p. 18), muy parecidas: *A. proxima* (causa problemas renales).

Comestible, sabrosa cuando es joven.

Amanita gilberti

Amanita gilbertii Beauseign.

Caracteres: Sombrero de 6-10 cm de ancho, blanco, crema, de cutícula sedosa, glabro por lo general; pie blanco, con finos grumos y anillo colgante, base con vaina membranosa, en ocasiones hundido en la arena; olor inapreciable; espp. amiloide; esp. elipsoidales alargadas, 10-15 x 4,5-6 µ. **Nota**: La seta entera se tiñe de ocráceo al presionarla o al secarse. **Hábitat**: IX-XI o en primavera; bajo coníferas sobre suelo arenoso en zonas del Mediterráneo, sobre todo bajo pinos (Cerdeña, ¡foto!); frecuente. **Confusiones**: *Amanita verna* (mortal, p. 18), *Amanita ovoidea* (arriba).

Comestible, parecida a especies mortales.

Oronja, Amanita de los césares RL 1

Amanita caesarea (Scop.: Fr.) Pers.

c. Ou de reig, *e.* Kuleto, *g.* Raiña, *in.* Caesar's amanita

Caracteres: Sombrero de 8-15 cm de ancho, dorado, de naranja rojizo a rojo, raras veces con restos blancos, oleosos del velo, por lo general glabro, el margen se estría al envejecer; láminas de amarillento claro a dorado, con las aristas enteras; pie amarillo dorado, provisto de anillo y volva vaginada; carne blanca sólo en la volva, por lo demás amarillenta; olor y sabor agradables; espp. inamiloide; esp. elipsoidales, 9-12 x 6-7 µ. **Nota**: Los ejemplares jóvenes están totalmente rodeados por una estructura ovoidal parecida a la de la Seta mortal. **Hábitat**: VII-XI; bajo planifolios (robles, castaños), por lo general en el sur de Europa, en el centro de Europa aparece ocasionalmente en zonas cálidas. **Confusiones**: *Amanita muscaria* (tóxica, p. 24).

Comestible excelente. Especie protegida en el centro de Europa a causa de su escasez.

Falsa oronja, Matamoscas

Amanita muscaria (L.) Pers.

c. Reig bord, *e.* Kuleto faltsu, *g.* Reventabois, *in.* Fly agaric

Caracteres: Sombrero de 5-15 cm de ancho, generalmente rojo vivo, más raramente amarillo o naranja, con restos del velo en forma de copos blancos dispersos, margen canaliculado; pie blanco, bulbo basal con círculo de verrugas, no vaginado, anillo estriado por arriba; carne totalmente blanca; olor imperceptible; espp. inamiloide; esp. elipsoidales, 9-12 x 6-9 µ. **Nota**: Los ejemplares muy jóvenes, todavía cerrados, se pueden identificar por la línea anaranjada que presentan justo debajo de la cutícula al hacer una sección longitudinal. **Hábitat**: VIII-XI; bosques de coníferas, planifolios y parques, sobre todo bajo abedules y píceas, sobre suelo ácido; frecuente. **Confusiones**: *Amanita caesarea* (p. 22).

Tóxico, contiene una gran cantidad de sustancias venenosas que actúan sobre el sistema nervioso (causando parálisis, obnubilación, disnea, accesos de furia, etc.): ácido iboténico, muscazona, muscarina y otros. El tiempo de latencia es aprox. de 1/2-2 horas. Se dan pocos casos mortales (V. sin embargo *Amanita pantherina*).

Amanita pantera, Galipierno falso

Amanita pantherina (DC.: Fr.) Krombh.

c. Pixacà, *e.* Lanperna txar, *g.* Cacaforra marxa, *in.* Panther amanita

Caracteres: Sombrero de 4-10 cm de ancho, de marrón claro a oscuro, más raramente blanco (albino), con restos del velo en forma de copos blancos dispersos, margen estriado en ejemplares maduros; pie blanco, de ordinario con anillo delgado, no estriado por arriba, base bulbosa que parece metida en la volva, a veces con zona anular superpuesta, a menudo hundido en el suelo; olor rafanoide; espp. inamiloide; esp. elipsoidales, 8-11 x 7-8,5 µ. **Hábitat**: VIII-X(XI); bosques de coníferas y planifolios, en suelos arenosos, por eso no se halla en todas partes, localmente frecuente. **Confusiones**: *Amanita excelsa* (p. 16), *A. rubescens* (p. 18), *A. porphyria* (tóxica, p. 16).

Muy tóxico, contiene las mismas sustancias tóxicas que *A. muscaria*, en concentraciones más altas. Los casos de envenenamientos mortales son más habituales.

Amanita gemmata

Amanita gemmata (Fr.) Bertillon

Caracteres: Sombrero de 3-10 cm de ancho, de amarillo a ocre claro, por lo general con restos planos del velo pustuliformes, margen algo canaliculado; pie blanco con anillo muy frágil, bulbo delgado acabado con un repliegue o como si estuviese metido en la volva (parecido a *A. pantherina*); espp. inamiloide; esp. elipsoidales, 9,5-12 x 7-8,5 µ. **Hábitat**: (V)VI-X; bosques de coníferas y planifolios, especialmente bajo pinos, sobre suelos arenosos, poco frecuente. **Nota**: Especie de zonas cálidas que aparece incluso antes que *A. pantherina*. **Confusiones**: *Amanita citrina* (tóxica, p. 16), *A. pantherina* (mortal, ctro.), Subgen. *Amanitopsis* (p. 26).

Tóxico; como especie comestible despierta controversia.

Subgénero **Amanitopsis**

Margen claramente estriado; pies siempre desprovistos de anillo, base del pie vaginada, bulbo por lo general delgado y bien hundido en el suelo; sin especies demasiado tóxicas.

Amanita rojiza

Amanita fulva Singer

c. Pentinella rogenca

Caracteres: Sombrero de 4-8 cm de ancho, de cárneo a pardo rojizo, carne delgada, casi siempre glabro, margen pronto estriado; pie hueco, quebradizo, de blanco a cárneo, sin anillo, generalmente liso y sin dibujo, base con volva blanca, pardusca por dentro; espp. inamiloide; esp. redondeadas, 8-12 μ. **Hábitat**: VI-X; bajo coníferas y planifolios, en especial pinos o abedules, sobre todo en lugares húmedos, sobre suelo ácido; frecuente. **Confusiones**: *Amanita crocea* (ctro.).

Comestible pero sin aroma, como las demás especies de *Amanitopsis* es poco recomendable; se debe calentar bien.

Amanita crocea

Amanita crocea (Quél.) Kühner & Romagn.

Caracteres: Sombrero de 6-12 cm de ancho, generalmente de amarillo anaranjado vivo a pardo anaranjado, carne delgada, glabro, margen estriado; pie hueco, del mismo color que el sombrero, con dibujos en zigzag, volva blanca por dentro y por fuera; espp. inamiloide; esp. redondeadas, 8-13 μ. **Nota**: Al aplicar fenol la carne se tiñe de rojo vino (de pardo rojizo en el caso de la *A. fulva*). **Hábitat**: VIII-X; bajo robles; menos frecuente que la *A. fulva*. **Confusiones**: *Amanita fulva* (arriba).

Comestible, V. arriba.

Amanita enfundada, Cucumela

Amanita vaginata (Bull.: Fr.) Quél.

c. Pentinella, *e.* Kukumelo gris, *in.* Sheathed agaric

Caracteres: Sombrero de 4-8 cm de ancho, gris o pardo grisáceo, carne delgada, por lo general glabro, margen claramente estriado; pie hueco, quebradizo, blanco puro o con tonos del sombrero, de glabro a fibroso, apenas dibujado, volva blanca, en ocasiones con toques de gris; espp. inamiloide; esp. redondeadas, 8-12 μ. **Nota**: Antes el término "vaginata" englobaba todas las especies de *Amanitopsis* de pie claro, elástico, compuesto por hifas; volva blanca generalmente reducida a la base del pie, sin restos de velo en el sombrero. **Hábitat**: VIII-X; en planifolios y bosques de coníferas, sin necesidad de un tipo de suelo determinado; localmente frecuente. **Confusiones**: *Amanita battarae* y *A. submembranacea* (p. 28).

Comestible, V. arriba.

Amanita battarae

Amanita battarae Boud. Sin.: *A. umbrinolutea*

Caracteres: Sombrero de 5-10 cm de ancho, de verde amarillento a pardo oliváceo, pronto palidece concéntricamente a partir del margen, después se retiñe; carne delgada, por lo general sin restos del velo, margen estriado; pie blanco o con tonos del sombrero, de flocoso a levemente dibujado en zigzag, volva blanquecina; espp. inamiloide; esp. de redondeadas a ligeramente elipsoidales, 11-15 x 10-13 µ. **Hábitat**: VIII-X; en bosques de coníferas, especialmente bajo abetos en zonas de montaña, sobre suelos ácidos; localmente frecuente. **Confusiones**: *Amanita phalloides* (mortal, p. 18), *A. vaginata* (p. 26), *A. ceciliae* (ctro.).
Comestible, V. *Amanita fulva* (p. 26).

Amanita ceciliae

RL 3

Amanita ceciliae (Berk. & Broome) Bas
Sin.: *A. inaurata*, *A. strangulata*

Caracteres: Sombrero de 8-15(25) cm de ancho, de ocre oliváceo o gris a castaño, carne delgada, a menudo con grandes restos grises del velo, margen muy estriado; pie de blanquecino a gris claro, más oscuro por la parte inferior, de flocoso a levemente dibujado en zigzag, volva provista de dos o más zonas anulares; espp. inamiloide; esp. redondeadas, 10-13 µ. **Nota**: Los restos del velo de esta especie suelen estar formados por células redondas que permanecen sobre el sombrero. **Hábitat**: VII-X; en planifolios, bajo robles y hayas, especialmente sobre suelos calcáreos, arcillosos; relativamente escaso. **Confusiones**: *Amanita battarae* (arriba), *A. submembranacea* (abajo).
Comestible, V. *Amanita fulva* (p. 26).

Amanita submembranacea

Amanita submembranacea (Bon) Gröger

Caracteres: Sombrero de 5-12 cm de ancho, marrón, pardo oliváceo o gris, con algunos restos grisáceos del velo, margen claramente estriado; pie algo más claro que el sombrero, pero no blanco puro, con un dibujo en zigzag en la superficie, base con conspicua vaina gris blanquecina; espp. inamiloide; esp. redondeadas, 9,5-11 µ. **Nota**: En los restos del velo, casi nunca totalmente blancos, junto a los cordones de hifa se hallan diversas partículas esféricas que la diferencian de la *A. vaginata*. El velo es más frágil y se queda colgando del sombrero. **Hábitat**: VIII-X; en bosques montañosos de coníferas, sobre suelos ácidos, bajo abetos; localmente no poco frecuente. **Confusiones**: *Amanita ceciliae* (ctro.), *A. battarae* (arriba), *A. vaginata* (p. 26).
Comestible, V. *Amanita fulva* (p. 26).

Género **Limacella**
Fam. Amanitaceae

Sombreros siempre mucilaginosos, lisos; láminas libres, de blanco a crema; pie con o sin anillo, de seco a mucilaginoso; olor y sabor por lo general harinosos; espp. blanca, inamiloide; esp. de redondeadas a elipsoidales, lisas o rugosas; sin p. g.; tr. bilateral; saprotróficos.

Lepiota lenticular

Limacella guttata (Fr.) Honrad & Maubl.   Sin.: *L. lenticularis*

Caracteres: Sombrero de 4-10 cm de ancho, carnoso, de blanquecino o marfil a isabelino, superficie al principio finamente arrugada; láminas densas, con aristas finas; pie seco, blanco, a menudo bulboso, pero nunca con restos de la volva, de flocoso-fibroso a glabro, con anillo membranoso; olor y sabor claramente harinosos; esp. redondeadas, lisas, 4,5-6 µ. **Nota**: En ocasiones aparecen gotas en la cara superior del anillo y en el ápice del pie que se vuelven oscuras al secarse. **Hábitat**: VIII-X; en planifolios y bosques de coníferas, crece en grupo, sobre suelos con humus; no es frecuente. **Confusiones**: *Leucoagaricus holosericeus* (p. 36), *Chamaemyces fracidus* (p. 48).

Limacella glioderma

RL 3

Limacella glioderma (Fr.) Maire

Caracteres: Sombrero de 2-5 cm de ancho, carne relativamente delgada, de rosa a pardo rojizo; pie del mismo color que el sombrero, seco, con una o más zonas anulares fibrosa-flocosas; olor y sabor a harina; esp. redondeadas, lisas, 4-5 µ. **Hábitat**: VIII-X; por lo general en planifolios, menos en bosques de coníferas, también en parques y jardines; relativamente rara. **Confusiones**: V. pequeñas *Lepiotas* venenosas (p. 42).

Comestible, aunque por su tamaño y presencia aislada no se recomienda recogerlo.

Limacella illinita

Limacella illinita (Fr.: Fr) Murrill

Caracteres: Sombrero de 3-8 cm de ancho, de blanquecino a pardo grisáceo claro (por la cobertura viscosa); pie del mismo color que el sombrero, siempre mucilaginoso, en tiempo seco reluciente, sin anillo, quebradizo; olor y sabor harinosos, algo perfumado; esp. elipsoidales cortas, lisas, 5,5-6(7) x 4-5 µ. **Hábitat**: VIII-X; predomina en bosques de coníferas, prefiere suelos calcáreos; raro. **Confusiones**: *Oudemansiella lucida* (p. 104), *Xerula radicata* (p. 172), V. *Hygrophorus* blancos (p. 120).

Comestible, aunque no se recomienda como especie culinaria y a causa de su escasez, protegida.

Género **Macrolepiota**
Fam.: Agaricaceae

C. fr. Generalmente vistosos; sombrero seco, escamado; láminas blanquecinas, libres, separadas del pie por un collar; pie hueco, anillo pronto móvil; espp. blanca, dextrinoide; esp. elipsoidales, lisas, con p. g.; tr. regular; saprotróficos.

Apagador, Matacandelas

Macrolepiota procera (Scoop.: Fr.) Singer
c. Apagallums, *e.* Galanperna jangarri, *g.* Zarrota, *in.* Parasol fungus

Caracteres: Sombrero de 10-30 cm de ancho, pardusco claro, con escamas destacables; pie con dibujo en zigzag, base bulbosa, anillo grueso, doble; olor y sabor agradable, a nueces; esp. 14-19 (24) x 9-12(16) µ. (fig. 18) **Nota**: Los ejemplares jóvenes están cerrados en baquetas, al crecer recuerdan a un parasol. **Hábitat**: VII-XI; junto a caminos y claros, en jardines, menos común en prados; frecuente. **Confusiones**: *Macrolepiota rhacodes* (ctro.), *M. rickenii* (p. 34), *Lepiota aspera* (p. 38).
Comestible, de gran valor culinario, se puede rebozar como un trozo de pollo. Los pies son duros. Se dan muy pocos casos de intolerancia (diarrea, náuseas).

Apagador menor

Macrolepiota rhacodes (Vittad.) Singer
c. Paloma petita, *e.* Galanperna mamigorriska, *g.* Cocomelo, *in.* Large grey agaric

Caracteres: Sombrero de 8-15 cm de ancho, con escamas tomentosas; láminas con aristas a veces pardo rojizas; pie claro, sin dibujo, con anillo doble; la carne se tiñe de color zafrán; esp. 9-14(16) x 7-8(9) µ. **Hábitat**: VIII-XI; en bosques de coníferas y mixtos, a menudo en fila o corros de brujas; frecuente. **Confusiones**: *Macrolepiota procera* (arriba), *M. bohemica* (abajo).
Comestible, pero menos sabrosa que la *M. procera.*

Macrolepiota bohemica

Macrolepiota bohemica (Wichansky) Krieglst. & Pázmány
Sin.: *M. rhacoder* var. *hortensis*

Caracteres: Sombrero de 10-18 cm de ancho, de marrón claro a oscuro, el margen escamado se resquebraja en forma de estrella; pie claro, sin dibujo, relativamente grueso, con base bulbosa gruesa, generalmente cubierta de tierra y anillo doble; la carne se tiñe lentamente de pardo rojizo; esp. 9-12,5(14) x 6-8(9) µ. **Hábitat**: VIII-X; en parques y jardines ricos en compost, tierra gruesa; poco frecuente. **Confusiones**: *Macrolepiota rhacodes* (ctro.).
Comestible, aunque no todo el mundo lo tolera y ha causado algunos casos de intoxicación (náuseas y vómitos). Considerado ligeramente dañino.

Macrolepiota rickenii

Macrolepiota rickenii (Velen.) Bellù & Lanzón
Sin.: *M. gracilenta*

Caracteres: Sombrero de 5-12 cm de ancho, de beige claro a pardusco, la cutícula se resquebraja en forma de estrella, perceptible en el ápice, fondo claro, finamente granuloso-escamoso; pie marrón claro, de liso a finamente dibujado, bulboso, con anillo doble; sabor agradable, a nueces (parecido al de *M. procera*); esp. 13-17(21) x 9,5-11 μ. **Nota**: parece una *M. procera* de tamaño reducido, pero se diferencia de ésta por las escamas divergentes, la zona del anillo y el pie liso en gran parte. **Hábitat**: VIII-X; bosques de coníferas y planifolios, claros, caminos y márgenes; localmente frecuente. **Confusiones**: *Macrolepiota procera* (p. 32), *M. mastoidea* (ctro.).
Comestible, tan sabrosa y aprovechable como *Macrolepiota procera* (V. allí).

Macrolepiota mastoidea

Macrolepiota mastoidea (Fr.) Singer Sin.: *M. umbonata*

Caracteres: Sombrero de 8-12 cm de ancho, cutícula en tonos de marrón, en el margen se resquebraja en forma de estrella, fondo claro, con una costra fina y umbón pronunciado en el ápice; pie del color del sombrero, de liso a finamente dibujado en zigzag, anillo delgado y en forma de embudo ascendente; esp. 13-16(18) x 7-9,5(11) μ. **Hábitat**: VIII-X; planifolios y menos a menudo bosques de coníferas, en zonas claras (caminos, márgenes, etc.), preferentemente en suelos calcáreos, pero no limitado a ellos; localmente frecuente. **Confusiones**: *Macrolepiota procera* (p. 32), *M. rickenii* (arriba), *M. excoriata* (abajo).
Comestible, se puede cocinar como *Macrolepiota procera* (V. esta especie).

Macrolepiota excoriata

Macrolepiota excoriata (Schaeff.: Fr.) Wasser

Caracteres: Sombrero de 5-12 cm de ancho, de blanquecino a pardo ocráceo claro, al principio liso y totalmente recubierto por la cutícula, con el tiempo se vuelve escamoso a partir del margen, sin umbón pronunciado; pie relativamente corto en comparación con el diámetro del sombrero, de blanco puro a marrón claro, nunca presenta dibujos en zigzag, glabro, bulbo en forma de saco, anillo delgado, estrecho, colgante y frágil; esp. 12-14(16) x 8-9,5(11) μ. **Nota**: *Macrolepiota excoriata* presenta a menudo tonos muy claros, no son raros los ejemplares totalmente blancos. **Hábitat**: VIII-X; bajo matorrales, en prados o cultivos, prefiere suelos arenosos; no es frecuente. **Confusiones**: *Macrolepiota mastoidea* (ctro.), especies de *Leucoagaricus* (p. 36).
Comestible exceptuando el pie dentado.

Género **Leucoagaricus**
Fam.: Agaricaceae

Sombreros secos, generalmente de colores claros; láminas blancas, crema o rosa, libres, en ocasiones con collar; pie con anillo; espp. blanca; esp. elipsoidales, lisas, con p. g. pequeños; tr. regular; saprotróficos.

Leucoagaricus holosericeus

Leucoagaricus holosericeus (Fr.) M. M. Moser

Caracteres: Sombrero de 4-8 cm de ancho, blanco puro durante mucho tiempo, centro en ocasiones amarillento cárneo, cutícula de glabra a recubierta por una costra; láminas blancas, no se destiñen, con un collar fino; pie blanco, cilíndrico o bulboso, claviforme, anillo delgado; esp. 7-9 x 5-6 μ (fig. 19). **Nota**: Se encuentran ejemplares jóvenes en zonas transitadas; con la edad se tiñe un tanto de gris; parece un champiñón con láminas blancas. **Hábitat**: VI-XI; jardines y parques, entre matorrales, herbazales, zonas abiertas, zonas ruderales; algunos años no es raro. **Confusiones**: *Amanita verna* (mortal, p. 18), *Leucoagaricus leucothites* (ctro.), Champiñones (p. 60).

Leucoagaricus leucothites

Leucoagaricus leucothites (Vittal.) Wasser
Sin.: *L. pudicus*, *L. naucinus*

Caracteres: Sombrero de 5-10 cm de ancho, blanco, centro algo pardusco, liso; láminas primero blancas, luego rosa; pie blanco, delgado, claviforme, con anillo membranoso; espp. primero blanca, luego rosa; esp. 8-10 x 5-6 μ. **Hábitat**: VI-XI; en zonas abiertas de parques y jardines, prados, también en invernaderos; disperso, localmente frecuente. **Confusiones**: *Amanita verna* (mortal, p. 18), *A. virosa* (mortal, p. 20), *Leucoagaricus holosericeus* (arriba), Champiñones (p. 60).

Leucoagaricus bresadolae

Leucoagaricus bresadolae (Schulzer) Bon & Boiffard

Caracteres: Sombrero de 6-12 cm de ancho, con escamas pardo rojizas sobre fondo claro, carne delgada, margen estriado; láminas color crema; pie fusiforme, claro, liso o finamente escamado por debajo del delgado anillo; carne primero amarillenta, se mancha progresivamente de rojo vinoso; esp. 8,5-10 x 6-7 μ. **Nota**: Las bases son con frecuencia amarillas y crecen en fascículo. **Hábitat**: VII-IX; parques, jardines y lugares ricos en compost, estiércol o serrín; raro. **Confusiones**: *Macrolepiotas* (p. 32)

Su valor como comestible es polémico. La mayoría de autores lo consideran comestible.

Género **Lepiota**
Fam.: Agaricaceae

Sombreros escamosos, flocosos o apendiculados; láminas blancas o claras, libres; pie con anillo membranoso (no móvil) o con pronunciados cinturones; espp. blanca, dextrinoide; esp. elipsoidales (fig. 20), fusiformes (fig. 21), lisas, sin p. g.; tr. regular; saprotróficos. ¡Algunas especies son mortales! (V. *Cystoderma*, p. 116).

Lepiota de escamas puntiagudas

Lepiota aspera (Pers.: Fr.) Quél.
Sin.: *L. friesii, L. acutesquamosa* var. *furcata*
e. Galanperna ezkatozorrotz

Caracteres: Sombrero de 4-12 cm de ancho, cárneo, con escamas cónicas, erectas y separables; láminas muy delgadas y densas, algunas ahorquilladas, con aristas dentadas; pie pardo cárneo, apendiculado, con anillo colgante, provisto de velo cortiniforme por debajo; olor un tanto penetrante, parecido al de la *Lepiota cristata*; esp. oblongo-fusiformes 7,5-9 x 2,5-3,5 µ. **Hábitat**: VIII-X; planifolios, bosques de coníferas, parques y jardines, sobre suelos ricos en humus; localmente no es raro. **Confusiones**: *Macrolepiotas* (p. 32), *Lepiota echinacea* (ctro.), *L. calcicola*.
Incomestible a causa de su olor desagradable.

Lepiota echinacea

RL 3

Lepiota echinacea J. E. Lange

Caracteres: Sombrero de 2,5-6 cm de ancho, cárneo, con escamas oscuras, escuarrosas; láminas no ahorquilladas; pie del mismo color que el sombrero, escamoso-escuarroso, con zona anular esbozada; olor inapreciable; esp. elipsoidales 4-5,5 x 2,5-3 µ. **Hábitat**: VIII-X; lugares húmedos de planifolios y bosques mixtos; raro. **Confusiones**: *Lepiota aspera* (arriba), *L. calcicola*.

Lepiota maloliente

Lepiota cristata J. E. Lange
c. Paloma pudent, *e.* Galanperna usaintsu, *in.* Stinking agaric

Caracteres: Sombrero de 2-5 cm de ancho, superficie cubierta por escamas pardo rojizas distribuidas concéntricamente, casi ausentes en el margen, sobre fondo claro; láminas con aristas bastas; pie de blanco a cárneo, anillo membranoso, en forma de embudo ascendente (fugaz con la edad); olor desagradable, a hierro mojado, como el de *Escleroderma* o *Lycoperdon*; esp. truncadas, con una especie de espuela, 6-8 x 2,5-3,5 µ. **Hábitat**: V-X(XI); bosques, parques y jardines, también en prados; frecuente. **Confusiones**: *Lepiota echinacea* (ctro.), otras *Lepiotas* tóxicas.
Incomestible a causa de su olor desagradable.

Lepiota castaña

Lepiota castanea Quél.
in. Chestnut dapperling

Caracteres: Sombrero de 2-4 cm de ancho, pardo rojizo claro u oscuro, superficie pronto dividida en escamas granulosas, fondo claro; láminas primero blancas, al envejecer se vuelven pardo amarillas, relativamente distantes; pie color cárneo con zona anular esbozada y bandas flocosas, marrones debajo; olor algo dulce; esp. fusiforme-cuneadas, con una excrescencia lateral gibosa, 11-13 x 3,5-4,5 µ. **Hábitat**: VIII-X; planifolios y bosques de coníferas, en especial sobre suelos ricos en humus, por lo general crece dispersa; relativamente raro, pero extendido. **Confusiones**: *Lepiota brunneoincarnata* (mortal, p. 42), *L. boudieri* (ctro.), *L. kuehneri* (p. 42), otras especies pequeñas de *Lepiota*.

Incomestible, las toxinas características de amanitas (anatoxina) que contiene esta especie no fueron descubiertas hasta 1990 Roth, Frank, Kormann: *Giftpilze, Pilzgifte* (*Hongos venenosos, venenos de hongos*). En algunos libros se señala como especie tóxica peligrosa.

Lepiota boudierii

Lepiota boudierii Bres. Sin.: *L. fulvella*

Caracteres: Sombrero de 1,5-3(5) cm de ancho, de amarillo o canela a pardo, cubierto por la cutícula durante bastante tiempo, con oscuras escamas filiformes, aplicadas; láminas blancas con aristas dentadas que a veces se tiñen de amarillento; pie más claro que el sombrero, con zona anular fibrosa, debajo de la cual presenta escamas del mismo color; olor imperceptible; esp. fusiformes, con excrescencia lateral, 7-9,5 x 3-4 µ. **Hábitat**: VIII-X; en bosques húmedos, sobre suelos ricos en humus, bajo avellanos; raro. **Confusiones**: *Lepiota castanea* (arriba), otras *Lepiotas* altamente tóxicas.

Lepiota pseudofelina RL R

Lepiota pseudofelina J. E. Lange

Caracteres: Sombrero de 1-2,5 cm de ancho, gris, pardo grisáceo o negruzco, escamas distribuidas de forma concéntrica sobre el fondo claro; láminas blanquecino manchado, densas; pie con tonos del sombrero, pero más claro, presenta cinturones negruzcos de escamas por debajo de la zona anular; olor penetrante, recuerda al de *Lepiota cristata*; esp. fusiforme-elipsoidales, a veces con excrescencia lateral, 7-9(10) x 3,5-4 µ. **Hábitat**: IX-X; en zonas húmedas de planifolios y bosques mixtos y en zonas riparias; rara. **Confusiones**: *Lepiota felina* (de esp. elipsoidales y sin excrescencia).

Lepiota pseudohelveola

RL 3

Lepiota pseudohelveola Kühner ex Hora (Foto superior)

Caracteres: Sombrero de 1,5-3(5) cm de ancho, cárneo, pardo grisáceo o marrón, con escamitas en el ápice; láminas totalmente blancas, más o menos densas; pie cárneo, flocoso-fibroso por debajo de la zona anular, anillo delgado, membranoso, a menudo con pequeñas escamas oscuras por debajo; olor suave, agradable; esp. elipsoidales 7-10 x 4,5-5 µ. **Hábitat**: IX-X; en planifolios con suelos ricos en humus, zonas riparias; raro.

Lepiota brunneoincarnata

RL 3 †

Lepiota brunneoincarnata Chodat & C. Martin (foto ctro. izq.)

Caracteres: Sombrero de 2-5(7) cm de ancho, con escamas granulosas de rosa a pardo liláceo sobre fondo claro; aristas de las láminas dentadas; pie cárneo, con zona anular fibrosa y cinturones deshilachados color pardo liláceo por debajo; la carne se tiñe de rojizo; olor suave, afrutado; esp. elipsoidales 6,5-9 x 3,5-4,5 µ. **Hábitat**: VII-X; en zonas húmedas de planifolios y en herbazales; raro.

† Mortal; contiene amatoxina, V. *Amanita phalloides* (p. 18).

Lepiota josserandii

†

Lepiota josserandii Bon & Boiffard (foto ctro. dcha.)
Sin.: *L. scobinella*

Caracteres: Sombrero de 2-5 cm de ancho, de rosa a pardo vinoso, la cutícula se vuelve pronto escamosa; aristas de las láminas en ocasiones rosadas; pie claro, con zona anular fibrosa, a veces con copos pardo rosados por debajo; olor afrutado; esp. elipsoidales 6-8 x 3-4 µ. **Hábitat**: VII-X; en bosques, jardines, zonas arboladas y ruderales de clima cálido; rara. **Confusiones**: *Lepiota helveola* (mortal, tiene anillo membranoso).

† Mortal; contiene amatoxina, V. *Amanita phalloides* (p. 18).

Lepiota kuehneri

Lepiota kuehneri Huijsman (foto inferior)

Caracteres: Sombrero de 1,5-5(7) cm de ancho, pardo rosado u ocre, aunque por lo general pardo avellana, la cutícula al crecer se desgarra en escamas, fondo blanco puro; pie de rosa claro a pardusco, con zona anular fibrosa-apendiculada, con cinturones marrones deshilachados por debajo; olor agradable, algo dulce; esp. elipsoidales, 6-7,5 x 3,5-4,5 µ. **Hábitat**: VIII-X; en especial en bosques montañosos de coníferas, bajo abetos; raro. **Confusiones**: *Lepiota castanea* (p. 40).

Lepiota en escudo

Lepiota clypeolaria (Bull.: Fr.) P. Kumm.
in. Shield dapperling

Caracteres: Sombrero de 3-8 cm de ancho, con escamas ocres o pardas distribuidas sobre fondo blanco, también blanquecinas o crema, centro por lo general más claro y sin escamas, margen flocoso-apendiculado; pie blanco, apendiculado por los restos blancos del velo por debajo del fugaz anillo; olor típicamente agrio, algo penetrante; esp. fusiformes 13-16 x 5,5-6,5 µ. **Hábitat**: VIII-X; bosques de coníferas y planifolios, sin necesidad de un tipo determinado de suelo; relativamente frecuente, pero no todos los años. **Nota**: Esta especie es variable, pero siempre se puede reconocer por su olor agrio. Las especies cercanas parecidas carecen de olor. **Confusiones**: *Lepiota magnispora* (ctro.), *L. ignivolvata* (p. 46), *L. alba* (abajo), *Lepiota cristata* (p. 38).

Lepiota magnispora

Lepiota magnispora Murril Sin.: *L. ventriosospora*

Caracteres: Sombrero de 3-8 cm de ancho, con escamas color canela, naranja o pardo rojizo sobre fondo blanquecino, cutícula colgante en el ápice, de tono más oscuro, margen flocoso-apendiculado; pie cárneo claro, con zona anular levemente fibrosa y restos amarillentos del velo por debajo; olor agradable, fúngico, raras veces recuerda levemente a la *L. cristata*; esp. oblongo-fusiformes (12)14-18 x 4-5,5 µ. **Hábitat**: VIII-X; planifolios y bosques de coníferas, sin necesidad de un tipo determinado de suelo; relat. frecuente. **Nota**: Esta especie se diferencia de la cercana *Lepiota clypeolaria* por el margen apendiculado amarillento. **Confusiones**: *Lepiota clypeolaria* (arriba), *L. ignivolvata* (p. 46).

Lepiota alba

RL 2

Lepiota alba (Bres.) Sacc.

Caracteres: Sombrero de 2-5 cm de ancho, blanco puro, con escamitas al principio pero pronto glabro, con sólo el margen flocoso-apendiculado por los restos del velo, ligeramente amarillento u ocre claro en el centro; pie blanco, con zona anular esbozada y desde ésta hasta la base cubierto por restos lanosos del velo; olor imperceptible, al envejecer levemente dulciamargo; esp. elipso-romboidales 10-14 x 5,5-7 µ. **Hábitat**: VIII-IX; en claros del bosque, márgenes de caminos, zonas herbosas; raro. **Confusiones**: *Lepiota clypeolaria* (arriba), *L. ignivolvata* (p. 46).

Lepiota ignivolvata

Lepiota ignivolvata Bousset & Joss.

Caracteres: Sombrero de 5-10(13) cm de ancho, con escamas rojas o marrón oscuras sobre fondo blanco, disco más oscuro en el ápice; pie de cilíndrico a robusto, blanco, con cinturones angulosos por debajo de la fibrosa zona anular, del color del sombrero, la base se tiñe de pardo rosado o anaranjado al roce; olor levemente dulciamargo, al seccionarlo algo parecido a la *L. cristata*; esp. oblongo-fusiformes 9-11 x 5,5-6 μ. **Nota**: la típica tinción de la base no siempre es clara, en ocasiones se puede percibir sólo al secarse. **Hábitat**: VIII-X; bosques de coníferas y planifolios, en especial sobre suelos calizos; dispersa, inexistente en algunos lugares. **Confusiones**: *Lepiota clypeolaria* (p. 44), *L. magnispora* (p. 44), *L. alba* (p. 44).

Género **Cystolepiota**
Fam.: Agaricaceae

Caracteres parecidos al género *Lepiota* pero con el sombrero cubierto por una capa de células redondeadas que le da un aspecto pulverulento. Esa capa es separable; por ejemplo, puede ser arrastrada por la lluvia; espp. blanca, dextrinoide; esp. elipsoidales, lisas, sin p. g.; tr. regular; saprotróficos.

Cystolepiota bucknalii

Cystolepiota bucknalii (Berk. & Broome) Singer & Clémençon

Caracteres: Sombrero de 1-3 cm de ancho, de lila claro a violeta, palidece al envejecer, superficie granuloso-farinosa; pie del mismo color que el sombrero, farinoso, con zona anular perecedera; olor intenso, a gas de alumbrado; esp. oblongas 7,5-9 x 3-3,5 μ. **Hábitat**: VIII-X; bosques mixtos y de planifolios, especialmente sobre suelos calizos; no es frecuente. **Nota**: Esta especie de bellos colores tiene el mismo olor que *Tricholoma sulphureum* (p. 76).

Cystolepiota sistrata

Cystolepiota sistrata (Fr.) Singer Sin.: *Lepiota seminuda*

Caracteres: Sombrero de 0,5-1,5(2,5) cm de ancho, blanco, con algún reflejo rosado en el centro, al envejecer más oscuro, farinoso-granuloso, margen apendiculado en ejemplares jóvenes; pie rosa cárneo claro, con la base a menudo más oscura, farinoso-granuloso como el sombrero; olor fúngico; esp. elipsoidales, 3,5-4,5 x 2-2,5 μ. **Hábitat**: VIII-X; bosques húmedos, bordes de caminos con barro, zonas riparias; frecuente.

Sericeomyces sericatus

Sericeomyces sericatus (Kühner & Romagn.) Heinem.
Sin.: *Lepiota sericifera* (Fam. Agaricaceae)

Caracteres: Sombrero de 1-4 cm de ancho, blanco, con el centro de amarillento a pardusco, cutícula fibrosa-sedosa; pie blanco, delgado, claviforme, hueco, muy quebradizo, con anillo embudado, ascendente; olor levemente dulce-rafanoide; espp. blanca, dextrinoide; esp. elipsoidales, 6,5-10,5 x 3,5-4,5 μ, sin p. g.; tr. regular. **Hábitat**: IX-XI; planifolios húmedos, zonas riparias; relativamente raro; saprotrófico. **Nota**: El género *Sericeomyces* se distingue de *Lepiota* por la cutícula sedosa. Otros rasgos diferentes son microscópicos (cistidios, ausencia de fíbula).

Leucocoprinus birnbaumii

Leucocoprinus birnbaumii (Corda) Singer (Fam. Agaricaceae)

Caracteres: Sombrero de 1-5(8) cm de ancho, de amarillo limón a dorado, carne muy delgada, con escamas concéntricas del mismo color o más oscuras, margen débilmente estriado; láminas amarillentas; pie del mismo color que el sombrero, frágil, con anillo delgado, ascendente; espp. blanca, inamiloide; esp. elipsoidales, lisas, 8-11 x 5-7 μ, con p. g.; tr. regular. **Hábitat**: anual; en invernaderos, maceteros, sobre tierra abonada, no en zonas silvestres; frecuente; saprotrófico. **Nota**: El género *Leucoprinus* se diferencia de *Lepiota* por el margen estriado, que recuerda a *Coprinus*. *L. birnbaumii* suele introducirse en la tierra de las plantas y alimentarse del humus. No daña las plantas ni es tóxico. Tras algún tiempo desaparece para reaparecer al año siguiente, durante el mismo período. Las confusiones son muy improbables a causa de su color brillante.

Chamaemyces fracidus RL 3

Chamaemyces fracidus (Fr.) Donk (Fam. Agaricaceae)

Caracteres: Sombrero de 3-8 cm de ancho, de marfil a ocre claro, a menudo con manchas oscuras, carnoso, cutícula viscosa-glutinosa; láminas color crema claro, densas; pie recubierto por una capa escamosa marrón por debajo de la zona anular parecida a un calcetín; espp. blanca, inamiloide; esp. elipsoidales, 4-5 x 2-3 μ, sin p. g.; tr. regular. **Hábitat**: VII-X; especialmente en planifolios, sobre suelos y madera con materia en descomposición, suelos calizos; relativamente raro; saprotrófico. **Nota**: El género *Chamaemyces* se relaciona con *Lepiota*, por un lado, y con *Limacella*, por el otro, pudiéndose considerar como un eslabón entre ambos. **Confusiones**: V. *Limacella* (p. 30).

Género **Volvariella**
Fam. Pluteaceae

Sombreros glutinosos o secos, por lo general glabros; láminas al principio sin color, al madurar rosadas, libres; pie macizo, sin anillo, con volva membranosa; espp. rosa salmón; esp. elipsoidales u oviformes, lisas, sin p. g.; tr. inversa; saprotróficos; algunas veces parásito.

Volvariella vistosa

Volvariella gloiocephala (DC.: Fr.) Boekhout & Enderle
in. Stubble rosegill

Caracteres: Sombrero de 5-12(15) cm de ancho, blanco marfil, grisáceo o negruzco, cutícula glabra, rara vez con restos blancos del velo, en tiempo húmedo glutinoso-mucilaginoso; pie blanco sucio, con volva membranosa, blanca; olor y sabor rafanoide; esp. 12-16 x 7-9 µ. **Hábitat**: V-X; cultivos, jardines y parques, sobre suelos abonados; localmente frecuente; saprotrófico. **Confusiones**: *Amanita virosa* (mortal, p. 20), esp. del subgénero *Amanitopsis* (p. 26), *Volvariella volvacea* (ctro.), *V. bombycina* (abajo).
Comestible, pero a causa del riesgo de confusión con amanitas tóxicas abstenerse de consumirlas si no se conocen bien.

Volvariella volvacea

Volvariella volvacea (Bull.: Fr.) Singer

Caracteres: Sombrero de 3-8 cm de ancho, de marrón oscuro a gris negruzco, cutícula seca, con fibras radiales al crecer; pie blanco, con volva bilobulada de color pardo gris; olor ligero a geranios; esp. 6-10 x 4-6 µ. **Hábitat**: VII-IX; en bosques, sobre compost, estercoleros o madera muy descompuesta; raramente en campo abierto; saprotrófico. **Confusiones**: variantes grises de *Volvariella gloiocephala* (arriba).
Especie comestible de buena calidad, en el este asiático se cultiva en arrozales, es muy querida. Se pueden encontrar ejemplares jóvenes, aún cerrados, en restaurantes de China o tiendas asiáticas.

Volvariella sedosa

Volvariella bombycina (Schaeff.: Fr.) Singer
g. Ovos das meigas, *in.* Silky rosegill

Caracteres: Sombrero de 10-20 cm de ancho, blanco por lo general, raras veces amarillo claro (var. *flaviceps*), de carne delgada pese al tamaño, cutícula finamente tomentosa, seca; pie blanco, plumoso, con volva grande, recia, pardusca y manchada; olor de inapreciable a rafanoide; esp. 7-10 x 5-6 µ. **Hábitat**: VI-X; sobre troncos vivos o muertos, sobre todo madera blanda (abedules, chopos, tilos), también sobre serrín y madera de construcciones; relativamente raro; parásito y saprotrófico. **Confusiones**: *Volvariella gloiocephala* (arriba).

Volvariella murinella

Volvariella murinella (Quél.) M. M. Moser

Caracteres: Sombrero de 2-5 cm de ancho, en diferentes grises, algo más oscuro en el centro, superficie finamente deshilachada, seca, de carne delgada; pie blanco, plumoso, con volva tomentosa en la base, por lo general de tres capas, de blanquecina a gris claro; suave olor a geranios; esp. 6-8 x 3,5-5 µ. **Hábitat**: VII-IX; en claros de bosque, márgenes de caminos, lugares de incendios, en el suelo o sobre pedazos de madera; disperso; saprotrófico. **Confusiones**: *Volvariella pusilla* (ctro.), *V. hypopithys* y otras volvarielas.

No tóxico; no se considera comestible a causa de su tamaño y rareza.

Volvariella pusilla

Volvariella pusilla (Pers.: Fr.) Singer

Caracteres: Sombrero de 1-3 cm de ancho, blanco, finos, sedoso-fibroso, de carne delgada, cutícula mucilaginosa sólo de joven, pronto seca; pie blanco, glabro, por lo general algo plumoso en la base, volva entre blanquecina y pardo grisácea (var. *taylori*); leve olor a geranios o inodoro; esp. 5,5-7 x 4,5-5,5 µ. **Hábitat**: VI-IX; por lo general fuera del bosque, en márgenes, parques, jardines y suelos abonados; relativamente raro; saprotrófico. **Confusiones**: *Volvariella murinella* (arriba), *V. hypopithys*.

No tóxica (V. más arriba).

Volvariella surrecta RL R

Volvariella surrecta (J. A. Knapp) Singer Sin. *V. loveana*

Caracteres: Sombrero de 2-6 cm de ancho, blanco sucio, de carne delgada, cutícula tomentosa de joven, después sedosa-fibrosa, con el margen algo hirsuto, seco; pie blanquecino, plumoso, a menudo curvado (adaptación al suelo), base con volva blanca; olor imperceptible; esp. 5-7 x 3-5 µ. **Hábitat**: IX-XI, especialmente en el otoño tardío; sobre agaricales grandes y deformados, sobre todo *Lepista nebularis* (foto); rara; parásito. **Confusiones**: Descartadas a causa del hábitat tan poco usual. **Nota**: Los cuerpos fructíferos infectados por *Volvariella* se deforman pero no se pudren rápidamente; las láminas se estropean y se vuelven estériles. La *Volvariella* parasitaria es fiel al mismo hábitat, pero puede no aparecer todos los años. Precisa de condiciones otoñales suaves.

No tóxica, a causa de su rareza es una especie a respetar.

Género **Pluteus**
Fam. Pluteaceae

Sombreros a menudo tectiformes (como un tejado); láminas al principio blancas, al madurar rosadas, libres; pie macizo, sin anillo ni volva; espp. rosa salmón; esp. ovales, lisas, sin p. g.; dermis celular, tr. inversa, a menudo con los típicos cistidios; saprotrófico, lignícola (V. *Entoloma*, p. 228).

Plúteo cervino

Pluteus cervinus (Schaeff.) P. Kumm. Sin.: *P. atricapillus*
e. Pluteo marroi, *in.* Fawn agaric

Caracteres: Sombrero de 4-12(15) cm de ancho, amarillo, castaño o pardo rojizo, sedoso o flocoso, húmedo algo glutinoso; pie blanco sucio, a menudo con fibras más oscuras o retículo; olor y sabor algo rafanoide; esp. 6-8 x 4,5-5,5 µ (fig. 23); láminas con cistidios ganchudos (fig. 24); dermis celular (con hifas fibrosas). **Hábitat**: V-XI, sobre troncos de planifolio muertos, raramente sobre coníferas, en tocones y astas gruesas, serrín; frecuente, también crece en tiempo seco. **Confusiones**: *Pluteus nigrofloccosus* (ctro.), *P. petasatus* (abajo), *P. salicinus* (tóxico, p. 56).
Comestible, pero no muy sabroso.

Pluteus nigrofloccosus

Pluteus nigrofloccosus (R. Schulz) J. Favre
Sin.: *P. atromarginatus*

Caracteres: Sombrero de 4-10 cm de ancho, marrón oscuro, pardo negruzco; láminas con aristas pardo negruzcas (por el color de los cistidios); pie más claro que el sombrero, pardusco, deshilachado; olor imperceptible, inapreciable; esp. 6-7,5 x 4,5-6 µ.; láminas con cistidios ganchudos; dermis celular. **Hábitat**: VIII-X, sobre troncos de conífera muertos, en especial pinos; disperso, localmente frecuente. **Confusiones**: *Pluteus cervinus* (arriba), *P. umbrosus*.

Plúteo gran sombrero

Pluteus petasatus (Fr.) Gillet Sin.: *P. curtisii, P. patricius*

Caracteres: Sombrero de 3-8(15) cm de ancho, marfil o crema, ápice con escamas más oscuras, duras, en tiempo seco sombrero totalmente escuarroso; pie blanco, fibroso, en ocasiones con una base fibrosa marrón; olor inapreciable, desagradablemente dulzón al estropearse; esp. 5,5-8,5 x 4,5-6 µ.; láminas con cistidios ganchudos; dermis celular. **Hábitat**: V-VIII, raramente más tarde; sobre tocones y ramas de planifolio caídas (sobre todo abedules, tilos, castaños *Aesculus*), también sobre serrín; disperso.
Confusiones: Ejemplares claros de *Pluteus cervinus* (arriba), *P. pseudorobertii* (p. 56).

Pluteus pseudorobertii

Pluteus pseudorobertii M. M. Moser & Stangl

Caracteres: Sombrero de 3-5 cm de ancho, blanquecino, con el ápice escamoso de pardo grisáceo a negruzco, de carne delgada, margen algo acanalado; pie blanquecino, delgado, a veces con la base gris olivácea; olor inapreciable; esp. 7-8(10) x 5-6,5 µ.; láminas con cistidios ganchudos y de paredes relativamente delgadas; dermis celular. **Hábitat**: IX-X; sobre tocones de planifolio, sobre todo de haya (*Fagus sylvatica*); muy raro. **Confusiones**: *Pluteus petasatus* (p. 54), *P. plautus* (p. 58), *P. pellitus*. **Nota**: Algunas especies son difíciles de identificar. Para un reconocimiento seguro es necesario observar caracteres microscópicos.

A causa de su rareza no se conoce el valor culinario. Supuestamente inocuo.

Pluteus salicinus

Pluteus salicinus (Pers.: Fr.) P. Kumm.

Caracteres: Sombrero de 3-7 cm de ancho, gris claro, gris verdoso o azul grisáceo, cutícula sedosa o escamosa, a veces con fibras radiales; pie blanquecino, con un reflejo verdoso o azulado, a menudo deshilachado; olor apenas apreciable; esp. 7-9(10) x 5-6,5 µ.; láminas con cistidios ganchudos; dermis celular. **Hábitat**: VIII-X; sobre troncos de planifolio muertos, sobre todo de sauce, haya o aliso; localmente frecuente. **Confusiones**: *Pluteus cervinus* (p. 54) **Nota**: Los típicos tonos azul verdosos (no siempre presentes) se deben al alcaloide psilocibina, que también se encuentra en algunas especies de *Psilocybe* y *Panaeolus*.

Levemente tóxico; contiene psilocibina en cantidades variables, que puede provocar obnubilación y otros efectos estupefacientes.

Pluteus ephebeus

Pluteus ephebeus (Fr.: Fr.) Gillet Sin.: *P. pearsonii*

Caracteres: Sombrero de 3-5(7) cm de ancho, pardo grisáceo, gris sepia, siempre de tonos grises (recuerda a *Tricholoma terreum*), cutícula tomentosa-fibrosa, escamosa hacia el margen; pie blanquecino, recubierto por finas escamas gris oscuro, plumosas; olor inapreciable; esp. de elipsoidales a ovales, 6-8 x 5,5-6,5 µ.; láminas sin cistidios ganchudos; cutícula formada por hifas. **Hábitat**: VIII-X; sobre troncos enterrados en el suelo, serrín, madera en descomposición, sobre suelos calizos o arenosos; raro. **Confusiones**: Otros *Pluteus*; con láminas adnatas: *Entoloma* (p. 228), *Tricholoma terreum* (p. 88).

Valor comestible desconocido, posiblemente inocuo.

Pluteus leoninus

Pluteus leoninus (Schaeff.: Fr.) P. Kumm. (foto superior)
Sin.: *P. luteomarginatus, P. sororiatus*

Caracteres: Sombrero de 2-6 cm de ancho, de amarillo leonado a dorado, ápice liso o levemente venoso, superficie algo plumosa, margen un tanto acanalado; láminas blancas al principio, con las aristas doradas; pie blanquecino, por debajo pronto ocre, estriado; esp. elipsoidales, 6-8 x 5-6,5 µ.; láminas sin cistidios ganchudos; cutícula formada por hifas, parcialmente amarillentas. **Hábitat**: VI-IX; sobre troncos en descomposición, p. ej. de haya (*Fagus* sylvatica) o abedul; disperso. **Confusiones**: *Pluteus romellii* (abajo).
Comestible aunque por su rareza y tamaño no se considera especie culinaria.

Pluteus plautus

Pluteus plautus (Weinm.) Gillet (foto ctro. dcha.)
Sin.: *P. depauperatus, P. semibulbosus, P. hiatulus*

Caracteres: Sombrero de 1-4(6) cm de ancho, blanco sucio, gris claro o pardusco, carne muy delgada, ápice a menudo venoso, margen estriado; láminas con la superficie ancha; pie blanquecino, pruinoso, con la base en ocasiones bulbosa; esp. redondeadas, 5,5-8 x 5,5-7 µ.; láminas sin cistidios ganchudos; dermis celular. **Hábitat**: VI-VIII; sobre troncos muertos; disperso. **Confusiones**: Otros *Pluteus*, *Mycena* (p. 198).

Pluteus thomsonii

Pluteus thomsonii (Berk. & Broome) Dennis Sin.: *P. cinereus*

Caracteres: Sombrero de 1-3,5 cm de ancho, marrón oscuro, pardo grisáceo, palidece claramente al secarse, superficie venosa-reticulosa, con tacto sedoso; pie blanquecino grisáceo, pruinoso de arriba abajo; esp. elipso-redondeadas, 5,5-7,5 x 4,5-6,5 µ.; sin cistidios ganchudos, queilocistidios afilados, en forma de aguja (fig. 25); dermis celular. **Hábitat**: VI-IX; sobre madera muy descompuesta, en el suelo sobre troncos enterrados; disperso. **Confusiones**: *Pluteus phlebophorus*.

Pluteus romellii

Pluteus romellii (Britzelm.) Sacc. Sin.: *P. lutescens* (Foto inferior)

Caracteres: Sombrero de 2-4(5) cm de ancho, de marrón amarillento a negruzco, margen más claro y finamente estriado, superficie a veces venosa, con tacto sedoso; láminas inmaduras blancas o amarillo limón; pie siempre en tonos amarillos, limón o cromo, fibroso; esp. elipso-redondeadas, 5,5-7,5 x 4,5-6,5 µ.; sin cistidios ganchudos; dermis celular. **Hábitat**: VIII-X; sobre madera descompuesta; disperso. **Confusiones**: Otros *Pluteus* con el sombrero venoso. El pie amarillo es la mejor característica identificativa.

Lepiota de láminas rojas

Melanophyllum haematospermum (Bull.: Fr.) Kreisel
Sin.: *M. echinatum* (Fam. Agaricaceae)

Caracteres: Sombrero de 1-3,5 cm de ancho, marrón oscuro, superficie farinosa-granulosa, margen apendiculado; láminas rojo sangre, libres; pie como el sombrero con una capa granulosa, hacia abajo rojo; olor algo penetrante, como la lepiota maloliente; espp. verde, después de una noche rojo, dextrinoide; esp. elipsoidales, 4,5-6 x 3-3,5 µ.; sin p. g. **Nota**: *Melanophyllum* recuerdan a *Cystolepiota,* pero se diferencian por el color de las láminas y la esporada verde. **Hábitat**: VI-X; bosques húmedos, zonas riparias, suelos ricos en humus y nitrógeno; disperso. **Confusiones**: Especies de *Cystolepiota* (p. 46).

Género **Agaricus**
Fam. Agaricaceae

Sombreros macizos, glabros o escamosos, secos; láminas primero rosa, luego marrones, libres; pie a menudo con anillo; espp. marrón; esp. redondeadas o elipsoidales, lisas, sin p. g.; tr. regular; saprotróficos.

Champiñón común

Agaricus bisporus (J. E. Lange) Imbach Sin.: *A. hortensis*
c. Xampinyó, *e.* Txampinoi, *g.* Champiñon, *in.* Cultivated mushroom

Caracteres: Sombrero de 4-10 cm de ancho, blanco, gris blanquecino o pardusco, cutícula con fibras radiales o apendiculada-escamosa; pie blanco, a menudo con un grueso anillo destacado, ascendente; la carne enrojece levemente; olor agradable, poco llamativo; esp. 6-8 x 5-6 µ.; basidios siempre bispóricos. **Hábitat**: V-IX; cultivos, jardines, parques, zonas adobadas o con compost, raro en bosques; poco frecuente en zonas silvestres. **Confusiones**: *Agaricus bitorquis* (abajo), *A. campestris* (p. 62), *A. xanthoderma* (tóxico, p. 72).

Comestible, una de las especies culinarias más apreciadas por antonomasia, incluso se puede comer crudo.

Agárico bianillado

Agaricus bitorquis (Quél.) Sacc. Sin.: *A. edulis*
c. Terrerol de doble anell, *e.* Azpibeltz eraztunbiko, *g.* Cogumelo das rapadoiras

Caracteres: Sombrero de 4-12 cm de ancho, blanco, con el ápice aplanado; pie blanco, con anillo embudado ascendente, casi paginado, con zonas anulares en la parte inferior; carne compacta, a veces enrojece levemente; olor agradable, casi a nueces; esp. redondeadas 4-6 x 4-5 µ. **Hábitat**: V-IX; de ordinario no en bosques (en ciudades, jardines, parques y caminos); frecuente. **Confusiones**: *Agaricus bisporus* (ctro.).

Comestible, muy abundante. Especie culinaria de carne compacta. Por desgracia los gusanos lo invaden muy pronto.

Agaricus subfloccosus

Agaricus subfloccosus (J. E. Lange) Pilát

Caracteres: Sombrero de 4-8 cm de ancho, gris blanquecino, pronto pardusco claro en el ápice, cutícula sedosa, después se vuelve rasga en escamas, restos del velo claros en el margen; pie de tonos claros, con anillo relativamente grueso, adherido, ascendente y duradero, zona anular e inferior flocosas; la carne, bastante compacta, enrojece al corte; esp. cortamente elipsoidales, 5-8 x 4-5 µ. **Hábitat**: VI-X; en bosques de coníferas, sobre todo bajo píceas, también en cotos e incluso invernaderos; raro. **Confusiones**: *Agaricus bisporus* (p. 60). **Nota**: En caso de duda, esta especie se diferencia de *A. bisporus* por tener basidios de 4 esporas (c. microscópico).

Comestible, muy abundante, de carne compacta. Similar a *A. bisporus*.

Champiñón silvestre

Agaricus campestris L.: Fr.

c. Camperol, *e.* Barrengorri, *g.* Fungos dos lameiros, *in.* Common field mushroom

Caracteres: Sombrero de 3-8 cm de ancho, blanco, en ocasiones amarillea levemente, superficie sedosa, con fibras radiales, también algo escamosa, margen joven flocoso; láminas inmaduras rosa intenso; pie delgado, un poco atenuado en la base, anillo fugaz, frágil; la carne enrojece al corte; olor agradable, fúngico; esp. ovales o elipsoidales, 7-10 x 5-6 µ. **Hábitat**: V-X; en prados adobados, jardines, cultivos y campos; frecuente. **Nota**: Esta especie forma a menudo grandes corros de brujas. Es bastante variable. **Confusiones**: *Agaricus xanthoderma* (tóxico, p. 72), *A. arvensis* (p. 66), *A. bisporus* (p. 60).

Comestible, especie culinaria muy conocida, comercializada.

Agaricus spissicaulis RL 3

Agaricus spissicaulis F. H. Moeller

Caracteres: Sombrero de 4-8 cm de ancho, blanquecino, con escamas en tonos claros, amarillentos o parduscos, centro a menudo aplanado; pie rechoncho, claviforme o atenuado, anillo delgado, colgante, adnato; carne relativamente compacta, enrojece levemente; olor de imperceptible a almendrado; esp. redondeadas, 5-7 x 4-5,5 µ. **Hábitat**: VI-IX; en prados, márgenes de caminos herbosos, parques, en pequeños grupos entre matorrales; raro. **Nota**: Esta especie no es fácil de reconocer. Una característica importante son las aristas blancas, flocosas, con los cistidios observables con una lupa. **Confusiones**: *Agaricus bitorquis* (p. 60), *A. campestris* (ctro.).

Comestible, buena especie culinaria, de carne compacta; a causa de su rareza debe ser protegida.

Agaricus subperonatus

Agaricus subperonatus (J. E. Lange) Singer

Caracteres: Sombrero de 6-10(12) cm de ancho, gris blanquecino sucio o pardusco, a menudo con escamas más oscuras, imperceptibles y concéntricas; pie cilíndrico, por lo general largo, con anillo colgante, adherido, por debajo del cual, en la zona anular, típicamente presenta un cinturón o restos escamosos del velo; la carne se torna rosada al corte; olor de imperceptible a afrutado, dulce, no siempre agradable; esp. cortamente elipsoidales, 6-8(9) x 4,5-6 μ; las aristas de las láminas presentan cistidios. **Hábitat**: V-X; en bosques, sobre suelos ricos en humus (p. ej. bajo chopos), en parques y jardines; raro. **Nota**: En ocasiones crece en fascículos. **Confusiones**: Variedades de *Agaricus bisporus* (p. 60), también *A. vaporarius* por el anillo adherido.

Comestible; por su rareza, protegido.

Agárico de los bosques

Agaricus silvaticus Schaeff.

e. Basoetako azpibeltz, *g.* Bola da neve dos bosques, *in.* Red-staining mushroom

Caracteres: Sombrero de 4-8(10) cm de ancho, pardusco claro, con escamas aplicadas, oscuras, concéntricas, también casi liso, poco carnoso; pie más claro que el sombrero, delgado, finamente flocoso o pulverulento, con anillo colgante, parcialmente plegado; la carne se torna color rojo intenso; olor imperceptible, agradable; esp. ovales, 4,5-6 x 3-4 μ. **Hábitat**: VII-X; en bosques de coníferas y planifolios, sobre todo bajo píceas y hayas, sobre suelos calcáreos o parecidos; frecuente. **Confusiones**: *Agaricus phaeolepidotus* (tóxico, p. 72), *A. augustus* (p. 66), *A. lanipes* (abajo), sólo en suelos calcáreos: *A. langei*.

Comestible, pero por su carne fina poco aprovechable.

Agaricus lanipes

Agaricus lanipes (F. H. Moeller & Jul. Schaëf.) Singer

Caracteres: Sombrero de 4-10 cm de ancho, pardo rojizo oscuro, con anchas escamas aplicadas que a veces revelan el fondo claro, centro aplastado, relativamente carnoso; pie más claro que el sombrero, con anillo colgante, fibroso por arriba, por debajo flocoso-apendiculado, con escamas oscuras en la base a menudo bulbosa; la carne enrojece al corte, en la base amarillea; olor imperceptible, almendrado sólo en la base; esp. elipsoidales, 6-7 x 4-4,5 μ. **Hábitat**: VIII-X; en bosques de coníferas y planifolios, sobre todo bajo hayas, robles o pinos, sobre suelos arenosos; localmente frecuente. **Confusiones**: *Agaricus silvaticus* (ctro.), sólo en suelos calcáreos: *A. langei*.

Comestible, buena especie culinaria pero a menudo invadida por gusanos.

Agárico augusto

Agaricus augustus Fr. Sin.: *A. perraus*
g. Bola de neve, *in.* Prince cap

Caracteres: Sombrero de 10-25 cm de ancho, con el centro pronto aplanado, con densas escamas amarillas o marrón oscuro, sobre fondo más claro; láminas inmaduras color crema claro o rosa grisáceo; pie delgado, con escamas flocosas por debajo del ancho anillo colgante; la carne amarillea al ser presionada; olor de anís a almendras amargas; esp. de elipsoidales a ovales, 7-9 x 4,5-6 μ. **Hábitat**: (VII)VIII-X; en bosques de coníferas y planifolios, márgenes y caminos, bajo matorrales en parques, sobre suelos calcáreos y arenosos; de disperso a relativamente frecuente. **Confusiones**: *Agaricus phaeolepidotus* (tóxico, p. 72), *A. silvaticus* (p. 64), V. también *Macrolepiota procera* (p. 32).
Comestible; por su gran tamaño muy aprovechable, al envejecer carne algo tenaz. Al prepararlo pierde el olor anisado.

Bola de nieve

Agaricus arvensis Schaeff.
c. Bola de neu, *e.* Azpibeltza, *g.* Rocha, *in.* Horse mushroom

Caracteres: Sombrero de 5-15 cm de ancho, joven con el centro aplanado, carnoso, cutícula de sedosa a fibrosa-agrietada; láminas inmaduras en tonos grises; pie blanco, cilíndrico o bulboso, con anillo colgante, provisto de cenefa en forma de rueda dentada por debajo; la carne amarillea al ser presionada; olor anisado o terroso; esp. elipsoidales, 6,5-8 x 4,5-5,5 μ. **Hábitat**: V-X; por lo general no en bosques, en cultivos, pastos y prados adobados, parques y jardines, en grupo o en fascículo; muy frecuente. **Confusiones**: *Agaricus xanthoderma* (tóxico, p. 72), *A. fissuratus* (abajo), *A. silvicola* y *A. essetei* (p. 68).
Comestible, buena especie culinaria. El componente anisado, no del gusto de todo el mundo, se pierde al prepararlo.

Agaricus fissuratus

Agaricus fissuratus (F. H. Moeller) F. H. Moeller

Caracteres: Sombrero de 5-10 cm de ancho, blanquecino, amarillo paja o pardusco claro, cutícula pronto agrietada en finas escamas; láminas inmaduras en tonos grises, como en *A. arvensis*; pie blanco u ocre claro, glabro o flocoso por debajo del anillo, anillo estrellado por la parte inferior; la carne amarillea al ser presionada, en el pie se torna azafranada; olor y sabor anisado; esp. elipsoidales, 7-9 x 4,5-5,5 μ. **Hábitat**: VIII-X; prados adobados con ovejas y vacas próximos a la costa, a veces también en tierras de interior; localmente extendido y raro. **Nota**: La foto fue tomada en un prado costero de la isla danesa de Bornholm. **Confusiones**: *Agaricus arvensis* (ctro.), otras variantes de la especie A. *arvensis*.
Comestible, buena especie culinaria, V. *Agaricus arvensis*.

Agaricus essetei

Agaricus essetei Bon Sin.: *A. abruptibulbus*

Caracteres: Sombrero de 6-12 cm de ancho, blanco, relativamente carnoso, forma inmadura típicamente acampanado-cónica, superficie sedosa, con fibras finas o incluso flocosa; láminas inmaduras en tonos grises; pie delgado, finamente flocoso, con anillo membranoso, delgado, colgante, base abruptamente engrosada y provista de volva periférica; la carne amarillea en las zonas heridas; olor anisado; esp. elipsoidales, 6-7,5(8) x 4-5,5 μ. **Hábitat**: VII-X; preferentemente en bosques de píceas, aunque también bajo hayas, por lo general aislado; relativamente frecuente. **Confusiones**: *Agaricus xanthoderma* (tóxico, p. 72), *A. silvicola* (ctro.), *A. arvensis* (p. 66), V. también *Amanita virosa*, con láminas blancas (mortal, p. 20).

Comestible, especie culinaria de la calidad de *Agaricus arvensis*.

Champiñón anisado

Agaricus silvicola (Vittad.) Sacc.

c. Bola de neu anisada, *e.* Anis azpibeltz

Caracteres: Sombrero de 4-8(10) cm de ancho, blanco, amarillea al madurar, carne un tanto tenaz, pronto se aplana, cutícula totalmente glabra o finamente sedosa; láminas inmaduras en tonos grises; pie blanquecino, delgado, glabro, base levemente claviforme, pero no engrosada, anillo membranoso, delgado, colgante, sencillo o con una segunda capa fugaz; la carne se torna amarilla o verdosa al presionarla; olor y sabor anisado; esp. cortamente elipsoidales, 5-6,5 x 3,5-4 μ. **Hábitat**: (VI)VIII-X; en bosques de coníferas o planifolios, sin necesidad de un tipo concreto de suelo, por lo general aislado; relativamente frecuente. **Confusiones**: *Agaricus xanthoderma* (tóxico, p. 72), *A. essetei* (arriba), ejemplares pequeños de *A. arvensis* (p. 66).

Comestible, aunque poco aprovechable por la delgadez de la carne; valor culinario. V. *A. arvensis*.

Champiñón gigante

Agaricus macrosporus (F. H. Moeller & Jul. Schäff.) Pilát

g. Bola de neve dentada, *in.* Big fat mushroom

Caracteres: Sombrero de 15-25(50) cm de ancho, blanco, amarillento coráceo al madurar, carnoso, superficie glabra o finamente flocosa; láminas inmaduras en tonos grises; pie blanco, con la superficie finamente flocosa, anillo colgante, estrellado o escamoso por debajo; la carne no amarillea, en el pie se torna algo azafranada; olor de anisado a almendrado; esp. elipsoidales, 8,5-12,5 x 5,5-6,5 μ. **Hábitat**: VIII-X; en zonas herbosas (prados, pastos), sobre todo en piso montano y alpino; localmente extendido, relativamente raro. **Nota**: Esta especie es realmente gigante en comparación con las demás. Se distingue de su pariente cercano *Agaricus arvensis* por el tamaño de las esporas. **Confusiones**: *A. arvensis* (p. 66).

Comestible, muy aprovechable, aunque especie a proteger.

Agaricus semotus

Agaricus semotus Fr.

Caracteres: Sombrero de 2-4 cm de ancho, carne delgada, con escamas filiformes rojo vinosas que se espesan hacia el centro, sobre fondo blanquecino; pie más claro que el sombrero, con anillo delgado, la base se vuelve inmediatamente ocre amarillenta al ser dañada; la carne se torna dorada o naranja amarillenta al roce; olor de anís a almendras amargas; esp. cortamente elipsoidales, 4-5(5,5) x 2,5-3,5 µ. **Hábitat**: VII-IX; en bosques de coníferas y mixtos, especialmente bajo pinos y píceas, sobre suelo calcáreo; relativamente frecuente. **Nota**: Esta especie fue encontrada por el autor en las Islas Baleares bajo pinos carrascos (*Pinus halepensis*), sobre suelo calcáreo. La foto fue tomada en Berlín (suelo arenoso). **Confusiones**: *Agaricus dulcidulus* (ctro.), ligeramente más grande: *A. porphyrizon*.

Comestible, aunque por su tamaño no es muy bueno como especie culinaria.

Agaricus dulcidulus

Agaricus dulcidulus Schulzer

Caracteres: Sombrero de 2-4,5 cm de ancho, prácticamente blanco con pocas escamas o fibras parduscas moradas, al madurar de amarillento a ocre, de carne delgada; pie blanquecino, delgado-claviforme, al menos bulboso, casi glabro, con anillo membranoso, duro y colgante; la carne amarillea, en la base se torna color cromo al roce; olor suave a anís, en la base a almendras amargas; esp. cortamente elipsoidales, 4,5-5 x 3,5-4 µ. **Hábitat**: VI-X; sobre todo en bosques de planifolios, por lo general aislado; raro, localmente extendido. **Confusiones**: *Agaricus semotus* (arriba), *A. comtulus* (abajo).

Comestible, pero no especie culinaria; por su rareza se debe proteger.

Agaricus comtulus

Agaricus comtulus Fr.

Caracteres: Sombrero de 1,5-3(4) cm de ancho, blanco con el centro amarillo ocre o pardusco, superficie finamente sedosa, nunca cubierto por escamas coloreadas, de carne delgada; láminas inmaduras rosa “floral”, pronto rosa grisáceo y finalmente marrón; pie de blanco a cárneo, cilíndrico, con anillo colgante, fugaz; la carne no amarillea o sólo levemente; olor a almendras amargas sobre todo en la base; esp. cortamente elipsoidales, 4,5-5,5 x 3-3,5 µ. **Nota**: Es la especie más pequeña de su género. Se descubre que es un champiñón al ver las láminas marrones, libres. **Hábitat**: VIII-X; siempre fuera del bosque, en herbazales abonados o cañadas, aparece en grupos pequeños; raro. **Confusiones**: *Agaricus campestris* (p. 62), *Stropharia coronilla* (tóxica, p. 328).

Comestible, pero no especie culinaria (V. más arriba).

Champiñón amarilleante

Agaricus xanthoderma Genev.

c. Bola de neu pudent, *e.* Azpibeltz tintausain-ari, *g.* Bola de neve mareante, *in.* Yellow staining agaricus

Caracteres: Sombrero de 4-12(15) cm de ancho, blanco cal, también con tonos tierra (var. *griseus, terricolor*), cutícula a menudo agrietada radialmente, parte central típicamente aplanada; láminas inmaduras a veces rosa "floral", pero por lo general rosa grisáceo; pie blanco, delgado, con o sin bulbo, con anillo colgante, con aristas en la parte inferior; la carne amarillea al presionarla, en la base se torna color cromo; olor a desinfectante (carbol) o a tinta; sabor repelente; esp. cortamente elipsoidales, 5,5-6,5 x 3,5-4,5 µ. **Nota**: En ocasiones el típico olor es suave. Hace falta un poco de práctica para identificarlo. **Hábitat**: V-X; en bosques de coníferas y planifolios, parques, jardines, prados; frecuente. **Confusiones**: *Agaricus arvensis* (p. 66), *A. essetei* y *A. silvicola* (p. 68).

Tóxico; causa graves trastornos digestivos ligados a náuseas y vómitos, aunque no a todo el mundo. El alcohol puede acentuar la intoxicación, cuya gravedad varía según las personas.

Agaricus praeclaresquamosus

Agaricus praeclaresquamosus A. E. Freeman Sin.: *A. meleagris*

Caracteres: Sombrero de 5-12 cm de ancho, superficie con pequeñas escamas grises o negruzcas sobre fondo claro (que recuerdan al plumaje de la gallina de Guinea); todos sus demás caracteres, sobre todo el típico olor a carbol y el amarillear de la carne, esp. en el bulbo, son como los de *A. xanthoderma* blanco normal. **Hábitat**: VIII-X; en bosques de coníferas y planifolios, parques; relativamente raro.

Tóxico; V. *A. xanthoderma* (arriba).

Agaricus phaeolepidotus RL R

Agaricus phaeolepidotus (F. H. Moeller) F. H. Moeller

Caracteres: Sombrero de 5-10 cm de ancho, la cutícula marrón pronto se estría en finas escamas aplicadas y deja al descubierto un fondo blanquecino, la zona apical permanece por lo general marrón oscuro; pie blanquecino, glabro, con la base más o menos bulbosa, anillo colgante, teñido de marrón por la parte inferior, con un canto afilado alrededor (como *Agaricus xanthoderma*); la carne amarillea, a veces levemente; olor a carbol aunque a veces suave; esp. elipsoidales, 5-6 x 3,5-4 µ. **Hábitat**: VII-IX; en bosques de planifolios y mixtos, bajo matorrales en parques; raro. **Confusiones**: Con carne que vira a rojo: *Agaricus silvaticus* (p. 64), con carne que amarillea y olor a anís: *A. augustus* (p. 66).

Tóxico; V. *A. xanthoderma*.

Género **Tricholoma**
Fam. Tricholomataceae

Sombreros secos o glutinosos, glabros o escamosos; láminas que llegan hasta el pie (formando una foseta); pie por lo general no armillado, a veces con cortina hilachosa; espp. blanca, inamiloide; esp. redondeadas o elipsoidales, lisas, sin p. g.; tr. regular; micorrizógeno; algunas especies son tóxicas.

Seta de los caballeros **RL 3**

Tricholoma equestre (L.: Fr.) P. Krumm.
Sin.: *T. flavovirens, T. auratum*
c. Verderol, *e.* Zaldun-ziza orrihoria, *g.* Tortullo dos cabaleiros, *in.* Yellow knight

Caracteres: Sombrero de 4-10 cm de ancho, amarillo brillante, verde amarillento o verdoso pardusco, cutícula glabra o finamente escamosa, glutinosa, y en consecuencia, a veces con arena adherida; láminas amarillento claro o azufre; pie blanquecino o amarillento; carne blanca; olor y sabor agradable, a harina; esp. elipsoidales, 6-8 x 3,5-5 µ. **Hábitat**: IX-XI; en bosques de planifolios y coníferas, sobre todo en suelos arenosos, pinares ricos en líquenes; localmente frecuente. **Confusiones**: *Tricholoma sulphureum* (tóxico, p. 76), *T. sejunctum* (potencialmente tóxico, ctro.).
Comestible; aunque sospechoso de haber causado atrofia muscular y casos mortales en Francia (NEJM 345 (11): 789, 2001).

Tricoloma amarillo **RL 3**

Tricholoma sejunctum (Sowerby: Fr.) Quél.
e. Ziza berdebeltz, *in.* Separating tricholoma

Caracteres: Sombrero de 3-8(10) cm de ancho, amarillo oliváceo, verdoso, verde grisáceo, en ocasiones con fibras radiales, cutícula de fibrosa a finamente escamosa, glutinosa; láminas blanquecinas, a menudo con las aristas amarillentas; pie blanco; olor a harina; sabor entre suave y amargo; esp. 5-7 x 4,5-5 µ. **Hábitat**: IX-X; en bosques de planifolios, y sobre todo de coníferas, bajo hayas, píceas y pinos; disperso. **Nota**: La variedad que habita bosques de planifolios se denomina *coryphaeum*. **Confusiones**: *Tricholoma equestre* (arriba), *T. joachimii* (abajo).
Potencialmente tóxico, es comestible en algunos lugares.

Tricholoma joachimii

Tricholoma joachimii Bon & A. Riva

Caracteres: Sombrero de 4-8(12) cm de ancho, verde oliváceo, pardo oliváceo; cutícula con fibras radiales o finamente escamosa, glutinosa; láminas blanquecinas; pie del mismo color que el sombrero, con escamas fibrilosas y el ápice más claro; esp. 6-8(9) x 5-6 µ. **Hábitat**: VIII-X; en bosques de coníferas y mixtos, bajo píceas o pinos, sobre suelo calcáreo; raro. **Confusiones**: *Tricholoma sejunctum* (ctro.), *T. fucatum* (incomestible).
Valor culinario desconocido, quizás incomestible (p. 76).

Capuchina, Tricoloma portentoso RL 3

Tricholoma portentosum (Fr.) Quél.

c. Fredolic gros, *e.* Ziza beltz, *in.* Dingy agaric

Caracteres: Sombrero de 4-10 cm de ancho, gris claro u oscuro, a menudo con típicas fibras radiales negras, glutinoso; láminas blanquecinas, pronto con un reflejo amarillo verdoso; pie blanco, al madurar con algunas zonas amarillo verdosas; olor agradable a harina; sabor a harina, suave; esp. 5-6 x 4-5 µ. **Hábitat**: IX-XII; en bosques de coníferas ricos en líquenes o musgo, bajo píceas y pinos, sobre todo en suelo arenoso; localmente frecuente. **Nota**: Algunos años aparece todavía en diciembre. **Confusiones**: *Tricholoma virgatum* (tóxico, p. 92), *T. zooides* (tóxico, p. 92), *T. luridum* (incomestible).

Comestible, especie culinaria de buena calidad.

Tricoloma azufrado

Tricholoma sulphureum (Bull.: Fr.) P. Kumm.

c. Groguet pudent, *e.* Kirats-ziza hori, *g.* Tortullo fedento, *in.* Sulphur knight

Caracteres: Sombrero de 3-8 cm de ancho, amarillo azufre (cuando presenta tonos lilas: es denominado var. *bufonium*), por lo general glabro, seco, sedoso; láminas amarillo azufre, espesas, distantes; pie del color del sombrero o con fibras algo más oscuras; carne amarillo azufre (la seta de los caballeros la tiene blanca); olor desagradable a carburo o gas; esp. relativamente grandes, elipsoidales, 9-12 x 5-7 µ. **Hábitat**: VII-X; en bosques de coníferas y planifolios, sin necesidad de un tipo concreto de suelo; muy frecuente. **Confusiones**: es el típico doble peligroso de la Seta de los caballeros (p. 74).

Tóxico; en crudo es venenoso por las sustancias hemolíticas que contiene y cocinado no puede comerse por su mal sabor.

Tricholoma inamoenum

Tricholoma inamoenum (Fr.: Fr.) Gillet

Caracteres: Sombrero de 3-6 cm de ancho, blanquecino, marfil o coriáceo, poco carnoso, cutícula glabra, seca, mate-sedosa; láminas blanquecinas, en ocasiones con las aristas negruzcas, distantes y muy adnatas; pie blanquecino, relativamente delgado, de cilíndrico a claviforme; olor dulzón o levemente a gas (parecido al de *T. sulphureum*); esp. relativamente grandes, elipsoidales, 8-11 x 6-7,5 µ. **Hábitat**: VIII-X; en bosques de coníferas sobre todo montañosos, especialmente sobre suelos calcáreos; si se dan las condiciones adecuadas aparece en grupos numerosos; puede crecer en fascículos; localmente frecuente. **Confusiones**: *Tricholoma album* (incomestible, p. 78), *T. columbetta* (p. 78), ejemplares blancos de *T. saponaceum* (ligeramente tóxico, p. 78).

Tricoloma album

Tricholoma columbetta (Fr.) P. Kumm.
c. Llenega blanca, *e.* Ziza usozuri, *g.* Tortullo branco, *in.* Blue spot knight

Caracteres: Sombrero de 3-8 cm de ancho, de blanquecino marfil o amarillento coráceo, algo carnoso, cutícula seca, mate, margen a menudo dentado; láminas blanquecinas, espesas, de anchura diversa; pie blanquecino, a menudo con manchas herrumbrosas, relativamente delgado en comparación con el sombrero, de superficie mate; olor desagradable, dulzón, recuerda al de *Amanita phalloides*, levemente harinoso al cortarlo; sabor primero amargoso y muy picante al masticarlo; esp. elipsoidales, 5,5-7 x 3,5-4 µ. **Hábitat**: IX-X; en bosques de planifolios y mixtos, sobre todo bajo abedules, hayas y robles; algunos años relativamente frecuente. **Confusiones**: *Tricholoma inamoenum* (incomestible, p. 76), *T. columbetta* (ctro.), ejemplares blancos de *T. saponaceum* (ligeramente tóxico, abajo).

Palomita

Tricholoma columbetta (Fr.) P. Kumm.

Caracteres: Sombrero de 5-10 cm de ancho, blanco, en el centro pronto ocráceo, de carne relativamente fina, cutícula sedosa, en tiempo húmedo algo glutinosa, pero se seca pronto; láminas blancas, finas, densas; pie blanco, con fibras longitudinales sedosas, con manchas azuladas en la base atenuada; olor imperceptible; sabor suave, a veces algo harinoso; esp. ovoides o amigdaliformes, 5-6 x 4-5,5 µ. **Hábitat**: VIII-X; en bosques de planifolios y mixtos, bajo abedules, hayas o robles, sobre suelos calcífugos pero no muy ácidos; disperso. **Confusiones**: *Tricholoma album* (incomestible, arriba), *T. inamoenum* (incomestible, p. 76), ejemplares blancos de *T. saponaceum* (ligeramente tóxico, abajo).

Tricoloma saponáceo

Tricholoma saponaceum (Fr.) P. Kumm.
e. Ziza xaboiusain

Caracteres: Sombrero de 4-10 cm de ancho, de tonos muy variables: negruzco, gris, amarillo oliváceo, verdoso e incluso blanco, los ejemplares oscuros siempre tienen el margen más claro, relativamente carnoso, cutícula glabra y lisa, raras veces con finas escamas, no glutinoso; láminas amarillentas o blanquecino sucio, algo gruesas y distantes; pie más claro que el sombrero, fibroso o escamoso; la carne enrojece; al madurar exhala olor a jabón; sabor suave, rara vez algo harinoso; esp. 5-6 x 3-4 µ. **Hábitat**: IX-XI; en bosques de planifolios y coníferas, sin necesidad de un tipo de suelo concreto; frecuente. **Confusiones**: Diversas especies de *Tricholoma*, dependiendo de la coloración. Se debe tener en cuenta el olor a jabón y el enrojecimiento de la carne. **Nota**: La fotografía muestra la variante más habitual.

Levemente tóxico, ocasiona fuertes náuseas y vómitos. Crudo contiene sustancias hemolíticas.

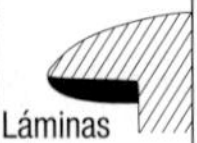
Láminas adnatas

Esporada blanca

Pie grueso

Tricholoma luteovirens

RL 2

Tricholoma luteovirens (Alb. & Schwein.: Fr.) Ricken
Sin.: *T. apium*

Caracteres: Sombrero de 4-8(10) cm de ancho, de joven blanquecino, se va volviendo de amarillo oliváceo a pardusco, cutícula seca, fibrosa o granuloso-escamosa, hasta escabrosa; láminas blanquecino sucio, con un reflejo amarillento al madurar; pie primero blanquecino, luego amarillento hasta pardusco, algo fibrilloso; carne blanca sólo al principio, al madurar amarillo cromo o amarillo parduscas, sensible al roce; olor a apio o parecido (var. *helviodor*); sabor suave; esp. redondeadas, muy pequeñas, 3-5 x 3-4 µ. **Hábitat**: VIII-X; en bosques de coníferas, bajo píceas y pinos, posiblemente en micorriza con pinos; raro. **Confusiones**: fácil de reconocer a causa de su peculiar olor, ya que el olor a apio no es muy común entre hongos.
Comestible, se puede usar como condimento.

Tricoloma imbricado

Tricholoma imbricatum (Fr.: Fr.) P. Kumm.
e. Ziza marroi-ezkatatxiki

Caracteres: Sombrero de 3-8 cm de ancho, marrón claro u oscuro, por lo general con algunas franjas rojas, rara vez con el fondo también amarillo oliváceo, cutícula seca, rota en finas escamas, zona apical típicamente umbonada; láminas blanquecino crema, con manchas herrumbrosas al madurar; pie por lo general pardusco pálido con el ápice más claro, el cambio de tono es paulatino, superficie crustácea; carne blanca, pardusca hacia la base; olor inapreciable, no harinoso; sabor suave o amargo; esp. 5-8 x 4-5 µ. **Hábitat**: IX-XI; en bosques de coníferas, sobre todo bajo pinos, menos bajo píceas, preferentemente sobre suelo arenoso; localmente frecuente. **Confusiones**: *Tricholoma albobrunnum* (tóxica, p. 84), *T. fulvum* (p. 82), *T. vaccinum* (incomestible, abajo), *T. psammopus* (incomestible).
Comestible, ¡pero sólo cuando tiene sabor suave!

Tricoloma rojizo

Tricholoma vaccinum (Pers.: Fr.) P. Kumm.
e. Ziza behigorri, *in.* Scaly tricholoma

Caracteres: Sombrero de 3-8 cm de ancho, pardo rojizo claro u oscuro, cutícula seca, de fibrosa a escamosa-apendiculada, con el margen barbado; láminas de blanquecinas a cárneas, al madurar se manchan de herrumbroso, algo distantes; pie pardo rojizo, con fibrillas, pronto hueco y en consecuencia quebradizo; la carne se torna pardusca; por lo general olor a tierra, al cortarlo harinoso; sabor amargo; esp. 5-6,5 x 4,5-5 µ. **Hábitat**: VIII-X; en bosques de coníferas, sobre todo bajo píceas, preferentemente sobre suelo calcáreo; localmente frecuente. **Confusiones**: *Tricholoma imbricatum* (ctro.), otras especies de tricoloma de tonos marrones (¡algunas pueden ser tóxicas!).
Incomestible a causa de su sabor amargo.

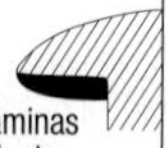

Láminas adnatas

Esporada blanca

Pie grueso

Tricholoma fulvum

Tricholoma fulvum (DC.: Fr.) Sacc. Sin.: *T. flavobrunneum*

Caracteres: Sombrero de 4-8 cm de ancho, de pardo amarillento a pardo rojizo oscuro, cutícula glutinosa, apenas escamosa, fibrosa, margen con venas marcadas; láminas amarillo claro, parduscas al madurar; pie pardo amarillento, con fibrillas marrones, más claro en la parte superior, amarillea al roce; carne amarillenta; olor claramente a harina; sabor harinoso, suave; esp. 5-7,5 x 4-5 μ. **Nota**: El típico tono amarillo de las láminas sólo se percibe al seccionarlas cuando son viejas. **Hábitat**: VIII-X(XI); en bosques mixtos bajo abedules, rara vez en bosques exclusivamente de píceas; sobre suelos ácidos; no es raro. **Confusiones**: *Tricholoma albobrunneum* (tóxico, p. 84), *T. imbricatum* (p. 80).
Comestible, se debe calentar bien, si no puede provocar trastornos digestivos.

Tricholoma populinum

Tricholoma populinum J. E. Lange

Caracteres: Sombrero de 6-12 cm de ancho, de marrón claro a pardo rojizo, con algunas franjas rojas, carnoso, cutícula glutinosa, glabra; láminas blanquecinas, al madurar parduscas; pie blanquecino, consistente; olor y sabor a harina, suave, amargo al madurar; esp. 5-6,5 x 3,5-4 μ. **Hábitat**: IX-XI; por lo general no en bosques, en parques, siempre bajo chopos (sobre todo *Populus nigra*), a veces crece en fascículos o en grandes grupos; localmente frecuente. **Confusiones**: *Tricholoma albobrunneum* (tóxico, p. 84), *T. pessundatum* (tóxico, p. 84), *T. ustale* (abajo).
Comestible, se deben consumir sólo ejemplares jóvenes, pues los maduros acostumbran a ser amargos. La cocción previa puede mejorar el sabor.

Tricholoma ustale

Tricholoma ustale (Fr.: Fr.) P. Kumm.

Caracteres: Sombrero de 3-8 cm de ancho, marrón castaño, algo oliváceo hacia la zona apical, cutícula muy glutinosa, típicamente reluciente cuando está seca, glabra y lisa; láminas blanquecino crema, pronto pardo herrumbrosas, a menudo negruzcas como quemadas al madurar; pie más claro que el sombrero, con hilachos parduscos, pronto se torna hueco; carne blanquecina, a veces roja al corte; olor imperceptible, al cortarlo desprende olor algo harinoso, sabor de suave a levemente amargo; esp. 5-7 x 4-5,5 μ. **Nota**: Algunos ejemplares viejos o secos pueden ser totalmente pardo negruzcos. **Hábitat**: VIII-IX; en bosques de planifolios, sobre todo bajo hayas (*Fagus sylvatica*), preferentemente sobre suelo calcáreo; localmente frecuente. **Confusiones**: *Tricholoma albobrunneum* (tóxico, p. 84), *T. pessundatum* (tóxico, p. 84), *T. populinum* (ctro.).
Comestible, pero de sabor mediocre.

Tricholoma albobrunneum RL 3

Tricholoma albobrunneum (Pers.: Fr.) P. Kumm. Sin.: *T. striatum*

Caracteres: Sombrero de 3-6(8) cm de ancho, pardo rojizo, monocromo o con fibras radiales adnatas, negruzcas; margen a menudo dentado, cutícula glutinosa; láminas blancas, rojizas al presionarlas, por lo general manchadas de rojo al madurar; pie joven blanco, pronto se torna pardo rojizo a partir de la base, el ápice permanece blanco más tiempo; carne blanca, enrojece lentamente al presionarla; olor harinoso; sabor primero suave, al masticarlo amargo (no siempre); esp. 4,5-5,5(6) x 3-3,5(4) µ. **Hábitat**: IX-X(XI); en bosques de coníferas, sobre todo en pinares de suelo arenoso y rico en líquenes, comparte hábitat con la Seta de los caballeros y la Capuchina; localmente frecuente, si no raro. **Confusiones**: *Tricholoma pessundatum* (tóxico, ctro.), *T. fracticum* (p. 86), *T. populinum* (p. 82).

Tóxico, causa molestias digestivas ligadas a náuseas y vómitos que disminuyen al cabo de un día.

Tricholoma pessundatum

Tricholoma pessundatum (Fr.) Quél. Sin.: *T. tridentinum*

Caracteres: Sombrero de 5-12 cm de ancho, marrón, con más o menos zonas rojizas, cutícula mucilaginosa, monocroma, a menudo con manchas oscuras, redondas, distribuidas concéntricamente, margen con marcadas venas; láminas blanquecinas, al madurar manchadas de rojo; pie más claro que el sombrero, pardusco, con el ápice más claro y la superficie levemente dibujada en zigzag; carne blanca, algo pardo rojiza al presionarla; olor harinoso; sabor de suave a amargo; esp. 5-6 x 3-4 µ. **Hábitat**: IX-X; en bosques de coníferas, sobre todo bajo pinos, sobre suelos arenosos y calcáreos, raro. **Confusiones**: *T. albobrunneum* (tóxico, arriba), *T. ustale* y *T. populinum* (p. 82).

Tóxico, efectos tóxicos V. arriba.

Tricoloma anaranjado

Tricholoma aurantium (Schaeff.: Fr.) Ricken

Caracteres: Sombrero de 5-10 cm de ancho, rojo anaranjado vivo o naranja pardusco, cutícula viscosa, de joven con gotitas color ámbar; láminas blancas o crema, rojizas al roce; pie pardusco anaranjado, escamoso-granuloso y con las mismas gotitas que el sombrero, con una zona anular viscosa, por encima de la cual presenta una franja blanca; carne blanca, roja o cárnea en la parte inferior del pie; olor harinoso; sabor harinoso y amargo; esp. 4-5,5 x 3-4 µ. **Hábitat**: VIII-X; en bosques de coníferas y mixtos, bajo píceas, sobre suelos calizos; localmente frecuente (p. ej. en el sur de Alemania). **Confusiones**: poco probables a causa del color llamativo; V. *Cystoderma terrei* (p. 118).

Incomestible a causa del sabor amargo.

Tricholoma fracticum

RL 3

Tricholoma fracticum (Britzelm.) Kreisel
Sin.: *T. subannulatum, T. batschii*

Caracteres: Sombrero de 5-10(15) cm de ancho, pardo rojizo claro u oscuro, con el margen claro, carnoso, pronto aplanado, cutícula viscosa, glabra y lisa; láminas blancas, blanquecina grisáceas, con manchas pardas al madurar; pie con zona anular viscosa, a modo de anillo, por debajo del color del sombrero, ápice blanco; carne blanca, marronea un poco; olor harinoso; sabor harinoso y amargo; esp. 5-6,5 x 4-5 μ. **Hábitat**: IX-X; en bosques de coníferas y mixtos, crece normalmente bajo pinos sobre suelos calcáreos; relativamente raro. **Nota**: Esta especie crece a veces en invierno en la isla de Mallorca, muy numeroso bajo pinos carrascos. **Confusiones**: *Tricholoma albobrunneum* (tóxico, p. 84), *T. colosseum* (ctro.), *T. focale* (abajo).

Incomestible a causa del sabor amargo.

Tricholoma colossum

RL 2

Tricholoma colossum (Fr.) Quél.

Caracteres: Sombrero de 10-25 cm de ancho, pardo rojizo, con un largo margen blanquecino, involuto, muy compacto y carnoso, cutícula viscosa, glabra; láminas blanquecino-crema, finas en comparación con el grosor de la carne, con manchas pardas al madurar; pie muy compacto, de hasta 5 cm de ancho, con una zona anular fina y seca en la parte superior, la parte inferior oscurece pronto, pero el ápice permanece blanco mucho tiempo; carne blanca, vira lentamente a rojo asalmonado al cortarla; olor inapreciable; sabor suave, a veces amargo en ejemplares viejos; esp. relativamente grandes, 8-10 x 5,5-7 μ. **Hábitat**: IX-XI; en bosques de coníferas, bajo pinos sobre suelos calcáreos o arenosos; raro. **Confusiones**: *T. fracticum* (incomestible, arriba).

Comestible, pero no sabroso a causa de su contenido amargo. La carne gruesa es difícil de digerir. Por su escasez es una especie a proteger.

Tricholoma focale

RL 2

Tricholoma focale (Fr.) Ricken Sin.: *T. robustum*

Caracteres: Sombrero de 3-8(15) cm de ancho, rojizo pardusco, por incidencia de la luz oscurece paulatinamente, moderadamente carnoso, cutícula viscosa sólo de joven, con fibras radiales, casi escamosa; láminas blanquecino crema, rojizas al presionarlas; pie primero claro, pronto pardo rojizo, atenuado, con una zona anular fibroso-apendiculada más gruesa, debajo de ésta, flocoso, escamoso; carne blanca, roja al corte; olor y sabor a harina, no amargo; esp. 5-6,5(7) x 3-4 μ. **Hábitat**: IX-XI; en bosques de coníferas, bajo pinos sobre suelos arenosos secos, en dunas con pinos; raro. **Confusiones**: *Tricholoma fracticum* (incomestible, arriba), *T. caligatum* (p. 88).

Tóxico, causa náuseas, vómitos y diarrea.

Tricholoma caligatum

RL 2

Tricholoma caligatum (Viv.) Ricken Sin.: *T. matsutake*

Caracteres: Sombrero de 5-10(15) cm de ancho, con escamas gruesas, marrones o pardo grisáceas sobre fondo blanquecino, superficie casi seca; láminas blancas o amarillentas, muy densas; pie con anillo embudado, ascendente, membranoso, con bandas-escamas pardo rojizas por debajo; carne blanca, que amarillea con el tiempo; olor dulce, afrutado (a pera con notas de jazmín y canela); esp. 5-7,5 x 4,5-5,5 µ. **Hábitat**: IX-XI; eventualmente también a principios de verano; en pinares sobre suelos arenosos, en zonas de clima cálido; raro. **Nota**: Los ejemplares fotografiados fueron encontrados en diciembre en Mallorca bajo pinos carrascos. **Confusiones**: *Tricholoma focale* (tóxico, p. 86).

Comestible, sabroso; una de las especies preferidas en Japón, conocida como "matsu-take" (seta del pino).

Ratón, Negrilla

Tricholoma terreum (Schaeff.: Fr.) P. Kumm.

c. Fredolic, *e.* Ziza arre, *g.* Pel de rato, *in.* Grey agaric

Caracteres: Sombrero de 3-8 cm de ancho, de gris claro u oscuro a gris amarillento, a menudo con el margen claro, por lo general umbonado, de carne fina, cutícula seca, tomentoso-fibrosa; láminas gris blanquecinas, aristas del mismo color o negruzcas, afiladas, bastante distantes; pie blanco, gris blanquecino, glabro o con leves restos de velo en forma de telaraña; carne blanquecina, invariable; olor y sabor no harinoso, suave; esp. 5-8 x 4-5 µ. **Hábitat**: IX-XI; en bosques de coníferas y mixtos, bajo pinos, sobre suelos calcáreos o arenosos; frecuente, hacia finales del otoño a veces masivo. **Confusiones**: *T. tigrinum* (tóxico, p. 92), *T. argyraceum* (abajo), *T. orirubens* (p. 90).

Comestible, aunque no especialmente sabroso.

Tricholoma argyraceum

Tricholoma argyraceum (Bull.: Fr.) Sacc. Sin.: *T. scalpuratum*

Caracteres: Sombrero de 2-6 cm de ancho, plateado claro, gris o gris pardusco, de carne fina, cutícula seca, con fibras radiales o fibroso-escamoso, con umbón (papila) o romo; láminas blanquecinas, amarillean al madurar; pie blanco o blanquecino gris, glabro o recubierto por restos del velo en forma de telaraña; la carne blanquecina, amarillea con la edad; olor y sabor harinosos, rancio, suave; esp. 5-6 x 3-4 µ. **Hábitat**: V-XI; en bosques de coníferas y planifolios, prados, parques y jardines; frecuente. **Confusiones**: *Tricholoma terreum* (ctro.), *T. cingulatum* (p. 90). **Nota**: Esta especie es muy variable. Una variante más pequeña, con el sombrero umbonado, que se parece a *Inocybe*, se clasifica como var. *inocybeoides*.

Comestible, aunque no especialmente sabroso.

Tricoloma ceñido

RL 3

Tricholoma cingulatum (Fr.) Jacobasch

Caracteres: Sombrero de 3-6 cm de ancho, de gris claro o gris pardusco, de carne fina, cutícula seca, con fibras radiales sedosas o finamente escamoso, el margen por lo general presenta restos del velo blanquecinos, hilachosos y sedosos (parecido a la cortina de *Cortinarius*); láminas blanquecinas con un leve tono de gris, amarillean al presionarlas; pie pardo grisáceo claro, con anillo blanco flocoso-apendiculado, colgante a modo de manguito; la carne blanquecina amarillea con la edad; olor y sabor imperceptibles o levemente harinosos, suave; esp. 4,5-5 x 2,5-3 μ. **Hábitat**: IX-X; en bosques húmedos, zonas riparias, parques, bajo abedules y sauces; regularmente distribuido, pero raro. **Confusiones**: Parecidos pero sin anillo: *Tricholoma argyraceum* (p. 88), *T. terreum* (p. 88).

Comestible, sabor parecido al de *Tricholoma argyraceum*.

Tricholoma orirubens

RL 3

Tricholoma orirubens Quél.

Caracteres: Sombrero de 4-8 cm de ancho, con fibras oscuras sobre fondo claro, también finamente escamoso, margen más claro, poco carnoso, cutícula seca, casi siempre fibrosa; láminas gris blanquecinas que viran a rosa al secarse; pie blanquecino, con fibras más oscuras, base a veces manchada de azul; la carne blanquecina enrojece con el tiempo; olor y sabor harinosos, suave; esp. 5-6,5 x 4-5 μ. **Nota**: El típico enrojecimiento de la carne no se suele percibir hasta el día después de recogerlos. Los ejemplares que sólo enrojecen en la base están clasificados como var. *basirubens*. **Hábitat**: IX-XI; preferentemente en bosques de planifolios, bajo hayas (*Fagus sylvicola*), sobre suelo calizo, localmente no es raro. **Confusiones**: *Tricholoma tigrinum* (tóxico, p. 92), *T. terreum* (p. 88), *T. atrosquamosum* (abajo).

Tricholoma atrosquamosum

RL 3

Tricholoma atrosquamosum (Chevall.) Sacc.
Sin.: *T. squarrulosum*

Caracteres: Sombrero de 4-10 cm de ancho, pardo negruzco o gris negruzco, más claro hacia el margen, poco carnoso, cutícula seca, escuarrosa o apendiculada en escamas; láminas gris blanquecinas, densas, algo distantes, con o sin aristas negruzcas, dentadas; pie del mismo color que el sombrero o algo más claro, siempre escuarroso; carne blanquecina, invariable; olor típico a pimienta (o a *Asarum*), a veces sin olor, levemente harinoso al corte; sabor suave; esp. 6-8 x 3,5-5 μ. **Hábitat**: VIII-X; en bosques de coníferas, menos habitual de planifolios, bajo píceas o hayas, sobre suelo calizo, en especial en montañas; relativamente raro. **Confusiones**: *Tricholoma tigrinum* (tóxico, p. 92), *T. terreum* (p. 88), *T. orirubens* (ctro.).

Tricholoma tigrinum RL 3

Tricholoma tigrinum P. Kumm. Sin.: *T. pardinum, T. pardalotum*

Caracteres: Sombrero de 4-10 cm de ancho, gris acero o pardo grisáceo, bastante carnoso en el centro, cutícula seca, con escamas más o menos gruesas distribuidas concéntricamente; las láminas blanquecinas presentan gotitas en las aristas cuando son inmaduras; pie blanco, compacto, con gotitas acuosas en el ápice; carne blanca, invariable al cortarla; olor y sabor a harina, suave; esp. relativamente grandes, 8-10 x 5,5-7 µ. **Hábitat**: VIII-X; en bosques de coníferas y planifolios, bajo píceas, abetos, hayas o robles, sólo sobre suelos ricos en calcio; localmente no es raro, a veces en grupo. **Confusiones**: De carne fina y sin olor a harina: *Tricholoma terreum* (p. 88), *T. sciodes* (tóxico, abajo).

Tóxico, causa graves molestias en el estómago y los intestinos, cólicos, vómitos y diarrea. En el peor de los casos puede resultar mortal. Tiempo de latencia de 1/2-3 horas.

Tricoloma rayado RL 3

Tricholoma virgatum (Fr.: Fr.) P. Kumm.

c. Fredolic bord picant, *e.* Ziza ubelska-puntadun, *in.* Streaked tricholoma

Caracteres: Sombrero de 3-7 cm de ancho, plateado o gris ceniza, con fibras radiales más oscuras, de carne fina, con típico umbón apical, cutícula seca, lisa y glabra, aunque también puede estar rasgada en escamas filiformes; láminas gris claro, con el tiempo más oscuras, densas; pie blanquecino gris, más claro que el sombrero, con fibras longitudinales; carne blanquecina, invariable; olor imperceptible o a tierra; sabor amargo e inmediatamente después picante; esp. 6-7,5 x 5-6 µ. **Hábitat**: IX-X; en bosques de coníferas con píceas, sobre suelos ácidos; disperso. **Confusiones**: *Tricholoma portentosum* (p. 76), *T. sciodes* (tóxico, abajo).

Tóxico, causa molestias en el estómago y los intestinos, ligado a náuseas y vómitos. Tiempo de latencia de 1/2-3 horas. El efecto tóxico es más leve que en *T. tigrinum.*

Tricholoma sciodes

Tricholoma sciodes (Pers.) C. Martin

Caracteres: Sombrero de 3-8 cm de ancho, gris claro u oscuro, de carne relativamente fina, cutícula seca, sedosa, con fibras radiales o finamente escamosa; láminas gris blanquecinas, a menudo con las aristas dentadas, negruzcas; pie blanquecino gris, con fibras longitudinales (con escamas negras en el pie: var. *bresadolianum*); carne blanquecina, invariable; olor imperceptible, no harinoso; sabor amargoso, picante después de haberlo mascado; esp. 6-8 x 5-6 µ. **Hábitat**: IX-X; en bosques de planifolios, sobre todo bajo *Fagus sylvaticus* sobre suelos ácidos o calcáreos; disperso. **Confusiones**: En bosques de coníferas, con umbón apical: *Tricholoma virgatum* (tóxico, ctro.).

Tóxico, V. *Tricholoma virgatum* (ctro.).

Género **Melanoleuca**
Fam. Tricholomataceae

Parecido al género *Tricholoma*; sombreros secos, por lo general ligeramente viscosos, lisos, brillantes o acanalados, higrófanos; láminas blancas, blanquecinas u ocre claro; de escotadas a decurrentes; pie sin anillo, con carne a modo de corteza oscura; espp. blanca, color crema, amarillenta, amiloide; esp. elipsoidales, verrucosas, sin p. g. (fig. 26); tr. regular; cistidios fusiformes, pilosos o ahusentes (figs. 27, 28), con cristales en el ápice; hifas sin fíbulas; saprotróficos terrícolas.

Melanoleuca brevipes

Melanoleuca brevipes (Bull.: Fr.) Pat.

Caracteres: Sombrero de 3-8 cm de ancho, pardo grisáceo, pardo negruzco, pardo rojizo oscuro, descolorido al secarse; láminas ya inmaduras entre gris blanquecino y amarillento crema sucio; pie del mismo color que el sombrero, por lo general más corto que el diámetro del sombrero, con fibras longitudinales; carne blanquecina, que vira paulatinamente a marrón hacia la base; espp. blanquecino crema; esp. 7-10 x 5-6,5 µ.; cistidios fusiformes. **Hábitat**: IV-V y IX-XI; en márgenes de bosques, herbazales en jardines, ambientes ruderales y zonas arboladas; frecuente. **Confusiones**: Con láminas blancas y pie largo: *Melanoleuca melaleuca* (abajo).

Melanoleuca cognata

Melanoleuca cognata (Fr.) Honrad & Maubl.

Caracteres: Sombrero de 5-13 cm de ancho, ocre rojizo, cárneo o pardo rojizo, palidece irregularmente; láminas color crema claro, cárneas u ocre, nunca blancas; pie del mismo color que el sombrero o algo más claro, con fibras longitudinales; carne blanca, ocre claro al madurar; espp. blanquecina o crema; esp. 7-9,5 x 4,5-6 µ.; cistidios fusiformes. **Hábitat**: II-V, rara vez también en otoño; en bosques de coníferas y planifolios, parques; localmente frecuente. **Confusiones**: Otras *Melanoleuca* con las láminas totalmente blancas o blanquecinas.

Seta de caña

Melanoleuca melaleuca (Pers.: Fr.) Murril Sin.: *M. vulgaris*
e. Ugatz-ziza arrunta

Caracteres: Sombrero de 3-8 cm de ancho, gris negruzco o pardo negruzco, se descolore poco; láminas inmaduras totalmente blancas, durante bastante tiempo; pie marrón oscuro, agrietado-fibroso, por lo general más largo que el diámetro del sombrero; carne blanquecina, pardusca en la zona inferior del pie; espp. blanca; esp. 7-9,5 x 4,5-5,5 µ. **Hábitat**: IX-XI; en bosques de coníferas y planifolios, herbazales; relativamente frecuente. **Nota**: Las láminas blancas contrastan con el sombrero oscuro. **Confusiones**: Con el pie corto: *Melanoleuca brevipes*.

Melanoleuca subpulverulenta

Melanoleuca subpulverulenta (Pers) Métrod

Caracteres: Sombrero de 3-7 cm de ancho, de pardo grisáceo a pardo rojizo oscuro, a veces presenta manchas oscuras concéntricas, se descolora al secarse, cutícula joven claramente escarchada; láminas blanquecinas o crema, con brillo rosa; pie blanco o pardusco claro, a menudo pruinoso o finamente flocoso; carne blanquecina; espp. blanca; esp. 7-9(10) x 4,5-6(6,5) µ; cistidios pilosos. **Nota**: La típica cubierta escarchada puede desaparecer después de lluvias intensas. Con la edad también desaparece, dificultando así la identificación. **Hábitat**: VI-XI; en lugares herbosos del bosque, parques y jardines, sobre compost; relativamente raro. **Confusiones**: Con sombrero pruinoso, pero carne que vira a marrón y cistidios fusiliformes: *Melanoleuca excissa.*

Melanoleuca graminicola

Melanoleuca graminicola (Velen.) Kühner & Maire

Caracteres: Sombrero de 2-5(9) cm de ancho, de gris oscuro a pardo rojizo o pardo negruzco, de carne fina, se descolora bastante, cutícula lisa y glabra, típicamente brillante en algunas zonas (recuerda a *Rhodocollybia butyracea*); láminas de blanco a crema, muy densas; pie más claro que el sombrero, blanquecino cárneo, delgado, fibroso; carne blanquecina, invariable; olor suave a geranios o sin olor; espp. blanca; esp. 6,5-8,5 x 4,5-5,5 µ; sin cistidios. **Hábitat**: IX-XI; en bosques de coníferas y mixtos, en zonas herbosas o con matorrales; disperso. **Confusiones**: *Melanoleuca melaleuca* (p. 94). **Nota**: *Melanoleuca stridula* se parece, pero su carne se oscurece en el pie.

Melanoleuca strictipes

Melanoleuca strictipes (P. Karst.) Murrill
Sin.: *M. evenosa, M. subalpina*

Caracteres: Sombrero de 3-10 cm de ancho, blanco yeso, crema amarillento u ocráceo claro, monocromo o con el centro pardusco cárneo, cutícula lisa, sedosa mate, se agrieta bajo rayos de sol muy intensos; láminas blancas, muy densas, con las aristas finamente flocosas (cistidios, ¡lupa!); pie entre blanco y crema, delgado, con la base bulbosa, fibroso, también agrietado y en ocasiones torcido; carne blanca; olor fúngico, pronto dulzón, aromático pero no harinoso; espp. blanca; esp. 7,5-10,5 x 4-6 µ; cistidios fusiliformes, bastante largos. **Hábitat**: V-VI, también en otoño; en zonas herbosas de bosques de coníferas y planifolios, prados, pastos montañosos y alpinos; localmente no raro. **Nota**: Es una especie que crece en zonas alpinas de manera habitual, aunque también se puede encontrar en llanos. **Confusiones**: V. especies de *Tricholoma* blancas.

Género **Lyophyllum**
Fam. Tricholomataceae

Por lo general crecen en fascículo; con sombreros secos, lisos; láminas blancas o blanquecinas; carne a menudo elástica, que en ocasiones enrojece, azulea o ennegrece; espp. blanca, inamiloide; esp. redondeadas, elipsoidales, raramente triangulares, lisas o rugosas, sin p. g.; tr. regular; basidios siderófilos; saprotróficos terrícolas.

Lyophyllum decastes

Lyophyllum decastes (Fr.: Fr.) Singer Sin.: *L. agreggatum*

Caracteres: Sombrero de 3-15 cm de ancho, marrón, gris o pardo grisáceo, monocromo o manchado, incluso rallado, cutícula lisa; pie blanquecino sucio, más oscuro hacia la base, a menudo crece en fascículo; esp. redondeadas, lisas, 5- 6,5 μ. **Hábitat**: IV-V y IX-XI, en bosques de planifolios y mixtos, sobre suelos ricos en humus y prados; frecuente.
Comestible y muy prolífico, sirve para congelarlo (sólo el sombrero es aprovechable, ya que el pie es tenaz).

Lyophyllum connatum

Lyophyllum connatum (Schumach.: Fr.) Singer

Caracteres: Sombrero de 3-8 cm de ancho, blanco, algo acuoso, ligeramente amarilleante, cutícula joven pruinosa como escarchada; pie blanco, mate; olor parecido a las flores de *Corydalis*; esp. elipsoidales, lisas, 5,5-7,5 x 3-4 μ. **Nota**: la carne se vuelve violeta con una solución de sulfato de hierro. **Hábitat**: VIII-X(XI); en lugares húmedos, orillas de arroyos, caminos con gravilla y prados; frecuente. **Confusiones**: *Clitocybe phyllophila* (tóxica, p. 152).
Comestible; no se recomienda porque hace unos años se descubrió que contiene una sustancia mutágena (liofilina). No está probado que tenga efecto en personas. Antaño era muy consumida.

Lyophyllum transforme

Lyophyllum transforme (Britzelm.) Singer Sin.: *L. trigonosporum*

Caracteres: Sombrero de 3-8(15) cm de ancho, gris, pardo o pardo negruzco, higrófano de manera que se descolora concéntricamente o por franjas, cutícula lisa y glabra; láminas blanquecino sucio, azulean al presionarlas y luego ennegrecen; pie blanquecino, mate; esp. triangulares, lisas, 6,5-8 x 5-6 μ (fig. 29). **Hábitat**: IX-X; en bosques de coníferas bajo píceas, sobre todo en montañas, crece en fascículo o aislado; raro. **Confusiones**: *Lyophyllum leucophaeatum*.
Comestible, aunque por su rareza se debe proteger.

Lyophyllum incarnatobrunneum

Lyophyllum incarnatobrunneum Ew. Gerhardt Sin.: *L. serius*

Caracteres: Sombrero de 3-7 cm de ancho, gris, amarillo pardusco o marrón, seco color cárneo claro, cutícula lisa y glabra; láminas blanquecinas, con las aristas dentadas; pie blanquecino, fibroso; carne blanquecina, invariable; olor harinoso o no; esp. elipsoidales, finamente punteadas, 4-6,5 x 2,5-3,5 μ. **Hábitat**: VIII-X; en bosques de coníferas y mixtos, preferentemente bajo pinos, pero también bajo píceas; raro pero localmente extendido. **Confusiones**: *Rhodocybe truncata* (p. 226), colibias de carne gruesa y tricolomas.

Valor culinario desconocido; probablemente comestible.

Género **Tricholomopsis**
Fam. Tricholomataceae

Por lo general parecidas a *Tricholoma*; sombreros secos, fibrosos o escamosos; láminas y carne llamativamente amarillas; espp. blanca, inamiloide; esp. elipsoidales, lisas, sin p. g.; tr. regular; con grandes cistidios; saprotróficos sobre leños muertos.

Tricoloma rutilante

Tricholomopsis rutilans (Schaeff.: Fr.) Singer

e. Pinu-ziza arrunta, *g.* Alborelle, *in.* Plums and custard

Caracteres: Sombrero de 5-15 cm de ancho, rojizo violeta, púrpura con el fondo amarillento, cutícula finamente fibrosa; láminas con aristas flocosas (¡lupa!); pie del mismo color que el sombrero, flocoso purpúreo con el ápice blanquecino o amarillento, pronto hueco; olor y sabor inapreciables; esp. 6,5-8 x 4,5-5,5 μ. **Nota**: Al retirar la cutícula fibrosa de los ejemplares viejos, se puede ver la carne totalmente amarilla. **Hábitat**: VI-XI; aislado o en fascículos sobre tocones de conífera, por lo general pinos o píceas; frecuente. **Confusiones**: Más enjuta: *Tricholomopsis decora* (abajo).

Comestible, pero de sabor un tanto rancio. Se recomienda mezclarla con otras especies.

Tricholomopsis decora

Tricholomopsis decora (Fr.) Singer

Caracteres: Sombrero de 3-8 cm de ancho, amarillo oliváceo o dorado, cubierto de escamas más oscuras, pardo oliváceas o negruzcas; pie del mismo color que el sombrero, con o sin escamas más oscuras, hueco desde joven; olor y sabor fúngicos; esp. 6-7,5 x 4,5-5,5 μ. **Hábitat**: VIII-X; sobre tocones de conífera, preferentemente de pícea, en zonas montañosas; relativamente raro. **Confusiones**: *Tricholomopsis rutilans* (ctro.).

Comestible, pero no de buena calidad.

Colibia de sombrero estriado

Megacollybia platyphylla (Pers.: Fr.) Kotl. & Pouzar
(Fam. Tricholomataceae)
e. Kolibia sustraitsua

Caracteres: Sombrero de 4-12 cm de ancho, pronto se aplana, de casi blanquecino a pardusco oscuro, de carne fina, cutícula seca, con estrías radiales; láminas blanquecinas o color crema, muy distantes, adnatas; pie blanquecino o con un matiz del tono del sombrero, liso, fibroso, con micelio basal (rizomorfo); espp. blanca, inamiloide; esp. redondeadas, lisas, sin p. g., 7-9 x 6-8 µ, única especie de su género. **Hábitat**: VI-X; saprotrófico sobre madera de planifolio, más raramente de conífera, en descomposición avanzada, tocones, raíces o madera enterrada; frecuente.

Género **Armillaria**
Fam. Tricholomataceae

Preferentemente lignícola que crece en fascículos; sombreros secos, escamosos; láminas blancas o cárneas, algo decurrentes; pie a menudo armillado; espp. blanca o crema, inamiloide; esp. ovales, lisas, sin p. g.; tr. regular; parásito por lo general; causa pudrición blanca.

Armillaria ostoyae

Armillaria ostoyae Romagn. Sin.: *A. polymyces, A. obscura*

Caracteres: Sombrero de 3-10 cm de ancho, color cárneo con escamas oscuras, separables; láminas pronto cárneas; pie algo más claro, a menudo amarillento por la parte inferior, con fibras longitudinales, anillo grueso, escamoso por debajo; olor fúngico; después de masticarlo mucho (crudo) provoca una desagradable sensación picante en el cuello (se deben escupir los restos); esp. 7-9 x 5-6 µ. **Hábitat**: IX-XI; sobre madera de conífera o planifolio, tanto viva como muerta, también sobre raíces, en grandes haces; muy frecuente. **Confusiones**: *Pholliota squarrosa* (p. 332), *Armillaria mellea* (abajo).

Comestible pero se debe cocer previamente (y tirar el agua de la cocción). Después asar. Los pies son tenaces, por lo que se recomienda no usarlos. Si no se calienta suficientemente puede causar trastornos digestivos. Las sustancias tóxicas que contiene son hidrosolubles y no resisten el fuego.

Armilaria de color miel

Armillaria mellea (Vahl: Fr.) P. Kumm.
c. Cama-sec de soca, *e.* Bizkarroi, *g.* Palotes de Madeira, *in.* Honey-coloured agaric

A diferencia de *Armillaria ostoyae*, tiene el sombrero más amarillento y menos escamoso, las láminas más blancas y el pie provisto de un anillo con la parte inferior amarillenta. Las demás características, incluido el valor culinario, son idénticas a las de la otra especie. Ésta es un poco más difícil de encontrar.

Oudemansiella lucida

Oudemansiella lucida (Schrad.: Fr.) Höhn.
(Fam. Tricholomataceae)

Caracteres: Sombrero de 3-8(10) cm de ancho, blanco, joven también gris claro, de carne muy fina, cutícula recubierta de una espesa capa viscosa; láminas blancas, gruesas, muy distantes, escotadas o adnatas; pie blanco, con anillo a modo de manguito, estriado por arriba y en la parte inferior a menudo con un dibujo en zigzag pardo oliváceo, glutinoso; carne blanca, elástica, dura en el pie; espp. blanca, inamiloide; esp. redondeadas, lisas, 14-18 µ, sin p. g. **Hábitat**: VIII-XI; sobre leños de planifolio, tanto vivos como muertos, tocones y ramas, sobre todo de hayas; localmente frecuente; parásito y saprotrófico. **Nota:** Del micelio se extrae el antibiótico mudicin, usado contra infecciones cutáneas provocadas por hongos.
Comestible; poco sabroso, mezclar con otras especies.

Seta de olmo

Hypsizygus ulmarius (Bull.: Fr.) Redhead Sin.: *H. tessulatus, Lyophyllum ulmarium* (Fam. Tricholomataceae)
in. Oyster mushroom

Caracteres: Sombrero de 5-15(25) cm de ancho, color marfil, blanquecino gris, gris ocráceo, de carne gruesa, cutícula seca, sedosa, con el margen a veces acanalado; láminas blanquecinas, densas, escotadas o adnatas; pie blanquecino, ligeramente fibroso; carne blanca, relativamente consistente y maciza, dura en el pie; olor y sabor a harina o pepino (pepinillo), suave; espp. blanca, inamiloide; esp. redondeadas o elipsoidales, lisa, 5-7 x 4-5,5 µ, sin p. g. **Hábitat**: X-XI; sobre planifolios vivos o caídos hace poco tiempo, especialmente bajo olmos, crece sobre ramas vivas a menudo a algunos metros de altura; relativamente raro; parásito que causa pudrición blanca.

Shiitake

Lentinula edodes (Berk.) Pegler in Kavaka Sin.: *Lentinus edodes* (Fam. Polyporaceae) *in.* Shiitake

Caracteres: Sombrero de 5-10(20) cm de ancho, de beige a pardo rojizo oscuro, cutícula seca, con escamas apendiculadas, concéntricas, fugaces, sobre todo hacia el margen; láminas primero blanco crema, luego más oscuras, con manchas marrones al fregarlas; pie del mismo color que el sombrero o algo más claro, con una zona anular apendiculada o por lo menos con restos hilachosos del velo, por lo general cubierto de flecos; carne blanquecina, que pronto se vuelve dura en el pie; olor y sabor particularmente especiados, casi a ajo; espp. blanca, inamiloide; esp. elipsoidales, lisas, 5-6,5 x 3-3,5 µ, sin p. g. **Hábitat**: En el este asiático, preferentemente sobre árboles del género *Pasania*, en Europa se cultiva sobre *Quercus*. **Nota**: En Europa cada vez hay más gente aficionada a cultivarla en jardines privados. Desarrolla su olor al ser secado y luego reblandecido. En Japón también se utiliza como remedio curativo y se considera que reduce el riesgo de padecer cáncer.

Leucocortinarius bulbiger RL 3

Leucocortinarius bulbiger (Alb. & Schwein.: Fr.) Singer
(Fam. Cortinariaceae)

Caracteres: Sombrero de 5-10 cm de ancho, color café con leche, cárneo o pardo rojizo, cubierto por restos del velo, sedosos, blancos, especialmente hacia el margen, cutícula joven algo glutinosa; láminas blancas o blanco sucio, escotadas; pie blanco, con restos incoloros del velo a modo de cortina, base abruptamente bulbosa; carne blanca; espp. blanca, inamiloide; esp. en forma de semilla de manzana, lisas, 6-10 x 4-5,5 µ, sin p. g. (fig. 30). **Hábitat**: VIII-X; en bosques de coníferas y planifolios, especialmente bajo píceas; raro, micorrizógeno. **Nota**: Esta interesante especie recuerda al subgénero *Phlegmacium* del género *Cortinarius*, de la cual se diferencia por la esporada blanca y las esporas lisas.

Cathatelasma imperiale

Cathatelasma imperiale (Quél.) Singer
(Fam. Tricholomataceae)

Caracteres: Sombrero de 8-20(30) cm de ancho, de amarillo pardusco a marrón oscuro, manchado por los restos del velo, apendiculado en el margen cuando es joven, cutícula seca; láminas primero blanquecinas, luego ocre claras, decurrentes; pie beige claro, muy compacto, atenuado-radicante y hundido en el suelo, con anillo embudado ascendente, con una segunda zona anular por debajo; carne blanquecina, muy compacta y consistente; olor y sabor a harina o pepino (parecido a *Polyborus squamosus* o a *Hypsizygus ulmarius*), suave; espp. blanca, amiloide; esp. elipsoidales, lisas, 9-14 x 5-6,5 µ, sin p. g.; única especie de su género. **Hábitat**: VIII-X; en bosques de coníferas bajo pinos y píceas, sobre suelo calcáreo, sobre todo de montañas; relativamente raro; micorrizógeno.
Comestible, aunque de carne algo dura, sirve para macerarlo en vinagre y servirlo en ensaladas (rehogar previamente).

Aspropaxillus giganteus

Aspropaxillus giganteus (Sowerby: Fr.) Kühner
Sin.: *Leucopaxillus candidus* (Fam. Tricholomataceae)

Caracteres: Sombrero de 10-30 cm de ancho, de blanquecino a ocre claro, centro infundibuliforme, cutícula seca, sin brillo, margen a menudo dentado; láminas blancas o crema, muy densas, decurrentes; pie blanquecino, corto y atenuado; espp. blanca, amiloide; esp. elipsoidales, lisas, 6,5-8,5 x 3,5-4,5 µ, sin p. g. **Hábitat**: VIII-X; por lo general fuera del bosque, en prados y pastos, formando corros de brujas; relativamente raro; saprotrófico. **Confusiones**: *Clytocibe geotropa* (p. 148). **Nota**: En el lugar donde aparece se muere la hierba que crece alrededor. Esto se debe a un componente antibiótico (la clitocibina) que contiene el micelio.

Leucopaxillus mirabilis

RL 3

Leucopaxillus mirabilis (Bres.) M. M. Moser
(Fam. Tricholomataceae)

Caracteres: Sombrero de 3-10 cm de ancho, entre rojo oscuro y pardo negruzco, cutícula seca, hirsuto-fibrosa, con el margen más claro, apendiculado; láminas crema, muy densas, decurrentes; pie pardo rojizo, finamente fibroso; sabor de suave a amargoso; espp. blanca, amiloide; esp. ovales, subglobosas, 6-8,5 x 4,5-6 µ, sin p. g.; hifas fibulíferas. **Hábitat**: VIII-X; en bosques montañosos de coníferas (Alpes, zonas subalpinas) bajo pinos o píceas sobre suelos calcáreos; raro; probablemente micorrizógeno. **Confusiones**: V. especies del género *Melanoleuca* (p. 94).

Género **Lepista**
Fam. Tricholomataceae

De caracteres parecidos a los géneros *Tricholoma* o *Clytocibe;* sombreros secos, a veces higrófanos; láminas de escotadas a decurrentes; espp. blanca, crema o rosa cárneo, inamiloide; esp. rugosas, rara vez lisas, redondeadas o elipsoidales, sin p. g.; tr. regular; saprotrófico terrícola.

Lepista nebularis

Lepista nebularis (Batsch: Fr.) Harmaja Sin.: *Clytocibe nebularis*

Caracteres: Sombrero de 5-15 cm de ancho, de gris a pardo grisáceo, umbonado, cutícula lisa o escarchada; láminas blanquecinas o crema, muy densas, decurrentes; pie compacto, de blanco a gris claro; olor y sabor dulzón intenso, un poco harinoso; espp. blanca o crema; esp. elipsoidales, lisas, 5-8 x 3-4 µ. **Hábitat**: IX-XI; en bosques de coníferas o planifolios, en grandes grupos, filas y corros; muy frecuente. **Confusiones**: *Entoloma sinuatum* (tóxico, p. 230).
Comestible tras hervirlo y tirar el agua de la cocción. Crudo puede provocar trastornos digestivos. El sabor intenso que tiene no resulta agradable a todo el mundo.

Clitocibe inverso

Lepista flaccida (Sowerby: Fr.) Pat. Sin.: *L. inversa*
c. Pampeta, *e.* Klitozibe ezpaingorri, *in.* Tawny funnel cap

Caracteres: Sombrero de 3-8 cm de ancho, de ocre claro a pardusco, centro infundibuliforme, de carne muy fina, cutícula lisa y glabra, por lo general no acuosa; láminas blanquecinas o rojizo crema, muy densas, claramente decurrentes; pie con tonos del sombrero pero más claro; espp. blanca; esp. redondeadas, verrucosas, 3-5 µ. **Hábitat**: IX-XI; en bosques de coníferas o planifolios, a menudo crece en filas o corros; frecuente. **Confusiones**: *Lepista gilva* (p. 110).
Comestible, se puede asar en pequeñas cantidades.

Lepista gilva

Lepista gilva (Pers.: Fr.) Roze

Caracteres: Sombrero de 3-8 cm de ancho, de beige pálido a pardusco ocráceo, con típicas manchas oscuras repartidas concéntricamente, centro poco deprimido, de joven muy umbonado, carne relativamente fina, cutícula mate; láminas blancas o crema, claramente decurrentes; pie más claro que el sombrero, a menudo fibroso-agrietado; espp. blanca; esp. redondeadas, verrucosas, 3-5 µ. **Hábitat**: VIII-X; preferentemente en bosques montañosos de coníferas, localmente frecuente. **Confusiones**: *Lepista flaccida* (p. 108). **Nota**: No todos los autores están de acuerdo con la separación entre las especies *flaccida* y *gilva*, pero aquí nos parece justificada.

Comestible.

Pie azul

Lepista nuda (Bull.: Fr.) Cooke

c. Pimpinella morada, *e.* Ziza hankaurdin, *in.* Amethyst agaric

Caracteres: Sombrero de 4-8(12) cm de ancho, lila, violeta, pardo violáceo, a veces sólo pardusco, a menudo un tanto acuoso, palidece al secarse, carnoso, cutícula generalmente lisa y glabra; láminas violeta o lila, sinuadas y adnatas; pie lila claro, con la superficie algo flocosa; carne de lila a violácea, blanquecina en el corazón; olor agradable, fúngico, a veces inodoro; espp. blanca o color cárneo rojizo; esp. elipsoidales, finamente verrucosas, 6-8 x 4-5 µ. **Hábitat**: IV-V y IX-XI; en bosques de coníferas o planifolios, parques, jardines, cerca de zonas con compost; muy frecuente. **Confusiones**: *Lepista personata* (abajo), *L. glaucocana* (p. 112), *L. sordida* (p. 114), V. también *Cortinarius traganus* (tóxico, p. 262).

Comestible, buena especie culinaria, con muchos usos. Se puede congelar. Hace bajar un poco la presión sanguínea.

Pie de violeta

Lepista personata (Bull.: Fr.) Cooke

e. Ziza hankamorea, *in.* Field blewit

Caracteres: Sombrero de 5-15 cm de ancho, blanquecino, color leña claro o pardusco, de joven a veces con tonos liláceos, algo acuoso, en tiempo seco de tonos más pálidos, carnoso; láminas blanquecinas o crema, sólo a veces con un leve brillo liláceo, sinuadas; pie sobre todo joven típicamente lila, con la superficie fibrosa-agrietada; carne de lila a violetácea, blanquecina en el corazón; olor agradable, fúngico, a veces inodora; espp. cárneo rojizo claro; esp. elipsoidales, verrucosas, 6,5-9 x 4-5 µ. **Hábitat**: X-XII; prados y pastos, algunos años en que el otoño es húmedo puede ser masiva, crece en corros o filas, siempre fuera del bosque; localmente frecuente. **Confusiones**: *Lepista nuda* (ctro,), *L. glaucocana* (p. 112).

Comestible, sabrosa y con muchos usos. También se puede congelar.

Lepista glaucocana

Lepista glaucocana (Bres.) Singer

Caracteres: Sombrero de 5-12 cm de ancho, con tonos lila sobre fondo blanquecino o amarillento sucio, relativamente carnoso, por lo general umbonado; láminas de blanquecinas o lila claro, con las aristas emarginadas, sinuadas; pie blanquecino sucio o lila claro, con fibras longitudinales; espp. rosa cárneo claro; esp. elipsoidales, verrucosas, 6-8 x 3,5-4,5 μ. **Hábitat**: IX-X; en bosques de coníferas o planifolios, bajo hayas o píceas, sobre todo en montañas; localmente no raro, ausente en piso basal. **Nota**: Algunos autores consideran que esta especie es tan sólo una variedad de la *Lepista nuda*, sin embargo presenta algunas características que contradicen esta idea. **Confusiones**: *Lepista nuda* (p. 110), *L. personata* (p. 110), *L. sordida* (p. 114).

Lepista irina

Lepista irina (Fr.) H. E. Bigelow

Caracteres: Sombrero de 5-13 cm de ancho, algo higrófano, húmedo pardo cárneo, si no blanquecino, centro a menudo encarnado, carnoso, margen de liso a cortamente costulado; láminas crema u ocre claro, por lo general sinuadas; pie blanquecino, con fibras longitudinales o raicillas; olor típicamente perfumado, dulce-aromático, a raíz de violeta seca; espp. rosa cárneo claro; esp. elipsoidales, de lisas a finamente punteadas, 6-8,5 x 3,5-4,5 μ. **Hábitat**: IX-XI; en bosques de planifolios y mixtos, crece en grandes grupos o en fascículos; localmente frecuente. **Confusiones**: En primavera: *Calocybe gambosa* (p. 142), *Lepista luscina* (p. 114), V. *Clytocibe phyllophila* (tóxico, p. 152).

Comestible; especie culinaria con muchos usos, muy buena para congelar. El olor dulce desaparece al prepararla.

Lepista densifolia

Lepista densifolia (J. Favre) Singer & Clémençon

Caracteres: Sombrero de 3-6(10) cm de ancho, joven totalmente blanco, como cubierto por una pruina gruesa, se vuelve ocre cárneo al madurar, centro pronto infundibuliforme, carne relativamente fina; láminas color cárneo claro, luego ocre rojizo, muy densas, decurrentes; pie blanco; olor algo dulzón al madurar; sabor suave, no harinoso; espp. color crema; esp. redondeado-elipsoidales, verrucosas, 3,5-5 x 3-4 μ. **Hábitat**: IX-X; en bosques de coníferas, bajo píceas, pinos y alerces, crece en grupos o filas; raro. **Nota**: Por la cubierta pruinosa se parece mucho a algunas especies blancas y tóxicas de *Clytocibe*. **Confusiones**: *Clytocibe phyllophila* (tóxico, p. 152), *Clitopilus prunulus* (p. 228).

Valor culinario desconocido. Probablemente no sea tóxica.

Seta de brezo

Lepista luscina (Fr.: Fr.) Singer Sin.: *L. panaeola, L. rickenii*
e. Larramendi-ziza, *g.* Funil manchado

Caracteres: Sombrero de 3-8 cm de ancho, entre gris y pardo grisáceo, al trasluz, con máculas concéntricas más oscuras, margen más claro, gris claro cuando está seco, cutícula típicamente mate, de joven escarchada, carnosa; láminas primero blanquecinas, luego gris amarillentas o parduscas, dependiendo del color del sombrero, sinuadas; pie del mismo color que el sombrero, con fibras longitudinales; espp. rosa cárneo claro; esp. elipsoidales, verrucosas, 4,5-6,5 x 3-4 µ. **Hábitat**: IX-XI; en prados y pastos, herbazales, jardines y parques, márgenes herbosos de bosque; localmente no es raro. **Confusiones**: *Lepista irina* (p. 112), V. también *Melanoleuca* (p. 94).
Comestible, de carne bastante consistente y muy aprovechable.

Lepista sordida

Lepista sordida (Schumach.: Fr.) Singer

Caracteres: Sombrero de 2-6 cm de ancho, pardo cárneo, violáceo pálido, pardo grisáceo, con tonos sucios y violetas, algo higrófano, palidece al secarse, de carne fina; láminas blanquecinas, gris blanquecinas, sucias, con un matiz lila, más distantes que en el resto del género, adnatas; pie del mismo color que el sombrero, algo más claro, con fibras longitudinales; carne de blanquecina a cárnea, lila; olor algo terroso, a moho; espp. rosa cárneo claro; esp. elipsoidales, verrucosas, 5,5-7 x 3,5-4 µ. **Hábitat**: (VIII)X-XI; preferentemente en prados y campos abonados, parques, jardines y cerca de lugares con compost, casi nunca en bosques, a veces crece en fascículos; poco frecuente. **Nota**: es una especie que cambia mucho de color y se subdivide en diversas variedades. Una de ellas (V. abajo), lila en todas sus partes, se parece especialmente a *Lepista nuda*, pero no huele como esta especie, sino a tierra o moho. **Confusiones**: *Lepista luscina* (arriba).
Comestible, pero no especialmente sabrosa.

Lepista sordida var. *lilacea*

Lepista sordida var. *lilacea* (Quél.) Bon
Sin.: *L. nuda* var. *lilacea*

Caracteres: Sombrero de 2-6 cm de ancho, en tonos de lila, con el centro pardo cárneo, de carne relativamente fina; láminas por lo general lila fuerte, sólo moderadamente densas, de escotadas a adheridas; pie lila, violeta, relativamente fino, con la base del micelio lila; carne lila acuosa, al secarse se vuelve blanquecina sobre todo en el centro; olor algo terroso, a moho. **Hábitat**: IX-XI; en bosques de coníferas y planifolios, también parques y jardines; poco frecuente. **Confusiones**: *Lepista nuda* (p. 110).
Comestible, pero no especialmente sabrosa.

Género **Cystoderma**
Fam. Agaricaceae V. Tricholomataceae

C. fr. parecidos a los del género *Lepiota*; sombreros coloreados, secos, con una capa granulosa, separable (formada por células redondas); láminas de colores claros, adnatas; pie granuloso-harinoso, con una zona anular flocosa o con anillo membranoso; espp. blanca, amiloide o inamiloide; esp. más o menos elipsoidales, lisas, sin p. g.; tr. regular; saprotrófico terrícola (V. *Phaeolepiota*, p. 244).

Cystoderma amiantinum

Cystoderma amiantinum (Scop.: Fr.) Fayod

Caracteres: Sombrero de 1-3(5) cm de ancho, amarillo claro, canela u ocre, superficie granulosa a menudo con arrugas radiales a partir del centro, el margen presenta restos flocosos del velo; láminas blancas; pie pardo herrumbroso, con zona anular flocosa, ligeramente fibroso por encima; olor algo mohoso al madurar; espp. amiloide; esp. 5-6,5 x 3-4 µ. **Nota**: por lo que se refiere a forma y color, esta especie es muy variable. En ocasiones también se dan ejemplares albinos. **Hábitat**: IX-XI; en bosques de coníferas, lugares herbosos, entre musgos, bajo píceas y pinos; frecuente. **Confusiones**: *Cystoderma jasonis* (ctro.).

Cystoderma jasoniz

Cystoderma jasonis (Cooke & Massee) Harmaja
Sin.: *C. longisporum*

Caracteres: Sombrero de 1-3 cm de ancho, amarillento ferruginoso, canela o pardo herrumbroso, el centro no suele estar arrugado, margen flocoso; láminas nunca totalmente blancas, ya jóvenes con un tono cárneo; pie pardo herrumbroso, sólo con una zona anular poco marcada, flocosa; olor poco apreciable, fúngico; espp. amiloide; esp. más largas que las demás especies del género, 6-9 x 3,5-4,5 µ. **Hábitat**: IX-XI; en bosques de coníferas y mixtos con musgos, especialmente bajo píceas; localmente frecuente. **Confusiones**: *Cystoderma amianthinum* (arriba).

Cistoderma denticulada

Cystoderma carcharias (Pers.) Fayod
e. Galamperna arrosa, *in.* Pearly powdercap

Caracteres: Sombrero de 2-5 cm de ancho, blanquecino sucio con leves tonos grises o rosas, el centro a menudo presenta un tono más oscuro, con pequeñas papilas, al principio el margen es apendiculado; láminas blanquecinas; pie del mismo color que el sombrero, de joven con anillo embudado, ascendente y membranoso; olor desagradable, a polvo de granero; espp. amiloide; esp. 4-5 x 3-4 µ. **Hábitat**: IX-XI; en bosques de coníferas y mixtos; frecuente. **Nota**: Esta especie es inconfundible gracias a su anillo membranoso y olor intenso.

Cystoderma granulosum

Cystoderma granulosum (Batsch: Fr.) Fayod

Caracteres: Sombrero de 1-3(5) cm de ancho, entre rojo teja y pardo herrumbroso, palidece al madurar, con el margen orlado por restos blancos del velo; láminas por lo general totalmente blancas; pie pardo herrumbroso, con una zona anular blanca, flocosa; olor fúngico, no desagradable; espp. inamiloide; esp. 4-5 x 2,5-3 µ. **Hábitat**: IX-X; en bosques de coníferas y planifolios, entre musgos, claros del bosque; actualmente bastante raro, en el pasado era más frecuente. **Confusiones**: Más grande con cistidios: *Cystoderma terrei* (ctro.).

Cystoderma terrei

Cystoderma terrei (Berk. & Broome) Harmaja
Sin.: *C. cinnabarinum*

Caracteres: Sombrero de 3-6(8) cm de ancho, de naranja a bermellón, también pardo herrumbroso, con la edad a menudo naranja claro o amarillento, margen apendiculado, flocoso; láminas inmaduras totalmente blancas; pie del mismo color que el sombrero o más claro, con una zona anular flocosa y por debajo de esta superficie granulosa o flocosa, el ápice a menudo es blanco; olor fúngico, no desagradable; espp. inamiloide; esp. 4-5 x 2,5-3 µ; láminas provistas de cistidios en punta de flecha, de paredes gruesas (fig. 31). **Hábitat**: IX-X; en bosques de coníferas y planifolios, en zonas claras, musgosas; relativamente raro. **Nota**: En caso de duda, esta especie se reconoce por los cistidios. **Confusiones**: Más pequeño, sin cistidios: *Cystoderma granulosum* (arriba).

Squamanita odorata

RL R

Squamanita odorata (Cool) Bas
(Fam. Agaricaceae V. Tricholomataceae)

Caracteres: Sombrero de 0,5-3 cm de ancho, de pardo grisáceo a gris liláceo, convexo, cutícula seca, escuarrosa, con escamas distribuidas por la superficie; láminas pardo grisáceas, algo gruesas, adnatas; pie de tonos claros, ventrudo en la base, con esclerocio amarillento, subterráneo; con escamas oscuras, escuarrosas, en la parte inferior; olor agradable, afrutado; espp. amarillenta, inamiloide; esp. elipsoidales, lisas, 6-9 x 4-5,5 µ, sin p. g.; tr. regular. **Hábitat**: IX-X; por lo general fuera del bosque, en zonas herbosas, musgosas, parques, sobre suelos arenosos; raro. **Nota**: Las escamas y el esclerocio hacen que se parezca a las amanitas, pero en realidad está emparentada con el género *Cystoderma*. Es muy característica la volva napiforme enterrada en el suelo a partir de la cual se desarrolla. Algunas especies se hacen más grandes que las representadas por las fotografías, como la primera especie que se describió de este género, *Squamanita schreieri*, que puede llegar a medir 10 cm. Todas son raras y poco conocidas.

Género **Hygrophorus**
Fam. Hygrophoraceae

Sombreros casi siempre glutinosos, por lo general glabros; láminas gruesas, a menudo distantes, de sinuadas a decurrentes; pies mucilaginosos o secos, sin anillo, raras veces con zona anular viscosa; espp. blanca, inamiloide; esp. elipsoidales, lisas, sin p. g.; tr. bilateral; micorrizógeno.

Hygrophorus eburneus

Hygrophorus eburneus (Bull.: Fr.) Fr.

Caracteres: Sombrero de 3-6 cm de ancho, de blanco puro a marfil, con la edad cambia poco de color, cutícula mucilaginosa; láminas blancas, levemente decurrentes; pie blanco, con el ápice seco, furfuráceo, zona inferior mucilaginosa, base atenuada; la carne de la base se torna naranja al aplicar hidróxido de potasio. Olor particularmente fuerte, aromático-amargoso, parecido al olor de la oruga *Cossus cossus*; esp. 7-9 x 4-6 µ. **Hábitat**: IX-XI; en planifolios preferentemente bajo hayas, sobre suelos neutros o levemente calcáreos; relativamente frecuente, ampliamente extendido. **Confusiones**: *Hygrophorus discoxanthus* (ctro.), *H. hedrychii* (abajo).

Comestible, buena especie culinaria para mezclar con otras. El olor, desagradable para algunas personas, desaparece al prepararlo. Lo mismo pasa con las demás especies de olor intenso (V. ctro. y abajo).

Higróforo blanco maloliente

Hygrophorus discoxanthus (Fr.) Rea
Sin.: *H. cossus, H. chrysaspis*
in. Yellowing woodwax

Caracteres: Sombrero de 2-6 cm de ancho, joven blanco, pronto amarillea y más tarde se vuelve pardusco, cutícula mucilaginosa; láminas blancas, con la edad amarillentas, algo decurrentes; pie blanco mucilaginoso, atenuado; la carne de la base amarillea al aplicar hidróxido de potasio; olor a oruga *Cossus cossus* (V. arriba); esp. 6,5-8 x 4-5 µ. **Hábitat**: VIII-X; en hayedos, sobre todo de suelo calcáreo; localmente frecuente. **Confusiones**: *Hygrophorus eburneus* (arriba), *H. crhrysodon* (p. 122).

Hygrophorus hedrychii

RL 3

Hygrophorus hedrychii (Velen.) K. Kult
Sin.: *H. melizeus*

Caracteres: Sombrero de 3-8 cm de ancho, blanco, amarillea, algo encarnado o con el ápice ocre, cutícula mucilaginosa, glabra, margen dentado; láminas no del todo blancas, de color crema a encarnadas, algo decurrentes; pie del color del sombrero, mucilaginoso; olor a oruga *Cossus cossus* (V. arriba), a veces sin olor; esp. 6-9 x 4-5 µ. **Hábitat**: VIII-X; bajo abedules, sobre suelo arenoso o calizo; raro. **Confusiones**: *Hygrophorus eburneus* (arriba).

Hygrophorus chrysodon

Hygrophorus chrysodon (Batsch: Fr.) Fr.

Caracteres: Sombrero de 3-6 cm de ancho, blanco, con el margen amarillo dorado, flocoso o dentado, a veces también barbudo, cutícula mucilaginosa, pronto seca; láminas blancas, con aristas a veces flocosas, amarillentas, algo decurrentes; pie blanco, algo fibroso-flocoso, a menudo con una zona flocosa, amarillenta en la parte superior, mucilaginoso por debajo; olor imperceptible, según algunos autores contiene trazas de almendras amargas o ácido cianhídrico; esp. elipsoidales o fusiformes, 8-11 x 3,5-4,5 µ. **Hábitat**: VIII-XI; en bosques de coníferas y planifolios, bajo píceas o hayas, suelo calcáreo; localmente frecuente. **Confusiones**: *Hygrophorus discoxanthus* (p. 120).

Hygrophorus ligatus

RL 2

Hygrophorus ligatus Fr. Sin.: *H. gliocyclus, H. flavodiscus*

Caracteres: Sombrero de 3-10 cm de ancho, tono marfil, con el centro pronto amarillento u ocráceo, cutícula mucilaginosa, glabra, con el margen no estriado, involuto o doblado; láminas de blanquecino crema a rojizo, ligeramente decurrentes; pie del mismo color que el sombrero, muy mucilaginoso, con una zona anular gruesa, viscosa, en el ápice; esp. 7-10 x 4,5-6 µ. **Hábitat**: VIII-X; en bosques de coníferas, preferentemente bajo pinos, sobre suelos calcáreos; raro. **Nota**: Dependiendo del tono, esta especie se puede confundir con otras del mismo género. La zona anular viscosa es muy típica, pero sólo se percibe bien en ejemplares jóvenes. Al identificarla se debe tener en cuenta también la localización bajo pinos y la imperceptibilidad del olor. **Confusiones**: *H. eburneus* (p. 120), *H. discoxanthus* (p. 120), *H. unicolor* (p. 124).

Hygrophorus penarius

Hygrophorus penarius Fr.

Caracteres: Sombrero de 4-10 cm de ancho, blanco puro, con el centro pronto ocráceo claro o totalmente marfil, cutícula sólo un poco glutinosa en tiempo húmedo, se seca de nuevo con rapidez; láminas blanquecinas con un brillo color crema rojizo, algo decurrentes, ahorquilladas y ligadas transversalmente; pie blanquecino, con la superficie seca y la base atenuada; carne relativamente compacta; esp. 6-8 x 3,5-4 µ. **Hábitat**: IX-X; en bosques de planifolios, sobre todo de robles y hayas, sobre suelos calcáreos; relativamente raro, pero regularmente distribuido. **Nota**: Para probar la sequedad del sombrero basta con humedecer un poco la superficie, los demás *Hygrophorus* de sombrero blanco son mucilaginosos. **Confusiones**: *Hygrophorus eburneus* (p. 120), otros *Hygrophorus* de sombrero claro, *Tricholoma columbetta* (p. 78).

Comestible pero poco sabroso.

Hygrophorus unicolor

Hygrophorus unicolor Gröger Sin.: *H. leucophaeus*

Caracteres: Sombrero de 2-6 cm de ancho, al principio monocromo pardusco cárneo o pardo anaranjado, luego se descolora a partir del margen, también puede volverse blanquecino con sólo el centro pardusco, cutícula mucilaginosa, glabra; láminas blanquecinas o asalmonado, ligeramente decurrentes; pie blanquecino, algo flocoso-fibroso, con la base atenuada, mucilaginoso; esp. 6-8,5 x 4-5 µ. **Hábitat**: IX-X; en bosques de planifolios, sobre todo de hayas, sobre suelos calcáreos; relativamente raro, localmente distribuido. **Confusiones**: Bajo píceas: *Hygrophorus discoideus* (p. 132), bajo carpes y avellanos: *H. lindtneri*. **Nota**: Los ejemplares de las fotografías son relativamente claros y en consecuencia se pueden confundir con *Hygrophorus* blancos si no se observa atentamente el centro un poco más oscuro.

Higróforo rojo RL 2

Hygrophorus pudorinus (Fr.) Fr.

Caracteres: Sombrero de 4-8(12) cm de ancho, amarillento naranja, rosa ocráceo, a menudo con tonos rojizos, cutícula glutinosa, pronto seca, el margen por lo general es dentado; láminas blanquecinas, más tarde también asalmonadas, casi horizontalmente adnatas; pie blanquecino, con tonos del sombrero, a menudo manchado de amarillo en la base, forma cilíndrica, sobre todo de joven, con la base un tanto reducida, sólo ligeramente glutinosa; la carne del sombrero es asalmonada, amarillenta en la base del pie, sino blanquecina; olor dulzón, perfumado, que recuerda al de *Amanita phalloides*; sabor amargoso, como a aguarrás; esp. 8-10 x 4,5-6 µ. **Hábitat**: VIII-X; en bosques de coníferas o mixtos de planifolios, bajo abetos blancos, sobre suelos arcillosos-calcáreos, crece sobre todo en zonas montañosas; localmente no raro. **Confusiones**: *Hygrophorus poetarum* (abajo).

Incomestible a causa del sabor a trementina y de los componentes amargos. La cocción en agua salada puede eliminar esos elementos.

Hygrophorus poetarum RL 3

Hygrophorus poetarum R. Heim

Caracteres: Sombrero de 5-15 cm de ancho, de rosa amarillento claro a cárneo, más claro hacia el margen, cutícula glutinosa, pronto totalmente seca, margen involuto, a veces dentado; láminas blanquecinas, algo decurrentes; pie blanquecino o con tonos rojizos, casi seco, compacto; carne blanca, sólo debajo de la cutícula un poco rosa; olor dulzón, afrutado, perfumado, parecido al del *Hygrophorus pudorinus,* pero más suave; sabor suave; esp. 7-8,5 x 4,5-5,5 µ. **Hábitat**: VIII-X; en bosques de planifolios, bajo hayas, especialmente sobre suelos calcáreos; relativamente raro, regularmente distribuido. **Confusiones**: *Hygrophorus pudorinus* (centro.).

Hygrophorus nemoreus

Hygrophorus nemoreus (Pers.: Fr.) Fr.

Caracteres: Sombrero de 3-8(10) cm de ancho, de pardo cárneo a anaranjado, a menudo algo jaspeado o con fibras radiales, margen dentado, cutícula sólo algo glutinosa, no mucilaginosa; láminas de crema a ocre rojizo claro, subdecurrentes; pie blanquecino a menudo con tonos del sombrero, atenuado, finamente flocoso-escamoso, seco; carne bastante compacta, blanquecina bajo la cutícula; olor y sabor ligeramente harinosos; esp. 6,5-8 x 4-5 µ. **Hábitat**: VIII-X; en bosques de planifolios y mixtos, especialmente bajo robles y encinas, sin necesidad de un tipo de suelo concreto; poco frecuente, pero regularmente distribuido. **Confusiones**: *Hygrophorus pudorinus* (incomestible, p. 124), *H. poetarum* (p. 124), *Camarophyllus pratensis* (p. 140).

Comestible, buena especie culinaria gracias a su carne consistente y sabrosa.

Hygrophorus lucorum

Hygrophorus lucorum Kalchbr.

Caracteres: Sombrero de 2-5 cm de ancho, monocromo amarillo limón, al crecer convexo-aplanado, sin umbón, cutícula mucilaginosa, lisa y glabra; láminas inmaduras blanquecinas, luego amarillentas, de adnatas a decurrentes; pie algo más claro que el sombrero, recubierto por una cubierta transparente, flocoso, seco, con la edad se vuelve blando y hueco; carne amarillenta pálida, amarillo cromo bajo la cutícula, blanda; esp. 7-10 x 4,5-5,5 µ. **Hábitat**: IX-XI; en bosques de coníferas, bajo alerces, tanto en montañas como en llanos; poco frecuente, pero ampliamente distribuido. **Confusiones**: *Hygrophorus speciosus* (abajo).

Comestible, pero de carne poco consistente.

Hygrophorus speciosus

Hygrophorus speciosus Peck

Caracteres: Sombrero de 1-4(6) cm de ancho, de amarillo dorado a anaranjado, con un umbón más o menos definido de color pardo anaranjado oscuro, cutícula mucilaginosa; láminas primero blancas, luego amarillento claro, por lo general marcadamente decurrentes; pie amarillento, monocromo o con un dibujo viscoso en zigzag amarillento, con la edad se vuelve hueco; carne blanca, de amarillo limón a anaranjado bajo la cutícula; esp. 7-11 x 5-6 µ. **Hábitat**: IX-XI; en bosques de coníferas, bajo alerces, casi sólo en montañas; localmente no es raro, especialmente en las zonas alpinas de Austria. **Confusiones**: *Hygrophorus lucorum* (ctro.), bajo pinos (*H. hypothejus* var. *aureus*).

Comestible, por lo general crece aisladamente, por lo tanto no se suele poder recoger en grandes cantidades.

Hygrophorus erubescens RL 3

Hygrophorus erubescens (Fr.) Fr.

Caracteres: Sombrero de 3-8 cm de ancho, con escamas o manchas púrpuro rojizas sobre fondo blanquecino, con la edad se mancha de amarillo, cutícula sólo poco mucilaginosa, margen a menudo dentado; láminas inmaduras blancas, más tarde como el sombrero con manchas púrpuras, también amarillentas, de adnatas horizontalmente a subdecurrentes, poco distantes; pie blanco, manchado de púrpura rojizo en algunas zonas, base amarillenta, superficie finamente escarchada-harinosa, con fibras longitudinales en la parte inferior; carne blanca, parcialmente se tiñe de vinoso o amarillea; sabor amargoso, también picante al masticarlo; esp. 8-10 x 5-6 μ. **Hábitat**: VIII-X; en bosques montañosos de píceas, sobre suelos calcáreos; localmente no es raro (Austria, sur de Alemania). **Confusiones**: *Hygrophorus russula* (ctro.), *H. persicolor* (abajo).

Incomestible a causa de los componentes amargos, pero no tóxico.

Higróforo escarlata RL 3

Hygrophorus russula (Schaeff.: Fr.) Quél.

c. Carlet, *e.* Ezko gibelgorri

Caracteres: Sombrero de 4-10 cm de ancho, con marchas púrpuras o vinosas sobre fondo blanquecino, no amarillea, cutícula mucilaginosa; láminas blanquecinas, con la edad manchadas de rojo vinoso, relativamente densas, escotadas, apenas decurrentes; pie blanquecino con manchas vinosas y superficie seca; carne blanca, se tiñe de vinoso o púrpura, pero no amarillea; sabor suave; esp. 7-9 x 4-5,5 μ. **Hábitat**: VIII-X; en bosques de planifolios, bajo hayas, robles y encinas, sobre suelos calizos, pero no restringido a éstos; distribuido, pero raro, crece en filas o corros de brujas. **Confusiones**: *Hygrophorus erubescens* (arriba), *H. persicolor* (abajo), *H. capreolarius* (p. 130).

Comestible, normalmente tiene sabor suave, aunque también hay quien lo encuentra algo amargo.

Hygrophorus persicolor

Hygrophorus persicolor Ricek

Caracteres: Sombrero de 3-8(12) cm de ancho, rosa claro con el centro a menudo más oscuro pero apenas manchado, cutícula más o menos mucilaginosa; láminas blancas o rosa crema claro, apenas decurrentes; pie blanquecino, en lugares dañados rosa claro, superficie seca, de finamente furfurácea a escamosa; carne joven blanca, se tiñe de rosa, pero no amarillea; olor por lo general afrutado; sabor suave; esp. 7-9 x 4-5,5 μ. **Hábitat**: VIII-X; en bosques de píceas de piso montano o submontano, sobre suelos calizos, en zonas húmedas, con musgo; raro. **Nota**: Esta especie fue descrita hace poco tiempo y es poco conocida todavía. **Confusiones**: *Hygrophorus erubescens* (arriba), *H. russula* (ctro.).

Hygrophorus capreolarius

RL 2

Hygrophorus capreolarius Kalchbr.

Caracteres: Sombrero de 3-8 cm de ancho, de rojo vinoso a pardusco, con manchas más oscuras, cutícula poco mucilaginosa; láminas color vinoso ya al principio, manchadas con la edad, anastomosadas, adnatas horizontalmente, sólo las viejas son ligeramente decurrentes; pie del color del sombrero, manchado de rojizo vinoso oscuro en las partes dañadas, superficie seca, de flocoso a fibroso, con la base atenuada; carne vinosa; esp. 7-10 x 4-5 μ. **Hábitat**: VIII-X; en bosques de coníferas y caducifolios, bajo píceas, abetos y hayas, en montañas sobre suelos calizos; raro. **Confusiones**: *Hygrophorus russula* (p. 128).

Hygrophorus queletii

Hygrophorus queletii Bres.

Caracteres: Sombrero de 1-5 cm de ancho, de blanquecino a marfil, con escamas cárneas o pardo herrumbrosas hacia el centro, cutícula algo mucilaginosa; láminas inmaduras blancas, luego amarillentas crema, distantes, ligeramente decurrentes; pie blanquecino, furfuráceo y seco; carne blanca, un poco amarillenta con la edad; olor y sabor inapreciables; esp. 7-10 x 4-5 μ. **Hábitat**: VIII-X; en zonas herbosas bajo alerces, sólo en montañas, sobre suelos calizos; muy raro. **Nota**: Esta especie fue descrita por primera vez en los Cárpatos y desde entonces sólo se ha localizado en Suiza y Austria (la de la fotografía procede de Austria). Puesto que las escamas del sombrero son poco llamativas, se puede confundir con otras especies blanquecinas de *Hygrophorus*.

Valor comestible desconocido, probablemente comestible.

Higróforo de láminas amarillas

Hygrophorus hypothejus (Fr.: Fr.) Fr.

in. Herald of winter

Caracteres: Sombrero de 1-6 cm de ancho, de pardo oliváceo oscuro a gris oliváceo (algunos ejemplares) amarillean parcialmente, centro a menudo provisto de umbón, cutícula mucilaginosa; láminas por lo general claramente amarillas, rara vez blanquecinas, ligeramente decurrentes; pie de amarillento claro a fuerte, más raramente blanquecino, joven muy viscoso, con la base atenuada; la carne amarillea, es blanda pero muy dura en el pie; olor a veces afrutado, pero por lo general imperceptible; esp. 7-9 x 4-5,5 μ. **Hábitat**: X-XII, tras las primeras heladas nocturnas; en pinares, especialmente sobre suelos arenosos; frecuente. **Nota**: Una característica típica de esta especie es la época tardía en que aparece. Existe una variante con un bello sombrero entre dorado y naranja denominada var. *aureus*. **Confusiones**: *Hygrophorus olivaceoalbus* (p. 132).

Comestible, buena especie culinaria; prolífera, crece en grandes grupos.

Higróforo oliva y blanco

Hygrophorus olivaceoalbus (Fr.: Fr.) Fr.

Caracteres: Sombrero de 2-6 cm de ancho, pardo grisáceo oscuro o pardo oliváceo con umbón más oscuro y margen más claro, cutícula muy mucilaginosa; láminas totalmente blancas, de ligeramente decurrentes a no decurrentes; pie pardo grisáceo, con el ápice más claro y por debajo monocromo o levemente dibujado en zigzag, mucilaginoso, a menudo fino y arqueado, carne blanca; esp. muy grandes, 12-16 x 7-8,5 µ. **Hábitat**: VIII-XI; en bosques de coníferas, bajo píceas, sobre suelos ácidos y ricos en musgos; frecuente. **Confusiones**: *Hygrophorus hypothejus* (p. 130), *H. mesotephrus* (ctro.), *H. discoideus* (abajo), especie más robusta sobre suelo calcáreo: *H. personii*.

Comestible y sabroso, bastante abundante.

Hygrophorus mesotephrus RL 2

Hygrophorus mesotephrus Berk. & Broome

Caracteres: Sombrero de 2,5-4(6,5) cm de ancho, marrón oscuro, pardo grisáceo o pardo oliváceo, más claro hacia el margen, centro umbonado, cutícula mucilaginosa; láminas blancas, también con brillo gris claro, de ligera a claramente decurrentes; pie pardusco grisáceo, por lo general dibujado en zigzag, con el ápice blanco, flocoso y en tiempo húmedo provisto de gotitas acuosas; carne blanca; esp. 9,5-12 x 6-7,5 µ. **Hábitat**: IX-X; en bosques mixtos de planifolios, bajo hayas, robles y encinas, sobre suelos moderadamente calizos; raro. **Nota**: Se parece mucho a *Hygrophorus olivaceoalbus* que crece en bosques ácidos de coníferas y es más frecuente, pero crece entre planifolios y presenta esporas más pequeñas. **Confusiones**: *Hygrophorus olivaceoalbus* (arriba), *H. personii*.

Hygrophorus discoideus

Hygrophorus discoideus (Pers.: Fr.) Fr.

Caracteres: Sombrero de 2-6 cm de ancho, de pardo herrumbroso a castaño, con la zona del margen ocre claro o pardusco cárneo, cutícula mucilaginosa y glabra; láminas blancas sólo cuando son inmaduras, pronto amarillentas o parduscas, distantes, algo decurrentes; pie más claro que el sombrero, blanquecino de joven, más tarde pardusco claro en la parte inferior, algo fibroso-flocoso, mucilaginoso en tiempo húmedo; carne de blanquecina a pardusco claro; esp. 6-8 x 3,5-5 µ. **Hábitat**: IX-XI; en bosques de coníferas, bajo píceas, sobre suelos calizos, en grupo; frecuente en algunas zonas. **Nota**: Los colores del sombrero y el margen claro recuerdan a *Hebeloma mesophaeum* (p. 294), de gusto amargo e incomestible. **Confusiones**: en bosques de planifolios y suelo calcáreo: *Hygrophorus unicolor* (p. 124).

Comestible pero no especialmente sabroso.

Hygrophorus pustulatus

Hygrophorus pustulatus (Pers.: Fr.) Fr.

Caracteres: Sombrero de 2-5 cm de ancho, pardo grisáceo claro u oscuro, cutícula casi seca, con escamas oscuras a modo de pústulas, margen a veces dentado; láminas de blancas a gris blanquecinas, subdecurrentes; pie blanquecino o pardo grisáceo, con la superficie seca y granulosa, pardo olivácea o negruzca, especialmente denso en la parte superior; carne blanca; esp. 7-10 x 4,5-6 µ. **Hábitat**: IX-XI; en bosques de coníferas, bajo píceas, sin necesidad de un tipo específico de suelo; frecuente, en algunas zonas incluso muy abundante. **Nota**: Los gránulos pustulosos del pie son una característica inconfundible de esta especie. Están compuestos por hifas con contenido coloreado. **Confusiones**: Variantes oscuras de *Hygrophorus agathosmus* (ctro.).

Hygrophorus agathosmus

Hygrophorus agathosmus (Fr.) Fr.

Caracteres: Sombrero de 3-8 cm de ancho, blanquecino, gris claro, gris oliváceo o pardo grisáceo amarillento, cutícula más o menos mucilaginosa, pronto seca; láminas blancas, gris blanquecinas o color crema, poco distantes, ligeramente decurrentes; pie blanco o con tonos del sombrero, pero siempre más claro, superficie seca, finamente furfuráceo-flocosa; carne blanquecina; olor a aceite de almendras amargas; esp. 7-10 x 4,5-6 µ. **Hábitat**: IX-X; en bosques de coníferas, especialmente bajo píceas en montañas, en suelos calizos; más o menos frecuente, ampliamente distribuido, pero no masivo. **Nota**: Aunque esta especie es variada en lo que al color respecta, resulta difícil de confundir gracias a su intenso olor. La var. *aureofloccosus* presenta restos dorados del velo en el pie.

Hygrophorus camarophyllus RL 2

Hygrophorus camarophyllus (Alb. & Schwein.: Fr.) Dumée

Caracteres: Sombrero de 5-12 cm de ancho, de pardo grisáceo a negruzco, con el extremo del margen a veces blanquecino, cutícula seca, con fibras radiales; láminas blanquecinas sucias, por lo general con algún tono gris, con la edad muy decurrentes; pie más claro que el sombrero, con tonos pardo grisáceos y la superficie seca; esp. 8-10 x 5-6 µ. **Hábitat**: IX-X; en bosques de coníferas, bajo píceas o pinos, en zonas húmedas y cenagosas, entre musgos, en suelo ácido; raro. **Confusiones**: Sobre suelo calcáreo: *Hygrophorus atramentosus*, con láminas rosas: *H. callophyllus*.
Comestible, pero como todas las especies aquí citadas, rara y merecedora de protección.

Género **Hygrocybe**
Fam. Hygrophoraceae

Sombreros y pies coloreados, vidriosos, secos o glutinosos; láminas espesas, distantes, de adheridas a decurrentes; espp. blanca, inamiloide; esp. elipsoidales, lisas, sin p. g.; tr. regular; saprotróficos o en micorriza con hierbas.

Higróforo cónico

Hygrocybe conica (Scop.: Fr.) P. Kumm.
c. Pixaconill, *e.* Ezko gorri koniko, *in.* Blackening waxcap

Caracteres: Sombrero de 1-3(5) cm de ancho, amarillo, naranja o rojizo anaranjado, al envejecer ennegrece, de carne fina, cutícula húmeda glutinosa; láminas amarillentas, también con tonos grises, negruzcos, adheridas; pie amarillo anaranjado, incoloro por debajo, al envejecer negruzco, quebradizo; esp. (basidios tetraspóricos) 7-9 x 6-7,5 µ. **Hábitat**: VI-X; entre hierba y musgo, zonas herbosas del bosque; relativamente frecuente. **Confusiones**: *Hygrocybe nigrescens* (ctro.).
Ligeramente tóxico, causa trastornos digestivos. Las sustancias tóxicas que contiene son aún desconocidas.

Hygrocybe nigrescens

Hygrocybe nigrescens (Quél.) Kühner

Caracteres: Sombrero de 4-8(10) cm de ancho, de amarillo a naranja rojizo, negruzco en algunas partes, esférico romo, cutícula seca, con fibras radiales o finamente tomentoso; láminas amarillentas, ennegrecen en las zonas rozadas, anchas, adheridas; pie de amarillo a naranja, negruzco, fibroso y seco; carne amarillenta, negruzca al envejecer, quebradiza; esp. 8-11,5 x 5-6,5 µ, basidios tetraspóricos. **Hábitat**: VII-X; prados, márgenes con hierba; disperso. **Nota**: Según la opinión de algunos autores no existe división posible entre *Hygrocybe conica* y *nigrescens*. **Confusiones**: *Hygrocybe conica* (arriba).
Ligeramente tóxico (V. arriba).

Hygrocybe miniata

Hygrocybe miniata (Fr.) P. Kumm.

Caracteres: Sombrero de 1-3 cm de ancho, color minio, cinabrio, más tarde palidece a rojo anaranjado, típica forma convexa-cónica, cutícula seca, finamente tomentoso-crustácea; láminas rojizas anaranjadas, con las aristas amarillas, por lo general sinuadas; pie del mismo color que el sombrero, fibroso; carne de naranja a rojizo, blanquecina hacia el centro del sombrero; esp. 8-11 x 5-6 µ. **Hábitat**: VI-X; entre hierba y musgo, especialmente en caminos y márgenes de bosque; relativamente frecuente. **Nota**: La especie presenta una cutícula típicamente tomentosa.

Hygrocybe persistens

Hygrocybe persistens (Britzelm.) Singer Sin.: *H. acutoconica*

Caracteres: Sombrero de 1-5 cm de ancho, de amarillo limón o cromo a naranja amarillento, por lo general esférico con umbón agudo, cutícula glutinosa; láminas amarillo limón claras, cromo o anaranjadas, anejas adheridas, rara vez libres; pie del color del sombrero, glutinoso o mucilaginoso dependiendo del tiempo; esp. 11-14 x 5-6,5 µ, basidios normalmente bispóricos. **Hábitat**: VI-X; prados y pastos, parques, zonas musgosas o con hierba; relativamente frecuente tanto en montañas como en llanos. **Nota**: Es bastante variable. Pertenece a un subgrupo que presenta pie y sombrero mucilaginosos. Son típicas las grandes esporas que contienen los basidios bispóricos. **Confusiones**: De carne negra: *Hygrocybe conica* (ligeramente tóxica, p. 136).

Ligeramente tóxico, provoca trastornos digestivos.

Higróforo verde

Hygrocybe psittacina (Schaeff.: Fr.) Wünsche

c. Pixacà verd, *in.* Parrot waxcap

Caracteres: Sombrero de 1-4 cm de ancho, multicolor, de amarillo limón a pardo oliváceo, pero en general con tonos verde oscuro e incluso violeta, al envejecer vira a amarillo anaranjado; margen con estrías translúcidas, cutícula de glutinosa a mucilaginosa; láminas verdoso amarillentas, naranjas o verdosas, anejas adheridas; pie verde azulado o verdoso en el ápice, amarillo o naranja en la parte baja, mucilaginoso, tenaz; esp. 8-10 x 4-5 µ. **Hábitat**: VII-X; prados, pastos, herbazales, zonas musgosas del bosque; relativamente frecuente tanto en montañas como en llanos, pero en retroceso (cambios del biotopo). **Nota**: A causa de sus tonos verdes, una confusión con otras especies de su género es poco probable.

Ligeramente tóxico, provoca trastornos digestivos si se consumen grandes cantidades.

Hygrocybe unguinosa RL 3

Hygrocybe unguinosa (Fr.) P. Karst.

Caracteres: Sombrero de 2-8 cm de ancho, de gris claro o pardo grisáceo a gris hollín, al envejecer se descolora, cutícula muy mucilaginosa, margen con estrías translúcidas; láminas totalmente blancas o blanquecino sucio, anejas adheridas; pie del color del sombrero, mucilaginoso en tiempo húmedo; esp. 7-9 x 4-5,5 µ. **Hábitat**: VII-X; en zonas musgosas o herbosas de bosques de planifolios, prados, pastos, céspedes secos, especialmente en suelos calcáreos o arcillosos; raro. **Nota**: puesto que entre los *Hygrocybe* predominan los colores luminosos, esta especie es una excepción. Otros *Hygrocybe* de tonos pardo grisáceos tienen el sombrero seco. En algunas la carne vira a rojizo y huelen a amoníaco (V. *H. ovina*, *ingrata, murinacea*).

Hygrocybe parvula

RL 2

Hygrocybe parvula (Peck) Murrill

Caracteres: Sombrero de 0,5-2 cm de ancho, amarillo cromo, dorado o naranja amarillento, pronto se aplana, cutícula glutinosa, margen con estrías translúcidas; láminas de blancas a amarillentas, adnatas horizontalmente; pie del color del sombrero, a menudo aplanado, de superficie seca; esp. 5,5-7(9) x 3,5-4,5 µ. **Hábitat**: VIII-X; prados húmedos y musgosos, márgenes con hierba, céspedes; raro. **Nota**: Es una especie poco conocida por su rareza. Pertenece a las más pequeñas de su género (*parvulus* significa muy pequeña). Otras especies parecidas son más grandes o tienen pie viscoso.
Confusiones: *Hygrocybe quieta*.

Género **Camarophyllus**
Fam. Hygrophoraceae

Sombreros secos; láminas espesas, distantes, decurrentes; pies secos, relativamente finos; espp. blanca, inamiloide; esp. elipsoidales, lisas, sin p. g.; tr. irregular; probablemente en micorriza con hierbas. En la actualidad algunos autores consideran este género dentro de *Hygrocybe*.

Camarophyllus virgineus

Camarophyllus virgineus (Wulfen: Fr.) P. Kumm.
Sin.: *C. niveus*

Caracteres: Sombrero de 1,5-4(6) cm de ancho, blanquecino, casi translúcido, con el ápice a veces amarillento claro, margen con estrías translúcidas; láminas blancas, claramente distantes; pie blanco, fino, atenuado; esp. (tetraespóricas) 7-9,5 x 4,5-6 µ o (de basidios bispóricos) 9-12 x 5-6 µ. **Hábitat**: IX-XI; en prados musgosos; relativamente frecuente, moderadamente distribuido. **Confusiones**: Con fuerte olor a a cedro: *Camarophyllus russocoriaceus*, V. *Clytocibe rivulosa* (tóxica, p. 152).
A causa de su pequeño tamaño no es un comestible de calidad.

Camarophyllus pratensis

RL 3

Camarophyllus pratensis (Pers.: Fr.) P. Kumm.

Caracteres: Sombrero de 3-7 cm de ancho, color melocotón, salmón o naranja, a veces con margen estriado; láminas entre crema y naranja, anastomosadas en la base; pie blanquecino o con tonos del sombrero; esp. 5,5-7,5 x 4-5 µ. **Hábitat**: IX-XI; en prados musgosos, márgenes herbosos de bosques o claros, céspedes, prados húmedos; relativamente frecuente, moderadamente distribuido. **Confusiones**: *Hygrophorus nemoreus* (p. 126), *Rhodocybe nitellina* (p. 226)

Género **Calocybe**
Fam. Tricholomataceae

Especie parecida a tricolomas o colibias; sombreros blancos o rosas, amarillentos, hasta violeta; láminas blancas o amarillas, finas, densas, por lo general sinuadas; pie sin (o muy raramente con) anillo; espp. blanca, inamiloide; esp. elipsoidales, lisas o verrucosas, sin p. g.; basidios siderófilos; tr. regular; saprotrófico terrícola.

Seta de San Jorge, Seta fina

Calocybe gambosa (Fr.) Donk (foto superior)
c. Moixernó, *e.* Perretxiko, *g.* Seta de San Jorge, *in.* St. George's mushroom

Caracteres: Sombrero de 3-10 cm de ancho, blanco cal, marfil o más raramente amarillento o pardusco, carnoso; láminas blancas o crema; pie blanco, compacto; olor y sabor intenso a harina rancia; esp. lisas, 4-6 x 2,5-3,5 μ. **Hábitat**: IV-VI; bosques de planifolios y mixtos, zonas riparias, orillas de arroyos, márgenes con hierba, parques y jardines; frecuente. **Nota**: Sin duda aparece ya en primavera, es una de las primeras especies comestibles del año. **Confusiones**: *Inocybe erubescens* (tóxica, p. 300), *Lepista irina* (p. 112).
Comestible; trocearla y rehogarla reduce el intenso olor a harina.

Calocybe constricta

Calocybe constricta (Fr.) Kühner Sin.: *C. leucocephala*

Caracteres: Sombrero de 2-6 cm de ancho, blanco o algo amarillento; láminas blancas; pie blanco, provisto de cinturones en la zona anular o sin ellos, radicante; olor a harina; sabor a veces amargoso; esp. subglobosas, 6-8 x 4-5 μ. **Hábitat**: VIII-X; en pastos y prados adobados, en lugares quemados por orina; raro. **Nota**: Durante mucho tiempo *Calocybe constricta* y *leucocephala* se consideraron como especies diferentes. Sin embargo, ambas aparecen a menudo en el mismo lugar. **Confusiones**: V. Tricholoma y Clitocybe blancas.

Calocybe carnea

Calocybe carnea (Bull.: Fr.) Donk (foto inferior)

Caracteres: Sombrero de 1-3(4) cm de ancho, de rosa a rojizo cárneo, al envejecer se decolora; láminas blancas; pie del color del sombrero, con el ápice blanco y fino y la base hirsuta, blanca; olor aromático, fúngico, casi a hierba al frotarlo; esp. 4,5-6 x 2,5-3 μ. **Hábitat**: IX-XI; prados musgosos y pastos, parques y jardines; no es raro. **Confusiones**: Que crece en fascículos: *Calocybe persicolor*, muy parecido.

Calocybe ionides

RL 3

Calocybe ionides (Bull.: Fr.) Donk

Caracteres: Sombrero de 3-6 cm de ancho, violeta azulado, violeta, púrpura, con el centro más oscuro y el margen joven pruinoso; láminas blancas o crema pálido, con las aristas emarginadas; pie del color del sombrero, con el ápice blanco; olor y sabor algo harinoso; esp. 4,5-6 x 2,5-3 µ. **Nota**: Existe una variedad grisácea o parda clasificada como var. *obscurissima*, que es más rara que la variedad principal. **Hábitat**: VII-IX; en bosques de coníferas o planifolios con humus, también sobre suelo calizo; relativamente raro. **Confusiones**: De láminas violetas: *Lepista nuda* (p. 110) y *L. sordida* var. *lilacea* (p. 114).

Comestible, pero a causa de su rareza aconsejamos su protección.

Calocybe fallax

RL R

Calocybe fallax (Peck ex Sacc.) Redhead & Singer
Sin.: *C. naucoria*

Caracteres: Sombrero de 1-2 cm de ancho, amarillo yema de huevo, dorado, naranja amarillento, amarillo pardusco, de carne fina, cutícula mate; láminas amarillo intenso, algo más claras que el sombrero; pie de tonos parecidos al sombrero, algo deshilachado, con la base blanca, tomentosa; olor harinoso al rozarlo; sabor de suave a amargoso; esp. 3,5-4,5 x 2-3 µ, dermis celular. **Hábitat**: IX-X; en bosques de coníferas o mixtos, bajo pinos o píceas, raro. **Nota**: Esta especie se diferencia de otras cercanas por la dermis celular. Otras especies la tienen cubierta por largas hifas. **Confusiones**: *Calocybe chrysenteron* y *C. cerina.*

Incomestible, contiene sustancias amargas.

Clitocibe acopado

Pseudoclytocybe cyathiformis (Bull.: F.) Singer
(Fam. Tricholomataceae)

c. Tassa de bruc fosca, *e.* Klitozibe beltz, *in.* Cup-shaped agaric

Caracteres: Sombrero de 3-6 cm de ancho, marrón oscuro, pardo grisáceo o gris acero, higrófano, se decolore desde el centro hacia fuera, embudado, de cutícula sedosa-mate; láminas gris blanquecinas sucias, decurrentes, gruesas, algo distantes, típicamente ahorquilladas y anastomosadas; pie de tonos parecidos al sombrero, largo y fino, fibroso, a veces con cenefa hecha por las fibras; espp. blanca, amiloide; esp. elipsoidales, lisas, con interior muy granulado, 8-11 x 5-6,5 µ, sin p. g. **Hábitat**: X-XI; en bosques de coníferas y planifolios, sobre el suelo o pedazos de madera; relativamente frecuente; saprotrófico. **Nota**: Una característica típica de la especie son las láminas ahorquilladas. A diferencia de en las auténticas *Clitocybe,* las hifas están desprovistas de fíbulas. **Confusiones**: Con olor a ácido cianhídrico: *Pseudoclitocybe obbata*, que vira a rojo: *Cantharellula umbonata.*

Género **Clitocybe**
Fam. Tricholomataceae

Sombreros de tamaño muy diverso, a menudo infundibuliformes, aunque también pueden ser umbonados, secos, higrófanos o no; láminas de horizontalmente adnatas a decurrentes; pie sin anillo; espp. blanca, inamiloide; esp. elipsoidales, lisas, sin p. g.; tr. regular; saprotrófico terrícola; algunas especies contienen una sustancia neurotóxica.

Clitocybe clavipes

Clitocybe clavipes (Pers.: Fr.) P. Kumm.

Caracteres: Sombrero de 4-8 cm de ancho, de pardo amarillento a pardo grisáceo, centro a menudo umbonado, margen no estriado, cutícula oleosa o mate; láminas color crema, claramente decurrentes, finas; pie claviforme, ventrudo; carne blanquecina; esp. 6-8 x 3,5-5 µ. **Hábitat**: VII-XI; en bosques de coníferas y planifolios; muy frecuente. **Confusiones**: *Lepista nebularis* (p. 108).
Comestible; en combinación con alcohol puede resultar tóxica y producir malestar, taquicardias y rosácea.

Anisada

Clitocybe odora (Bull.: Fr.) P. Kumm.

Caracteres: Sombrero de 3-8 cm de ancho, verdoso azulado claro u oscuro, rara vez blanco (albino), se decolora al envejecer, a menudo umbonado, cutícula joven escarchada; láminas de color crema a azul verdoso, algo decurrentes; pie con tonos del sombrero; olor intenso a anís; esp. 6-7 x 3-4 µ. **Hábitat**: VIII-XI; en bosques de coníferas y planifolios, crece en grupo; frecuente. **Nota**: Por su olor anisado y color verdoso azulado es una especie difícil de confundir. V. sin embargo: *Clitocybe fragrans* (tóxica, p. 154).
Comestible; el olor a anís, que no agrada a todo el mundo, se conserva al cocinarlo.

Clitocybe inornata

Clitocybe inornata (Sowerby: Fr.) Gillet

Caracteres: Sombrero de 4-10 cm de ancho, de gris blanquecino claro a pardo grisáceo, cutícula seca, casi tomentoso-aterciopelada, margen a menudo costulado; láminas gris blanquecino claro, por lo general adnatas horizontalmente; pie del color del sombrero, pruinoso; olor desagradablemente molesto, recuerda a serrín impregnado de orina de ratón; esp. oblongo-fusiformes, 8-10 x 3-4 µ. **Hábitat**: IX-XI; en bosques de coníferas, menos habitual entre planifolios, especialmente sobre suelo calizo; relativamente raro. **Confusiones**: Más grande y con olor a harina: *Lepista nebularis* (p. 108).
Incomestible a causa del desagradable olor, pero no tóxico.

Platera, Cabeza de fraile

Clitocybe geotropa (Bull.: Fr.) Quél.

c. Candela de bruc, *e.* Urril-ziza, *g.* Fungo funil, *in.* Trooping funnel

Caracteres: Sombrero de 10-25 cm de ancho, beige, ocre blanquecino u ocre rojizo, centro con umbón protuberante, margen a menudo dentado, involuto, al envejecer se alisa; láminas de crema a ocre claro, de ligera a marcadamente decurrentes; pie del mismo color que el sombrero, pronto típicamente fibroso-agrietado; carne elástica, al envejecer algo dura; olor aromático, con un toque a almendras amargas; esp. en forma de gota, 6-8 x 5-6 µ. **Nota**: Los ejemplares jóvenes a menudo tienen el pie largo y presentan un umbón pequeño pero marcado. **Hábitat**: IX-XI; en bosques de coníferas y planifolios, especialmente sobre suelo calcáreo, crece en grandes corros de brujas; localmente frecuente. **Confusiones**: *Aspropaxillus iganteus* (p. 106), más pequeño: *Clitocybe gibba* (ctro.).
Sólo comestible de joven, los ejemplares viejos se vuelven correosos.

Clitocybe gibba

Clitocybe gibba (Pers.: Fr.) P. Kumm.

Caracteres: Sombrero de 3-8 cm de ancho, coriáceo pálido, ocre amarillento u ocre rojizo, centro casi siempre con umbón pequeño, pero macizo, cutícula de mate a tomentoso-aterciopelada, margen a menudo dentado; láminas blancas, marcadamente decurrentes, a veces ahorquilladas; pie más claro que el sombrero, por lo general blanquecino, glabro hasta la base tomentosa con micelio; carne blanquecina, elástica; olor ligeramente a almendras amargas; esp. 5-7 x 3-4 µ. **Hábitat**: VI-IX; sobre todo en verano; en bosques de coníferas y planifolios, caminos y claros del bosque, parques; frecuente en todos sitios. **Confusiones**: *Clitocybe costata* (abajo), *Lepista nuda* y *gilva* (p. 110).
Comestible; incluso el pie tenaz se puede usar mezclado con otras especies.

Clitocybe costata

Clitocybe costata Kühner

Caracteres: Sombrero de 3-10 cm de ancho, de coriáceo pálido a ocre rojizo, rápido de aplanado a infundibuliforme, por lo general sin umbón, cutícula aterciopelada-tomentosa, margen a menudo lobulado o crenulado; láminas blanquecino sucio, crema o ocre coriáceo, parcialmente ahorquilladas, algo decurrentes; pie igual o más oscuro que el sombrero, de ocre a pardo rojizo, fibroso agrietado; olor parecido a la *Clitocybe gibba*; esp. 6-8 x 3-5 µ. **Hábitat**: VI-IX; en bosques de coníferas y mixtos, bordes de caminos; relativamente frecuente. **Nota**: Se puede considerar un doble de *Clitocybe gibba*, pero su pie es más oscuro y las láminas algo más gruesas y oscuras. **Confusiones**: *Clitocybe gibba* (ctro.).

Clitocybe sinopica

Clitocybe sinopica (Fr.: Fr.) P. Kumm.

Caracteres: Sombrero de 2-6(10) cm de ancho, pardo rojizo, al envejecer se descolore hasta naranja ocráceo, centro a menudo umbilicado, cutícula de mate a finamente tomentosa, eventualmente con pequeñas escamas; láminas de blanquecino a ocre claro, espesas, de adnatas horizontalmente a decurrentes; pie pardo rojizo como el sombrero, ligeramente deshilachado; olor y sabor a harina rancia, casi apestoso, recuerda a la *Calocybe gambosa*; esp. 7-10,5 x 5-6,5 µ. **Hábitat**: IV-VIII(IX); en bosques de coníferas y mixtos, a menudo (aunque no siempre) en lugares quemados, por lo general crece aislado; no es raro. **Nota**: Es característico de esta especie crecer en lugares recientemente quemados. Aparece a menudo junto a *Lyophyllum anthracophilum*, *Pholiota brunecens* o *Geopetalum carbonarium*. **Confusiones**: En zonas no quemadas: *Clitocybe squamulosa* (ctro.).

Comestible; pero a causa de su olor desagradable poco apetecible.

Clitocybe squamulosa

Clitocybe squamulosa (Pers: Fr.) J. E. Lange

Caracteres: Sombrero de 3-8 cm de ancho, de cárneo rojizo a canela o avellana, al envejecer se decolora, infundibuliforme, de carne fina, cutícula mate, pronto con pequeñas escamas; láminas blanquecino crema, poco espesas, decurrentes; pie del mismo color que el sombrero, con fibras longitudinales; olor y sabor agradable a harina; esp. 5,5-8,5 x 4-5,5 µ. **Hábitat**: V-X; en bosques de coníferas, sobre todo bajo pinos y píceas, preferentemente en suelo arenoso; de disperso a raro. **Confusiones**: En zonas quemadas, de olor rancio: *Clitocybe sinopica* (arriba).

Clitocybe hydrogramma

Clitocybe hydrogramma (Bull.: Fr.) P. Kumm.
Sin.: *Singerella hydrogramma, C. phaeophthalma*

Caracteres: Sombrero de 2-7 cm de ancho, blanquecino sucio, color cuerno claro, cárneo o pardo grisáceo, algo higrófano, se decolora al secarse; láminas de blancas a grisáceas, algo gruesas, decurrentes; pie del mismo color que el sombrero, con algunas zonas algodonosas por acción del micelio; olor desagradablemente dulzón, rancio (que recuerda a *Amanita phalloides*); sabor amargo; esp. 5,5-7 x 3-4,5 µ; las hifas de la cutícula presentan una característica forma de ampolla (fig. 32). **Hábitat**: IX-XI; sobre todo bosques de planifolios, bajo hayas, robles o encinas, de aislado a en fascículo entre la hojarasca; relativamente frecuente. **Nota**: A pesar del color fácil de confundir, el olor es característico de esta especie. A causa del amargor no se consume.

Tóxico; contiene muscarina (V. *C. phyllophila*, p. 152).

Clitocybe phyllophila

Clitocybe phyllophila (Fr.) P. Kumm.
Sin.: *C. cerussata, C. pithyophila*

Caracteres: Sombrero de 3-8 cm de ancho, de joven pruinoso como escarchado (como recubierto por una capa de barniz), cárneo por debajo, umbonado o umbilicado, relativamente carnoso; láminas primero blancas, luego de crema a pardusco, de sinuadas a subdecurrentes; pie blanquecino; carne blanquecina o cárnea, elástica; olor típicamente agridulce; espp. de blanca a crema; esp. 4-5 x 2,5-3,5 µ. **Hábitat**: IX-XI(XII); en bosques de planifolios y coníferas, en grupos y corros de brujas; frecuente. **Nota**: De las especies de *Clitocybe* blancas y venenosas con sombrero pruinoso, *C. phyllophila* es la más grande, llamativa y frecuente. Todas ellas tienen sabor suave. **Confusiones**: *Lyophillum connatum* (p. 98), *Lepista densifolia* y *glaucocana* (p. 112).
Tóxico; contiene grandes cantidades de la neurotóxina muscarina. Tiempo de latencia de 1/4 - 4 horas; síntomas: sudores, epífora, alteraciones de la vista, vómitos y cólicos gastrointestinales. Algunos casos graves pueden resultar mortales.

Clitocybe candicans

Clitocybe candicans (Pers.: Fr.) P. Kumm.

Caracteres: Sombrero de 1-4 cm de ancho, primero blanco, pruinoso como escarchado, va perdiendo la pruina a clapas o de forma concéntrica, finalmente color cárneo claro, de carne fina, a menudo ligeramente umbilicado; láminas blancas, densas, adnatas horizontalmente; pie blanco, pruinoso como el sombrero, por dentro cárneo, pronto se ahueca y se aplana; base angulosa, con tomento miceliar; olor agridulce; esp. 5-6,5 x 3-3,5 µ. **Hábitat**: IX-XI; en bosques de planifolios o coníferas, crece en grupos; frecuente, pero no todos lo años. **Confusiones**: *Clitocybe phyllophila* (arriba) y *C. rivulosa* (abajo).
Tóxica; contiene grandes cantidades de muscarina (V. arriba).

Clitocybe rivulosa

Clitocybe rivulosa (Pers.: Fr.) P. Kumm. Sin.: *C. dealbata*

Caracteres: Sombrero de 2-5 cm de ancho, joven blanco puro, pruinoso como escarchado, después con zonas concéntricas color cárneo, bajo la pruina generalmente es cárneo claro, centro ligeramente umbilicado, a veces con pequeño umbón; láminas de blancas a crema, densas, adnatas horizontalmente; pie de blanco a cárneo, pronto hueço; olor ligeramente agridulce, como las dos especies anteriores; esp. 4-5,5 x 2,5-3,5 µ. **Hábitat**: (VII)VIII-X; en zonas herbosas, prados de cultivo, pastos, campos, bordes de caminos, bajo matorrales; relativamente frecuente. **Confusiones**: En el bosque: *Clitocybe candicans* (tóxica, ctro.), más grande: *Clitocybe phyllophila* (tóxica, arriba).
Tóxica; contiene grandes cantidades de muscarina (V. arriba).

Anisada blanca

Clitocybe fragrans (With.: Fr.) P. Kumm. Sin.: *C. suaveolens*
c. Anisat blanc, *in.* Fragrant funnel

Caracteres: Sombrero de 2-4 cm de ancho, blanquecino madera, grisáceo, higrófano, en tiempo seco se blanquea, margen con estrías translúcidas, de carne fina y centro umbilicado; láminas de blanquecino a gris blancuzco, más o menos densas, ligeramente decurrentes; pie del mismo color que el sombrero, tomento miceliar blanco en la base; olor a anís; esp. 6,5-8,5 x 3,5-4,5 µ. **Hábitat**: IX-XI; en bosques de planifolios o coníferas, zonas herbosas y musgosas; frecuente. **Nota**: El nombre de esta especie puede inducir a confusión ya que sólo es blanca cuando está seca. En condiciones húmedas, el color es muy variable y puede llegar a ser bastante oscura. **Confusiones**: *Clitocybe odora* (p. 146), otras Clitocybe y Collybia sin olor a anís.
Tóxico; contiene muscarina (V. *Clitocybe phyllophila*, p. 152).

Clitocybe amarescens

Clitocybe amarescens Harmaja Sin.: *C. nitrophila*

Caracteres: Sombrero de 1-4 cm de ancho, coriáceo amarillento, color cuerno claro o rojizo, con el centro más oscuro, infundibuliforme o umbonado, cutícula algo oleosa (recuerda a *Rhodocolibia butiracea*), higrófano, seco casi blanquecino, de carne fina; láminas blancas o crema, no o sólo ligeramente decurrentes; pie del color del sombrero, tomento miceliar blanco en la base, hueco; olor entre afrutado y agridulce, incluso ligeramente a amoníaco o inodoro; sabor como el nombre indica (*amarescens*: se vuelve amargo); esp. 5-7(8) x 3-4 µ. **Hábitat**: X-XI; sobre suelos abonados, ricos en nitrógeno, márgenes de campos, jardines, parques (la foto fue tomada en un estercolero); relativamente raro. **Confusiones**: *Clitocybe diatreta* (tóxico, abajo).
Valor culinario desconocido ya que la especie ha sido descrita recientemente.

Clitocybe diatreta

Clitocybe diatreta (Fr.: Fr.) P. Kumm.

Caracteres: Sombrero de 2-5 cm de ancho, de madera pálido a rojizo, ocre o cobre, higrófano, seco blanquecino, cutícula húmeda de aspecto oleoso, carne fina; láminas de blanquecino a crema, sinuadas; pie del color del sombrero o algo más claro, hueco; olor fúngico, aromático; esp. 4,5-6,5 x 3-4 µ. **Hábitat**: (IX)X-XI; en bosques de coníferas con musgo, bajo pinos, en pequeños grupos o corros de bruja; poco frecuente. **Nota**: En los pinares de Brandenburgo (Alemania) crece siempre a finales de otoño, junto a la más habitual *Clitocybe vibecina* (p. 156). **Confusiones**: en zonas abonadas: *Clitocybe amarescens* (ctro.), *C. dryophila* (p. 166).
Tóxico; contiene muscarina (V. *Clitocybe phyllophila*, p. 152).

Clitocybe vibecina

Clitocybe vibecina (Fr.: Fr.) Quél. Sin.: *C. pausiaca, C. langei*

Caracteres: Sombrero de 2-5 cm de ancho, madera pálido, pardo oliváceo o gris oliváceo, margen a veces más claro, siempre con estrías translúcidas, higrófano, se decolore, cutícula húmeda de aspecto oleoso, carne fina, centro infundibuliforme; láminas blanquecino sucio, gris blanquecino, de adnatas horizontalmente a ligeramente decurrentes; pie del color del sombrero, a menudo ampliamente comprimido, blanco flocoso o hueco; carne de consistencia blanda; olor y sabor a harina; esp. 4-6,5 x 3-4 µ. **Hábitat**: (IX)X-XII; en bosques de coníferas y mixtos, sobre todo bajo pinos o píceas, en grupo o corro de brujas, a menudo en grandes cantidades; frecuente. **Confusiones**: *Clitocybe diatreta* (tóxico, p. 154), *C. ditopus* (ctro.), *C. metachroa* (abajo) y otras del género.

■ No tóxico pero fácil de confundir con especies tóxicas.

Clitocybe ditopus

Clitocybe ditopus (Fr.: Fr.) Gillet

Caracteres: Sombrero de 1-4 cm de ancho, joven recubierto por pruina gris claro y debajo de ésta (con el tiempo desaparece) gris oscuro o pardo grisáceo, margen liso, higrófano, seco apenas es más claro, gris amarillento o beige; láminas oscuras, pardo grisáceas, algo decurrentes; pie pardo grisáceo con la superficie blanca flocosa y tomento miceliar blanco; carne consistente; olor y sabor intenso a harina rancia; esp. redondeadas, muy pequeñas, 2,5-3,5 x 2,5-3 µ. **Hábitat**: VIII-XI; en bosques de coníferas, sobre todo bajo pinos o píceas, aislado o en grupo; frecuente. **Confusiones**: *Clitocybe vibecina* (arriba), *C. metachroa* (abajo).

■ No tóxico pero fácil de confundir con especies tóxicas.

Clitocybe metachroa

Clitocybe metachroa (Fr.) P. Kumm.
Sin.: *C. metachroides, C. dicolor*

Caracteres: Sombrero de 2-5(7) cm de ancho, color madera pálido, pardo cárneo o pardo grisáceo, higrófano, seco blanquecino o beige claro con el centro oscuro y por eso bicolor, carne fina, margen húmedo con estrías translúcidas, centro infundibuliforme; láminas de blanquecino sucio a gris claro, ligeramente decurrentes; pie del color del sombrero, más oscuro hacia la base, con hilachas plateadas, de cilíndrico a ampliamente comprimido; carne relativamente consistente y recia; olor algo terroso, no harinoso; esp. alargadas, 6-8 x 3,5-4,5 µ. **Hábitat**: X-XII; en bosques de coníferas o planifolios, en grupo, crece hasta muy avanzado el año; frecuente. **Confusiones**: Con olor harinoso: *Clitocybe ditopus* (ctro.), *C. vibecina* (arriba).

■ No tóxico pero tampoco especie culinaria.

Género **Laccaria**
Fam. Tricholomataceae

Sombreros lila o rosa cárneo, higrófanos, de carne fina, margen con estrías translúcidas; láminas gruesas, algo distantes, de sinuadas a subdecurrentes; el pie relativamente fino, se vuelve hueco; espp. blanca, inamiloide; esp. redondeadas o elipsoidales, escuarrosas, sin p. g.; tr. regular; saprotrófico terrícola.

Lacaria amatista

Laccaria amethystea (Bull.) Murrill

c. Pimpinella morada petita, *e.* Lakaria ubela, *in.* Amethyst deceiver

Caracteres: Sombrero de 1-4(6) cm de ancho, de lila a violeta, seco casi blanquecino, cutícula glabra o finamente crustácea; láminas lilas, invariables, a menudo recubiertas de un polvo blanco de las esporas; pie del color del sombrero, algo flocoso; esp. redondas, 7-10 µ (fig. 33), espinas de hasta 2 µ; basidios tetraspóricos. **Hábitat**: VII-XI; en bosques de coníferas o planifolios, sobre todo entre musgos, sin necesidad de un tipo concreto de suelo; muy frecuente. **Confusiones**: Con láminas blancas y olor rafanoide: *Mycena pura* (tóxica, p. 198).

Lacaria lacada

Laccaria laccata (Scop.: Fr.) Berk & Broome

c. Pimpinella rosada, *e.* Lakaria arrunta, *in.* Lacklustre laccata

Caracteres: Sombrero de 1-5 cm de ancho, de cárneo rojizo a pardusco, se decolore mucho, centro a veces umbilicado, cutícula glabra y lisa; láminas rojizo cárneo; pie rojizo o pardusco, glabro o fibroso; esp. redondas, 7-10 µ, espinas de hasta 2 µ; basidios tetraspóricos. **Hábitat**: VI-XI; en bosques de coníferas y planifolios, parques, jardines, sobre cualquier tipo de suelo; muy frecuente. **Nota**: Es muy variable y se suele dividir en diferentes variedades. **Confusiones**: *Laccaria proxima* (abajo), *L. bicolor* (p. 160), con basidios bispóricos: *L. fraterna*.

Laccaria proxima

Laccaria proxima (Boud.) Pat.

Caracteres: Sombrero de 2-6(8) cm de ancho, rojizo amarillento reluciente, anaranjado o pardusco cárneo, margen por lo general no estriado, cutícula de crustácea a finamente escamosa; láminas rojizo cárneo, algo más densas que las de la *L. laccata*; pie más oscuro que el sombrero, pardo rojizo, de fibroso a agrietado; esp. redondas o ampliamente elipsoidales, 7-10 x 5,5-8 µ (fig. 34), espinas de aprox. 1 µ; basidios tetraspóricos. **Hábitat**: VIII-X; entre esfagno en zonas húmedas, zonas húmedas de bosques de coníferas o planifolios; de disperso a localmente frecuente. **Nota**: Algunos autores la clasifican como una variedad de la *L. laccata*. **Confusiones**: *Laccaria laccata* (ctro.).

Laccaria bicolor

Laccaria bicolor (Maire) P. D. Orton

Caracteres: Sombrero de 1-5(8) cm de ancho, de rosa cárneo a pardusco, cutícula finamente crustáceo-escamosa, margen por lo general sin estrías; láminas rosa cárneo, con reflejos de lila; pie pardusco cárneo, con la superficie fibrosa o agrietada, tomento miceliar lila; esp. elipsoidales, 6-7,5(9) x 5,5-6,5(7) µ, espinas de menos de 1 µ; basidios tetraspóricos. **Hábitat**: VII-X; en bosques de coníferas, menos de planifolios, entre turberas, sobre suelo ácido y pobre en nitrógeno, pero no en zonas húmedas; disperso. **Confusiones**: *Laccaria laccata* (p. 158).

Laccaria tortilis

Laccaria tortilis (Bolton) Cooke Sin.: *L. echinospora*

Caracteres: Sombrero de 0,5-1,5 cm de ancho, rojizo cárneo, con el centro más oscuro y umbilicado, margen con estrías translúcidas; láminas rosa cárneo, distantes; pie pardusco cárneo, corto, con la superficie glabra; esp. redondas, 8-14(16) µ (fig. 35), espinulado, espinas de hasta 3 µ; basidios bispóricos. **Hábitat**: V-IX; sobre tierra desnuda bajo matorrales, parques, márgenes de bosques; disperso. **Nota**: Es la especie de *Laccaria* más pequeña y la que tiene las esporas más grandes.

Género **Flammulina**

Fam. Tricholomataceae

Sombreros glutinosos, con la cutícula gelatinosa, de carne fina; láminas entre blancas y amarillentas, adnatas; pies tenaces, por lo general marrón o negruzco, aterciopelados; espp. blanca, inamiloide; esp. elipsoidales, lisas, sin p.g.; tr. regular; saprotrófico y parásito, por lo general lignícola.

Colibia de pie aterciopelado

Flammulina velutipes (Curtis: Fr.) Singer

c. Cama-sec d'hivern, *e.* Kolibia zolabeltz, *in.* Velvet shank

Caracteres: Sombrero de 1-5 cm de ancho, amarillo claro, naranja amarillento o naranja herrumbroso, con estrías translúcidas o sin estrías; láminas crema o amarillo claro; pie más o menos aterciopelado sobre todo en la parte inferior, marrón, con el ápice amarillo; carne elástica, tenaz en el pie; esp. 7-10 x 3-4 µ. **Hábitat**: X(XI)-III; sobre tocones, ramas de planifolio, sobre todo de chopo o sauce, también sobre ramas vivas, a menudo en fascículo; frecuente. **Nota**: Es fácil de reconocer ya que crece en los meses de invierno. No es sensible a las heladas y no se muere. **Confusiones**: *Flammulina fennae* (p. 162), V. *Hypholoma fasciculare* y *capnoides* (p. 342).

Comestible; excelente, difícil de confundir, usar sólo los sombreros. Esta especie también se cultiva.

Flammulina fennae

RL R

Flammulina fennae Bas

Caracteres: Sombrero de 2-5(7) cm de ancho, ocre amarillento, ocre herrumbroso o casi totalmente blanco con manchas herrumbrosas y el centro ocre; láminas blancas, al envejecer manchadas de herrumbroso; pie pardo negruzco, con el ápice más claro, aterciopelado, de cilíndrico a fusiforme radicante; esp. 6-8 x 4-4,5 µ. **Hábitat**: (IV)VIII-X; sobre troncos muertos caídos o enterrados, tocones sobre todo de fresnos, hayas, chopos; disperso. **Nota**: Esta especie, descrita por primera vez en 1983, se diferencia de *F. velutina* por la constitución de la cutícula.

Género **Collybia**
Fam. Tricholomataceae

Sombreros medianos, a veces higrófanos con cutícula seca; láminas blancas o parduscas, de adheridas a adnatas; pies con fibras longitudinales, glabros o flocosos; espp. por lo general blanca, inamiloide; esp. redondeadas, elipsoidales o en forma de coma, lisas, sin p. g.; tr. regular; saprotrófico (V. *Microcollybia*, p. 176).

Collybia butyracea

Collybia butyracea (Bull.: Fr.) P. Kumm. var. *butyracea*

Caracteres: Sombrero de 2-5(9) cm de ancho, de cárneo a pardo rojizo, higrófano, se decolora un poco, por lo general umbonado, cutícula glabra, con aspecto oleoso; láminas blancas, arqueadas y adnatas, casi libres; pie pardo rojizo, blanco flocoso, base a menudo hinchada, hueca o con fibras longitudinales; carne elástica, cartilaginosa en el pie; esp. 5,5-7,5 x 2,5-3,5 µ. **Hábitat**: VIII-X; en bosques de coníferas y planifolios, especialmente sobre suelo ácido; frecuente. **Confusiones**: *Collybia butyracea* var. *asema* (abajo), *C. distorta* (p. 164), *C. fusipes* (incomestible, p. 164).
Comestible, buena para mezclar con otras especies. Los pies son muy tenaces.

Colibia butirácea

Collybia butyracea var. *asema* Fr.
e. Kolibia gurinkara, *in.* Greasy toughshank

Caracteres: Sombrero de 2-6 cm de ancho, color madera, gris oliváceo o gris amarillento, higrófano, se decolora tanto que puede parecer bicolor, cutícula de aspecto oleoso; láminas blancas, arqueadas y adnatas; pie madera amarillento claro, glabro por lo general, con tomento miceliar blanco en la base, agrietado, empalidece y se ahueca; esp. 5,5-7,5 x 2,5-3,5 µ. **Hábitat**: VIII-XI(XII); en bosques de coníferas o planifolios, sobre suelo ácido o calizo; frecuente. **Nota**: Entre las dos variedades se dan transiciones de color. La var. *asema* es mucho más frecuente que la *butyracea*.
Comestible, V. ctro.

Collybia distorta

Collybia distorta (Fr.) Quél.

Caracteres: Sombrero de 3-8 cm de ancho, de pardusco cárneo a pardo rojizo, con el margen más claro, sin estrías, higrófano, centro a menudo provisto de un umbón prominente, cutícula lisa y glabra; láminas blanquecinas, más tarde manchadas de herrumbroso, muy densas y delgadas, con las aristas aserradas, sinuadas; pie de blanco a amarillento crema, no o sólo levemente radicante, agrietado y a menudo retorcido; esp. redondeadas, 3,5-4,5 x 3-3,5 µ. **Hábitat**: VIII-X; preferentemente en bosques de coníferas, más raro de planifolios, crece aislado o en grupo; localmente no es raro. **Confusiones**: *Collybia butyracea* var. *butyracea* (p. 162), *C. fusipes* (ctro.), con esporas más grandes, algo angulares: *C. prolixa*.
Comestible, pero de sabor mediocre.

Colibia de pie fusiforme

Collybia fusipes (Bull.: Fr.) Quél.
c. Flota de roure, *e.* Kolibia marroi, *g.* Fuso dos castiñeiros, *in.* Spindle shank

Caracteres: Sombrero de 3-8(10) cm de ancho, pardo rojizo oscuro, higrófano, al secarse palidece relativamente, cutícula lisa y glabra, margen a menudo lobulado o dentado; láminas gris blanquecinas u ocre sucio, más tarde manchadas de herrumbroso, gruesas, distantes, sinuadas; pie crema o cárneo, manchado de oscuro hacia la base, toscamente surcado, fusiforme radicante y a menudo retorcido; carne elástica-tenaz; olor intenso, algo desagradable; esp. 4-6 x 3-4,5 µ. **Hábitat**: VII-X; en bosques de planifolios, sobre la raíz o la base de robles y hayas vivas, menos habitual en ramas muertas; relativamente frecuente. **Confusiones**: *Collybia butyracea* var. *butyracea* (p. 162), *C. distorta* (arriba).
Incomestible a causa del sabor, el olor desagradable y la carne tenaz.

Colibia manchada

Collybia maculata (Alb. & Schwein.: Fr.) Quél.
e. Kolibia herdoildu, *in.* Spotted toughshank

Caracteres: Sombrero de 3-8(10) cm de ancho, blanco yeso, blanquecino crema o rosáceo, pronto adquiere manchas pardo herrumbrosas, ápice también pardusco, no higrófano; láminas blancas o crema, más tarde manchadas de herrumbroso, muy densas, con las aristas dentadas, sinuadas; pie blanquecino, manchado de herrumbroso hacia la base, agrietado, radicante; olor agradable, aromático, fúngico; sabor amargo; esp. redondeadas-elipsoidales, 5-6 x 4-5 µ. **Hábitat**: VIII-XI; en bosques de planifolios y de coníferas, bajo píceas y pinos, a veces en fascículo; muy frecuente. **Nota**: Después de lluvias abundantes el sabor amargo puede desaparecer; entonces tiene sabor suave. **Confusiones**: *Collybia fodens* (p. 166).
Incomestible a causa del sabor amargo; la cocción no le quita el amargor.

Collybia fodiens

Collybia fodiens (Kalchbr.) J. Favre

Caracteres: Sombrero de 3-8 cm de ancho, beige, ocre rojizo, pardusco cárneo o cobre claro, húmedo algo acuoso, pero no higrófano, cutícula pruinosa-argéntea en algunas partes; láminas amarillentas o crema, con las aristas dentadas, sinuadas; pie blanco o amarillento, furfuráceo, fibroso, radicante, pronto hueco, base color cobre; olor agradable, aromático; sabor suave; espp. crema; esp. 7-8 x 3,5-4 µ. **Hábitat**: IX-X; en bosques de coníferas, bajo píceas, sobre suelos ácidos con humus, entre musgos y arándanos; raro. **Nota**: Esta especie poco conocida se diferencia de *Collybia maculata* por el sabor suave y la ausencia de manchas herrumbrosas. Es típico de ella un cierto tono amarillento en las láminas y el pie. **Confusiones**: *Collybia maculata* (incomestible, p. 164).

Colibia temprana

Collybia dryophila (Bull.: Fr.) P. Kumm.

c. Fals cama-sec, *e.* Haritz-marasmio, *in.* Russet toughshank

Caracteres: Sombrero de 1,5-5 cm de ancho, ocre claro, amarillento rojizo, pardusco amarillento o pardo rojizo, higrófano, cutícula glabra, margen normalmente sin estrías (con estrías V. var. *aquosa*); láminas blancas o amarillentas, arqueadas y adnatas; pie del mismo color que el sombrero, glabro, base con cordones miceliares blanquecinos o amarillentos; olor agradable, recuerda a la madera acabada de serrar; esp. 4,5-6 x 2-3 µ. **Hábitat**: V-XI; en bosques de planifolios y de coníferas, prados boscosos, parques y jardines; muy frecuente. **Nota**: Sin duda una de las especies más frecuentes; a causa de su variabilidad a menudo se divide en diversas variedades. En las láminas habitan insectos como los escarabajos que al sacudirlas caen al suelo. **Confusiones**: *Collybia hariolorum* (tóxico, abajo).

Comestible; sirve mezclada con otras. No se deben comer los pies.

Collybia hariolorum

Collybia hariolorum (DC.: Fr.) Quél.

Caracteres: Sombrero de 2-5 cm de ancho, blanquecino, ocre claro o pardusco cárneo, higrófano, cutícula con aspecto de oleoso a mate; láminas crema, arqueadas y adnatas; pie de blanquecino a pardusco cárneo, estrigoso en la mitad inferior; olor desagradable, recuerda a la col en descomposición; esp. 5,5-7 x 2,5-3,5 µ. **Hábitat**: V-XI; en bosques de planifolios, especialmente bajo hayas (*Fagus sylvatica*), crece en grupo pero no en fascículo; de disperso a moderadamente frecuente. **Confusiones**: *Collybia dryophilla* (ctro.), *C. confluens* (p. 170).

Tóxico; causa problemas digestivos al cabo de poco tiempo de consumirlo, náuseas y vómitos.

Collybia hebelomoides

Collybia hebelomoides Ew. Gerhardt

Caracteres: Sombrero de 3-6 cm de ancho, ocre, apenas higrófano, centro por lo general umbonado, cutícula glabra, con aspecto algo oleoso, margen sin estrías; láminas primero color arcilla claro, después más oscuras, muy densas, adheridas; pie algo más claro que el sombrero, de color madera pálida a ocre pardusco, finamente fibroso, de aspecto glabro, pruinoso si se observa con lupa; esp. 4-6 x 2-3 µ. **Hábitat**: VII-IX; en bosques de planifolios, en grupo, bajo chopos en zonas con humus; raro. **Nota**: Fue descrita por primera vez en 1982 y de momento es poco conocida. Por el color puede recordar a *Collybia dryophilla*, pero por las láminas parduscas sobre todo al género *Hebeloma*. El micólogo francés Bon opina que los basidios de esta especie son siderófilos y por eso debe ser clasificada como *Calocybe*. Yo no comparto esta opinión. Esta especie crece sólo los años de tiempo húmedo.

Valor desconocido, probablemente no tóxico.

Collybia marasmioides

Collybia marasmioides (Britzelm.) Besinsky & Stangl
Sin.: *C. bresadolae*, *C. erythropus*

Caracteres: Sombrero de 1-5 cm de ancho, de rojizo cárneo a coriáceo, apenas higrófano, centro algo más oscuro, casi rojizo fucsia, cutícula mate; láminas blanquecino crema, arqueadas adheridas, poco densas; pie sobre todo en tiempo seco pardo rojizo, brillante, base con cordones miceliares rojizos; carne elástica tenaz, sobre todo en el pie; a veces olor ligeramente a col; esp. 6-7,5 x 2,5-3,5 µ. **Hábitat**: IX-XI; en bosques de planifolios, sobre el suelo o en micorriza con troncos, también en tocones, aislado o en fascículo; disperso. **Nota**: Llama la atención sobre todo por el pie pardo rojizo y reluciente. **Confusiones**: *Collybia confluens* (p. 170), sobre madera de conífera: *C. acervata* (abajo).

Collybia acervata

Collybia acervata (Fr.) P. Karst.

Caracteres: Sombrero de 2-4 cm de ancho, pardo rojizo o pardusco cárneo oscuro, higrófano, seco de ocráceo a coriáceo, cutícula glabra y lisa; láminas blanquecino sucio, arqueadas adheridas, densas; pie pardo cárneo oscuro, glabro y brillante, parte inferior a menudo recubierta por micelio blanco; olor a veces inapreciable, otras a col en descomposición; esp. 5,5-7 x 2,5-3 µ. **Hábitat**: VIII-X; en bosques de coníferas, sobre o cerca de tocones de pícea, sobre raíces, entre matorrales; disperso, localmente regular (p. ej. en la Selva Negra). **Confusiones**: *C. marasmioides* (ctro.), *C. confluens* (p. 170).

Collybia confluens

Collybia confluens (Pers.: Fr.) P. Kumm.

Caracteres: Sombrero de 2-4 cm de ancho, de pardusco cárneo claro a ocráceo, higrófano, seco de beige claro a blanquecino; láminas primero blanquecino sucio, luego color cuerno claro, muy densas, con las aristas ciliadas por los cistidios (necesaria lupa), levemente adheridas al pie, casi parecen libres; pie pardusco cárneo, más oscuro hacia la parte inferior, hirsuto-flocoso en toda su extensión y en consecuencia seco no reluciente, consistente; esp. 6-10 x 2,5-3,5 µ. **Hábitat**: VII-XI; en bosques de coníferas y planifolios, a menudo crece en fascículo en filas o corros de brujas; muy frecuente. **Nota**: El sombrero se desprende fácilmente si se coge con tres dedos. En el ápice del pie se puede observar entonces un ensanchamiento parecido a la terminación de un hueso. **Confusiones**: *Collybia acervata* (p. 168), *C. marasmioides* (p. 168).

Comestible, se recomienda mezclar con otras especies y no usar los pies, de carne tenaz.

Colibia ardiente

Collybia peronata (Bolton: Fr.) P. Kumm. Sin.: *Marasmius urens*
c. Cama-sec picant, *e.* Marasmio zolahori, *in.* Word wooly-foot

Caracteres: Sombrero de 2-6 cm de ancho, de pardusco cárneo a grisáceo u ocráceo, a veces con como pruinoso-argénteo o con manchas acuosas e irregulares, higrófano, seco palidece, cutícula a menudo rugosa con fibras radiales, de carne muy fina; láminas ocre amarillentas, pronto ocre parduscas o canela, distantes, casi libres, a modo de collar; pie de pardusco ocráceo a cárneo, hirsuto-curtido en la parte inferior; sabor muy picante al masticarlo; esp. 7-10 x 3,5-4,5 µ. **Hábitat**: VII-XI; en bosques de coníferas y planifolios, especialmente entre la hojarasca, en grupo pero no en fascículo; muy frecuente. **Nota**: Las láminas distantes, relativamente oscuras, y el sabor amargo la hacen incomestible.

Collybia impudica

Collybia impudica (Fr.) Singer

Caracteres: Sombrero de 1-3 cm de ancho, pardusco cárneo oscuro o pardo rojizo, higrófano, seco cárneo claro o beige, margen con estrías translúcidas o dentado, cutícula glabra; láminas de cárneo a pardusco rojizo, relativamente densas, anejas adheridas; pie del color del sombrero, al envejecer también pardo rojizo o negruzco, pruinoso; desagradable olor a col en descomposición; sabor más o menos a ajo; esp. 6-8(9,5) x 2,5-3,5 µ. **Hábitat**: VI-IX; en bosques de coníferas o parques sobre pastos musgosos, raro. **Nota**: Esta variable especie se puede encontrar, bajo diversos tipos de pino, en los meses de invierno en la zona mediterránea, donde no es raro. **Confusiones**: Sobre troncos de planifolios: *Micromphale* (p. 196), con olor a ajo: *C. porrea*.

Género **Xerula**
Fam. Tricholomataceae

C. fr. parecido al de las colibias; sombrero mucilaginoso o seco y aterciopelado; láminas blanquecinas, sinuadas; pie muy fino y largo, radicante; espp. blanca, inamiloide; esp. redondeadas o elipsoidales, lisas, sin p. g.; tr. regular; saprófita sobre raíces muertas.

Mucídula radicante

Xerula radicata (Relhan: Fr.) Dörfelt (foto superior)
Sin.: *Oudemansiella radicata*
e. Kolibia erroluze, *in.* Rooting agaric

Caracteres: Sombrero de 3-10 cm de ancho, gris amarillento, pardo amarillento o pardo rojizo, cutícula mucilaginosa, lisa o rugosa, hasta surcada; láminas gruesas, con aristas a veces oscuras; pie del color del sombrero, ápice más claro, a menudo fusiforme radicante; esp. elipsoidales, 13-15 x 9,5-11,5 µ. **Hábitat**: VI-X; en bosques de planifolios, sobre todo bajo hayas (*Fagus sylvatica*); frecuente.

Xerula pudens RL 3

Xerula pudens (Pers.) Singer Sin.: *Oudemansiella longipes*

Caracteres: Sombrero de 3-6 cm de ancho, beige claro o parduscо, seco aterciopelado; pie pardo canela, aterciopelado; sabor a veces amargoso; esp. redondeadas, 8-10,5 µ. **Hábitat**: VIII-IX; en bosques de planifolios, bajo robles y encinas, sobre suelo calcáreo; raro. **Confusiones**: *Xerula melanotrichta* (ctro. dcha.).

Xerula melanotrichta RL 2

Xerula melanotrichta Dörfelt (foto ctro. dcha.)

Caracteres: Sombrero de 3-7 cm de ancho, marrón, seco, de aterciopelado a hirsuto, híspido en el margen; pie canela oscuro, híspido, al tocarlo se decolora; esp. redondeadas, 8-10,5 x 7,5-9,5 µ. **Hábitat**: VIII-X; en bosques de coníferas, bajo píceas, sobre suelo calizo; raro. **Confusiones**: *Xerula pudens* (ctro. izda.).

Rebozuelo anaranjado

Hygrophoropsis aurantiaca (Wulfen: Fr.) Maire (foto inferior)
(Fam. Paxillaceae)
c. Fals rossinyol, *e.* Zizahori faltsu, *g.* Falsa cacaviñas, *in.* False chanterelle

Caracteres: Sombrero de 3-6(9) cm de ancho, de amarillo claro a naranja vivo, cutícula seca, finamente tomentosa; láminas amarillentas o naranja, ahorquilladas, decurrentes; pie del color del sombrero, glabro; carne blanquecina, elástica, inodora e insípida, espp. blanca, dextrinoide; esp. elipsoidales, lisas, 5,5-7 x 3,5-4,5 µ, sin p. g. **Hábitat**: IX-XI; en bosques de coníferas y mixtos, sobre el suelo, troncos o tocones; muy frecuente; saprotrófico. **Confusiones**: Auténticos *Cantharellus* (p. 556).
Comestible con precaución; causa molestias gastrointestinales.

Seta de oliva   RL 3

Omphalotus olearius (D. C: Fr.) Singer (Fam. Paxillaceae)
c. Bolet d'oliu, *e.* Zapoziza, *g.* Cogumelo vacalume, *in.* Jack O'Lantern

Caracteres: Sombrero de 3-10 cm de ancho, de naranja amarillento vivo a anaranjado rojizo, relativamente fino, con el centro infundibuliforme, cutícula seca, sin brillo; láminas dorado vivo, densas, claramente decurrentes; pie de naranja a pardusco; carne amarillenta o naranja; espp. amarillento claro, inamiloide; esp. redondeado-ovales, lisas, 5-7 x 5-6 μ, sin p. g. **Hábitat**: VII-X; por lo general en fascículo sobre ramas, tocones o raíces, sobre todo de robles, encinas y castaños, en zonas de clima cálido; raro. **Nota**: Es muy frecuente en los países del Mediterráneo, donde crece como saprotrófico o parásito especialmente sobre olivos. Sus láminas son fluorescentes en la oscuridad. **Confusiones**: *Hygrophoropsis aurantiaca* (p. 172), *Lepista flaccida* (p. 108).
Tóxico, tras 1/2 -3 horas causa náuseas, vómitos y diarrea; a veces incluso perjudica al hígado. Sus sustancias tóxicas todavía no se han investigado exhaustivamente.

Lentino escamoso

Lentinus lepideus (Fr.: Fr.) Fr. (Fam. Polyporaceae)

Caracteres: Sombrero de 3-15 cm de ancho, de blanco a ocre amarillento, relativamente grueso, cutícula seca, escindida en escamas aplicadas, oscuras; láminas primero blancas, luego ocre amarillentas, decurrentes, con las aristas toscamente aserradas; pie de blanquecino a pardusco, con la superficie escabrosa, escamosa; carne blanca, pardusca en la zona inferior del pie, tenaz-elástica; olor a bálsamo del Perú, parecido a fruta en fermentación; espp. blanca, inamiloide; esp. oblongo-elipsoidales, lisas, 8-11,5 x 3-4 μ, sin p. g., tr. joven regular, luego irregular. **Hábitat**: V-X; sobre leño muerto de conífera, tocones, ramas caídas, raíles de madera, estacas especialmente de pino o alerce; saprotrófico, causa la pudrición parda; frecuente. **Nota**: Aparece preferentemente en años de sequía. **Confusiones**: *Lentinus tigrinus* (abajo).

Lentinus tigrinus

Lentinus tigrinus (Bull.: Fr.) Fr. Sin.: *Panus tigrinus*

Caracteres: Sombrero de 2-8 cm de ancho, con escamas de pardas a negruzcas, en parte un poco pilosas, sobre fondo blanco, cutícula seca, centro generalmente umbilicado; láminas blancas o crema, amarillentas al envejecer, muy densas, decurrentes, con las aristas aserradas; pie blanquecino o amarillento, elástico-tenaz; espp. blanca, inamiloide; esp. elipsoidales, lisas, 6-7,5 x 3-3,5 μ, sin p. g., tr. irregular. **Hábitat**: IV-X; sobre madera muerta de planifolio, especialmente de sauce o haya, en grupos numerosos o racimos; saprotrófico, causa la pudrición blanca; frecuente. **Confusiones**: Más grande y con olor intenso: *Lentinus lepideus* (ctro.).

Género **Microcollybia**
Fam. Tricholomataceae

Sombreros pequeños, blanco o blanquecino, secos; láminas blancas, crema o gris, sinuadas; pie blanco, rara vez con ramificaciones laterales, brota de un esclerocio o esclerotiza el sustrato; espp. blanca, inamiloide; esp. elipsoidales, lisas, bastante pequeñas, más o menos del mismo tamaño en todas las especies del género, 4-5 x 2-3 µ, sin p. g.; tr. regular; saprotrófico sobre restos de agaricales grandes en descomposición.

Microcollybia cirrhata

Microcollybia cirrhata (Pers.: Fr.) Lennox Sin.: *Collybia cirrhata*

Caracteres: Sombrero de 0,5-1,5 cm de ancho, blanco, en estado hidratado, con el centro cárneo, de umbonado a umbilicado, cutícula sedosa; láminas blancas; pie húmedo cárneo, seco blanco, pruinoso, sin esclerocio. **Hábitat**: VIII-XI; sobre restos de hongos del año anterior, esclerotizados y ennegrecidos, sobre todo especies de *Russula* y *Lactarius*; frecuente. **Nota**: Crece en grupos numerosos, cuya expansión queda limitada por la extensión del sustrato. Hay quien considera que podría tratarse de una forma de otra especie desprovista de esclerocio. **Confusiones**: *Microcollybia cookei* y *tuberosa* (ctro. y abajo).

Microcollybia cookey

Microcollybia cookey (Bres.) Lennox Sin.: *Collybia cookey*

Caracteres: Iguales que los de *Microcollybia cirrhata* (arriba), pero los pies brotan de un esclerocio ocráceo, redondo, del tamaño de un grano de cebada. **Hábitat**: VIII-XI; sobre restos de agarical ennegrecidos, a menudo muy difíciles de reconocer, a veces visibles en el suelo en grupos densos; algo más raro que la *M. cirrhata*. **Confusiones**: *Microcollybia tuberosa* (abajo).

Colibia tuberculada

Microcollybia tuberosa (Bull.: Fr.) Lennox Sin.: *Collybia tuberosa*

Caracteres: Iguales que los de *Microcollybia cirrhata* (arriba). Esclerocio oblongo, pardo rojizo oscuro, hasta de 1 cm de largo (recuerda al capullo de un insecto). **Hábitat**: VIII-XI; sobre el suelo o sobre restos muy descompuestos, dependiendo del sustrato, en grupos densos o aislado; relativamente frecuente. **Confusiones**: con esclerocio ocráceo: *Microcollybia cookei* (ctro.), con ramificaciones laterales en el pie: *M. racemosa* (raro).

Género **Tephrocybe**
Fam. Tricholomataceae

C. fr. parecido al de *Collybia, Clitocybe* o *Mycena*; sombreros de colores pulverulentos, higrófanos, secos; láminas a menudo con tonos grises o marrones, de sinuadas a adnatas horizontalmente; espp. blanca, inamiloide; esp. de redondeadas a elipsoidales, lisas o verrucosas, sin p. g.; basidios siderófilos; tr. regular; saprotrófico.

Tephrocybe inolens

Tephrocybe inolens (Fr.) M. M. Moser

Caracteres: Sombrero de 2-4(6) cm de ancho, pardo grisáceo, con zonas más o menos oscuras, higrófano, al secarse se decolore, margen pruinoso; láminas gris blanquecinas, grises o beige parduscas, adnatas horizontalmente; pie gris pálido o pardusco, flocoso en toda su extensión; olor inapreciable, no harinoso (como es frecuente en este género); esp. elipsoidales, lisas (jóvenes muy granulosas), 6-7,5(9) x 3-4(4,5) µ. **Hábitat**: X-XI(XII); en bosques de coníferas, también bajo coníferas en jardines; raro. **Confusiones**: *Clitocybe metachroa* (p. 156) y otras especies de su género.

Tephrocybe confusa

Tephrocybe confusa P. D. Orton

Caracteres: Sombrero de 1,5-3 cm de ancho, de ocre a pardusco, higrófano, pronto descolorido-blanquecino, centro umbonado con papilas, margen con estrías translúcidas; láminas de blanquecino sucio a color cuerno claro, sinuadas; pie del color de las láminas, de flocoso a hilachado en toda su extensión; olor y sabor intenso a harina rancia con algo de pepino; esp. elipsoidales, lisas (a menudo granulosas en el interior) 5-6 x 3-3,5 µ. **Hábitat**: IX-X; en bosques de coníferas y mixtos, en humus de hojarasca; raro. **Confusiones**: Otras especies de su género.

Tephrocybe palustris

Tephrocybe palustris (Peck) Donk

Caracteres: Sombrero de 1-3 cm de ancho, de pardo gris a pardo cuerno o pardo amarillo, con amplias estrías translúcidas, higrófano, se decolora bastante, de carne muy delgada; láminas blanquecino sucio, gris blanquecino, sinuadas; pie del color del sombrero, de joven totalmente pruinoso, muy fino y quebradizo; olor y sabor claramente harinosos; esp. elipsoidales, lisas, 6-7,5 x 3,5-4,5 µ. **Hábitat**: VII-IX; en pantanos y turberas entre esfagno; no muy raro. **Nota**: *Tephrocybe palustris* puede ser fácilmente confundida con una especie de *Mycena*. Esa especie, sin embargo, no suele hallarse entre esfagno.

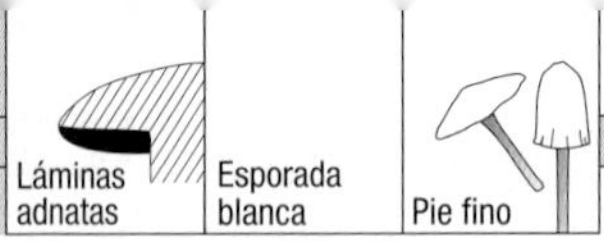

Tephrocybe anthracophila

Tephrocybe anthracophila (Lasch) P. D. Orton Sin.: *T. carbonaria*

Caracteres: Sombrero de 1-2,5 cm de ancho, de gris oscuro a pardo grisáceo, higrófano, con el margen algo más claro y en estado hidratado, con amplias estrías translúcidas, de carne delgada, usualmente convexo; láminas primero blanquecino sucio, luego con tonos grises, sinuadas; pie pardo grisáceo, con el ápice más claro, pruinoso por arriba, sino glabro y algo reluciente; olor y sabor harinosos; esp. redondeadas, lisas o finamente punteadas, 4,5-6 µ. **Hábitat**: VIII-X(XI); en zonas quemadas con musgos, sobre todo en bosques de coníferas; no muy raro. **Confusiones**: De esporas elipsoidales: *Tephrocybe atrata* (ctro.) y *T. maura* (abajo).

Tephrocybe atrata

Tephrocybe atrata (Fr.: Fr.) Donk

Caracteres: Sombrero de 1-3 cm de ancho, marrón oscuro o pardo negruzco, con estrías translúcidas en el margen, higrófano, de carne delgada, forma convexa o con pequeñas papilas, pero no umbilicado; láminas pronto gris blanquecino sucio o pardo gris, sinuadas o ligeramente decurrentes; pie marrón oscuro como el sombrero, glabro, a menudo comprimido, base hirsuta por el micelio; olor y sabor a harina rancia; esp. redondeado-elipsoidales, lisas o finamente punteadas, 5,5-8 x 4-5 µ. **Hábitat**: VII-X; en zonas quemadas entre leños carbonizados. **Nota**: La forma y tamaño de las esporas es muy variable, pueden ser idénticas a las de *Tephrocybe anthracophila*. El nombre *atrata* tiene prioridad.

Myxomphalia maura

Myxomphalia maura (Fr.) Hora Sin.: *Fayodia maura*

Caracteres: Sombrero de 1-3(5) cm de ancho, gris oscuro, marrón, pardo negruzco, higrófano, margen con estrías translúcidas, algo involuto, centro nebuloso, deprimido, cutícula de aspecto oleoso, algo glutinosa, al cogerlo gelatinoso-elástico; láminas primero casi blancas, pronto gris blanquecino sucio algo decurrentes; pie del mismo color que el sombrero, con un brillo mate; olor y sabor no harinoso; espp. blanca, amiloide; esp. redondeadas, lisas, 5-6 x 4,5-5 µ, sin p. g., tr. regular. **Hábitat**: V(IX)-XI; sobre zonas quemadas desnudas o con musgos; relativamente frecuente; saprotrófico. **Nota**: Esta especie se diferencia de otras que viven también en zonas quemadas por el sombrero umbilicado, la ausencia de olor a harina y el aspecto elástico, como de goma, de la cutícula. En las láminas, además, presenta cistidios sobresalientes. Este género parecido a *Omphalina* tiene pocas especies europeas. **Confusiones**: *Tephrocybe anthracophila* (arriba), *T. atrata* (ctro.), V. *Omphalina* (p. 214).

Género **Strobilurus**
Fam. Tricholomataceae

Sombreros pequeños, convexos, con cutícula seca, mate; láminas blanquecinas, adnatas; pies pardo amarillento, con el ápice claro, muy elástico, radicante, cordones miceliares en la base; espp. blanca, inamiloide; esp. elipsoidales, lisas, sin p. g.; tr. regular; dermis himeniforme; saprotrófico sobre conos de pícea (con frecuencia enterrados).

Strobilurus esculentus

Strobilurus esculentus (Wulfen: Fr.) Singer

Caracteres: Sombrero de 0,5-3 cm de ancho, pardo grisáceo o marrón oscuro, raras veces blanquecino, margen breve con estrías translúcidas; sabor aromático fúngico, suave; esp. 5-7,5 x 3-4 μ, cistidios con ápices redondeados, con o sin cristales. **Hábitat**: IV-V(VI), menos común pero posible a finales del otoño; sobre conos de píceas enterrados o semienterrados; frecuente. **Confusiones**: *Strobilurus stephanocystis* y *tenacellus* (ctro. y abajo), *Baeospora myosura* (p. 184).
Comestible, por lo general merece la pena a pesar de su tamaño porque se encuentra en grandes cantidades; usar sólo el sombrero.

Strobilurus stephanocystis

Strobilurus stephanocystis (Hora) Singer

Caracteres: Sombrero de 0,5-2 cm de ancho, marrón oscuro, raras veces ocre claro o blanquecino, margen por lo general liso; sabor aromático fúngico, suave; esp. 5-7 x 2,5-3,5 μ, cistidios con ápices redondeados, por lo general con cristales (fig. 36). **Hábitat**: II-IV(V); sobre conos enterrados de pino (*Pinus sylvestris*), menos habitual de *Pinus nigra* (en jardines), más raro en conos de pícea; frecuente. **Confusiones**: *Strobilurus stephanocystis* y *tenacellus* (ctro. y abajo), *Baeospora myosura* (p. 184).
Comestible, V. arriba.

Strobilurus tenacellus

Strobilurus tenacellus (Pers.: Fr.) Singer

Caracteres: Sombrero de 0,5-2 cm de ancho, pardo gris, marrón oscuro u ocre claro, incluso blanquecino, margen liso o estriado; sabor aromático fúngico, más tarde puede dar regusto amargoso; esp. 5-6,5 x 2,5-3,5 μ, cistidios atenuados, con escasos cristales (fig. 37). **Hábitat**: IV-VI(VII); sobre conos de pino; frecuente. **Nota**: Esta especie aparece aproximadamente cuando desaparece *Strobilurus stephanocystis*. Durante un corto período de transición se pueden encontrar ambas especies. **Confusiones**: *Strobilurus stephanocystis* y *tenacellus* (ctro. y abajo), *Baeospora myosura* (p. 184).
Comestible cuando tiene sabor suave. V. arriba.

Colibia de las piñas

Baeospora myosura (Fr.: Fr) Singer (Fam. Tricholomataceae)

Caracteres: Sombrero de 1-2 cm de ancho, ocre, cárneo o pardo rojizo, con el margen algo más claro, liso, seco se decolorea, cutícula seca, sin brillo; láminas blanquecinas, muy densas, casi libres; pie color cárneo, pardusco hacia la base, al envejecer totalmente pardo rojizo, flocoso en toda su extensión, radicante, con cordones miceliares híspidos en la base; espp. blanca, amiloide; esp. pequeñas, elipsoidales, 3-4,5 x 1,5-2 µ, sin p. g.; con cistidios pero desprovistos de cristales; Tr. regular. **Hábitat**: IX-XI; sobre conos de pino o pícea caídos o enterrados; no raro, pero apenas crece en grupos grandes, saprotrófico. **Nota**: *Baeospora myosura* crece en el mismo hábitat que *Strobilurus* pero nunca lo hace en primavera. **Confusiones**: *Strobilurus esculentus, stephanocystis* y *tenacellus* (p. 182).

Nyctalis asterophora

Nyctalis asterophora Fr. Sin.: *Asterophora lycoperdoides* (Fam. Tricholomataceae)

Caracteres: Sombrero de 1-2 cm de ancho, esférico o pulviniforme, primero blanco, más tarde con la superficie pardusca y pulverulenta (por las clamidosporas); láminas (en caso de que las tenga, en la parte inferior del sombrero) gris blanquecinas, gruesas, distantes, menos marcadas que en un agarical normal; pie blanco, bastante corto, de superficie fibrosa; olor y sabor harinosos; esp. (clamidosporas asexuadas:) parduscas, irregulares-espinosas, 12-15 µ o (basidiosporos sexuados:) hialinos, elipsoidales, lisos, 3-6 x 2-4 µ, sin p. g.; basidios siderófilos. **Nota**: La especie más común de *Asterophora* se parece a un pequeño *Lycoperdon* pediculado. Pocas veces se le forman verdaderas láminas. **Hábitat**: IX-XI; sobre carpóforos de *Lactarius* y *Russula* en descomposición; relativamente raro; parásito. **Confusiones**: Con láminas definidas: *Nyctalis parasitica*.

Crinipellis scabella

Crinipellis scabella (Alb. & Schwein.: Fr.) Kuyper Sin.: *C. stipitaria*

Caracteres: Sombrero de 0,5-1 cm de ancho, con escamas filiformes, pardo herrumbrosas sobre fondo blanquecino, margen a menudo estriado, cutícula seca; láminas blanquecinas, algo distantes, arqueadas y adnatas; pie pardo herrumbroso, al envejecer casi pardo negro, finamente tomentoso; espp. blanca, inamiloide; esp. elipsoidales, lisas, 6-8,5 x 4,5-6 µ, sin p. g. **Hábitat**: VI-XI; en prados, herbazales secos, sobre gramíneas muertas y más raramente vivas; no raro; saprotrófico, probablemente también parásito. **Confusiones**: V. género *Marasmiellus* (p. 186).

Género **Marasmiellus**
Fam. Tricholomataceae

El c. fr. no revive después de secarse (V. *Marasmius*); sombreros delgados, secos; láminas blanquecinas, sinuadas, distantes; pie finísimo; espp. blanca, inamiloide; esp. elipsoidales, lisas, sin p. g.; tr. regular; dermis epitelial (compuesta por hifas ramificadas); saprotrófico sobre restos de vegetales.

Marasmiellus ramealis

Marasmiellus ramealis (Bull.: Fr.) Singer

Caracteres: Sombrero de 0,5-1 cm de ancho, blanquecino, al envejecer pardusco cárneo claro, margen arrugado y estriado; pie pardusco cárneo, finamente tomentoso; esp. 8-10 x 2,5-3,5 μ. **Hábitat**: VI-X; en grupos sobre ramas de planifolio muertas, a veces también sobre madera de coníferas; frecuente. **Nota**: Destaca por crecer en grandes grupos. **Confusiones**: *Marasmiellus vaillantii* (ctro), *Marasmius epiphyllus* (p. 194).

Marasmiellus vaillantii

Marasmiellus vaillantii (Pers.: Fr.) Singer Sin.: *M. languidus*

Caracteres: Sombrero de 0,5-1,5 cm de ancho, blanquecino, con el centro pardo cárneo o herrumbroso umbilicado, margen canaliculado asta el centro; pie pardo rojizo, con el ápice más claro, finamente pruinoso; esp. 7-9 x 3-4 μ. **Hábitat**: VIII-X; aislado o en grupo sobre hierbas muertas, nervios de hojas de planifolio, ramitas; relativ. frecuente. **Confusiones**: *Marasmiellus* (p. 184), *M. ramealis* (arriba), también sobre hierba: *M. tricolor*.

Macrocystidia cucumis

Macrocystidia cucumis (Pers.: Fr.) Joss. (Fam. Tricholomataceae)

Caracteres: Sombrero de 1-5 cm de ancho, de pardo rojizo canela a oscuro, a veces incluso pardo negro, de joven margen más claro, liso por lo general, hemisférico-campanulado, luego plano, cutícula seca, finamente pruinosa (¡lupa!); láminas inmaduras blanquecinas, más tarde ocráceas, adnatas; pie pardo rojizo, pardo negruzco hacia la base, de pruinoso a flocoso; olor intenso a pepinillo, al envejecer casi a pescado; sabor a pepino; espp. de blanca a rosa claro, inamiloide; esp. elipsoidales, lisas, 7,5-9 x 3-4 μ, sin p. g., tr. regular; láminas, sombrero y pie provistos de cistidios sobresalientes, atenuados. **Hábitat**: VII-X; en bosques de planifolios y coníferas, en lugares abiertos entre hierbas, márgenes de bosque, orillas de riachuelos, etc.; frecuente; saprotrófico. **Nota**: Esta variable especie se reconoce siempre por su olor a pepino. Con el sombrero pequeño y el margen muy canaliculado V. var. *latifolia*; espp. blanca: var. *leucospora*.

Género **Marasmius**
Fam. Tricholomataceae

El c. fr. revive con la lluvia después de haberse secado; sombreros membranosos o finos, de enano a tamaño mediano, secos; láminas claras, adnatas, alguna vez libres (con collar); carne elástica-tenaz; espp. blanca, inamiloide; esp. elipsoidales, en forma de semilla de manzana, lisas, sin p. g.; tr. regular; dermis de celular a himeniforme; saprotrófico.

Senderuela, Ninfa, Carrerilla

Marasmius oreades (Bolton: Fr.) Fr.

c. Cama-sec de prat, *e.* Marasmio jangarri, *g.* Sendeiriña, *in.* Fairy ring champignon

Caracteres: Sombrero de 1-4(6) cm de ancho, amarillento coriáceo o pardo ocráceo, higrófano, seco casi blanquecino, con el centro umbonado y margen dentado, con estrías tanslúcidas; láminas blanquecinas crema, gruesas, distantes, arqueadas y adnatas; pie de blanquecino a pardusco ocráceo, muy flexible y tenaz, macizo, con la base estrigosa; esp. 7-9(10) x 4-5(6) μ. **Hábitat**: V-XI; entre hierbas en pastos cultivados, prados, lugares herbosos de bosques, márgenes, a menudo en corros de brujas; frecuente. **Nota**: En los prados crecen en corro de brujas y las láminas gruesas y claras permiten no confundirla. Precaución con especies venenosas de *Inocybe* y *Clitocybe*.

Comestible, buena especie para hacer sopas; usar sólo los sombreros.

Marasmius cohaerens

Marasmius cohaerens (Alb. & Schwein.: Fr.) Cooke & Quél.

Caracteres: Sombrero de 1-3(5) cm de ancho, pardo cárneo oscuro, ocráceo, apenas palidece, cutícula aterciopelada, margen liso; láminas gris ocráceas claras o amarillentas, adheridas, aristas a veces pardo rojizas; pie pardo rojizo, color cuerno, reluciente, con bolas miceliares ocres; esp. 8-10,5(12) x 4,5-5,5 μ, sétulas de paredes marrones en cutícula pie y láminas, elementos espinosos, pilosos en cutícula (fig. 38). **Hábitat**: VIII-X; en humus de bosques de coníferas o planifolios; disperso. **Confusiones**: *Marasmius torquescens* (abajo).

Marasmius torquescens

Marasmius torquescens Quél. Sin.: *M. lupuletorum*

Caracteres: Sombrero de 1-3 cm de ancho, de amarillento a ocre, algo higrófano, margen por lo general con estrías translúcidas; láminas blanquecinas o amarillentas, adheridas, distantes; pie del color del sombrero, más oscuro hacia abajo, tomento blanco o crema en la base; esp. 6-9(10) x 4-5,5 μ; setas de paredes marrones en la cutícula y el pie (fig. 39). **Hábitat**: IX-XI; en bosques de planifolios, sobre restos de madera; disperso. **Confusiones**: *Marasmius cohaerens* (ctro.).

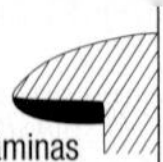

Marasmius scorodonius

Marasmius scorodonius (Fr.: Fr.)

Caracteres: Sombrero de 0,5-3 cm de ancho, cárneo pardusco, pardo rojizo claro, pronto palidece desde el margen, superficie por lo general arrugada, fina; láminas blanquecinas, crema, algo distantes, anastomosadas, arqueadas y adnatas; pie pardo rojizo, hacia abajo pardo negro, córneo, brillante; olor a ajo que no desaparece al secarse; sabor a ajo, suave; esp. 6,5-9(10) x 3-4 µ. **Hábitat**: VI-XI; en bosques de coníferas o mixtos, en grupo sobre madera con humus o restos muertos de plantas; frecuente. **Confusiones**: *Marasmius prosiosmus* (ctro.), *M. alliaceus* (abajo), con olor a col en descomposición: *Micromphale perforans* (p. 196).
Comestible; es muy bueno para sazonar, se puede usar como sustituto del ajo. Sirve para secarla y usarla en forma de condimento.

Marasmius prasiosmus

Marasmius prasiosmus (Fr.: Fr.) Fr. Sin.: *M. querceus*

Caracteres: Sombrero de 2-3(4) cm de ancho, de pardusco a marrón oscuro, con zonas descoloridas, higrófano, pardo cuerno pálido a blanco descolorido, en estado hidratado, con estrías translúcidas; láminas blanquecino sucio, relativamente densas, arqueadas y adnatas; pie marrón oscuro, más claro en el ápice, totalmente pruinoso, al envejecer reluciente; olor intenso a ajo; sabor a ajo y a la vez muy picante; esp. 7-10 x 4-5 µ. **Hábitat**: X-XI; en bosques de planifolios, especialmente bajo robles y encinas, en grupo sobre hojas en descomposición; de disperso a relativamente raro. **Confusiones**: *Marasmius scorodonius* (arriba), *M. alliaceus* (abajo), sin olor a ajo: *M. wynnei* (p. 192).
Incomestible a causa del sabor picante, aunque no tóxico.

Marasmio aliáceo

Marasmius alliaceus (Jacq.: Fr.) Fr.

Caracteres: Sombrero de 1-4 cm de ancho, pardo grisáceo oscuro, en estado hidratado, con estrías translúcidas, higrófano, muy descolorido, al envejecer por lo general arrugado; láminas blanquecino sucio o gris blanquecino, arqueadas y adnatas, algo distantes; pie pardo negro o negro, muy rígido o erguido (recuerda a la cuerda de una guitarra), totalmente pruinoso, radicante; olor intenso y fuerte a ajo; sabor a ajo y muy picante; esp. 7-10 x 5,5-7 µ. **Hábitat**: V(VIII)-XI; en bosques de planifolios sobre suelos calizos, siempre en hayedos (*Fagus sylvatica*), aislado sobre leños muertos, madera enterrada o raíces; localmente frecuente. **Confusiones**: *Marasmius scorodonius* (arriba), *M. prasiosmus* (ctro.).
Incomestible a causa del sabor picante, aunque no tóxico.

Marasmius wynnei

Marasmius wynnei Berk. & Broome

Caracteres: Sombrero de 1,5-5 cm de ancho, gris cuerno claro, gris pardusco, a menudo con tonos violetas, higrófano, seco blanquecino, en condiciones húmedas estrías translúcidas; láminas blanquecino sucio, gris blanquecinas o gris violetas, arqueadas y adnatas; pie pardo rojizo, más claro en el ápice, totalmente flocoso; olor algo fuerte, a veces a ácido cianhídrico; esp. 5,5-7,5 x 3-4 μ. **Hábitat**: IX-X; en bosques de planifolios, entre hojas caídas o en restos de madera, a veces en fascículo; relativamente frecuente. **Nota**: Al igual que la *M. oreades*, esta especie pertenece a un grupo de especies que desprenden gas cianhídrico en cantidades mínimas, no resultando nocivo. **Confusiones**: en prados: *Marasmius oreades* (p. 188), con olor a ajo: *M. prasiosmus* (p. 190).

Marasmius chordalis

RL 0

Marasmius chordalis Fr.

Caracteres: Sombrero de 1-2 cm de ancho, gris claro, pronto descolorido, más tarde blanquecino, con típicas manchas pardo rojizas, cutícula pruinosa por los cistidios, margen algo arrugado o acanalado; láminas blanquecino sucio, sinuadas; pie hialino primero, después se tiñe de marrón desde la base hacia arriba, pruinoso en toda su extensión, a menudo radicante; esp. citriformes con gotitas oleosas, 6-9 x 5-6,5 μ (fig. 40). **Hábitat**: IX-X; en los rizomas del helecho común o en trozos de madera enterrada en bosques de coníferas; muy raro. **Nota**: Los ejemplares mostrados en las fotografías proceden del Tirol (Austria), donde crecían sobre leños de pícea enterrados. Se podría confundir esta especie con una del género *Mycena*.

Valor culinario desconocido, probablemente no tóxico.

Marasmius androsaceus

Marasmius androsaceus (L.: Fr.) Fr.

Caracteres: Sombrero de 0,3-1 cm de ancho, de color cárneo a pardo rojizo, en condiciones secas, descolorido, con el centro más oscuro, umbilicado, de carne delgada, superficie surcada; láminas cárneas, distantes, casi libres; pie de pardo negro a negro, largo y elástico, reluciente; esp. 5,5-7 x 3-4 μ. **Hábitat**: VII-XI; preferentemente en bosques de coníferas, sobre restos de plantas muertos (pinaza, ramitas, cortezas, piñas, tocones), por lo general en grandes grupos; frecuente. **Nota**: Al secarse la cutícula se arruga mucho y resulta difícil reconocerlo. **Confusiones**: Con olor a col en descomposición: *Micromphale perforans* (p. 196).

Marasmius epiphyllus

Marasmius epiphyllus (Pers.: Fr.) Fr.

Caracteres: Sombrero de 0,4-1 cm de ancho, joven blanco o blanquecino, al envejecer ocre sucio, de carne delgada, superficie surcada; láminas blancas, muy distantes, casi reducidas a venas, a veces ahorquilladas, de adheridas a sinuadas; pie primero blanco translúcido, luego se va volviendo paulatinamente pardusco a partir de la base, fibriloso, pruinoso; esp. alargadas, 8-12(15) x 3-4 µ. **Hábitat**: IX-XI; en bosques de planifolios, sobre hojas muertas, ramas secas, en grupo; los años de condiciones húmedas, relativamente frecuente. **Confusiones**: Con las láminas formando un collar: *Marasmius rotula* (ctro.), *M. Buliardii* (abajo), sobre hiedra: *M. epiphylloides.*

Marasmio ruedecita

Marasmius rotula (Scop.: Fr.) Fr.
in. Little wheel fungus

Caracteres: Sombrero de 0,5-1(1,5) cm de ancho, blanco con puntos ocráceos en el centro, de carne delgada, ligeramente umbilicado, con largos canalículos y estrías; láminas blanquecinas, muy distantes, formando un collar en torno al pie sin llegar a él; pie pardo negro, más claro hacia el ápice, reluciente, cornáceo y flexible; esp. en forma de semilla de manzana, 7,5-9,5 x 3,5-4,5 µ. **Hábitat**: V-X; sobre restos de plantas y maderas muertas, ramas, trozos de leños medio enterrados, raíces, tocones muy descompuestos, etc. en grupo o en fascículo; frecuente. **Nota**: De perfil, los pequeños sombreros tienen el aspecto de pequeños paracaidas. *Marasmius rotula* es la especie más habitual de un subgrupo de *Marasmius,* las láminas de los cuales actúan como collar antes de llegar al pie. A diferencia de las especies de *Macrolepiota*, el collar aquí presenta un pseudocollarín. **Confusiones**: *Marasmius bulliardii* (abajo).

Marasmius bulliardii

Marasmius bulliardii Quél.

Caracteres: Sombrero de 0,3-0,8 cm de ancho, ocre claro, beige, con el centro umbilicado y puntos negruzcos en el "ombligo", de carne delgada, con largos canalículos y estrías; láminas del mismo color que el sombrero, muy distantes, libres, concrescentes formando un collar anular; pie pardo negro, más claro hacia el ápice, cornáceo, reluciente y flexible; a menudo hialino, con ramificaciones laterales acabadas en bolitas; esp. en forma de semilla de manzana, 7,5-10 x 4-4,5 µ. **Hábitat**: VIII-X; sobre los nervios de hojas muertas (especialmente de *Quercus*) o sobre acículas de pícea (var. *acicola*); relativamente frecuente. **Nota**: A pesar de la similitud, se diferencia de *Marasmius rotula* por el sustrato en el que vive y el color del sombrero. Las ramificaciones del pie se forman bien cuando el hongo crece oculto bajo el follaje. **Confusiones**: *Marasmius rotula* (ctro.).

Género **Micromphale**
Fam. Tricholomataceae

C. fr. parecido a Marasmius; sombreros de carne delgada, con una capa interna gelatinosa; láminas adnatas; olor a col en descomposición o a ajo; espp. blanca, inamiloide; esp. elipsoidales, lisas, sin p. g.; tr. regular; dermis celular; saprotrófico sobre leños muertos y otros restos de vegetales.

Micromphale perforans

Micromphale perforans (Hoffm.: Fr.) Singer

Caracteres: Sombrero de 0,5-1(1,5) cm de ancho, de blanquecino a color cárneo, convexo, umbilicado al envejecer, con el margen arrugado-estriado; láminas blanquecino sucio o cárneo, distantes; pie pardo rojizo o pardo negro, con el ápice más claro, cornáceo, flexible; olor a col en descomposición; esp. 5-7 x 3-3,5 µ. **Hábitat**: VI-XI; en bosques de coníferas, sobre acículas de píceas; frecuente. **Nota**: Al seccionar un sombrero la constitución gelatinosa se percibe muy bien. **Confusiones**: *Marasmius androsaceus* (p. 192), *M. rotula* (p. 194).

Micromphale foetidum

Micromphale foetidum (Sowerby.: Fr.) Singer

Caracteres: Sombrero de 1-2,5 cm de ancho, de color cárneo oscuro a pardo rojizo, con el centro umbilicado, margen con estrías translúcidas y a menudo arrugado; láminas pardusco oscuro, muy distantes; pie pronto totalmente pardo negro, claramente pruinoso, con la base estrechada y comprimida; olor a col en descomposición y al mismo tiempo a ajo; esp. 8-10 x 3-4 µ. **Hábitat**: VII-X; en grandes grupos sobre leños de planifolio o tocones (avellano, haya); relativamente frecuente. **Nota**: El desagradable olor es causado por dos sustancias, el ácido epilentínico y lentínico. **Confusiones**: sobre el suelo: *Micromphale brassicolens*.

Hemimycena cucullata

Hemimycena cucullata (Pers.: Fr.) Singer
(Fam. Tricholomataceae)

Caracteres: Sombrero de 0,8-2 cm de ancho, blanco, margen con estrías translúcidas, pruinoso; láminas blancas, densas, sinuadas; pie blanco hialino, totalmente pruinoso, bastante tenaz; espp. blanca, inamiloide; esp. en forma de semilla de manzana, lisas, 8,5-10,5 x 3,5-4,5 µ, sin p. g.; tr. regular. **Hábitat**: VII-IX; en bosques de planifolios, entre hojas o en trozos de leño; disperso; saprotrófico. **Nota**: Este género se parece a *Mycena*, pero casi todas sus especies son blanquecinas. **Confusiones**: Otras especies de *Hemimycena*.

Género **Mycena**
Fam. Tricholomataceae

Sombreros de carne delgada, semiesféricos, acampanulados o cónicos, raramente umbilicados, por lo general secos, higrófanos, en condiciones húmedas con estrías translúcidas; láminas con las aristas de otro color, de adheridas a decurrentes; pie generalmente quebradizo, hueco; algunas especies segregan látex; espp. blanca, amiloide o inamiloide; esp. elipsoidales, lisas, sin p. g.; tr. regular; saprotrófico sobre el suelo o en restos muertos de plantas.

Micena pura

Mycena pura (Pers.: Fr.) P. Kumm.
e. Kanpaitxo arbiusain *in.* Amethyst agaric

Caracteres: Sombrero de 1-4 cm de ancho, lila cárneo, violeta, gris violeta o sólo blanquecino o gris claro; láminas blancas, gris blanquecinas, a menudo con reflejos lilas, sinuadas; pie del color del sombrero, glabro y reluciente, quebradizo; olor y sabor claramente rafanoides; espp. amiloide; esp. 6-8 x 3-4 µ. **Hábitat**: VII-X; en bosques de coníferas y planifolios, sobre el suelo; muy frecuente. **Nota**: Aunque muy variable se reconoce bien por el olor. **Confusiones**: *Mycena rosea* (ctro.), *M. pelianthina* (abajo).
Ligeramente tóxico; provoca problemas gastrointestinales y envenenamiento de tipo psicotrópico.

Mycena rosea

Mycena rosea (Bull.) Gramberg

Caracteres: Sombrero de 2-6 cm de ancho, más o menos rosa vivo, sin violeta; láminas rosa blanquecinas o rosa cárneo, sinuadas; pie de blanquecino a rosa, glabro. **Nota**: Excepto el color del sombrero presenta las mismas características que *Mycena pura* (arriba). Desde que se descubrió que tienen diferente composición, se considera una especie diferente. **Confusiones**: *Mycena pura* (arriba).
Tóxico; contiene el psicotrópico muscarina.

Mycena pelianthina

Mycena pelianthina (Fr.) Quél.

Caracteres: Sombrero de 2-5 cm de ancho, gris violeta claro, lila cárneo o pardo violeta, se descolora mucho, seco casi blanquecino; láminas de gris violeta claro a rosa, aristas toscamente flocosas, de pardo rojizo oscuro a negruzco; pie rosa cárneo, algo radicante; olor variable, en condiciones intactas a veces dulzón o floral, dañado rafanoide; espp. amiloide; esp. 5-7,5 x 2,5-3,5 µ; los cistidios de las aristas tienen tonos violetáceos. **Hábitat**: VIII-X; en bosques de planifolios o mixtos, bajo hayas, robles y abedules; poco frecuente. **Confusiones**: *Mycena pura* (arriba).
Probablemente tóxico; (V. ctro. y arriba).

Micena en forma de casco

Mycena galericulata (Scop.: Fr.) Quél.
in. Common bonnet

Caracteres: Sombrero de 2-6 cm de ancho, pardusco cuerno claro, pardo grisáceo o cárneo; láminas blanquecinas, pronto con leves tonos rosa, ligadas por venas en el fondo, sinuadas adnatas; pie del color del sombrero, glabro y reluciente, tenaz, más o menos radicante; al madurar olor ligeramente harinoso; espp. amiloide; esp. 9-12 x 6,5-9 µ; basidios bispóricos. **Hábitat**: V-XI; sobre leños muertos de planifolios y coníferas, sobre ramas y tocones, a menudo en grandes grupos; muy frecuente. **Nota**: Pertenece a las especies más comunes y llamativas de su género. El tono rosa casi siempre presente en las láminas es un buen rasgo identificatorio. Algunos ejemplares aislados de gran tamaño han sido confundidos con *Xerula radicata* (p. 172) a causa del pie radicante. Una característica típica de esta especie, aunque también presente en otras del género, son los basidios bispóricos. **Confusiones**: *Mycena polygramma* (abajo), con claro olor harinoso o a pepino: *M. inclinata.*

Micena de invierno

Mycena tintinnabulum (Fr.) Quél.

Caracteres: Sombrero de 1-2 cm de ancho, marrón, pardo grisáceo, pardo rojizo oscuro o pardo negro, los sombreros cubiertos por hojas permanecen blancos, joven por lo general esférico, cutícula en tiempo húmedo glutinosa; láminas gris blanquecinas, más tarde con reflejos rosas, de adnatas horizontalmente a subdecurrentes; pie blanquecino, pronto pardo grisáceo, con el ápice más claro; olor y sabor a tierra, mohoso; espp. inamiloide; esp. 4-5,5 x 2-3 µ. **Hábitat**: XI-III; sólo en meses de invierno; en grandes racimos sobre tocones de planifolios, especialmente hayas (*Quercus sylvatica*); localmente frecuente. **Nota**: En el mismo período crece a menudo *Flammulina velutipes*, de sombrero amarillo (p. 160).

Mycena polygramma

Mycena polygramma (Bull.: Fr.) Gray

Caracteres: Sombrero de 2-4 cm de ancho, gris o pardo grisáceo, en condiciones secas también plateado, pruinoso, margen arrugado cerca de las estrías translúcidas; láminas gris blanquecinas, casi libres; pie gris plateado o pardo gris, acanalado en toda su extensión (¡lupa!), tieso, a menudo radicante; espp. amiloide; esp. 8-10 x 5,5-7 µ. **Hábitat**: VIII-XI; en bosques de planifolios y coníferas, en grupo, pero apenas en fascículo, sobre tocones o troncos en descomposición enterrados; relativamente frecuente. **Nota**: El pie acanalado es una característica inconfundible que no se da en las demás especies. En *Mycena galericulata* la superficie del pie siempre es lisa. **Confusiones**: *M. galericulata* (arriba).

Mycena zephirus

Mycena zephirus (Fr.: Fr.) P. Kumm.

Caracteres: Sombrero de 2-5 cm de ancho, blanquecino sucio, color cárneo claro, joven también pardusco, pronto descolorido y típicamente manchado de pardo herrumbroso, margen arrugado sobre todo al envejecer; láminas blanquecino sucio, viejas con manchas como el sombrero, anastomosadas, algo distantes, adnatas y sinuadas; pie de color cuerno claro a pardo rojizo, totalmente blanco flocoso, con la base estrigosa, bastante quebradizo; olor y sabor rafanoides, pero no tan fuerte como en *Mycena pura*; espp. amiloide; esp. 9-12 x 4-5 µ. **Hábitat**: IX-XI; en bosques de planifolios y coníferas, sobre todo bajo pinos, en grandes grupos; frecuente. **Confusiones**: *Mycena galericulata* (p. 200), *M. pura* (ligeramente tóxico, p. 198), otras especies de *Mycena.*

Mycena stipata

Mycena stipata Maas Ges. & Schwöbel Sin.: *M. alcalina*

Caracteres: Sombrero de 1-3 cm de ancho, pardo grisáceo, carbón o pardo rojizo oscuro, de forma parabólica, más tarde esférico plano, en condiciones húmedas margen con estrías translúcidas; láminas blanquecinas, gris blanquecinas o gris parduscas; pie oscuro en los tonos del sombrero, reluciente, de glabro a finamente furfuráceo (¡lupa!); olor a cloro o nitroso; espp. amiloide; esp. 9-12 x 4-6 µ, tetraspórico. **Hábitat**: VIII-XI; sobre leños muertos de conífera, sobre todo de pícea o pino, en fascículo; relativamente frecuente. **Nota**: Antaño se denominaba *alcalina* y era considerada como especie culinaria. En la actualidad se separa de otra especie muy parecida y de idéntico olor, pero con basidios bispóricos, *M. silvaenigrae*. Ésta tiene las esporas más grandes y es más rara. En el suelo crecen otras especies de *Mycena* de olor parecido. **Confusiones**: En primavera, aislado o sobre el suelo o madera: *Mycena abramsii.*

Mycena aetites

Mycena aetites (Fr.) Quél.

Caracteres: Sombrero de 0,5-2 cm de ancho, gris claro u oscuro, pardo grisáceo, marrón carbón, al principio con el centro ocráceo, más claro, de convexo a hemisférico campanulado, en condiciones húmedas margen con estrías translúcidas; láminas de gris blanquecino a gris; pie gris translúcido, más claro hacia el ápice, con la base blanca flocosa; olor y sabor algo rafanoide; espp. amiloide; esp. 7-10,5 x 4-6 µ. **Hábitat**: VIII-X; en zonas herbosas sobre el suelo, claros del bosques, parques o prados, aislado o en grupo, pero no en fascículo; disperso. **Nota**: Los hábitats herbosos son característicos de esta especie. En alguna ocasión se ha podido percibir un deje de cloro en las zonas dañadas.

Micena de látex lechoso

Mycena galopus (Pers.: Fr.) P. Kumm.

Caracteres: Sombrero de 1-2 cm de ancho, pardo grisáceo claro u oscuro, margen por lo general más claro e incluso totalmente blanco (albino); láminas blanquecinas o gris blanquecino; pie del color del sombrero, superficie glabra y lisa, algo quebradizo, al romperse segrega un látex blanco; olor y sabor rafanoide, pero no intenso; espp. amiloide; esp. elipsoidales 8-12(14) x 4-6 µ. **Hábitat**: VIII-XI; en bosques de coníferas o planifolios, entre musgos, en grandes grupos; muy frecuente. **Nota**: En condiciones muy húmedas, ni sombrero ni láminas segregan gotas de látex; en condiciones secas, sólo se percibe este fenómeno al romperse la base del pie. Los ejemplares viejos pierden completamente el látex. **Confusiones**: *Mycena galopus* var. *nigra* (ctro.), *M. crocata* (abajo), *M. haematopus* (p. 206).

Mycena galopus var. nigra

Mycena galopus var. *nigra* Rea Sin.: *M. leucogala*

Caracteres: Sombrero de 1-2 cm de ancho, pardo negro, color antracita, negro, superficie blanca pruinosa cuando es joven, con amplias estrías; láminas gris blanquecinas, algo distantes; pie pardo o negro como el sombrero, finamente pruinoso en la parte superior; olor y sabor rafanoides; la carne dañada segrega látex blanco, sobre todo en el pie; espp. amiloide; esp. 9-12 x 5-6,5 µ. **Hábitat**: IX-XI; en bosques de coníferas o planifolios, sobre el suelo; relativamente raro. **Nota**: Llama la atención por el sombrero oscuro y el látex blanco. Algunos autores consideran que pese al color tan diferente esta especie y *Mycena galopus* son la misma. No parecen existir transiciones en el color del sombrero. **Confusiones**: *Mycena galopus* (arriba).

Mycena crocata

Mycena crocata (Schrad.: Fr.) P. Kumm.

Caracteres: Sombrero de 1-2(3) cm de ancho, gris oliváceo, por lo general beige grisáceo, con papilas oscuras en el centro, a menudo con manchas amarillentas o azafrán, joven superficie finamente pruinosa, margen ligeramente o nada estriado; láminas blanquecinas, pronto con manchas color azafrán; pie joven casi rojo sangre o rojizo amarillento, pronto pardo rojizo, base estrigosa a causa del micelio; la carne dañada segrega látex color azafrán; espp. amiloide; esp. 8-10 x 4,5-6 µ. **Hábitat**: VIII-X; en bosques de planifolios, especialmente sobre tocones y ramas caídas de haya, sólo en suelo calcáreo o arcilloso; localmente frecuente. **Nota**: A menudo crece junto a *Marasmius* alliaceus. **Confusiones**: *Mycena haematopus* (p. 206).

Micena de pie rojo

Mycena haematopus (Pers.: Fr.) P. Kumm.
c. Micena de sang

Caracteres: Sombrero de 1-3 cm de ancho, color cárneo, rojizo o púrpura pardusco, al dañarse manchado de rojo, forma campanulada, en el borde más externo, finamente dentado; láminas blanquecinas o rosas, más tarde oscurecen, algo distantes; pie del color del sombrero, flocoso en toda su extensión; la carne dañada segrega látex granate; espp. amiloide; esp. 8-10 x 5-7 µ. **Hábitat**: (V)VIII-X; sobre leños muertos de planifolios, especialmente de haya, más raramente sobre leños de coníferas, en grupo o en fascículo; relativamente frecuente. **Nota**: Es característico el látex color rojo sangre, que permite su identificación a simple vista. **Confusiones**: *Mycena crocata* (p. 204).

Micena de los helechos

Mycena epipterygia (Scop.: Fr.) Gray

Caracteres: Sombrero de 1-2(3) cm de ancho, amarillo verdoso, amarillo pardusco o amarillo grisáceo, al envejecer a veces manchado de marrón, seco casi blanco, cutícula glutinosa, cubierto por una membrana separable; láminas blanquecinas o gris blanquecinas, a veces manchadas de marrón, de sinuadas a subdecurrentes, aristas que se desprenden como filamentos gelatinosos, con una aguja; pie amarillento, amarillo verdoso, recubierto por una capa gelatinosa; olor y sabor mohoso o rancio (dependiendo de la variedad); espp. amiloide; esp. 8-10(12) x 4-5,5(7) µ. **Hábitat**: IX-XI; en bosques de coníferas y planifolios, sobre leños muertos o el suelo; muy frecuente. **Nota**: Esta especie tan variable se subdivide en distintas variedades. El ejemplar de la fotografía se encontraba sobre un leño de conífera muerta y tenía olor harinoso rancio. Anteriormente, esta variedad se denominaba *Mycena viscosa*. Por lo general la especie no tiene olor a harina. Se reconoce sobre todo por la cubierta mucilaginosa, la cual puede resultar destruida por la acción de heladas.

Mycena viridimarginata

Mycena viridimarginata P. Karst. Sin.: *M. luteoalcalina*

Caracteres: Sombrero de 1-3 cm de ancho, de verde oliváceo a oliváceo oscuro, oliváceo amarillento hacia el margen, en condiciones húmedas margen con estrías translúcidas, cutícula finamente pruinosa; láminas inmaduras blanquecinas, más tarde con ligeros tonos de gris, aristas pardo oliváceas o verdosas, a menudo no visibles o sólo visibles con una lupa potente; pie de amarillento a verdoso oliváceo, joven blanco pulverulento, luego glabro y reluciente; olor inapreciable, algo nitroso; sabor rafanoide; espp. amiloide; esp. 7-12 x 6-8 µ. **Hábitat**: V-IX; en leños muertos de coníferas, sobre tocones de pícea o pinto con musgo; localmente frecuente en algunas zonas (sur de Alemania, p. ej.), si no raro. **Nota**: Otras especies de *Mycena* con olor nitroso.

Mycena rosella

Mycena rosella (Fr.) P. Kumm.

Caracteres: Sombrero de 0,5-1,5 cm de ancho, rosa claro, por lo general con el margen más claro y el centro y los canales laterales más oscuros, seco uniformemente rosa; láminas rosa claro con aristas rojas, sinuadas; pie cárneo translúcido, o rosa claro, quebradizo; espp. amiloide; esp. 7-10(12) x 3-5 μ. **Hábitat**: VIII-XI; en bosques de coníferas, especialmente sobre acículas de pícea, siempre en grandes grupos; localmente frecuente. **Nota**: Esta especie forma parte de un grupo de especies pequeñas, cuyas láminas tienen las aristas de color diferente al resto de la lámina. El color de las aristas puede ser marrón, rojo, amarillo, naranja u oliva. Esta característica se puede percibir con una lupa, preferentemente cuando el hongo todavía es fresco. En las zonas dañadas no segrega látex. **Confusiones**: *Mycena rubromarginata* (ctro.), con látex rojo: *M. sanguinolenta.*

Mycena rubromarginata

Mycena rubromarginata (Fr.: Fr) P. Kumm.

Caracteres: Sombrero de 0,8-2 cm de ancho, joven de rosa a liláceo pardusco, pronto blanquecino sucio y sólo oscuro en el centro, en condiciones húmedas margen con estrías oscuras, forma semiesférica, convexa; láminas blanquecinas, con las aristas rojas o pardo negras, sinuadas; pie gris cuerno claro, a menudo con tonos lilas, acuoso, glabro o pulverulento hacia el ápice, frágil, por condiciones del sustrato, relativamente corto y arqueado; espp. amiloide; esp. 8-12 x 5,5-7,5 μ. **Hábitat**: IX-X; según algunos libros, también en primavera; en bosques de coníferas, sobre ramas muertas de pícea, más raramente sobre leños de planifolio; localmente regular. **Nota**: Esta especie se distingue bien por el hábitat en que vive y por el rojo de las aristas. **Confusiones**: Sobre acículas de pícea: *Mycena rosella* (arriba).

Mycena aurantiomarginata

Mycena aurantiomarginata (Fr.) Quél.

Caracteres: Sombrero de 0,5-1,5(2,5) cm de ancho, pardo amarillento, pardo oliváceo, marrón oscuro, con el margen amarillento u ocre; láminas gris amarillento claro, con las aristas naranja vivo, casi libres; pie amarillento, pronto oscuro en la parte inferior, tomento anaranjado en la base; espp. amiloide; esp. 7-9(10) x 3,5-5 μ. **Hábitat**: VIII-X; en bosques de coníferas, especialmente bajo píceas, sobre el suelo entre la pinaza; en zonas montañosas no es raro. **Nota**: Si no se observan las aristas anaranjadas, se puede confundir con una especie del género *Galerina*. Éstas, sin embargo, tienen la esporada pardo herrumbrosa.

Mycena acicula

Mycena acicula (Schaeff.: Fr.) P. Kumm.

Caracteres: Sombrero de 0,5-1 cm de ancho, naranja amarillento vivo, rojizo hacia el centro, cutícula pruinosa; láminas de blancas a amarillentas, con las aristas del mismo color, algo distantes, adnatas; pie amarillento, translúcido, con la superficie pruinosa; espp. inamiloide; esp. oblongo-fusiformes, 8-10 x 2,5-3,5 μ; basidios a veces bispóricos. **Hábitat**: VI-X; sobre restos muertos de plantas, sobre todo leños musgosos, cortezas o ramas secas, por lo general aislado; disperso pero bien distribuido. **Confusiones**: *Mycena adonis*, con las láminas decurrentes: *Rickenella fábula* (ctro.).

Género **Rickenella**
Fam. Tricholomataceae

Sombreros generalmente pequeños, de carne delgada, de ligera a claramente umbilicados, secos, con estrías translúcidas, higrófanos; láminas decurrentes; pie bastante largo y tenaz; espp. blanca, inamiloide; esp. elipsoidales, pequeñas, lisas, sin p. g.; tr. regular; sombrero, láminas y pie pulverulentos a causa de los grandes cistidios (lupa); saprotrófico entre musgos en prados húmedos.

Rickenella fibula

Rickenella fibula (Bull.: Fr.) Raithelh.

Caracteres: Sombrero de 0,5-1 cm de ancho, naranja amarillento, palidece de rosa claro a blanquecino, campanulado-convexo, más o menos umbilicado, con el margen exterior a menudo dentado; láminas de blancas a amarillentas, por lo general distantes; pie de amarillento a naranja pardusco; esp. 4-5,5 x 2-2,5 μ. **Hábitat**: VI-X; prados húmedos con musgo, bosques, márgenes de caminos, parques, jardines, en grupo; muy frecuente. **Confusiones**: *Mycena acicala* (arriba).

Rickenella setipes

Rickenella setipes (Fr.: Fr.) Raithelh. Sin.: *R. swartzii*

Caracteres: Sombrero de 0,5-1 cm de ancho, por lo general de dos colores, con el centro color carbón o negro azulado y el margen más claro, pardo grisáceo, pronto más aplanado; láminas de blanquecinas a gris claro, distantes; pie gris pardusco, azul negruzco en la parte superior y a veces en el principio de las láminas; esp. 4-5,5 x 2-3 μ. **Hábitat**: VI-X; entre musgos, especialmente en prados húmedos, bosques, en grupo; menos frecuente que *Rickenella fibula*, pero distribuido. **Confusiones**: V. especies del género *Omphalina* y *Mycena* de láminas decurrentes.

Omphaliaster asterosporus RL 3

Omphaliaster asterosporus (J. E. Lange) Lamoure
(Fam. Tricholomataceae)

Caracteres: Sombrero de 1-3 cm de ancho, gris oscuro, negruzco o carbón, seco gris blanquecino, convexo, claramente umbilicado, cutícula seca, en condiciones húmedas margen con amplias estrías translúcidas; láminas de gris a gris blanquecinas, decurrentes, distantes, a veces ahorquilladas; pie del color del sombrero, con la parte inferior blanco tomentosa, frágil; olor y sabor harinoso rancio; espp. blanca, inamiloide; esp. redondeada, 5,5-7,5 x 5,5-6,5 μ (fig. 41), provistas de espinas toscamente emarginadas de 2 μ, sin p. g.; tr. regular; hifas sin fíbulas. **Hábitat**: X-XI; en bosques de coníferas, entre musgos sobre el suelo, especialmente en suelos ácidos, arenosos; raro; saprotrófico.

Género **Xeromphalina**
Fam. Tricholomataceae

Sombreros pequeños, de carne delgada, umbilicados, secos, higrófanos; láminas decurrentes; pie algo tenaz, con tomento miceliar en la base; espp. blanca, amiloide; esp. elipsoidales, lisas, sin p. g.; tr. regular; saprotrófico sobre el suelo y leños muertos.

Xeromphalina campanella

Xeromphalina campanella (Batsch: Fr.) Maire

Caracteres: Sombrero de 0,5-1(2) cm de ancho, de amarillento a pardo anaranjado, campanulado-semiesférico, con depresión umbilicada central y amplias estrías translúcidas; láminas amarillentas, distantes, ampliamente decurrentes y anastomosadas; pie al principio amarillento, luego pardo rojizo, casi cornáceo; esp. 5,5-8 x 3-4 μ. **Hábitat**: (III-V)VII-X; en bosques de coníferas, tocones y ramas cubiertos de musgo, sobre todo sobre píceas, crece en grandes grupos; en montañas (a partir de piso submontano) muy frecuente, si no raro. **Nota**: Por su crecimiento en grandes grupos sobre madera de conífera en descomposición esta especie no se confunde fácilmente.

Xeromphalina cornui

Xeromphalina cornui (Quél.) J. Favre

Caracteres: Sombrero de 0,5-1,5 cm de ancho, pardo rojo, margen joven dorado, como salpicado de gránulos, más tarde monocromo, cutícula con un leve brillo sedoso, centro ligeramente umbilicado, margen liso; láminas amarillentas, más o menos distantes, decurrentes y anastomosadas; pie pardo rojizo, cornáceo, pruinoso, con micelio tomentoso ocre; esp. 5-7(8,5) x 3-4,5 μ. **Hábitat**: IX-XI; en pinares ricos en musgo y líquenes, sobre el suelo; raro. **Confusiones**: *Xeromphalina cauticinalis, X. fellea*.

Género **Omphalina**
Fam. Tricholomataceae

Sombreros pequeños, umbilicados, secos, higrófanos; láminas distantes, decurrentes; espp. blanca (a veces rosa), inamiloide; esp. elipsoidales, alguna vez redondeadas, lisas, sin p. g.; tr. irregular; generalmente habita sobre el suelo, más raramente también sobre madera, algunas especies se liquenizan (asocian con algas para formar un liquen).

Omphalina ericetorum

Omphalina ericetorum (Pers.: Fr.) M. Lange
Sin.: *Phytoconis ericetorum*

Caracteres: Sombrero de 0,5-2 cm de ancho, gris amarillento, verdoso, gris blanquecino o pardo oliváceo, con amplias estrías translucidas, canaliculado, margen algo lobulado; láminas de blanquecino a amarillento claro, muy distantes, ampliamente decurrentes; pie de gris claro a amarillento, por lo general relativamente corto; esp. redondeadas, 7-9 x 6-7,5 µ. **Hábitat**: V-X; en bosques húmedos y ciénagas, entre musgos, sobre madera con musgo; disperso, más frecuente en montañas. **Nota**: Se asocia con algas verdes y forma el liquen *Botrydina vulgaris* en forma de pequeñas escamas verdes alrededor de la base del pie. Las especies de *Omphalina* que forman líquenes se denominan también *Phytoconis*.

Omphalina griseopallida

Omphalina griseopallida (Desm.) Quél.
Sin.: *Leptoglossum griseopallidum*

Caracteres: Sombrero de 0,5-3 cm de ancho, pardo grisáceo, joven cubierto por una pruina argéntea, con estrías oscuras debajo de la pruina, seco gris blanquecino; láminas pardo grisáceas, a veces ahorquilladas; pie gris pardusco, totalmente lanuginoso; olor leve a geranios; esp. elipsoidales, 9-13 x 4,5-6 µ; basidios a menudo bispóricos. **Hábitat**: X-XI; sobre el suelo en prados musgosos; raro. **Nota**: Esta especie se reconoce bien por la pruina argéntea del sombrero. Antaño se la denominaba *Leptoglossum*. **Confusiones**: Sombrero no pruinoso: *Omphalina rustica*, *O. oniscus*.

Omphalina pyxidata

Omphalina pyxidata (Bull.: Fr.) Quél.

Caracteres: Sombrero de 1-2,5 cm de ancho, pardo rojizo, pardo ocráceo, con amplias estrías translúcidas, margen exterior a menudo amarillento, a veces lobulado; láminas de color cárneo pálido a beige pardusco, parcialmente ahorquilladas; pie pardo rojizo; esp. elipsoidales, 7-9(19) x 4,5-5(6) µ. **Hábitat**: VIII-XI; en lugares herbosos-musgosos, prados, pastos, bordes de caminos, sobre suelo arenoso; raro, en lunas litorales localmente frecuente. **Confusiones**: *Omphalina hepatica*.

Género **Hohenbuehelia**
Fam. Tric,omataceae

C. fr. concoideo, por lo general excéntricamente pedunculado (raramente central) o sésil; sombrero con una capa gelatinosa, carnoso; láminas decurrentes (si llegan al pie); espp. blanca o crema amarillento, inamiloide; esp. elipsoidales o redondeadas, lisas, sin p. g.; cistidios de paredes típicamente gruesas, con secreciones cristalinas (fig. 45); tr. regular; saprotrófico sobre el suelo o sobre madera en descomposición.

Hohenbuehelia geogenia

Hohenbuehelia geogenia (DC.: Fr.) Singer

Caracteres: Sombrero de 3-10 cm de ancho, beige claro, gris beige o pardusco, embudado, margen a menudo abierto por uno de los lados, lobulado, superficie pruinosa; láminas blanquecinas, densas; olor inapreciable o ligeramente harinoso; esp. elipsoidales, 5-8 x 3,5-5 μ. **Hábitat**: VIII-X; en bosques de coníferas y planifolios, en general sobre el suelo, prefiere suelos calcáreos; relativamente raro. **Nota**: Las grandes especies de *Hohenbuehelia* que habitan sobre el suelo son difíciles de distinguir. Algunas crecen en lugares quemados. **Confusiones**: *Hohenbuehelia rickenii.*

Hohenbuehelia repanda

Hohenbuehelia repanda Huijsman

Caracteres: Sombrero de 4-12 cm de ancho, color avellana oscuro o pardo rojizo, joven cubierto por una capa pruinosa que se escinde en escamas; láminas crema blanquecino, densas, a veces ahorquilladas; pie gris pardusco claro, excéntrico; olor y sabor harinosos; esp. elipsoidales, 6-8 x 3,5-4,5 μ. **Hábitat**: X-III; sobre madera enterrada en el suelo o en raíces, sobre suelos calcáreos; en la zona del Mediterráneo no es raro. **Nota**: La fotografía fue tomada en Mallorca en diciembre. **Confusiones**: *Hohenbuehelia geogenia* (arriba).

Hohenbuehelia grisea

Hohenbuehelia grisea (Peck) Singer

Caracteres: Sombrero de 1-4(7) cm de ancho, gris claro u oscuro o pardo grisáceo, sésil, sobre la madera, recubierto por tomento blanco, estrigoso, desde la base hasta la mitad; láminas pronto blanquecino sucio; olor y sabor harinosos; esp. 7,5-9,5 x 4-5,5 μ. **Hábitat**: VIII-X; sobre leños muertos de planifolio, tocones y ramas como roble o cerezo de racimo (*Prunus padus*); disperso, algunos años localmente frecuente. **Confusiones**: *Hohenbuehelia atrocoerulea,* de sombrero blanco: *H. mastrucata.*

Género **Pleurotus**
Fam. Polyporaceae

C. fr. carnoso, basto; sombrero seco, con un velo membranoso o sin él, cutícula sin capa gelatinosa; láminas blanquecinas, decurrentes; pie por lo general corto, excéntrico; espp. blanquecina, inamiloide; esp. oblongo-elipsoidales, lisas, sin p. g.; tr. irregular; parásito y saprotrófico, normalmente sobre madera, causa pudrición blanca.

Pleuroto concoideo

Pleurotus ostreatus (Jacq.: Fr.) P. Kumm.   Sin.: *P. columbinus*
c. Orellana, *e.* Belarri landu, *g.* Ostras dos negrillos, *in.* Oyster mushroom

Caracteres: Sombrero de 5-20 cm de ancho, pardo grisáceo, gris acero o gris azul, al envejecer se decolora, sin velo; láminas algo decurrentes, anastomosadas; pie blanquecino, a menudo muy corto, base blanco tomentosa; esp. 8-12 x 3-4 µ. **Hábitat**: X-XII(II-IV); sobre ramas de planifolio vivas y muertas, especialmente de haya (*Fagus sylvatica*), chopo y sauce, más raramente sobre madera de conífera, a menudo en fascículo; frecuente. **Nota**: Esta especie precisa de ligeras heladas nocturnas para fructificar. **Confusiones**: *Pleurotus cornucopiae* (ctro.), *Sarcomyxa serotina* (p. 220).
Comestible; especie culinaria de buena calidad, al envejecer se vuelve tenaz. Se cultiva. Algunas variedades de Florida no precisan el golpe de frío para crecer.

Pleuroto cuerno de la abundancia

Pleurotus cornucopiae (Paulet ex Pers) Rolland

Caracteres: Sombrero de 4-12 cm de ancho, blanquecino, ocre claro o pardusco claro; láminas ampliamente decurrentes, muy anastomosadas; pie con costillas formando un retículo; olor ligeramente harinoso al madurar; esp. 8-11,5 x 3,5-5,5 µ. **Hábitat**: IV-XI; preferentemente sobre ramas de planifolio muertas, en fascículo; relativamente raro. **Confusiones**: *Pleurotus ostreatus* (arriba).
Comestible; pero de carne más tenaz que *Pleurotus ostreatus*.

Pleuroto de roble

Pleurotus dryinus (Pers.: Fr.) P. Kumm.

Caracteres: Sombrero de 4-10(15) cm de ancho, de blanquecino a gris blanquecino, cutícula finamente tomentosa-fibrosa, margen joven cubierto por restos blancos y membranosos del velo; láminas de blanco a crema, amarillean al envejecer; pie tomentoso escamoso, joven con restos de velo; carne al madurar amarillenta; esp. 9-13 x 3-4 µ. **Hábitat**: VIII-XI; sobre ramas de planifolio vivas o acabadas de caer, preferentemente sobre robles, pero también en otros árboles, raramente sobre madera de conífera; relativamente frecuente. **Confusiones**: *Pleurotus ostreatus* (arriba), también con velo, pero de sombrero liso: *P. calyptratus*.

Panus conchatus

Panus conchatus (Bull.: Fr.) Fr.
Sin.: *P. torulosus* (Fam. Polyporaceae)

Caracteres: Sombrero de 3-10 cm de ancho, joven lila claro, pronto pardusco o pardo ocráceo desde el centro hacia afuera, cutícula seca, nunca gelatinosa, escindida en escamas aplicadas; láminas inmaduras blanquecino sucio con tonos lilas, más tarde ocre pálido, densas, ampliamente decurrentes; pie muy corto, excéntrico, de lila claro a ocre, casi inexistente, base tomentosa; carne relativamente tenaz; olor agradable fúngico, recuerda a *Lepista nuda;* espp. blanca, inamiloide; esp. 5-7 x 3-3,5 µ, sin p. g.; tr. regular. **Hábitat**: VI-XI; sobre todo en verano; sobre tocones de coníferas, especialmente abedules y hayas, en fascículo; relativamente frecuente; saprotrófico. **Confusiones**: *Pleurotus ostreatus* (p. 218).

Incomestible, de carne tenaz, al envejecer a menudo amargo.

Sarcomyxa serotina

Sarcomyxa serotina (Schrad.: Fr.) P. Karst.
Sin.: *Panellus serotinus* (Fam. Tricholomataceae)

Caracteres: Sombrero de 4-12 cm de ancho, gris pardusco, marrón, ocre pardusco, cárneo u ocre amarillento, joven a menudo verde oscuro o marrón oscuro, cocleado o lingüiforme (como el *Pleorotus ostreatus*), cutícula seca, bajo la cual hay una capa gelatinosa; láminas amarillento claro, muy densas, decurrentes; pie por lo general amarillo claro u ocre, con finas escamas, muy corto, excéntrico; espp. blanca, amiloide; esp. cilíndrico-curvadas, 5-6 x 1-1,5 µ, sin p. g. (fig. 46); láminas con cistidios de paredes algo gruesas y contenido amarillento (fig. 47); tr. regular. **Hábitat**: IX-XII; sobre tocones y ramas de planifolios, de aislado a en grupo; frecuente; saprotrófico. **Confusiones**: *Pleurotus ostreatus* (p. 218), V. género *Hohenbuehelia* (p. 216).

Comestible, pero de menos calidad que *Pleurotus ostreatus*.

Pleucocybella porrigens

Pleucocybella porrigens (Pers.: Fr.) Singer
Sin.: *Phyllotus porrigens* (Fam. Tricholomataceae)

Caracteres: Sombrero de 3-6(8) cm de ancho, blanco puro, más tarde ligeramente amarillo, sésil, crece excéntrico sobre el sustrato, cocleado, lingüiforme o hasta auriculiforme, de carne relativamente fina, nunca gelatinoso, cutícula glabra, tomentoso sólo en la zona de la base; láminas blancas, al envejecer algo amarillentas, densas; espp. blanca, inamiloide; esp. redondeadas, lisas, 5-7 µ, sin p. g. tr. irregular. **Hábitat**: VII-X; sobre leños muertos de coníferas, sobre ramas gruesas y tocones, especialmente sobre píceas, en grupo, en zonas de montaña disperso; saprotrófico. **Nota**: Son características identificatorias el hábitat entre coníferas y la cutícula que nunca es gelatinosa. **Confusiones**: V. *Panellus mitis* (p. 222), familia Crepidotaceae (p. 400).

Género **Panellus**
Fam. Tricholomataceae

C. fr. pequeño, de carne delgada; sombrero cocleado, con capa gelatinosa; láminas blancas o pardusco ocre; pie entre pequeño y enano, excéntrico; espp. blanca, amiloide; esp. elipsoidales o cilíndrico-curvadas, lisas, sin p. g.; tr. regular; saprotrófico sobre leños muertos o parásito.

Pano astringente

Panus stypticus (Bull.: Fr.) P. Karst.
e. Belarri mingots

Caracteres: Sombrero de 1-3 cm de ancho, amarillento ocre, más oscuro con el tiempo, de concoideo a circular, con hendiduras laterales desiguales; láminas de canela a ocre, densas, anastomosadas; pie del color del sombrero, abierto hacia arriba, comprimido, con la superficie furfurácea; sabor picante, a pimienta, tras masticarlo un rato; esp. elipsoidales, 4-5 x 2-2,5 µ. **Hábitat**: VIII-XI; muy resistente y por consiguiente se puede observar casi todo el año; sobre tocones de planifolios, especialmente de robles y hayas, en grandes grupos; muy frecuente; saprotrófico. **Nota**: Es una especie inconfundible.

Panellus mitis

Panellus mitis (Pers.: Fr.) Singer Sin.: *Urosporellina mitis*

Caracteres: Sombrero de 0,5-1,5 cm de ancho, blanco puro, de concoideo a semicircular, superficie finamente tomentosa; láminas blancas, densas; pie blanco, muy pequeño y rudimentario, excéntrico, casi triangular, finamente furfuráceo; esp. cilíndrico-curvadas, 4-5 x 1-1,5 µ. **Nota**: En condiciones húmedas, la cutícula gelatinosa se estira como una goma. **Hábitat**: X-XII(III); sobre ramas de conífera, en especial de pino, en grupo; frecuente; saprotrófico, eventualmente también parásito (causa pudrición parda). **Confusiones**: *Panellus stypticus* (arriba), *Pleurotellus chioneus* (abajo).

Pleurotellus chioneus

Pleurotellus chioneus (Gillet) Honrad & Maubl.
(Fam. Crepidotaceae)

Caracteres: Sombrero de 0,5-1 cm de ancho, blanco, de carne delgada, excéntrico sobre el sustrato, sésil, cutícula finamente tomentosa, no gelatinosa; láminas primero blancas, luego ocre claro; espp. blanca, inamiloide; esp. elipsoidales, lisas, 6-7(8) x 3-4 µ, sin p. g.; tr. regular. **Hábitat**: IX-III(VI), en especial hacia finales de otoño y en primavera; sobre ramitas muertas de planifolio y otros restos de plantas; no es raro. **Nota**: A pesar de la esporada blanca, esta especie pertenece al género *Crepidotus*, con especies del cual se puede confundir.

Lentinellus cochleatus

Lentinellus cochleatus (Pers.: Fr.) P. Karst. (Fam. Lentinellaceae)

Caracteres: Sombrero de 3-6(8) cm de ancho, de color cárneo a pardo rojizo, en forma de espátula o cuchara, como una bolsa con una hendidura lateral, infundibuliforme desde el pie, con el margen ondulado; láminas primero blanquecinas, luego amarillas rojizo claro, finalmente rojo pardusco, con las aristas dentadas, decurrentes; pie del color del sombrero, excéntrico, curvado, acanalado en toda su extensión, hueco; carne elástica y tenaz; olor dulzón intenso, a anís, raramente inodoro (var. *inolens*); espp. blanca, amiloide; esp. redondeadas, finamente verrucosas, 4-5 µ, sin p. g.; tr. regular. **Hábitat**: VII-X; sobre leños muertos de planifolio y conífera, tocones, ramas, raíces, en grandes racimos; localmente frecuente. **Nota**: Es una especie inconfundible.

Comestible, aunque a causa de la carne tenaz se usa sobre todo para aliños. No a todo el mundo gusta el sabor a anís.

Plicatura crispa

Plicatura crispa (Pers.: Fr.) Rea
Sin.: *Plicaturopsis crispa* (Fam. Corticiaceae)

Caracteres: Sombrero de 1-2 cm de ancho, de beige a ocre pardusco, algo zonado, margen inmaduro blanquecino, en forma de abanico, crece directamente sobre el suelo, sobre una base estrecha, sésil, cutícula finamente tomentosa, seca; láminas blanquecinas o amarillentas, muy finas como si fuesen sólo unas venas, aristas de dentadas a rasgadas; carne tenaz, coriácea; espp. blanca, amiloide; esp. cilíndrico-curvadas, lisas, 3-4,5 x 1-1,5 µ, sin p. g. **Hábitat**: IX-XII; sobre leños y ramas muertas de planifolio, en especial de haya (*Fagus sylvaticus*); localmente no es raro, por ejemplo en piso submontano. **Nota**: Pertenece a la familia Corticiaceae.

Esquizofilo común

Schizophyllum commune Fr.: Fr. (Fam. Schizophyllaceae)
e. Ardagaitxo

Caracteres: Sombrero de 1-3 cm de ancho, entre blanco, gris-blanquecino y ocre claro, concoideo, no pedunculado, superficie toscamente tomentosa, margen a menudo irregularmente rasgado o lobulado; láminas cárneas, agrietadas de arriba abajo; carne elástica y tenaz, muy maleable; espp. blanca, inamiloide; esp. cilíndricas, lisas, 5,5-7 x 1,5-2,5 µ, sin p. g. **Hábitat**: Todo el año; sobre leños muertos de planifolio, menos habitual de conífera, en especial sobre ramas gruesas caídas, en lugares bañados por el sol, con menos frecuencia es un parásito sobre troncos vivos (causa pudrición blanca). **Nota**: Al secarse las láminas, longitudinalmente agrietadas, se enrollan para que las esporas no se sequen. A causa de esta característica la especie es inconfundible. Ella sola forma una familia, pariente cercana de la Corticiaceae y de los agaricales.

Género **Rhodocybe**
Fam. Entolomataceae

C. fr. parecido al de las especies de *Collybia*, a veces a *Lepista*; sombrero seco, sin estrías, a veces levemente higrófano; láminas adnatas en diferente medida; sabor de suave a amargo; espp. (en las especies que aquí se describen) rosa cárneo; esp. elipsoidales, verrucosas-punteadas, sin p. g. (fig. 42); tr. regular; saprotrófico.

Rhodocybe truncata

Rhodocybe truncata (Schaeff.: Fr.) Singer Sin.: *R. gemina*

Caracteres: Sombrero de 4-12 cm de ancho, de pardusco cárneo a ocre, cutícula sin brillo, no separable; láminas cárneo claro, más tarde parduscas, de escotadas a subdecurrentes; pie blanquecino, por lo general corto; olor típicamente fúngico, agradable; sabor algo rancio, recuerda un poco a *Lactarius quietus*; esp. 6-7,5 x 4-5 µ, sin fíbulas. **Hábitat**: VIII-X; en bosques de coníferas y planifolios; relativamente raro. **Nota**: A primera vista se puede confundir con una especie de *Lepista* (p. 94), de la cual se diferencia por la esporada de color más oscuro.

Comestible; buena especie culinaria.

Rhodocybe nitellina

Rhodocybe nitellina (Fr.) Singer

Caracteres: Sombrero de 1-5 cm de ancho, de naranja pardusco a rojizo, algo higrófano, se descolora por zonas, margen a veces dentado, cutícula con brillo oleoso; láminas ocre amarillentas, sinuadas; pie del color del sombrero, con tomento blanco en la base; olor y sabor fuerte a harina rancia; esp. 6-8 x 4-5 µ, con fíbulas. **Hábitat**: VII-X; en bosques de coníferas y planifolios; raro. **Nota**: El nombre “nitellina” significa color ardilla. La especie destaca por su intenso olor.

Rhodocybe mundula

Rhodocybe mundula (Lasch.: Fr.) Singer Sin.: *R. popinalis*

Caracteres: Sombrero de 2-5 cm de ancho, de gris claro u oscuro a gris pardusco, con manchas oscuras concéntricas o zonado, algo umbonado, cutícula joven muy pruinosa; láminas de ceniza claro a ocre grisáceo, algo decurrentes, oscurecen al presionarlas; pie pardo grisáceo, pruinoso; olor a harina rancia; sabor amargo; esp. casi redondas, 5-6 x 4,5-5,5 µ, sin fíbulas. **Hábitat**: VIII-XI; en bosques de coníferas y planifolios, zonas herbosas; raro. **Confusiones**: *Lepista luscina* (p. 114).

Molinera, Mojardón

Clitopilus prunulus (Scop.: Fr.) P. Kumm. (Fam. Entolomataceae)
c. Moixernó blanc, *e.* Errotari, *g.* Fariñeira, *in.* Plum agaric

Caracteres: Sombrero de 4-10 cm de ancho, blanco puro, de convexo a infundibuliforme, cutícula mate, de seca a glutinosa; láminas inmaduras blancas, después con brillos rosa, muy densas, decurrentes; pie blanco; carne relativamente blanda; olor y sabor agradable a harina; espp. rosada; esp. oblongo-fusiforme, con aristas longitudinales y por ello de sección transversal angulosa, 9-12 x 4,5-6 µ, sin p. g. (fig. 43). **Hábitat**: VII-X; en bosques de coníferas y planifolios, entre hierba y musgo; frecuente; saprotrófico. **Confusiones**: V. especies de *Clitocybe* (p. 152).
Comestible; buena especie culinaria, pero a causa de las posibles confusiones sólo se recomienda si se conoce bien.

Género **Entoloma**
Fam. Entolomataceae

C. fr. parecido a *Tricholoma, Mycena* y *Omphalina* (diversos subgéneros); sombreros secos, glabros, raramente escamosos, por lo general higrófanos; láminas maduras con brillo rosa, más o menos adnatas; pie por lo general centrado; espp. rosada; esp. angular, sin p. g. (fig. 44); tr. regular; saprotrófico; muchas especies son tóxicas.

Entoloma en escudo

Entoloma clypeatum (L.: Fr.) P. Kumm. (Subgen. *Entoloma*)
in. Buckler agaric

Caracteres: Sombrero de 4-10 cm de ancho, pardo grisáceo claro u oscuro, se descolora por franjas, centro a menudo umbonado; láminas blanquecino sucio o gris claro, después rosa, sinuadas; pie de blanquecino a gris claro, con aristas erosionadas; olor y sabor agradable a harina; esp. 8-11 x 6,5-9 µ. **Hábitat**: IV-V(VI); en zonas riparias, jardines y parques, bajo rosáceas (p. ej. espino blanco); relativamente frecuente. **Confusiones**: *Entoloma rhodopolium* (p. 230), *E. vernum* (p. 234), *E. sepium* (abajo).
Comestible, sabroso, pero se debe calentar bien. Precaución por los peligros de confusión, tiempo de aparición temprano.

Entoloma sepium

Entoloma sepium (Noulet & Dass.) Richon & Roze
Caracteres: Sombrero de 3-10 cm de ancho, blanquecino sucio o blanquecino gris, en condiciones húmedas, acuoso o vitroso; láminas primero blanquecinas, después rosa, sinuadas; pie blanco, deshilachado, al madurar marronea algo; carne blanca, pardusca en las galerías hechas por gusanos; olor afrutado cuando está entero, harinoso al dañarse; sabor harinoso; esp. 7,5-10 x 7-9 µ. **Hábitat**: V-VI; jardines y parques, bajo rosáceas, en especial matorrales de endrino; relativamente raro. **Confusiones**: *Entoloma sinuatum* (p. 230), *E. clypeatum* (arriba).

Entoloma lívido, Seta engañosa RL 3

Entoloma sinuatum (Bull.: Fr.) P. Kumm. Sin.: *E. eulividum*, *E. lividum*
e. Maltzur, *g.* Enganosa

Caracteres: Sombrero de 5-15(20) cm de ancho, blanquecino, gris amarillento o pardusco coriáceo claro, de carne gruesa, cutícula con brillo sedoso; láminas inmaduras amarillentas, después rosa asalmonadas, sinuadas; pie de blanco a amarillento ocre; olor y sabor a harina, no desagradable; esp. 8-10 x 7-8,5 µ. **Hábitat**: VIII-X; en bosques de planifolios, sobre suelos calcáreos o arcillosos, preferentemente en lugares cálidos; raro, aunque localmente distribuido (Francia, Suiza, sur de Alemania). **Nota**: Una característica importante de esta especie de gran tamaño son las láminas al principio amarillentas. **Confusiones**: *Entoloma sepium* (p. 228), V. *Lepista nebularis* (p. 108).
Tóxico; causa problemas intestinales de larga duración con vómitos y diarrea; algunos casos graves pueden tener un desenlace fatal.

Entoloma rhodopolium

Entoloma rhodopolium (Fr.) P. Kumm.

Caracteres: Sombrero de 4-8(10) cm de ancho, pardo cuerno, gris amarillento o gris oliváceo, se decolora concéntricamente, de carne relativamente delgada, pronto plano, centro a menudo hundido; láminas blanquecinas, después con brillo rosa, poco densas, sinuadas; pie blanquecino, a menudo algo translúcido, algo quebradizo; olor variable, entero con toques alcalinos o afrutados, dañado no harinoso; esp. 7,5-10 x 6-8 µ. **Hábitat**: VII-X; en bosques de planifolios, menos habitual entre coníferas, también en zonas arboladas; disperso. **Nota**: para la identificación de esta especie es importante tener en cuenta la ausencia de olor harinoso. **Confusiones**: que crecen en primavera: *Entoloma clypeatum* (p. 228), *E. rhodopolium* var. *nidorosum* (tóxico, abajo).
Tóxico; tras un tiempo de latencia de 1/2-3 horas, causa vómitos y diarrea. Sus sustancias tóxicas son todavía desconocidas.

Entoloma rhodopolium

Entoloma rhodopolium fma. *nidorosum* (Fr.) Noordel.
Sin.: *E. nidorosum*

Caracteres: Sombrero de 3-6(9) cm de ancho, color cuerno claro, gris amarillento o gris pardusco, se decolora rápidamente, de carne delgada, cutícula lisa y glabra; láminas primero blanquecinas, después rosas, poco densas, sinuadas; pie del color del sombrero, cilíndrico-delgado; carne en general quebradiza; olor nitroso cuando está entero; sabor inapreciable, a veces también harinoso; esp. 6,5-9 x 6-8 µ. **Hábitat**: VIII-X; con preferencia en bosques de planifolios, en especial bajo hayas, en grupo; localmente no es raro. **Nota**: Esta variedad se diferencia en esencia de la forma principal por una mayor fragilidad, colores más claros y sobre todo por el olor a ácido nitroso. **Confusiones**: *Entoloma rhodopolium* (tóxico, ctro.).
Tóxico; V. *Entoloma rhodopolium* (tóxico, ctro.).

Entoloma sordidulum

Entoloma sordidulum (Kühner & Romagn.) P. D. Orton

Caracteres: Sombrero de 1-3(4,5) cm de ancho, gris pardusco sucio, cuerno, también casi pardo rojizo, con o sin el centro oscuro, pronto se decolora, estrías translúcidas en el margen por lo general; láminas blanquecinas, después con brillo rosa, sinuadas; pie blanquecino, algo hialino, de joven sedoso, a veces comprimido, frágil; olor y sabor a harina rancia; esp. 7,5-10,5 x 6,5-9,5 μ. **Hábitat**: VI-IX; en bosques de planifolios, en claros y márgenes del bosque, entre matorrales; algunos años no es raro. **Nota**: Para determinar con exactitud una especie de *Entoloma* se debe tener en cuenta la pigmentación de las hifas de la dermis (c. microscópico), donde se ven principalmente las paredes de las células.

Valor culinario desconocido, probablemente tóxica.

Entoloma majaloides

Entoloma majaloides P. D. Orton

Caracteres: Sombrero de 3-8 cm de ancho, de pardo amarillento a casi pardo dorado, sin tonos grises, joven finamente argénteo-sedoso, al secarse se descolora mucho, cutícula sin estrías; láminas blanquecinas, pronto con tonos rosa, adnatas horizontalmente; pie blanquecino, finamente fibroso, frágil, a menudo bien largo y delgado; olor y sabor inapreciables, según algunos libros, en ocasiones a harina rancia; esp. 7,5-10 x 7-9 μ. **Hábitat**: VIII-X; en bosques de planifolios, menos habitual entre coníferas, en especial bajo abedules y alisos, en grupo; raro. **Nota**: Esta especie es todavía poco conocida y poco documentada. Como rasgos típicos hay que señalar la ausencia de tonos grises en el sombrero. La muestra procedía del centro de Alemania.

Valor culinario desconocido, probablemente tóxica.

Entoloma venosum

Entoloma venosum Gillet

Caracteres: Sombrero de 3-8(10) cm de ancho, joven típicamente pardo negruzco, luego con el centro pardo rojizo (recuerda a *Pluteus cervinus*), al secarse claramente descolorido, cutícula lisa y glabra, al madurar estriado en el margen; láminas inmaduras gris parduscas, más tarde gris claro sucio, con tonos rosa, anastomosadas, sinuadas; pie gris claro, ligeramente fibroso, quebradizo; olor y sabor a harina rancia; esp. algo oblongo-fusiformes, 8-10,5 x 6,5-8 μ. **Hábitat**: VIII-X; en bosques de coníferas y mixtos, en especial sobre suelos calcáreos en zonas de montaña; raro. **Nota**: Sin experiencia es una especie difícil de reconocer. Lo más normal es encontrarlo en piso montano, sobre suelo calcáreo, con el sombrero muy oscuro (de joven) y las láminas gris parduscas.

Valor culinario desconocido.

Entoloma turbidum

Entoloma turbidum (Fr.) Quél.

Caracteres: Sombrero de 3-7 cm de ancho, de pardo grisáceo a pardo rojizo oscuro, se descolora por franjas, pronto umbonado, de carne relativamente delgada, superficie glabra y lisa o finamente crustácea, margen con o sin estrías translúcidas; láminas blanquecino sucio, pronto rosa, más o menos densas y sinuadas, a veces anastomosadas; pie de blanquecino a gris claro, deshilachado, quebradizo y pronto hueco; olor y sabor inapreciables, ni a harina, ni rancio; esp. 7,5-9 x 6,5-7,5 µ. **Hábitat**: VIII-X; en bosques de planifolios y coníferas húmedos, con musgo, en especial bajo abedules, entre esfagno; de disperso a raro. **Confusiones**: *Entoloma venosum* (p. 232), *E. rhodopolium* (tóxico, p. 230), de olor harinoso-rancio: *E. pseudoturbidum.*

Valor culinario desconocido, probablemente tóxico.

Entoloma vernum

Entoloma vernum S. Lundell Sin.: *Rhodophyllus cucullatus*

Caracteres: Sombrero de 2-5 cm de ancho, de marrón claro a oscuro, pardo negruzco, se descolora concéntricamente, de carne delgada, hemisférico-campanulado, casi siempre umbonado, superficie de sedosa a finamente crustácea, margen raramente estriado; láminas inmaduras blanquecino sucio, después rosa pardusco, anejas adheridas; pie del color del sombrero, a menudo comprimido, finamente pruinoso, quebradizo; olor y sabor fúngicos, ni harinoso ni rancio; esp. 8,5-11,5 x 7-9 µ. **Hábitat**: III-V; en bosques claros de planifolios y coníferas, zonas riparias, a menudo aparece poco antes que *Calocybe gambosa*; ampliamente distribuido, pero nunca en grandes cantidades. **Confusiones**: *Entoloma sericeum* (abajo), *E. plebejum* (p. 236).

Tóxico; tras un tiempo de latencia de 1/2-3 horas, causa náuseas, vómitos y diarrea. Las sustancias tóxicas son aún desconocidas.

Entoloma sericeum

Entoloma sericeum (Bull.) Quél.

Caracteres: Sombrero de 2-4 cm de ancho, de pardo rojizo a casi pardo negruzco, se descolora concéntricamente, de carne muy delgada, centro plano o con umbón de romo a puntiagudo, cutícula de brillo sedoso, finas estrías translúcidas en el margen; láminas pronto rosa pardusco, relativamente anchas, distantes, con las aristas emarginadas, anejas adheridas; pie marrón oscuro, glabro o fibroso, muy quebradizo; olor y sabor fuertes a harina; esp. 8,5-11 x 7-9,5 µ. **Hábitat**: VIII-X; en zonas herbosas de prados y pastos, márgenes de caminos, bosques y parques, en grupo; relativamente frecuente. **Confusiones**: en primavera, sin olor a harina: *Entoloma vernum* (tóxico, ctro.).

Presuntamente tóxico, como mínimo incomestible.

Entoloma plebejum RL 3

Entoloma plebejum (Kahlbr.) Noordel. Sin.: *E. erophilum*

Caracteres: Sombrero de 2-5 cm de ancho, pardo grisáceo claro u oscuro, con bastantes tonos grises, apenas higrófano, superficie finamente piloso-tomentosa (recuerda a algunos *Tricholoma*) con brillos argénteos, margen sin estrías; láminas de gris blanquecino sucio a gris pardusco, relativamente anchas y gruesas, con las aristas dentadas, anejas adheridas; pie gris blanquecino, a menudo comprimido, algo flocoso cerca del sombrero; olor y sabor ligeros a harina; esp. oblongo-fusiforme, 10-15 x 6,5-9 µ. **Hábitat**: V-VII; en bosques de coníferas y planifolios, zonas riparias; raro. **Nota**: A diferencia del resto de especies de este género, presenta un sombrero tomentoso-fibroso o escamoso. Junto a otras pocas especies forma el subgrupo *Erophila*. **Confusiones**: De sombrero glabro: *Entoloma vernum* (tóxico, p. 234).

Entoloma nitidum RL 3

Entoloma nitidum Quél.

Caracteres: Sombrero de 2-5 cm de ancho, azul oscuro, azul acero o azul negruzco, apenas se descolore, relativamente carnoso, cutícula con fibras radiales, con brillo sedoso, margen sin estrías; láminas blancas, luego rosa claro, distantes, con las aristas dentadas, casi libres; pie del color del sombrero, con la base a menudo blanca y atenuada, deshilachado; olor y sabor fúngicos, no harinosos; esp. 7-9 x 6-8 µ. **Hábitat**: VII-X; preferentemente en bosques de coníferas, zonas herbosas o musgosas, en especial a partir de piso montano; localmente frecuente. **Nota**: Gracias a su color es una de las especies más bellas de su género. Algunas especies de colores parecidos tienen la carne más delgada y pertenecen al subgenero *Leptonia*. **Confusiones**: Con olor a harina: *Entoloma bloxamii*.

Entoloma cetrado

Entoloma cetratum (Fr.) M. M. Moser (Subesp. *Nolanea*)
e. Azpiarroza ugatzurgi

Caracteres: Sombrero de 1,5-3 cm de ancho, amarillo pardusco vivo o color cárneo, hasta marrón carbón, parecido a *Mycena*, de carne muy delgada, estrías translúcidas casi hasta el centro; láminas blanquecinas durante bastante tiempo, luego rosa, anejas adheridas; pie del tono del sombrero, delgado y quebradizo, finamente blanco flocoso; olor y sabor inapreciables, no harinosos; esp. oblongo-fusiformes, 8-11(13) x 6,5-8(9) µ; basidios por lo general bispóricos. **Hábitat**: VIII-X; en bosques de coníferas, bajo píceas y pinos, en zonas musgosas; relativamente frecuente. **Nota**: es una especie típica del subgénero *Nolanea*, cuyos miembros presentan el sombrero esférico-campanulado, tonos por lo general oscuros y carne delgada. Esta especie es relativamente fácil de reconocer gracias a sus basidios bispóricos y la ausencia de fíbulas.

Entoloma pleopodium

Entoloma pleopodium (Bull.: Fr.) Noordel. Sin.: *E. icterinum*

Caracteres: Sombrero de 1-3 cm de ancho, amarillo limón, verde amarillento, con el centro oscuro, al secarse se blanquea, cónico-campanulado, de carne delgada, estrías translúcidas en el margen; láminas amarillento pálido, pronto con brillos rosas, distantes, sinuadas; pie más oscuro que el sombrero, amarillento pardusco, finamente flocoso; olor a caramelo de frutas (también a acetato de amilo); sabor inapreciable, no harinoso; esp. 8,5-11,5 (13,5) x 6-8,5 µ. **Hábitat:** VII-X; en bosques húmedos de coníferas y planifolios, zonas riparias, parques y jardines; disperso. **Nota:** Pertenece al subgénero *Nolanea*. Tiene un olor parecido a *Entoloma ameides*, especie de llamativos colores que pertenece al subgénero *Entoloma*. Confusiones: con olor a cuerno quemado: *Entoloma incanum* (ctro.).

Entoloma incanum

Entoloma incanum (Fr.) Hesler (Subgen. Leptonia)

Caracteres: Sombrero de 1-4 cm de ancho, amarillo pardusco, oliváceo o verde amarillento vivo, a menudo con llamativas fibras radiales y el centro más oscuro, ligeramente umbonado; láminas entre blanquecinas y verde amarillentas, pronto con brillos rosa, algo distantes, sinuadas; pie de amarillo vivo a amarillo verdoso, base a menudo azul verdosa y al mismo tiempo con tomento miceliar blanco; olor fuerte a cuerno quemado; esp. oblongo-fusiformes, 10-15 x 7,5-9 µ. **Hábitat:** VIII-X; prados, pastos, zonas herbosas de bosques, en especial sobre suelo calcáreo; disperso, localmente frecuente. **Nota:** A causa de su peculiar olor, esta especie es inconfundible. Pertenece al subgénero *Leptonia*, que incluye especies con el sombrero umbilicado, a menudo de colores vistosos, que nunca huelen a harina, pepino o pescado. El pigmento de la cutícula se halla en las vacuolas de las hifas. Confusiones: con olor afrutado: *Entoloma pleopodium* (arriba).

Entoloma catalaunicum RL 1

Entoloma catalunicum (Singer.) Noordel.

Caracteres: Sombrero de 1-3 cm de ancho, de rosa a color cárneo, joven con la zona marginal azulada, de carne delgada, forma primero convexa, luego umbilicada, cutícula finamente flocosa-escamosa (recuerda a *Laccaria*); láminas blanquecinas, luego crema o rosa, raras veces aristas levemente azuladas, adnatas; pie gris azulado, en especial en la mitad inferior, al envejecer se descolore, finamente pruinoso en toda su extensión; esp. oblongo-fusiformes, 9-11,5 x 7-8 µ; aristas con cistidios. **Hábitat:** VIII-IX; entre musgos en prados de montaña y pastos, preferentemente sobre suelo calizo, en piso subalpino o alpino; raro. **Nota:** Se puede encontrar sobre todo en zonas de alta montaña de Suiza y Austria.

Entoloma lazulinum

Entoloma lazulinum (Fr.) Noordel. Sin.: *E. calybaeum* var. *lazulinum*

Caracteres: Sombrero de 1-3 cm de ancho, de azul acero oscuro a azul negruzco, viejo marrón oscuro, de carne delgada, forma entre semiesférica y campanulada, cutícula finamente tomentosa, al madurar estrías translúcidas en el margen; láminas inmaduras con tono azulado, más tarde rosa-lila a causa de las esporas maduras, aristas del mismo color, a veces también parduscas, casi libres; pie del color del sombrero, superficie joven pruinosa, más tarde glabra; esp. oblongo-fusiformes, 9-11 x 6-7 µ; aristas con cistidios. **Hábitat**: VIII-X; en zonas musgosas-herbosas del bosque, prados o pastos, en especial en montañas, preferentemente sobre suelo calcáreo; relativamente raro. **Nota**: Entre otras especies parecidas es fácil de reconocer por sus láminas azuladas. Según algunas opiniones recientes, no se diferencia realmente de *Entoloma chalybaeum*, al cual se clasifica como una variedad del mismo género.

Entoloma euchroum

Entoloma euchroum (Pers.: Fr.) Donk

Caracteres: Sombrero de 1-2,5(4) cm de ancho, violeta, gris violeta, gris argénteo al descolorarse, cutícula de sedosa-fibrosa a escamosa, con brillo sedoso, margen sin estrías; láminas azul intenso o violeta, aristas de color aún más intenso y finamente aserradas, más o menos sinuadas; pie del color del sombrero, fibroso, con brillo sedoso, quebradizo; olor aromático, recuerda algo a la *Lepista* nuda; esp. oblongo-fusiformes, 9-11,5 x 6-7 µ. **Hábitat**: VIII-X; sobre tocones de planifolio en descomposición, con musgos, en especial de olmos, alisos, abedules o avellanos, por lo general aislados; disperso. **Nota**: Esta bella especie de *Entoloma* llama la atención porque el hábitat en que se halla es poco habitual entre género.

Entoloma lanicum

Entoloma lanicum (Romagn.) Noordel. (Subesp. *Eccilia*)

Caracteres: Sombrero de 1-2 cm de ancho, gris, gris pardusco, de carne delgada, centro infundibuliforme, umbilicado, cutícula joven apendiculada-tomentosa, margen sin estrías; láminas gris parduscas, más tarde con reflejos rosa, claramente decurrentes, parcialmente ahorquilladas; pie gris pardusco, a menudo apenas más largo que el diámetro del sombrero, pruinoso, con la base blanca tomentosa; olor y sabor ligeramente harinoso; esp. algo oblongo-fusiformes, 7,5-10 x 5,5-7 µ. **Hábitat**: VII-IX; en bosques de coníferas y planifolios, zonas ricas en musgo o sobre la tierra desnuda; relativamente raro. **Nota**: Esta especie es un miembro típico del subgénero *Eccilia*, las especies del cual se parecen a los géneros *Omphalina* y *Clitocybe*. Las láminas llegan claramente hasta el pie. **Confusiones**: Algo más grande, con olor más fuerte a harina: *Entoloma undatum*.

Género **Paxillus**
Fam. Paxillaceae

Sombrero de seco a glutinoso con margen involuto; láminas densas, decurrentes, anastomosadas; pie centrado o excéntrico, de glabro a aterciopelado; espp. ocre o pardo herrumbrosa; esp. elipsoidales, lisas, sin p. g.; tr. bilateral; saprotrófico o micorrizógeno.

Paxilo involuto

Paxillus involutus (Batsch: Fr.) Fr.
c. Paxil·la de marge involut, *e.* Orri-onddo hitzaile, *g.* Oregallacha dos castiñeiros, *in.* Involute paxillus

Caracteres: Sombrero de 4-8(15) cm de ancho, de ocre a color canela, joven umbonado, luego deprimido, margen ampliamente involuto, acanalado y tomentoso; láminas color ocre, con manchas pardas al presionarlas; pie algo más claro que el sombrero, glabro; olor y sabor aromático, ácido; espp. pardo herrumbrosa; esp. 7-10(12) x 5,5-7 µ. **Hábitat**: VII-X; en bosques de coníferas y planifolios, parques; muy frecuente; en micorriza con diversas especies de árbol. **Confusiones**: *Paxillus rubicundulus* (ctro.).
Tóxico; incluso cocido, puede provocar hemólisis y problemas renales; muy venenoso en crudo ya que contiene muscarina. Puede ser mortal especialmente en personas con órganos enfermos.

Paxilo rubicundulus

Paxillus rubicundulus P. D. Orton Sin.: *P. filamentosus*

Caracteres: Sombrero de 3-10 cm de ancho, ocre, por lo general la cutícula pronto se escinde en escamas radiales, margen involuto sólo de joven; láminas de amarillento a ocre, con manchas pardo herrumbrosas al presionarlas; pie amarillento, de cilíndrico a atenuado; espp. marrón; esp. 6-8 x 4-5 µ. **Hábitat**: VII-IX; bajo alisos, zonas húmedas, orillas de riachuelos; no raro; en micorriza con alisos negros. **Nota**: A veces se le ha confundido con *Paxillus involutus*. En caso de duda, sólo se distingue por el tamaño más pequeño de las esporas. **Confusiones**: *Paxillus involutus* (arriba).
Valor comestible desconocido, pero, V. *Paxillus involutus*.

Paxilo de pie negro

Paxillus atromentosus (Batsch: Fr.) Fr.
e. Orri-onddo hankaleltz, *g.* Alborelle de polainas, *in.* Darkdowny paxillus

Caracteres: Sombrero de 8-20 cm de ancho, de oliváceo a pardo herrumbroso, aterciopelado; láminas amarillentas, con manchas pardas al presionarlas; pie pardo aterciopelado, excéntrico; carne amarillenta, tenaz; olor ácido; maduro sabor amargo; espp. ocre pardusco; esp. 4,5-6 x 3,5-4 µ. **Hábitat**: VII-X; en tocones muertos de coníferas; saprotrófico (causa pudrición parda). **Nota**: Se reconoce fácilmente por el sombrero y el pie pardo aterciopelado.
Incomestible a causa de la carne tenaz y el gusto amargo.

Lepiota del Pirineo

Phaeolepiota aurea (Matt.: Fr.) Maire ex Konrad & Maubl. (Fam. Agaricaceae)

Caracteres: Sombrero de 5-15 cm de ancho, amarillo a leonado vivo, pardo dorado, ocre intenso, cutícula seca, reluciente a causa de los gránulos separables; láminas de color crema a amarillento ferruginoso, sinuadas; pie del color del sombrero, con anillo membranoso ascendente, totalmente granuloso, macizo; carne blanquecina amarillenta; espp. pardo ocráceas; esp. fusiformes-cuneadas, finamente verrucosas, 10-14 x 5-6 µ, sin p.g. (fig. 48); tr. regular. **Hábitat**: IX-XI; bosques claros, parques, cementerios, prados, entre ortigas, en grupo; de disperso a raro; saprotrófico. **Confusiones**: V. *Cystoderma* (p. 116).

Rocites arrugado

RL 3

Rozites caperatus (Pers.: Fr.) P. Karst. (Fam. Cortinariaceae)

Caracteres: Sombrero de 5-10 cm de ancho, amarillento paja, ocre, amarillo pardusco, a menudo punteado o arrugado, superficie joven con una cubierta blanquecino violeta; láminas de beige claro a amarillento ferruginoso, aristas dentadas, sinuadas; pie fibroso-agrietado, con anillo estrecho, acanalado por encima; espp. pardo herrumbrosa; esp. amigdaliformes, verrucosas, 10-13 x 7,5-8,5 µ, sin p. g. (fig. 49); tr. regular. **Hábitat**: VIII-X; en bosques de coníferas, en especial bajo pinos, sobre suelo ácido, a menudo entre brezo; frecuente; micorrizógeno.

Comestible; de buena calidad aunque a veces tiene gusanos.

Género **Cortinarius**
Fam. Cortinariaceae

C. fr. variable, divididos en diferentes subgéneros, siempre con velo a modo de cortina; sombrero de seco a mucilaginoso, higrófano o no; láminas sinuadas; pie de seco a mucilaginoso; espp. de ocre a pardo herrumbroso; esp. amigdaliformes o en forma de semilla de manzana, de finamente verrucosas a rugosas, sin p. g. (figs. 50-53); tr. regular; micorrizógeno.

Cortinario violáceo

RL 3

Cortinarius violaceus (L.: Fr.) Fr. Sin.: *C. hercynicus* (Subgen. *Cortinarius*)
in. Violet cortinarius

Caracteres: Sombrero de 4-15 cm de ancho, violeta oscuro, viejo casi pardo negruzco, cutícula seca, tomentoso-escamosa; láminas violeta, con las aristas flocosas (¡lupa!); pie violeta, con dibujos en zigzag en otro tono violeta, por lo general cilíndrico; olor a cedro (o a cenicero); esp. 12-15,5 x 7-9 µ; grandes cistidios llenos de contenido violeta. **Hábitat**: VIII-X; en bosques de coníferas o planifolios, sobre suelos de todo tipo; relativamente frecuente en zonas montañosas. **Nota**: Única especie de este subgénero. **Confusiones**: *Cortinarius traganus* (tóxico, p. 262).

Subgénero **Phlegmacium**

C. fr. compacto; sombreros mucilaginosos o glutinosos (raramente secos), no higrófanos; láminas color arcilla, amarillo, oliváceo, violeta o pardo herrumbroso; pie a menudo de bulbo periférico, seco, muchos con cortina doble (alrededor del bulbo y en el ápice del pie); las especies con carne amarillo vivo son tóxicas o sospechosas de serlo.

Cortinarius allutus

Cortinarius allutus Fr.

Caracteres: Sombrero de 4-8 cm de ancho, amarillo aleonado, pardo ocráceo, rojo pardusco, con el centro típicamente aplanado, margen a veces arrugado, cutícula joven sedoso-argéntea, por eso de aspecto pruinoso; láminas de color arcilla claro a pardo herrumbroso; pie pardusco claro, con bulbo blanquecino, de redondeado a periférico; carne blanquecina; olor ligeramente dulzón; esp. amigdaliformes, 8-9 x 4,5-5,5 µ. **Hábitat**: VIII-X; en bosques de coníferas, bajo pinos y píceas, sobre suelos ácidos; en especial en montañas; localmente no es raro. **Confusiones**: *Cortinarius multiformes*.

Cortinarius sebaceus

RL 3

Cortinarius sebaceus Fr.

Caracteres: Sombrero de 5-10 cm de ancho, de beige pardusco claro a ocre, a veces con manchas acuosas, margen recubierto por una efímera capa blanca, sedosa; láminas color arcilla; pie blanco, de cilíndrico a claviforme, apendiculado o fibroso por debajo de la zona de la cortina; carne blanquecina; esp. amigdaliformes, finamente punteadas, 7-8,5(10) x 3,5-4,5 µ. **Hábitat**: IX-X; sobre todo en bosques de coníferas, menos entre planifolios, prefiere suelos ácidos, crece en grupo o fascículos; raro (zona de los Alpes, sur de Alemania). **Confusiones**: *Cortinarius claricolor.*

Cortinarius fraudulosus

Cortinarius fraudulosus Britzelm.

Caracteres: Sombrero de 3-8 cm de ancho, de blanquecino a ocre claro, centro a veces con manchas parduscas, cutícula sólo levemente glutinosa, margen joven recubierto por el velo; láminas de blanquecino a ocre claro, gruesas, algo distantes; pie blanco, largo claviforme, con restos blancos del velo; carne pardusca o rojiza en las galerías hechas por gusanos; olor algo dulzón-mohoso; esp. amigdaliformes, toscamente rugosas, 12-14,5 x 6,5-8 µ. **Hábitat**: IX-X; en bosques de coníferas, en especial bajo píceas, sobre suelo calcáreo; no es raro (Tirol, sur de Alemania). **Nota**: Una variedad con las láminas densas se distingue como var. *tenuifolius*.

Cortinarius subvalidus

Cortinarius subvalidus Rob. Henry Sin.: *C. subtriumphans*

Caracteres: Sombrero de 5-10 cm de ancho, amarillento ferruginoso, amarillo leonado, pardusco, con flocos oscuros del velo, superficie sólo un poco glutinosa, margen joven con "barbas" colgantes del velo; láminas crema ocre claro, más tarde pardo herrumbrosas; pie con el fondo blanco, con varios cinturones pardo amarillentos, apendiculado-fibrosos del velo en la parte inferior, de cilíndrico a claviforme; carne blanquecina, compacta; esp. amigdaliformes, verrucosas, 10-12,5 x 5-6 μ. **Hábitat**: IX-X; en bosques de coníferas (de píceas), sobre suelo calcáreo, en grupo; localmente no es raro (zona de los Alpes, sur de Alemania). **Nota**: Pertenece a la sección *Triumphantes*, las especies de la cual se distinguen por tener el velo pardo amarillento, apendiculado. **Confusiones**: Bajo abedules: *Cortinarius triumphans*.

Cortinarius cephalixus RL 2

Cortinarius cephalixus Fr.

Caracteres: Sombrero de 3-8 cm de ancho, de amarillo pardusco a pardo oliváceo, de semiesférico a convexo aplanado, cutícula más o menos glutinosa, en condiciones secas, se escama y adopta un aspecto granuloso, margen sólo joven con "barbas" del velo; láminas primero ocre amarillento claro, más tarde ocre herrumbrosas; pie con el fondo blanquecino y dibujo ocre en zigzag, por lo general claviforme alargado; con la carne blanquecina; olor a gas al cortarlo (recuerda el olor de las *Stropharia*); esp. amigdaliformes, finamente verrucosas, 8,5-10,5 x 5,5-6,5 μ. **Hábitat**: IX-X; en bosques de coníferas o planifolios, sobre todo entre hayas, prefiere suelo calcáreo; relativamente raro. **Nota**: Para identificarlo es importante observar el color ocre del velo en el pie y la ausencia de tonos azules en las láminas.

Cortinarius balteatoalbus RL 3

Cortinarius balteatoalbus Rob. Henry

Caracteres: Sombrero de 4-10 cm de ancho, de ocre a pardo rojizo, margen blanco durante bastante tiempo, cutícula finamente fibroso-tomentosa, seca, recubierta por un ligero velo blanquecino; láminas blanquecinas, más tarde color arcilla; pie blanco, más tarde pardusco como el sombrero, claviforme o de bulbo periférico, de joven con velo blanco; carne blanquecina, se tiñe de amarillo al aplicar KOH; esp. amigdaliformes, verrucosas, 10-12 x 5-6 μ. **Hábitat**: IX-X; en bosques de coníferas o mixtos, bajo píceas y hayas, prefiere suelo calizo; raro. **Nota**: Pertenece a un grupo cuyos miembros no tienen el sombrero mucilaginoso, sino más bien seco. Se podría creer que se trata de una especie del subgénero *Sericeocybe*. La especie congénere *Cortinarius crassus* (p. 250) se puede distinguir porque presenta cistidios, ausentes en *C. balteatoalbus*.

Cortinarius crassus

Cortinarius crassus Fr. Sin.: *C. pseudocrassus*

Caracteres: Sombrero de 4-8 cm de ancho, de ocre canela claro a pardo rojizo, cutícula finamente tomentosa, mate, totalmente seca, sin restos visibles del velo; láminas primero blanquecinas, más tarde ocre o color arcilla, a menudo con las aristas más claras; pie blanquecino, claviforme, bulboso o romboidal, a menudo muy robusto, con leves restos de velo en el ápice; carne blanquecina, con KOH se tiñe de amarillo pardusco; esp. amigdaliformes, finamente punteadas, de aspecto casi liso, 7-9 x 4-5 μ; con queilocistidios. **Hábitat**: IX-X; en bosques de coníferas, bajo píceas, en especial sobre suelo calcáreo; disperso. **Nota**: Por su sombrero seco es un caso excepcional entre los *Cortinarius* de sombrero mucilaginoso. Se reconoce por las esporas casi lisas y los cistidios, por lo general ausentes en el género *Cortinarius*.

Cortinarius largiusculus

Cortinarius largiusculus Britzelm. Sin.: *C. variicolor*

Caracteres: Sombrero de 5-10(15) cm de ancho, de joven totalmente violeta durante poco tiempo, se descolore a partir del centro, pronto sólo le queda el margen violeta y al final es todo marrón, cutícula glutinosa, con fibras encarnadas; láminas violeta claro, más tarde pardo herrumbroso oscuro, muy densas; pie primero violeta, se vuelve marrón del ápice hacia abajo, largo y claviforme; carne blanquecina violeta, violeta en la zona marginal, marrón con zonas amarillas al aplicar KOH; olor intenso, a tierra o polvo de granero; esp. amigdaliformes, verrucosas, 9,5-12 x 5-7 μ. **Hábitat**: VIII-X; en bosques de coníferas, en especial bajo píceas, por lo general sobre superficies ácidas; localmente frecuente. **Nota**: Son característicos de esta especie el desagradable olor y la fugacidad de los tonos violetas. Por consiguiente, y dado que existen especies congéneres similares, la identificación es posible sólo con experiencia. Si sólo se tienen en cuenta los tonos violetas, es posible equivocarse. **Confusiones**: En bosques de coníferas: *Cortinarius nemorensis* (abajo).

Cortinarius nemorensis

Cortinarius nemorensis (Fr.) J. E. Lange

Caracteres: Sombrero de 5-12 cm de ancho, primero violeta suave, después se vuelve progresivamente avellana o pardo grisáceo, cutícula glutinosa; láminas inmaduras lila, maduras pardo herrumbroso; pie lila claro, muy joven cubierto por el velo lila y blanco, de cilíndrico a claviforme; carne blanquecina o violeta pálido, amarilla pardusca al aplicar KOH; olor leve a tierra; esp. amigdaliformes, verrucosas, 10-12 x 6-7 μ. **Hábitat**: VIII-X; en bosques de planifolios, bajo hayas y carpes, sobre suelo calcáreo; disperso tanto en montañas como en llanos. **Confusiones**: *Cortinarius largiusculus* (abajo).

Cortinarius varius

Cortinarius varius (Schaeff.: Fr.) Fr.

Caracteres: Sombrero de 4-10 cm de ancho, pardo amarillo, desde color pan hasta pardusco, cutícula glabra y lisa, en condiciones húmedas, glutinosa, con sólo el margen recubierto por el velo; láminas azul violeta durante bastante tiempo, manchadas de pardusco canela al madurar las esporas; pie blanco, de joven cubierto por el velo blanco, al envejecer se vuelve levemente marrón, delgado claviforme o engrosado hacia la base, como una cebolla; carne blanca; esp. amigdaliformes, verrucosas, 10-12 x 5-6 µ. **Hábitat**: VII-X; en bosques de coníferas y planifolios, exclusivamente sobre suelo calcáreo, crece en grandes grupos; localmente frecuente en la zona del Mediterráneo. **Nota**: Es una especie relativamente frecuente y fácil de reconocer. Conviene observar las láminas, violetas durante largo tiempo, así como el pie claviforme y la carne blanca. **Confusiones**: *Cortinarius cyanophyllus* (p. 254). Comestible; buena especie culinaria, frecuente y muy sencilla de indentificar.

Cortinarius infractus

Cortinarius infractus (Pers.: Fr.) Fr.

Caracteres: Sombrero de 3-8 cm de ancho, ocre oliváceo, gris verdoso, pardo oliváceo o negruzco, o también negro oliváceo, cutícula mucilaginosa, con la superficie entre marmórea y fibrosa; láminas inmaduras oliváceo negro, más tarde manchadas de pardo rojizo oscuro, algo distantes, con las aristas emarginadas; pie más claro que el sombrero, de blanquecino a pardo oliváceo, ápice con brillo azulado, velo de ocre a pardo oliváceo, forma de cilíndrica a bulbosa; carne blanquecina o color madera, gris claro u ocre, azulada en el ápice del pie; olor levemente rafanoide; sabor claramente amargo; esp. de amigdaliformes a romboidales, verrucosas, 7,5-9 x 5,5-7 µ. **Hábitat**: VIII-X; en bosques de coníferas o planifolios, bajo hayas, robles, píceas, sobre suelo calcáreo; localmente frecuente, ampliamente distribuido. **Nota**: Esta especie de colores variables destaca por los tonos apagados. Se han descrito más variedades, todas de sabor amargo.

Cortinarius subtortus

Cortinarius subtortus (Pers.: Fr.) Fr.

Caracteres: Sombrero de 2-6 cm de ancho, de amarillo a ocre pardusco, con salpicaduras de oliváceo, forma por lo general convexo-aplanada, cutícula glutinosa; láminas de ocre a pardusco oliváceo herrumbroso, con tonos oliva, a veces distantes; pie más claro que el sombrero, ápice con brillo azulado, con restos fugaces del velo ocre blanquecino claros, cilíndrico alargado; carne blanquecina; al madurar las láminas, olor a incienso; sabor más o menos amargo; esp. ampliamente elipsoidales, finamente verrucosas, 7,5-9 x 6-7 µ; pleurocistidios amarillentos. **Hábitat**: VIII-X; en bosques de coníferas, bajo píceas, sobre suelos húmedos y turberas; en algunos sitios relativamente frecuente.

Cortinarius dibaphus

Cortinarius dibaphus Fr.

Caracteres: Sombrero de 3-8 cm de ancho, lila o violeta sobre fondo ocre, cutícula glutinosa, seca, de aspecto mate; láminas ocres, inmaduras a veces con brillos lila, maduras color arcilla; pie violeta, con o sin bulbo periférico; carne blanquecina, azafranada en la base del pie, con KOH se tiñe de rosa o rojo; sabor amargo; esp. amigdaliformes, verrucosas, 13-15,5 x 6-8 µ; a menudo con pleurocistidios. **Hábitat**: IX-X; en bosques de coníferas o planifolios, bajo hayas y abetos, prefiere suelos calizos; raro. **Nota**: Existe una variedad que sólo crece entre planifolios: var. *nemorosus*. La foto procede de un bosque mixto con abetos. **Confusiones**: De sombrero seco: V. *Cortinarius alboviolaceus* (p. 264).

Cortinarius cyanophyllus

Cortinarius cyanophyllus Rob. Henry Sin.: *C. fulvoochrascens*

Caracteres: Sombrero de 4-8 cm de ancho, pardo ocráceo, con el margen beige más claro, cubierto por un velo ligero, a veces mezclado con tonos grises, cutícula mucilaginosa; láminas violeta intenso durante bastante tiempo; pie blanquecino violetáceo, pronto pardusco, macizo y bulboso; carne blanquecina, con tonos violetas en el ápice del pie, con KOH se tiñe de amarillo, de pardo rojizo en la cutícula; esp. amigdaliformes, verrucosas, 11-13 x 6-8 µ. **Hábitat**: IX-X; en bosques de coníferas y mixtos, sobre suelos calizos, en especial de montañas; raro. **Nota**: Pese a pertenecer a un subgrupo diferente (sec. *Calochroi*) que *Cortinarius varius*, presenta cierto parecido con él a causa de las láminas violetas. La confusión resulta inocua, pues ninguno de los dos es tóxico. **Confusiones**: *Cortinarius varius* (p. 252), *C. glaucopus* (abajo).

Cortinarius glaucopus

Cortinarius glaucopus (Schaeff.: Fr.) Fr.

Caracteres: Sombrero de 5-10 cm de ancho, de ocre a pardo rojizo, también con tonos amarillo oliváceos o verdosos, muy variable en lo que respecta al color, cutícula mucilaginosa, con fibras radiales marcadas; láminas inmaduras de azul a violeta, más tarde color arcilla o pardo rojizo; pie azulado claro, se decolora hacia latón amarillento, cortina blanquecina violeta, fugaz, base apenas bulbosa, con el reborde diferenciado; carne blanquecina en el sombrero, violeta claro hacia el ápice del pie, amarillenta en la base, se tiñe de marrón al aplicar KOH; esp. amigdaliformes, verrucosas, 7-8 x 4,5-5,5 µ. **Hábitat**: VIII-X; en bosques de coníferas, en especial bajo píceas, sobre suelo calcáreo y rocas de silicato, crece en filas y círculos; relativamente frecuente en el sur de Alemania y la zona de los Alpes. **Nota**: Especie variable, una de las más frecuentes de su grupo. La var. *acyaneus* no presenta tonos violetas. **Confusiones**: *Cortinarius cyanophyllus* (ctro.).

Cortinarius cumatilis

RL 3

Cortinarius cumatilis Fr.

Caracteres: Sombrero de 5-10 cm de ancho, azul, gris azulado o violetáceo, cutícula glutinosa, con la superficie argénteo fibrosa, salpicada de oscuro, margen joven cubierto por una cortina blanca; láminas de blanquecino a color arcilla (con tonos violeta: var. *haasii*); pie blanco, ribeteado por el velo violeta en la parte inferior, de cilíndrico a claviforme, base apenas bulbosa; carne blanquecina; esp. amigdaliformes, finamente rugosas, 10-12 x 5-6 µ. **Hábitat**: IX-X; en bosques de coníferas, bajo píceas y alerces (var. *haasii* en bosques de planifolios), sobre suelo calcáreo; raro. **Nota**: Está emparentado con *Cortinarius praestans*, buena especie culinaria, rara y de gran tamaño. Por desgracia, estas especies cada vez son más escasas y, por tanto, se deben proteger.

Comestible; buena especie culinaria, sabroso.

Cortinario púrpura

RL 3

Cortinarius purpurascens (Fr.) Fr.

e. Sare purpurakor *in.* Bruising webcap

Caracteres: Sombrero de 4-8(12) cm de ancho, de gris a pardo rojizo, zona del margen de un bello violeta cuando es joven o sombrero entero con tonos violetas, cutícula mucilaginosa, con manchas oscuras o fibras encarnadas; láminas color violeta intenso durante bastante tiempo, pardo rojizas al madurar; pie violeta, con la base bulbosa y con velo violeta cuando es joven; carne violeta, en especial en el ápice, al corte se tiñe paulatinamente de púrpura, de rojizo vino al aplicar solución de Lugol; esp. amigdaliformes, rugosas, 8-11 x 4,5-5,5 µ. **Hábitat**: IX-XI; en bosques de coníferas y planifolios, bajo píceas o hayas, sobre suelos calizos o ácidos; en montañas localmente frecuente, raro en llanos. **Nota**: Los ejemplares que crecen en hayedos de suelo calcáreo (V. fotografía) se clasifican como var. *largusoides*. La variante principal crece bajo píceas sobre suelo ácido.

Cortinarius occidentalis

Cortinarius occidentalis A. H. Sm. Var. *obscurus* M. M. Moser

Caracteres: Sombrero de 3-6 cm de ancho, joven totalmente violeta oscuro, pronto púrpura oscuro en el centro, el margen permanece violeta más tiempo, a veces separado por una especie de dobladillo (restos del velo), cutícula glutinosa; láminas violeta; pie violeta con cortina violeta y base un tanto bulbosa; carne violeta pálida, que puede virar a púrpura muy lentamente, vinoso al aplicar solución de Lugol; esp. amigdaliformes, verrucosas, 7-10 x 4-5 µ. **Hábitat**: IX-X; en bosques de coníferas, bajo píceas, sobre suelo calizo; raro. **Nota**: Esta especie puede considerarse también una variedad de *Cortinarius purpurascens*, que crece sobre suelo calcáreo.

Cortinario amarillo

Cortinarius percomis Fr.

Caracteres: Sombrero de 3-6(8) cm de ancho, de color cromo o limón a beige, forma por lo general semiesférica, cutícula glutinosa, por lo general lisa y glabra; láminas inmaduras limón o amarillo oliváceo; pie amarillo, cubierto por el velo amarillento claro, cilíndrico; carne amarilla; olor intenso, aromático, recuerda a la mejorana, pero es algo más penetrante; esp. amigdaliformes, verrucosas, 10-12 x 5-6 µ. **Hábitat**: IX-X; en bosques de coníferas y mixtos, en especial bajo píceas, sobre suelos calizos; frecuente en algunos lugares. **Nota**: Los colores amarillentos, el pie alargado sin base bulbosa y, sobre todo, el olor aromático-penetrante, caracterizan bien a esta especie. **Confusiones**: *Cortinarius russeus* (ctro.).
Comestible; pero por su olor intenso, que no desaparece del todo al cocinarlo, se recomienda usarlo en pequeñas cantidades.

Cortinarius russeus

Cortinarius russeus Rob. Henry Sin.: *C. russeoides*

Caracteres: Sombrero de 3-6 cm de ancho, de cobre a rojizo teja, con el margen amarillo cromo, cutícula glutinosa, a menudo con escamas aplicadas; láminas primero color limón, más tarde amarillento ferruginoso; pie de amarillo a pardusco amarillento, cilíndrico-claviforme, con cinturones finos procedentes de la cortina; carne amarillo azufre, pardusca en la base; olor desagradable, especialmente al secarse, recuerda un poco al de *C. percomis*, pero mucho más intenso y penetrante; esp. amigdaliformes, verrucosas, 11-13(15) x 6-7(8) µ. **Hábitat**: IX-X; en bosques de coníferas, en especial bajo píceas, sobre suelo calizo; raro. **Nota**: A pesar del parentesco, se diferencia de *C. percomis* por el sombrero más rojizo, el olor más fuerte y el pie más ornamentado. **Confusiones**: *Cortinarius percomis* (arriba).

Cortinario perfumado

Cortinarius odorifer Britzelm.

Caracteres: Sombrero de 4-10 cm de ancho, rosa anaranjado, rojizo cobre o naranja amarillento, a menudo con el margen más claro, colores muy variables, cutícula mucilaginosa, lisa y glabra; láminas color limón o cromo, amarillo verdoso, maduras oliváceo herrumbroso; pie amarillento, oscurece, con la base bulbosa, cortina amarillento claro; carne entre amarillo azufre y limón, con KOH se tiñe de rojo azulado; olor intenso a anís, algo penetrante; esp. amigdaliformes, con verrugas bastante toscas, 10-13 x 6-7,5 µ. **Hábitat**: IX-X; en bosques de coníferas, bajo píceas, sobre suelos calcáreos o dolomíticos, sobre todo en montañas; localmente bastante frecuente. **Nota**: El olor de esta especie de colores variables es inconfundible. **Confusiones**: Sin olor a anís: *Cortinarius aurantioturbinatus* (p. 260).

Cortinarius aurantioturbinatus RL 3

Cortinarius aurantioturbinatus J. E. Lange
Sin.: *C. auroturbinatus*

Caracteres: Sombrero de 6-10 cm de ancho, de joven completamente cromo o dorado, pronto desde el centro se vuelve naranja o pardusco, cutícula mucilaginosa, lisa y glabra; láminas color limón a amarillo oliváceo, al madurar de amarillento a pardo herrumbroso; pie de limón a verde amarillento, con la base bulbosa, de joven con cortina densa, amarillenta o verdosa; carne blanquecina, verde amarillenta en la zona anular, pardo rojiza al aplicar KOH; olor agradable, aromático, parecido al eneldo seco; esp. amigdaliformes o como semillas de limón, con verrugas bastante toscas, 12,5-16 x 7,5-9 µ. **Hábitat**: IX-X; en bosques de planifolios, en especial bajo hayas, sobre suelo calcáreo; raro pero crece tanto en montañas como en llanos. **Confusiones**: *Cortinarius odorifer* (p. 258), *C. vitellinus* (presuntamente tóxico, abajo).

Cortinarius pseudosulphureus

Cortinarius pseudosulphureus Rob. Henry ex P. D. Orton

Caracteres: Sombrero de 4-8 cm de ancho, verde amarillo, verdoso pardusco, negro oliváceo al presionarlo, con manchas oscuras que parecen escamas, margen más amarillento, cutícula glutinosa; láminas jóvenes verde amarillento, más tarde amarillento pardo herrumbroso; pie de color cromo a amarillo verde, base bulbosa, cortina amarillenta; carne amarilla; (según algunos libros) olor a pan acabado de hornear o inapreciable; esp. amigdaliformes o como semillas de limón, verrucosas, 8-10 x 5-6 µ. **Hábitat**: VIII-X; en bosques de planifolios, bajo hayas (*Fagus sylvaticus*), sobre suelo calizo; relativamente raro, pero también crece en llanos. **Nota**: Esta especie se parece al popular *Tricholoma ecuestre* por el colorido verde amarillo.

Cortinarius vitellinus

Cortinarius vitellinus M. M. Moser
Sin.: *C. splendens* var. *meinhardii*

Caracteres: Sombrero de 4-8 cm de ancho, de color azufre vivo a cromo, con el centro pardo rojizo oscuro o color zorro, zona apical cubierta de finas escamas aplicadas, cutícula glutinosa; láminas color cromo, más tarde amarillo herrumbroso; pie color cromo, base bulbosa, con cortina amarilla; carne color limón o azufre, uniforme, pardo rojizo oscuro al aplicar KOH; olor algo intenso; esp. amigdaliformes o como semillas de limón, verrucosas, 10-11,5 x 5-6 µ. **Hábitat**: IX-X; en bosques de coníferas, bajo píceas, en especial sobre suelo calcáreo; disperso en la zona del Mediterráneo. **Nota**: A veces el tóxico *Cortinarius splendens* es muy parecido, pero crece en bosques de planifolios. Al parecer, los contenidos no son equiparables (la carne en éste vira a pardo oliváceo con KOH). Hasta la fecha no se conocen graves intoxicaciones causadas por *C. vitellinus*. Presuntamente tóxico. **Confusiones**: *Cortinarius elegantior* (p. 262).

Cortinarius elegantior

RL 3

Cortinarius elegantior Fr.

Caracteres: Sombrero de 5-15 cm de ancho, color paja, cromo o dorado, con fibras parduscas, cutícula glutinosa; láminas amarillo paja, maduras pardo herrumbroso; pie color limón, base bulbosa, cortina amarillenta; carne amarillento claro, blanquecina en el interior, rosa cárneo al aplicar KOH; esp. citriformes, con verrugas bastante toscas, 12,5-17 x 7,5-9 µ. **Hábitat**: IX-X; en bosques de coníferas o planifolios, sobre suelo calcáreo; localmente no es raro. **Nota**: Se debe observar atentamente la carne amarillo claro. Las especies con carne de un amarillo vivo pueden resultar venenosas. **Confusiones**: *Cortinarius vitellinus* (tóxico, p. 260), *C. splendens* (tóxico).

Subgénero **Sericeocybe**

C. fr. por lo general compacto; sombrero seco, joven levemente glutinoso, a veces brillante o sedoso, raramente escamoso, no higrófano; láminas con o sin tonos violetas; pie de cilíndrico a claviforme, nunca con borde marcado, seco.

Cortinarius traganus

Cortinarius traganus (Fr.: Fr.) Fr.

Caracteres: Sombrero de 4-10 cm de ancho, joven de lila a violeta, al envejecer se aclara, gris amarillento, de carne densa, cutícula con brillo sedoso; láminas primero ocre claro, más tarde pardo herrumbroso; pie del color del sombrero, joven con un gran velo lila claro, claviforme-bulboso; carne color azafrán; olor desagradable, como de acetileno, raramente afrutado (var. *odoratus, finitimus*); esp. amigdaliformes, verrucosas, 8-10 x 5-6 µ. **Hábitat**: VIII-XI; en bosques ácidos de píceas; localmente frecuente (zona Mediterránea). **Confusiones**: *Cortinarius camphoratus* (abajo).

Tóxico; tras un tiempo de latencia de 1/2-3 horas, causa náuseas y vómitos.

Cortinarius camphoratus

Cortinarius camphoratus (Fr.) Fr.

Caracteres: Sombrero de 4-8 cm de ancho, de lila claro u oscuro a violeta, al envejecer ocre pardusco en el centro, pero casi nunca totalmente decolorado; láminas jóvenes violetas, maduras pardo herrumbroso, con algunos reflejos lilas; pie lila, con restos fibrosos del velo o dibujos en el mismo color, forma generalmente cilíndrica; carne violeta, descolorida; olor repelente, dulzón, recuerda a cabra o a patatas podridas; esp. amigdaliformes, verrucosas, 8-11 x 5-6 µ. **Hábitat**: IX-XI; en bosques de coníferas o de planifolios, sobre suelo calcáreo; localmente frecuente. **Confusiones**: *Cortinarius tragans* (tóxico, ctro.).

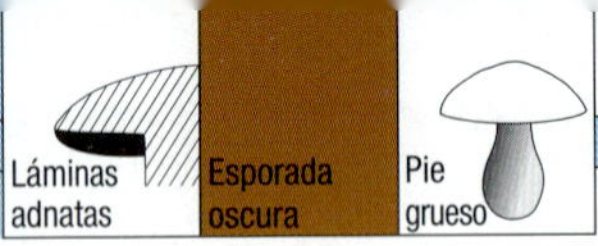

Cortinario blancovioláceo

Cortinarius alboviolaceus (Pers.: Fr.) Fr.

e. Sare zuri-ubel

Caracteres: Sombrero de 3-7 cm de ancho, joven violeta muy claro, se decolora a blanquecino con tonos violetas y finalmente ocre pálido, en condiciones húmedas, cutícula ligeramente glutinosa, con fibras sedosas a menudo radiales en torno a la zona apical umbonada; láminas jóvenes gris lila claro, pronto color canela o pardo herrumbroso; pie del color del sombrero, por lo general con una zona armiloide, en la zona de la base como enfundado en una media, velo blanquecino violeta, forma desde cilíndrica hasta delgada-claviforme; carne lilacina pálida; esp. amigdaliformes, verrucosas, 7,5-10 x 4,5-6 μ. **Hábitat**: VIII-X; en bosques de planifolios o mixtos, bajo robles, hayas, abedules, sin necesidad de un tipo específico de suelo; relativamente frecuente. **Confusiones**: *Cortinarius violaceocinereus* (ctro.), con esporas redondas: *C. anomalus* (abajo).

Cortinarius violaceocinereus

Cortinarius violaceocinereus (Pers.: Fr.) Fr.

Caracteres: Sombrero de 3-6(8) cm de ancho, joven violáceo, pronto se decolora a gris beige o gris ocre, umbón pronunciado en el centro; láminas primero azul violáceo, más tarde pardo herrumbroso; pie violeta, pronto ocre pardusco, delgado cilíndrico, de base gruesa, bulbo periférico, fibroso, cubierto por un ligero velo blanquecino en la parte inferior; carne violeta pálido en el pie, pronto descolorida; olor levemente rafanoide; esp. elipsoidales-amigdaliformes, verrucosas, 10-13 x 7-8 μ. **Hábitat**: IX-X; bosques de planifolios o coníferas, en especial, bajo píceas, crece en grupo; raro. **Nota**: Esta especie tiene las esporas relativamente más grandes que algunos de sus congéneres, por consiguiente, una identificación exacta es sólo posible con la ayuda del microscopio. **Confusiones**: *Cortinarius anomalus* (abajo).

Cortinarius anomalus

Cortinarius anomalus (Fr.: Fr.) Fr.

Caracteres: Sombrero de 3-8 cm de ancho, de gris violeta a violeta pardusco, cuanto más viejo es el ejemplar, menos violeta contiene, cutícula brillante o sedosa, también con leves arrugas concéntricas; láminas jóvenes lila violáceo, después pardo herrumbroso; pie violáceo, sobre todo en la parte superior, ocre pardusco hacia abajo, con zonas ocres procedentes del velo, apenas visibles; carne joven violácea, vieja casi blanquecina; esp. redondeadas, verrucosas, 7,5-9 x 6-7 μ. **Hábitat**: VIII-X; en bosques de planifolios y coníferas, bajo abedules, hayas, píceas, sobre suelos muy ácidos; relativamente frecuente. **Nota**: Los ejemplares que presentan tonos puramente violetas en el sombrero y pie, así como velo violeta, se denominan var. *azureus*. Algunos casi sin violeta como var. *diabolicus*. Algunos autores incluso los consideran especies diferenciadas. *C. anomalus* es la especie arquetípica de la sección *Anomali*, cuyos miembros tienen las esporas redondas.

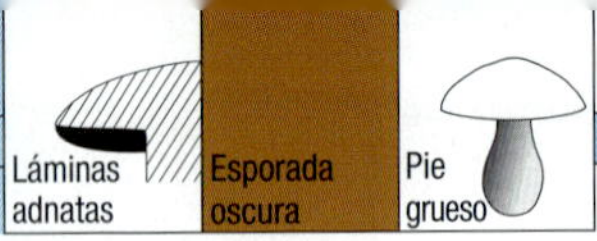

Cortinarius caninus

Cortinarius caninus (Fr.) Fr.

Caracteres: Sombrero de 3-9 cm de ancho, de ocre a pardusco rojizo, joven también con tonos grises, forma siempre entre semiesférica y convexa-aplanada, cutícula algo veteada, margen involuto, borde con los restos del velo en forma de pespunte; láminas jóvenes con brillos lilas, después pardo herrumbrosas, sinuadas; pie de blanquecino a ocre claro, con brillos levemente lila en el ápice, cilíndrico-claviforme delgado, con una delgada franja transversal pardusca procedente del velo; carne blanquecina, sólo en el ápice del pie; esp. redondeadas, verrucosas, 7-9 x 6-7,5 µ. **Hábitat**: IX-XI; en bosques de coníferas, preferentemente bajo píceas, sobre suelo calcáreo; disperso. **Nota**: *Cortinarius caninus* es un pariente muy cercano de *C. anomalus*. Algunos autores incluso lo consideran una mera variedad de aquel. **Confusiones**: *Cortinarius anomalus* (p. 264).

Cortinarius decoloratus

Cortinarius decoloratus (Fr.: Fr.) Fr.

Caracteres: Sombrero de 4-8 cm de ancho, de beige claro a ocre, cutícula claramente glutinosa en condiciones húmedas (excepcional en este grupo), pronto se seca, superficie veteada en oscuro, margen con algunos restos del velo; láminas primero color café con leche, después pardo herrumbrosas, eventualmente inmaduras con reflejos lila, aristas algo emarginadas; pie blanquecino, cilíndrico, a menudo arqueado, con restos del velo del mismo color u ocráceos; carne blanquecina, levemente lila en el ápice; esp. de redondeadas a ampliamente elipsoidales, verrucosas, 7,5-9(11) x 6,5-7(8) µ. **Hábitat**: VIII-X; en bosques de planifolios o mixtos, bajo hayas, carpes, abedules, sobre suelo calcáreo; raro. **Nota**: A causa del sombrero glutinoso se podría pensar que pertenece a otro grupo. Los colores recuerdan asimismo al género *Hebeloma*. **Confusiones**: *Cortinarius caninus* (arriba).

Cortinarius ochrophyllus

Cortinarius ochrophyllus Fr.

Caracteres: Sombrero de 2-5 cm de ancho, gris pardusco argénteo, amarillo pardusco, hemisférico-campanulado, de carne relativamente delgada, superficie mate, casi sedoso-fibrosa, margen con algunos restos de la cortina; láminas ocres ya de jóvenes, después pardo herrumbrosas, relativamente distantes, con las aristas emarginadas; pie del color del sombrero, con la zona del velo ocre amarillenta, apenas visible, relativamente fina; carne blanquecino sucio, sin lila ni violeta; esp. de redondeadas a ampliamente elipsoidales, verrucosas, 6,5-8 x 5-6 µ. **Hábitat**: IX-X; en bosques de coníferas, bajo píceas y abedules dispersos, sobre suelo ácido, crece en grupo; raro. **Nota**: La constitución delgada de esta especie recuerda al subgénero *Telamonia*, hecho que dificulta mucho su identificación.

Cortinarius spilomeus

Cortinarius spilomeus (Fr.: Fr.) Fr.

Caracteres: Sombrero de 2-4 cm de ancho, de violeta claro, ocre a pardo rojizo, joven con escamas aplicadas pardo rojizas, a veces ausentes, de carne delgada, cutícula sedosa-brillante; láminas jóvenes violetas, después pardo rojizas, distantes; pie violeta pálido en la parte superior, hacia abajo ocre pardusco, con algunas escamitas de rojo a cobrizo; carne de ocre a pardusca, violácea sólo en el ápice del pie; esp. de redondeadas a elipsoidales, finamente verrucosas, 6,5-8(10) x 6,5-7,5 µ. **Hábitat**: IX-X; en bosques de planifolios o coníferas, bajo abedules, píceas y pinos; relativamente raro, localmente distribuido. **Nota**: La constitución delgada y grácil no parece corresponder a los caracteres de su subgénero. Se reconoce por las típicas escamitas del pie.

Cortinarius pholideus

RL 3

Cortinarius pholideus (Fr.: Fr.) Fr.

Caracteres: Sombrero de 3-10 cm de ancho, de ocre a marrón, con algo de oliváceo, de carne relativamente delgada, convexo o provisto de un pequeño umbón, superficie con finas escamitas oscuras, aplicadas; láminas con tonos violetas durante bastante tiempo, viejas pardo herrumbroso oscuro; pie joven más claro que el sombrero, más tarde del mismo color, con el ápice violeta, casi anillado por el velo y por debajo escamoso o con dibujos en zigzag; carne ocre pardusca clara, violeta en el ápice del pie y en las láminas; esp. redondeadas, verrucosas, 6,5-8 x 5-6 µ. **Hábitat**: IX-XI; en lugares húmedos, bajo abedules, frecuente en turberas con *esfagno*, sobre suelo ácido; disperso. **Nota**: A causa de su aspecto, constituye una excepción dentro de su subgénero.

Cortinarius urbicus

Cortinarius urbicus Fr. sensu J. E. Lange

Caracteres: Sombrero de 3-6 cm de ancho, de tonos arcilla más claros u oscuros, a menudo con manchas irregulares marrón oscuro, con margen hirsuto, colgante, más claro, formado por restos sedosos del velo (sobre todo cuando es joven), centro umbonado; láminas pardo herrumbroso, sin tonos violeta; pie blanquecino, con algunos tonos lilas en la parte superior, cubierto por una gruesa capa de velo blanco, cilíndrico delgado; carne color blanquecino sucio, levemente lila en el ápice del pie; esp. elipsoidales, verrucosas, 7-8,5 x 4,5-5 µ. **Hábitat**: VII-X; fuera del bosque, entre matorrales en prados, a menudo en la ciudad (*urbicus* significa que pertenece a la ciudad), en fascículos abundantes; raro. **Nota**: En el pasado esta especie se denominaba *Telamonia urbica*, pues se parece a algunas especies del subgénero *Telamonia*. Sin embargo, su sombrero no es higrófano, ni se tiñe de oscuro al aplicar KOH, como es habitual en ese subgénero. Un rasgo identificativo es el hábitat en prados.

Subgénero **Leprocybe**

Sombrero a menudo colorido, oliváceo, verdoso, amarillento, pardo anaranjado, de cutícula seca, tomentoso, escamoso o liso, por lo general no higrófano; láminas sin tonos violetas; pie relativamente delgado, seco; la carne se tiñe de pardo negruzco al aplicar KOH; algunos pigmentos son fluorescentes bajo rayos UV; algunas especies son mortales, muchas tóxicas.

Cortinarius bolaris RL 3

Cortinarius bolaris (Pers.: Fr.) Fr.

Caracteres: Sombrero de 2-5 cm de ancho, con escamas aplicadas rojizas sobre fondo blanquecino, amarillea al presionarlo; láminas jóvenes ocre claro, maduras color canela; pie cubierto de escamas rojizas; carne blanquecina, amarillea; sabor algo rafanoide; esp. de redondeadas a ampliamente elipsoidales, verrucosas, 5,5-7,5 x 4,5-6 µ. **Hábitat**: IX-X; en bosques de planifolios o mixtos, en especial bajo hayas, también cuando éstas están dispersas entre coníferas; no es raro. **Nota**: Esta especie es muy llamativa por las escamas rojizas. Los ejemplares viejos a menudo son totalmente pardo rojizos.

Cortinarius limonius RL 3

Cortinarius limonius (Fr.: Fr.) Fr.

Caracteres: Sombrero de 2-8 cm de ancho, amarillo cromo o limón, centro más oscuro, al secarse se decolora (levemente higrófano), glabro, margen joven cubierto por velo amarillento y fugaz; láminas primero amarillas, más tarde pardo herrumbrosas; pie pronto color canela, joven cubierto por velo amarillento, pero sin cenefas; carne amarillenta, más oscura en la base del pie; esp. redondeado-elipsoidales, finamente verrucosas, 7-8 x 5,5-6,5 µ. **Hábitat**: IX-X; en bosques de coníferas, suelos musgosos entre píceas; relativamente raro. **Confusiones**: *Cortinarius callisteus* (abajo).

Supuestamente tóxico por su parentesco con especies también tóxicas.

Cortinarius callisteus

Cortinarius callisteus (Fr.: Fr.) Fr.

Caracteres: Sombrero de 3-8(10) cm de ancho, de naranja a amarillo cromo, con finas escamas oscuras; láminas amarillo anaranjadas, después pardo herrumbrosas; pie pardusco amarillo, con zona armiloide amarillenta, viejo algo fibroso-rasgado; carne naranja amarillenta; olor fuerte, parecido a aceite de engrasar, exactamente igual que en los *Panaeolus*; esp. redondeadas-elipsoidales, verrucosas, 7-8(9) x 6-7(8) µ. **Hábitat**: IX-X; en bosques de coníferas o mixtos, en especial bajo píceas; raro. **Confusiones**: *Cortinarius limonius* (ctro.).

Supuestamente tóxico, V. ctro.

Cortinarius gentilis

Cortinarius gentilis (Fr.: Fr.) Fr.

Caracteres: Sombrero de 1-4 cm de ancho, en ambiente húmedo pardo rojizo claro, amarillo pardusco, con el borde dorado, higrófano, seco amarillo dorado, de carne delgada, a menudo umbonado, cutícula crustácea en el margen; láminas de amarillo anaranjadas a pardo herrumbrosas, distantes; pie pardusco canela, con varios cinturones procedentes del velo o dibujado en zigzag, delgado, cilíndrico; carne amarillenta; olor levemente rafanoide; esp. elipsoidales, verrucosas, 7,5-9 x 5,5-6,5 µ. **Hábitat**: IX-X; en bosques de coníferas, bajo píceas, sobre suelos ácidos, musgosos, en grupo; disperso. **Nota**: A causa de su condición higrófana y de la carne delgada, se podría confundir con una especie del subgénero *Telamonia*.

Supuestamente tóxico. En el pasado se consideró erróneamente que contenia orellanina (V. *Cortinarius orellanus*, ctro.).

Cortinario de montaña

RL 3 †

Cortinarius orellanus (Fr.) Fr.

c. Cortinari rutilant, *g.* Cortinaire cor de Urucueiro, *in.* Orange-headed mushroom

Caracteres: Sombrero de 3-8 cm de ancho, naranja pardusco, color zorro o pardo rojizo oscuro, cutícula finamente tomentoso-fibrosa, a veces aterciopelada, centro por lo general umbonado; láminas jóvenes naranja amarillentas, más tarde pardo herrumbrosas, gruesas y algo distantes; pie amarillento, cilíndrico, con la base atenuada, glabra o ligeramente fibrosa, con algunas motas del velo sólo de muy joven; carne amarillenta clara; olor levemente rafanoide; esp. elipsoidales-amigdaliformes, verrucosas, 9-12 x 5,5-7 µ. **Hábitat**: VIII-X; en bosques de planifolios, en especial bajo robles, en zonas cálidas; raro, algunos años frecuente. **Confusiones**: *Cortinarius rubellus* (mortal, abajo).

† Mortal; contiene orellanina, que ataca al hígado y a los riñones. Con un tiempo de latencia de 2-3 días, algunos casos graves pueden resultar mortales. Los casos leves (latencia de hasta 17 días) tienen una recuperación rápida.

Cortinarius rubellus

†

Cortinarius rubellus Cooke
Sin.: *C. speciosissimus, C. orellanoides*

Caracteres: Sombrero de 3-8 cm de ancho, naranja parduco, herrumbroso, naranja canela o color zorro, de carne delgada, centro con umbón afilado o emarginado, cutícula mate, finamente tomentosa o crustácea; láminas de canela a pardo herrumbrosas, distantes, gruesas; pie del color del sombrero, con dibujos amarillos en zigzag, restos del velo, de cilíndrico a claviforme-delgado; carne amarillenta, más pardo herrumbrosa en el pie; olor rafanoide al cortarlo; esp. redondeado-elipsoidales, verrucosas, 8,5-11,5 x 6,5-9 µ. **Hábitat**: VIII-X; en bosques de coníferas, en especial bajo píceas, sobre suelos ácidos, igual que entre *esfagno*, en grupo; localmente frecuente. **Confusiones**: *Cortinarius orellanus* (mortal, ctro.).

† Mortal, V. ctro.

Cortinarius melanotus

Cortinarius melanotus Kalchbr.

Caracteres: Sombrero de 2-5 cm de ancho, de amarillo oliváceo a verde oliváceo oscuro, con finas escamas más oscuras, semiesférico o convexo; láminas oliváceas, más tarde canela oliváceas; pie amarillento, con una clara zona armiloide de la cortina y fibras oscuras por debajo; carne amarilla verdosa; olor rafanoide al cortarlo; esp. redondeado-amigdaliformes, verrucosas, 6-8 x 4,5-5,5 µ. **Hábitat**: IX-X; en bosques de planifolios o mixtos, bajo hayas, píceas, sobre suelos calizos; raro. **Confusiones**: *Cortinarius venetus* (ctro.).

Cortinarius venetus

Cortinarius venetus (Fr.: Fr.) Fr. var. *montanus* M. M. Moser

Caracteres: Sombrero de 2-6 cm de ancho, de amarillo oliváceo a verde oliváceo oscuro, al envejecer pierde el tono oliváceo, cutícula uniformemente mate o tomentosa; láminas amarillo oliváceas, maduras canela oliváceas; pie amarillo oliváceo, bastante uniforme, de joven con restos amarillos del velo, muy fugaces, pero sin zona armiloide de la cortina, ni dibujo en zigzag, delgado-cilíndrico o claviforme; carne amarillenta verdosa; olor levemente rafanoide; esp. redondeadas, verrucosas, 6-8 x 5-6 µ; por lo general con queilocistidios. **Hábitat**: VIII-X; en bosques de píceas en piso montano, en especial sobre suelos calcáreos, crece en grupo; localmente frecuente (en el Tirol). **Nota**: La var. *venetus*, menos habitual, crece en hayedos y tiene un olor rafanoide más fuerte. **Confusiones**: *Cortinarius melanotus* (arriba).

Subgénero **Myxacium**

C. fr. delgado, sin excepción; sombrero y pie mucilaginosos; láminas a veces con tonos violetas; ninguna especie es tóxica pero algunas son amargas.

Cortinarius muscigenus

Cortinarius muscigenus Peck Sin.: *C. collinitus*

Caracteres: Sombrero de 3-8 cm de ancho, de ocre a pardo rojizo, joven también casi pardo oliváceo; láminas al principio violáceas, después pardo herrumbrosas; pie violáceo azulado, por debajo de la zona pardusca de la cortina cubierto por mucosidad azulada, más tarde con clapas de mucosidad, base atenuada; carne violácea en el ápice, pardusca en la zona inferior del pie; esp. amigdaliformes, verrucosas, 13-16 x 7-9 µ. **Hábitat**: VIII-X; en bosques de coníferas, bajo píceas, sobre suelos ácidos, ricos en musgo; frecuente. **Confusiones**: *Cortinarius mucosus* (p. 276).

Cortinario viscoso

RL 3

Cortinarius mucosus (Bull.: Fr.) Fr.
in. Slimy cortinarius

Caracteres: Sombrero de 3-8 cm de ancho, ocre, dorado o pardo anaranjado, a veces castaño, la cutícula recuerda a veces a pan horneado; láminas jóvenes ocráceas, después canela herrumbrosas; pie cubierto de una capa viscosa, cilíndrico o atenuado; carne blanquecina, pronto pardusca en la parte inferior del pie; esp. amigdaliformes alargadas, verrucosas, 10-14 x 5,5-7 µ. **Hábitat**: VIII-X; en bosques de coníferas, en especial sobre suelos arenosos de pinares, a veces en masa; localmente frecuente. **Confusiones**: *Cortinarius muscigenus* (p. 274), *C. vibratilis* (incomestible, p. 278).
Comestible; sabroso, relativamente fácil de reconocer (por el sombrero y pie viscosos); bueno para mezclar con otras especies.

Cortinarius trivialis

Cortinarius trivialis J. E. Lange

Caracteres: Sombrero de 3-10 cm de ancho, amarillo oliváceo, pardusco ocre, pardo rojizo, más claro en la zona marginal; láminas jóvenes violáceas, después de ocre a pardo herrumbrosas; pie entre ocre amarillento y pardo rojizo, dibujado por viscosidad incolora por debajo de la zona de la cortina o con bandas de la misma; carne en el sombrero blanquecina, en el ápice del pie azulada y marrón hacia la base; esp. amigdaliformes, verrucosas, 10-15 x 7-8 µ. **Hábitat**: VIII-X; en bosques de planifolios o mixtos, en especial bajo hayas, abedules, álamos temblones, sobre suelos calcáreos; no es frecuente pero sí está distribuido. **Nota**: A causa de su variabilidad esta especie se clasifica en diversas variedades. **Confusiones**: *Cortinarius mucosus* (arriba).
Valor comestible desconocido; puesto que tiene sabor suave, presuntamente comestible. Según algunos es incomestible.

Cortinarius mucifluus

Cortinarius mucifluus Fr.

Caracteres: Sombrero de 3-7 cm de ancho, de cárneo o rojo a pardo oliváceo, más claro en la zona marginal, con estrías translúcidas o arrugado, en condiciones húmedas, cutícula muy mucilaginosa; láminas de ocre a pardo herrumbrosas; pie blanco, por debajo alguna vez azulado, a veces radicante; carne blanquecina, de joven a veces azulada en el ápice; esp. amigdaliformes, verrucosas, 11-14 (16) x 6,5-8(9) µ; queilocistidios vejigosos; hifas sin fíbulas. **Hábitat**: IX-X; en bosques de coníferas, bajo píceas o pinos; muy raro (encontrado en Harz y Bornholm por el autor). **Nota**: La especie pertenece a un grupo de *Myxacium* (sección *Defibulati*), cuyas hifas están desprovistas de fíbulas. La mayoría de especies del subgénero *Myxacium* y un considerable número de géneros de agaricales tienen fíbulas. **Confusiones**: *Cortinarius mucosus* (arriba).
Valor comestible desconocido, presuntamente comestible.

Cortinarius epipoleus

Cortinarius epipoleus Fr. Sin.: *C. salor* var. *transiens*

Caracteres: Sombrero de 2-5 cm de ancho, joven violáceo claro, pronto se decolora a gris blanquecino; láminas sin tonos violeta, de arcilla claro a pardo herrumbroso; pie blanquecino, a veces con ligeros reflejos lilas; carne blanquecina, color azafrán hacia la base del pie; sabor suave, parte de la cutícula amarga; esp. redondeadas, verrucosas, 7,5-9,5 x 6,5-8 µ. **Hábitat**: IX-X; en bosques de coníferas, bajo píceas, sobre suelo ácido, con musgo; relativamente raro. **Confusiones**: Más grande y con el sombrero azul violeta: *Cortinarius salor* (ctro. izq.).

Cortinarius salor

Cortinarius salor Fr. (Foto ctro. izqda.)

Caracteres: Sombrero de 3-10 cm de ancho, azul violáceo intenso durante largo tiempo, después se decolora; láminas jóvenes violeta, después pardo herrumbrosas; pie blanco, sólo de joven con leves tonos azulado, con una espesa zona cortinaria; carne blanquecina, levemente azulada en el ápice del pie; sabor no amargo en la parte de la cutícula (V. *C. epipoleus*); esp. redondeadas, verrucosas, 7-9 x 6-8 µ. **Hábitat**: VIII-XI; en bosques de planifolios y mixtos, bajo hayas, píceas, sobre suelo calcáreo; relativamente raro. **Confusiones**: *Cortinarius epipoleus* (arriba).

Cortinario untado

Cortinarius delibutus Fr. (Foto ctro. dcha.)

in. Yellow webcap

Caracteres: Sombrero de 3-6(8) cm de ancho, de amarillo limón a ocre, también con brillo verdoso; láminas jóvenes claramente violáceas, maduras canela pardusco; pie blanquecino, levemente violeta en el ápice, con restos del velo ocre amarillos por debajo de la zona de la cortina; carne blanquecina, violácea en el ápice del pie; olor rafanoide cuando está dañado; sabor de la cutícula a veces amargo; esp. redondeadas, de finamente punteadas a verrucosas, 8-9,5 x 6-7 µ. **Hábitat**: VIII-X; en bosques de planifolios o coníferas, en zonas húmedas bajo abedules; relativamente frecuente. **Confusiones**: *Cortinarius vibratilis* (abajo).

Cortinarius vibratilis

Cortinarius vibratilis (Fr.: Fr.) Fr. (Foto inferior)

Caracteres: Sombrero de 2-5 cm de ancho, de amarillo vivo u ocre a pardusco; láminas de ocre claro a color arcilla; pie blanco, claviforme o fusiforme, a menudo bastante corto; carne blanca o amarillenta clara; sabor muy amargo, tras masticarlo también picante; esp. elipsoidales, finamente verrucosas, 7-9 x 4-5 µ. **Hábitat**: IX-X; en bosques de planifolios o coníferas, por lo general bajo píceas o pinos; no es raro, ampliamente distribuido. **Confusiones**: *Cortinarius mucosus* (p. 276), *C. delibutus* (ctro. dcha.).

Subgénero **Telamonia**

C. fr. de compacto a tierno; sombrero poco colorido, seco, a menudo higrófano; la cutícula y la carne se tiñen de pardo negruzco al aplicar KOH; pie seco, con cinturones procedentes del velo o glabro; las especies no higrófanas resultan difíciles de distinguir del género *Sericeocybe*.

Cortinarius armillatus

Cortinarius armillatus (Fr.: Fr.) Fr.

Caracteres: Sombrero de 5-12 cm de ancho, rojizo teja, pardusco o pardo herrumbroso, no higrófano, cutícula fibroso-tomentosa; láminas jóvenes ocre claro, más tarde color canela; pie algo más claro que el sombrero, con llamativas bandas rojas procedentes del velo, por lo general delgado, claviforme; carne joven blanquecina, pronto adquiere tonos pardusco claro; esp. elipso-amigdaliformes, verrucosas, 10-13,5 x 5,5-7 µ. **Hábitat**: VII-X; bajo abedules, en bosques de coníferas o planifolios; relativamente frecuente. **Nota**: Alguna vez se han hallado ejemplares con bandas amarillas en el pie (var. *luteoornatus*).

Cortinarius laniger

Cortinarius laniger Fr.

Caracteres: Sombrero de 4-10 cm de ancho, canela pardusco claro, cubierto por el velo y por eso de aspecto sedoso, margen parecido a un pespunte, cutícula de mate a finamente crustácea, no higrófano; láminas color canela; pie cubierto por el velo blanco sobre fondo pardusco canela claro, ápice joven con o sin tonos violetas, claviforme; carne canela clara; esp. elipsoidales, verrucosas, 9-11 x 6-7 µ. **Hábitat**: IX-X; en bosques de coníferas o planifolios, bajo píceas o hayas sobre suelo calcáreo; raro. **Confusiones**: *Cortinarius torbus* (abajo), V. también subgénero *Sericeocybe*, p. 262.

Cortinarius torvus

Cortinarius torvus (Fr.: Fr.) Fr.

Caracteres: Sombrero de 4-10 cm de ancho, joven pardo lila, rápidamente se vuelve beige pardusco o color arcilla, a menudo con zonas oscuras, cutícula mate, joven también blanca sedosa, margen pespuntado por el velo; láminas pardo herrumbrosas, jóvenes con tonos lila, distantes; pie del color del sombrero, enfundado en una capa blanquecina ocre del velo, a modo de calcetín, a menudo con zona anular membranosa, claviforme; carne color blanquecino sucio, lila claro hacia el ápice del pie; olor dulzón, como de ciruelas secas o fruta fermentada, otras veces inodoro; esp. amigdaliformes, verrucosas, 9-11 x 6-7 µ. **Hábitat**: VIII-X; en bosques planifolios, menos habitual entre coníferas, en especial bajo hayas (*Fagus sylvatica*); de disperso a localmente frecuente. **Confusiones**: *Cortinarius laniger* (ctro.).

Cortinarius evernius

Cortinarius evernius (Fr.: Fr.) Fr.

Caracteres: Sombrero de 3-7(10) cm de ancho, higrófano, en condiciones húmedas rojizo o castaño, con reflejos lila, al aclararse de beige a ocre rojizo, al principio margen típicamente pespuntado, con reborde blanquecino del velo; láminas jóvenes violeta, más tarde canela oscuro, gruesas y distantes; pie violeta claro, cubierto de grandes trozos blancos del velo, base a veces violeta intenso, atenuada y algo radicante; carne violeta especialmente en el pie, en el sombrero blanco sucio; olor inapreciable o levemente rafanoide (al cortarlo); esp. elipsoidales-amigdaliformes, verrucosas, 8-10 x 5-6 µ. **Hábitat**: IX-XI; en bosques de coníferas, bajo píceas, sobre suelos húmedos, ácidos, eventualmente entre *esfagno*; relativamente raro. **Nota**: Los cinturones del velo llaman la atención cuando la luz incide sobre ellos oblicuamente. En los ejemplares fotografiados este rasgo se percibe claramente. **Confusiones**: Con fuerte olor rafanoide: *C. scutulatus.*

Cortinarius brunneus

Cortinarius brunneus (Pers.: Fr.) Fr.

Caracteres: Sombrero de 3-8 cm de ancho, de avellana oscuro o pardo grisáceo, al envejecer también pardo negro, algo higrófano, en condiciones secas se decolora, margen levemente pespuntado por el velo gris blanquecino; láminas entre púrpura y color canela oscuro, gruesas, distantes, a menudo anastomosadas; pie marrón oscuro como el sombrero, con una clara zona armiloide a modo de anillo, por debajo de esta puede tener dibujos en zigzag o ser glabro, de cilíndrico-delgado a claviforme-grueso; carne parduscа; olor mohoso; sabor rafanoide; esp. elipsoidales, finamente verrucosas, 8-11(13) x 5,5-7,5(8) µ. **Hábitat**: VIII-X; en bosques de coníferas, sobre suelos ácidos, con musgos, bajo píceas, a partir de piso submontano, en grandes grupos; localmente frecuente. **Nota**: Esta especie es de forma y tamaño muy variables.

Cortinarius crassifolius

Cortinarius crassifolius (Velen.) Kühner & Romagn.

Caracteres: Sombrero de 3-8 cm de ancho, pardo rojizo, higrófano, dependiendo de las condiciones ambientales, monocromo o beige más claro en la zona del margen, finalmente se decolora, cutícula finamente tomentoso-fibrosa; láminas color canela, ligeramente distantes, gruesas; pie pardusco, base cubierta por el velo claro a modo de calcetín o con sólo una zona del velo; carne parduscа clara, al envejecer y secarse negruzca (también sombrero y láminas); esp. elipso-amigdaliformes, toscamente verrucosas, 10-12 x 6-7 µ. **Hábitat**: IX-X; en bosques de coníferas, bajo píceas, sobre suelos ácidos, a partir del piso submontano; raro. **Confusiones**: *C. rubricosus*.

Cortinarius stemmatus

Cortinarius stemmatus Fr.

Caracteres: Sombrero de 1-4 cm de ancho, pardo rojizo oscuro, higrófano, al secarse se decolora, centro levemente umbonado, zona del borde finamente crustácea acabada con un filo blanco del velo; láminas color canela, sin tonos violeta; pie avellana o pardo herrumbroso, con varios cinturones blancos o dibujos en zigzag, cilíndrico delgado; carne pardusca; esp. elipsoidales, verrucosas, 7-9 x 5-6 μ. **Hábitat**: IX-X; en bosques de coníferas de piso montano, bajo píceas, sobre suelos ácidos, húmedos, entre *esfagno*; raro. **Nota**: *Stemma* significa corona, por lo tanto el nombre de esta especie vendría a ser "provisto de corona", hecho que se deriva de la abundante presencia de velo.

Cortinarius paleaceus

Cortinarius paleaceus (Fr. in Weinm.) Fr.

Caracteres: Sombrero de 1-4 cm de ancho, de avellana a pardo negro, al principio gris sedoso a cauda de las profusas escamas fibrosas, al envejecer se decolora y se vuelve paulatinamente glabro, algo higrófano, centro con umbón pronunciado; láminas de ocre a pardo herrumbroso, a veces de joven lilas o violetas; pie del color del sombrero, con dibujo blanco en zigzag, cilíndrico delgado; carne pardusca clara, violeta en el ápice del pie; olor intenso a geranios; esp. elipsoidales, finamente verrucosas, 7-9 x 4,5-6 μ. **Hábitat**: IX-X; en bosques de planifolios o coníferas, preferentemente entre píceas, en suelos húmedos, musgosos, directamente entre esfagno o *Polytrichum*; relativamente frecuente. **Nota**: Los ejemplares con láminas violetas se denominan *Cortinarius paleiferus*, aunque esta distinción está sometida a controversia. Dado que el color es lo único que los diferencia, se considera que podría tratarse simplemente de una variedad. **Confusiones**: *Cortinarius hemitrichus* (abajo).

Cortinarius hemitrichus

Cortinarius hemitrichus (Pers.: Fr.) Fr.

Caracteres: Sombrero de 1-4 cm de ancho, con densas escamas pilosas blanquecinas sobre fondo gris o avellana, al envejecer se vuelve glabro, higrófano, seco descolorido, de semiesférico a hemisférico-campanulado; láminas pardo herrumbrosas, nunca violetas; pie color avellana, con cinturones blancos del velo y dibujo en zigzag, cilíndrico delgado; carne pardusca; esp. elipsoidales, finamente verrucosas, 8-10 x 4,5-5 μ. **Hábitat**: IX-XI; bajo abedules en bosques de planifolios o mixtos, parques y jardines; relativamente frecuente. **Nota**: Se parece mucho a *Cortinarius paleaceus,* pero carece totalmente de olor. **Confusiones**: *Cortinarius paleaceus* (ctro.).

Subgénero **Dermocybe**

Sombreros de carne relativamente delgada, amarillo, oliváceo, naranja o rojo, cutícula seca, no higrófano; láminas de colores llamativos (antraquinona, usada para teñir tejidos), oliváceas, amarillas, azafrán naranja, azul o rojo carmín; pie seco, a veces con velo coloreado; algunas especies son ligeramente tóxicas.

Cortinario de láminas rojas

Cortinarius semisanguineus (Fr.) Gillet

e. Sare orrigorri, *in.* Surprise webcap

Caracteres: Sombrero de 2-5 cm de ancho, de canela a oliva amarillento, canela pardusco, cutícula glabra, tomentoso-crustácea o escamosa; láminas de bermellón a rojo sangre; pie color cromo, con la base a veces cubierta levemente de rojizo; carne amarillenta; olor y sabor rafanoides; esp. elipsoidales, finamente verrucosas, 6,5-8 x 4,5-5 µ. **Hábitat**: VIII-X; en bosques de coníferas, bajo píceas y pinos; frecuente. **Nota**: Una de las especies más frecuentes de su subgénero. **Confusiones**: *Cortinarius phoeniceus* (ctro.), *C. cinnamomeus* (p. 288).

Cortinarius phoeniceus

Cortinarius phoeniceus (Bull.) Maire

Caracteres: Sombrero de 2-7 cm de ancho, canela anaranjado, pardusco o pardo rojizo vivo, joven cubierto por un fino velo rojizo, cutícula de finamente tomentosa a fibrosa; láminas rojo sangre oscuro; pie de fondo amarillo o canela pardusco cubierto por un velo rojo intenso o con dibujo en zigzag; carne pardusca, amarillenta en la zona anular; olor levemente rafanoide; sabor amargoso; esp. elipsoidales, finamente verrucosas, 6,5-9 x 4-4,5(5) µ. **Hábitat**: VIII-X; en bosques de coníferas o planifolios, bajo píceas, pinos y hayas; disperso. **Confusiones**: *Cortinarius sanguineus* (abajo).

Cortinario rojo

Cortinarius sanguineus (Wulfen: Fr.) Fr.

e. Sare odoltsu, *in.* Bloodred webcap

Caracteres: Sombrero de 2-5 cm de ancho, de rojo sangre oscuro a pardo rojo, al envejecer a menudo sólo naranja pardusco, cutícula tomentoso-fibrosa, de joven con fibras rojas en el margen; láminas de bermellón a rojo sangre oscuro; pie del color del sombrero, a menudo con tomento naranja, fibroso, en la base; carne rojo sangre, anaranjada hacia la base; olor levemente rafanoide; sabor a veces algo amargoso; esp. elipsoidales, finamente verrucosas, 6,5-8 x 4,5-5 µ. **Hábitat**: VIII-X; en bosques de coníferas, bajo píceas, sobre suelo húmedo, entre *esfagno*; localmente frecuente.

Algo tóxico; causa molestias gastrointestinales, supuestamente a causa de los antraquinoides dermocybin y dermorubin.

Cortinarius cinnamomeus

Cortinarius cinnamomeus (L. Fr.) Fr.

Caracteres: Sombrero de 1-4 cm de ancho, oliváceo, avellano o pardo rojizo, de colorido variable, de convexo a ampliamente umbonado, cutícula finamente tomentosa o escamosa; láminas jóvenes con tonos naranjas (que recuerdan a un crepúsculo), más tarde canela anaranjado; pie color paja, dorado u oliváceo, cubierto por una cortina amarillenta y poco llamativa; carne amarillenta; olor levemente rafanoide; sabor a veces amargoso; esp. elipsoidales, finamente verrucosas, 7-8,5(9,5) x 4-5,5 μ. **Hábitat**: VIII-X; en bosques de coníferas, menos habitual entre planifolios, preferentemente bajo píceas, sobre suelo ácido; frecuente. **Nota**: Las especies de este grupo son difíciles de identificar. Es típico el tono naranja de las láminas. **Confusiones**: *Cortinarius croceus* (ctro.).

Ligeramente tóxico; causa molestias gastrointestinales pasajeras. Las sustancias tóxicas y su efecto no han sido todavía estudiadas exhaustivamente.

Cortinarius croceus

Cortinarius croceus Schaeff.: Fr.
Sin.: *Dermocybe cinnamomeolutea*

Caracteres: Sombrero de 1-3(5) cm de ancho, amarillo, canela o pardusco cobrizo, de convexo aplanado a umbonado, cutícula de tomentosa a finamente escamosa, a veces algo punteado-dentada; láminas jóvenes amarillo limón, también con tonos amarillos más oscuros, después amarillo ferruginoso; pie de amarillento a amarillo, cubierto por velo del mismo color, a menudo pardusco hacia la base; carne amarillo limón, verdosa amarillenta cuando el pie está húmedo; olor entre rafanoide y yodado o ausente; esp. elipsoidales, finamente verrucosas, 7-9 x 4-5,5 μ. **Hábitat**: IX-XI; en bosques de coníferas o mixtos, bajo pinos o píceas; relativamente frecuente. **Confusiones**: *Cortinarius cinnamomeus* (arriba).

Cortinarius sphagneti

RL 2

Cortinarius sphagneti P. D. Orton
Sin.: *Dermocybe palustris* var. *sphaneti*

Caracteres: Sombrero de 1-6 cm de ancho, de amarillo a pardo oliváceo, centro con umbón prominente, cutícula finamente tomentosa o escamosa; láminas amarillas oliváceas, con algunos tonos amarillentos; pie del tono del sombrero, de amarillento a pardusco canela, cubierto por el velo amarillo oliváceo claro, a veces, dependiendo del hábitat, de pie muy largo; carne de amarilla verdosa a parduscas; esp. elipsoidales, finamente verrucosas, 8-11(12) x 4,5-6 μ. **Hábitat**: IX-XI; en bosques de coníferas, en especial bajo píceas, en lugares húmedos y en turberas entre esfagno; disperso, localmente frecuente. **Nota**: Es pariente cercano del menos habitual *Cortinarius palustris*; que se diferencia por tener más verdosas las láminas y más pequeñas las esporas.

Género **Hebeloma**
Fam. Cortinariaceae

C. fr. de colores pardos pálidos, monocromo; sombrero glutinoso, glabro; láminas maduras típicamente pardas (color café con leche), con gutaciones; pie seco, con o sin restos de cortina, raramente armillado; espp. color arcilla o pardo herrumbrosa; esp. amigdaliformes o citriformes, verrucosas, raramente lisas, sin p. g. (fig. 54); pleurocistidios típicos del género (fig. 55); tr. bilateral; micorrizógeno; sin especies comestibles.

Hebeloma llorón

Hebeloma crustuliniforme (Bull.: Fr.) Quél.

c. Escarlet bord, *e.* Arbiki argi, *in.* Ring agaric

Caracteres: Sombrero de 3-8 cm de ancho, claro, con el centro de amarillento a pardusco arcilla; láminas jóvenes con gutaciones; pie blanco, finamente flocoso; olor rafanoide; sabor amargo; esp. verrucosas, 11-12,5 x 5,5-7 µ. **Hábitat**: IX-XI; en bosques de coníferas o planifolios, parques o zonas herbosas junto a tilos y álamos; frecuente. **Nota**: Es una especie que típicamente presenta gutaciones (lágrimas) en las láminas. Al secarse dejan manchas marrones por las esporas. **Confusiones**: *Hebeloma sinapizans* (ligeramente tóxico).

Ligeramente tóxico; V. *Hebeloma sinapizans* (p. 292).

Hebeloma leucosarx RL 3

Hebeloma leucosarx P. D. Orton

Caracteres: Sombrero de 2,5-6 cm de ancho, todo él blanquecino crema o con el centro de amarillo ocráceo a pardusco claro; láminas jóvenes totalmente blancas, al madurar parduscas, con leves gutaciones acuosas; pie blanco, totalmente flocoso, bastante delgado; olor rafanoide o levemente a cacao; sabor amargo; esp. verrucosas, 11-14 x 6-7,5 µ. **Hábitat**: IX-XI; en bosques mixtos, bajo abedules o sauces dispersos; localmente no es raro. **Nota**: Esta especie no demasiado conocida es bastante más fina que *Hebeloma crustuliniforme*.

Hebeloma longicaudum

Hebeloma longicaudum (Pers.: Fr.) P. Kumm. Sensu J. E. Lange

Caracteres: Sombrero de 3-6 cm de ancho, de ocre claro a pardusco, a menudo blanquecino en la zona marginal; láminas jóvenes con gutaciones (V. arriba); pie blanquecino u ocre claro, totalmente flocoso, a menudo bastante largo, ya que habita en turberas profundas; olor levemente rafanoide; sabor ligeramente amargo, en tiempo húmedo también puede ser suave; esp. finamente punteadas, 9,5-13 x 5,5-7 µ. **Hábitat**: IX-XI; en bosques de coníferas o planifolios, lugares húmedos y turberas, a menudo entre esfagno; de disperso a localmente frecuente.

Hebeloma rábano

Hebeloma sinapizans (Paulet: Fr.) Gillet
e. Arbiki falkadun

Caracteres: Sombrero de (3)6-12(15) cm de ancho, cárneo, ocre o pardusco arcilla, con el margen más claro o todo del mismo color, sin restos del velo; láminas jóvenes ocre claro, más tarde parduscas, adnatas y sinuadas, con las aristas emarginadas, sin gutaciones; pie blanquecino, totalmente flocoso o fibroso, con escamas zigzagueantes, pronto hueco, con una prolongación cónica en el ápice que sale de la cutícula del sombrero; olor claramente rafanoide; sabor amargo; esp. verrucosas, 10-13 x 6,5-8 µ. **Hábitat**: VIII-X; en bosques de coníferas o planifolios, frecuente (pero no exclusivo) entre hayas, sobre suelo calizo y arcilloso; frecuente. **Nota**: El sombrero del ejemplar del centro (foto) ha sido roído por caracoles. **Confusiones**: *Hebeloma crustuliniforme* (p. 290).

Ligeramente tóxico; contiene crustulinol, que causa trastornos digestivos pasajeros ligados a náuseas.

Hebeloma senescens

Hebeloma senescens (Batsch) Berk. & Broome Sin.: *H. edurum*

Caracteres: Sombrero de 4-8(12) cm de ancho, de crema a beige, ocre claro o encarnado, con el margen a menudo no estriado; láminas muy densas, sin gutaciones; pie del color del sombrero, se mancha de pardo o negruzco a partir de la base, radicante; olor dulce, recuerda al cacao; sabor más o menos amargo; esp. verrucosas, 9-11(12,5) x 5,5-7 µ. **Hábitat**: VIII-X; en bosques de coníferas o planifolios, en especial bajo píceas o hayas, sólo sobre suelo calcáreo; localmente frecuente. **Nota**: El apetitoso olor a cacao diferencia a esta especie de *Hebeloma sinapizans*, que se encuentra en el mismo biotopo. Hay más especies de *Hebeloma* con olor a cacao.

Hebeloma vaccinum

Hebeloma vaccinum Romagn.

Caracteres: Sombrero de 1-4 cm de ancho, de color cárneo a pardo rojo oscuro, con el centro a veces casi negruzco; láminas maduras parduscas, con las aristas más claras, sin gutaciones; pie blanquecino, totalmente fibro-flocoso; olor leve a cacao, rafanoide al dañarse; sabor amargo; esp. claramente verrucosas, 11-14(15) x 6,5-7,5(8,5) µ, al aplicar KOH el episporio se desprende (caliptra, fig. 6). **Hábitat**: IX-X; en bosques húmedos de planifolios, zonas riparias, bajo álamos y sauces; raro. **Nota**: *Vaccinus* significa "perteneciente a las vacas" y hace referencia al color del sombrero de este hongo relativamente pequeño. La especie se reconoce sobre todo por las esporas caliptrógenas, no demasiado habituales en el género *Hebeloma*.

Hebeloma de centro pardo

Hebeloma mesophaeum (Pers.: Fr.) Quél.
c. Hebeloma de centre bru, *in.* Veiled poisonpie

Caracteres: Sombrero de 2-4 cm de ancho, de beige a amarillo pardusco, con el centro castaño oscuro, el margen de pespuntado a involuto, cubierto por el velo pálido o por una capa sedosa; láminas sin gutaciones; pie pardo pálido, en la parte inferior gradualmente más oscuro, cubierto por el velo; olor rafanoide; sabor más o menos amargo; esp. finamente verrucosas (lisas al madurar), 8-10(11) x 5-6 µ. **Hábitat**: VIII-XI; en bosques de coníferas, menos habitual entre planifolios, parques y jardines, bajo píceas, pinos, *Pinus cembra*, con menos frecuencia también sauces, en grupo; frecuente. **Nota**: Un rasgo típico es la cortina hilachosa, claramente visible en el momento que el sombrero se extiende. **Confusiones**: *Pholiota carbonaria* (p. 338).

Hebeloma radicosum

Hebeloma radicosum (Bull.: Fr.) Ricken

Caracteres: Sombrero de 5-10(15) cm de ancho, de gris ocre a pardo cobrizo, margen cortamente dentado, apendiculado; láminas sin gutaciones; pie blanquecino sucio, profundamente radicante, con grueso anillo membranoso, con pilosidad en la parte inferior; olor a aceite de almendras amargas o a mazapán; sabor de suave a amargo; esp. finamente verrucosas, 8,5-10,5 x 4,5-5,5 µ. **Hábitat**: VII-X; en bosques de planifolios y mixtos, en especial sobre tocones o raíces de *Fagus sylvatica*; relativamente frecuente. **Nota**: Gracias al olor a mazapán y al pie armillado esta especie es inconfundible.

Género **Phaeocollybia**
Fam. Cortinariaceae

Sombreros glutinosos en condiciones húmedas, algo higrófanos, de carne delgada; láminas adheridas; pie seco, siempre radicante; espp. pardo herrumbrosa; esp. de elipsoidales a amigdaliformes, verrucosas, sin p. g.; queilocistidios hilachosos-claviformes; tr. regular; saprotrófico terrícola.

Phaeocollybia lugubris RL 3

Phaeocollybia lugubris (Fr.) R. Heim

Caracteres: Sombrero de 3-8 cm de ancho, beige, gris o pardo rojo, centro por lo general umbonado o emarginado, pronto con manchas oscuras; láminas de beige a color arcilla, muy densas, manchadas de marrón al madurar; pie más claro que el sombrero, que oscurece hacia la base, manchado al envejecer; olor y sabor rafanoides; esp. amigdaliformes, 7-9,5 x 4-5,5 µ. **Hábitat**: VIII-X; en bosques de coníferas, bajo píceas, sobre suelo ácido; relativamente raro, localmente distribuido (sur de Alemania, zona de los Alpes). **Confusiones**: V. *Collybia fusipes* (p. 164).

Phaeocollybia christinae

RL 3

Phaeocollybia christinae (Fr.) R. Heim

Caracteres: Sombrero de 1-3(5) cm de ancho, de naranja a pardusco dorado, con manchas oscuras, centro con umbón pronunciado, margen a menudo desgarrado (que recuerda a *Inocybe*); láminas maduras amarillo ferruginoso; pie de naranja a pardo rojo, fugazmente deshilachado; olor a almendras amargas, rafanoide al dañarse; sabor amargo; esp. amigdaliformes, 8,5-10(12) x 4,5-6 µ. **Hábitat**: IX-X; en bosques de coníferas, bajo píceas, sobre suelo ácido, a partir del piso submontano; relativamente raro. **Nota**: El color, la forma y algunos rasgos del sombrero recuerdan a algunas especies de *Hygrocybe*, como *H. conica* (p. 136) e *H. persistens* (p. 138).

Género **Gymnopilus**
Fam. Cortinariaceae

Sombrero amarillo pardusco, seco, de glabro a escamoso, en ocasiones carnoso; láminas de amarillento a herrumbroso, sinuadas; pie seco, fibroso, raramente armillado; espp. de amarilla a pardo herrumbrosa; esp. en forma de semilla de manzana, verrucosas, sin p. g.; tr. regular; saprotrófico sobre madera muerta; ninguna especie es comestible a causa del sabor amargo.

Gimnopilo penetrante

Gymnopilus penetrans (Fr.: Fr.) Murril Sin.: *G. hybridus*
e. Egur-ziza zolazuri

Caracteres: Sombrero de 2-5 cm de ancho, de amarillo pardusco vivo a color canela, cutícula lisa y glabra; láminas densas, por lo general manchadas de herrumbre, al envejecer a veces se desprenden del pie; pie amarillento pálido, con fibras blanquecinas, a veces con zona anular fibrosa; sabor amargo; espp. amarilla pardusca; esp. 6,5-8,5 x 4-5,5 µ. **Hábitat**: VIII-XI; sobre madera de conífera muerta, menos habitualmente de planifolio, prefiere tocones y ramas gruesas, crece en grupo o en fascículo; frecuente. **Confusiones**: *Gymnopilus sapineus*, V. también género *Hypholoma* (p. 342).

Gimnopilo notable

Gymnopilus spectabilis (Fr.) Singer
e. Egur-ziza bikain, *g.* Fungu mergurento dos tacons

Caracteres: Sombrero de 5-15 cm de ancho, de amarillento, pardusco ocre a color zorro, superficie con fibrillas adheridas o escamas aplicadas, muy carnoso; láminas densas, más delgadas que la carne del sombrero; pie del color del sombrero, compacto, con anillo membranoso, muy fibroso por debajo; olor rafanoide al cortarlo; sabor amargo; espp. herrumbrosa; esp. 7,5-10,5 x 4,5-6 µ. **Hábitat**: VIII-X; tocones de planifolio, en especial de haya, en grupo o fascículo; en algunos lugares no es raro. **Confusiones**: V. género *Pholiota* (p. 332), terrícola: *Phaeolepiota aurea* (p. 244).

Género **Inocybe**
Fam. Cortinariaceae

Sombreros por lo general secos, esférico-campanulados y con hendiduras radiales, con o sin restos del velo; láminas adnatas, maduras marrón sucio; pie seco, glabro, pruinoso o fibroso, con o sin cortina; espp. parda; esp. elipsoidales y lisas o toscamente gibosas, sin p. g. (figs. 56-57); con cistidios de paredes gruesas y cristales apicales (metuloides, fig. 12) o de paredes finas; tr. regular; micorrizógeno; muchas especies son tóxicas (V. *I. erubescens*).

Inocibe moteado

Inocybe maculata Boud.
in. Frosty fibrecap

Caracteres: Sombrero de 3-7 cm de ancho, de rojo oscuro a castaño, con fibras radiales, velo de color gris plateado, bien visible en el ápice, sobre todo cuando es joven, luego se desgarra al extenderse; láminas jóvenes con tonos grises; pie levemente fibroso-flocoso; olor espermático; esp. lisas, 8-12 x 5-6,5 μ; cistidios de paredes delgadas, sin cristales. **Hábitat**: VII-X; en bosques de planifolios, bajo hayas y robles; frecuente. **Nota**: La lluvia puede desprender y arrastrar el velo. Esta especie contiene poca muscarina. **Confusiones**: *Inocybe rimosa* (p. 300).

Inocybe cookei

Inocybe cookei Bres.

Caracteres: Sombrero de 2-4 cm de ancho, de color paja a amarillo oliváceo, con umbón afilado, con restos del velo fugaces y pálidos en el centro, margen a veces con dobladillo blanco; pie blanquecino amarillento, casi glabro, base bulbosa; olor de joven dulce o afrutado, luego espermático; esp. lisas, 7,5-9,5 x 4,5-5,5 μ; cistidios de paredes delgadas, sin cristales. **Hábitat**: VII-X; bajo planifolios y coníferas, abedules, hayas, avellanos o píceas; relativamente frecuente.

Comestible, pero no recomendable por el riesgo de confundirlo con otras especies.

Inocybe squamata

Inocybe squamata J. E. Lange

Caracteres: Sombrero de 3-6 cm de ancho, con oscuras escamas aplicadas (a veces sólo esbozadas), en especial en el centro, sobre fondo ocre paja; láminas de amarillento a amarillo pardusco; pie del color del sombrero, fibroso; olor levemente fúngico-ácido, casi inapreciable; esp. lisas, 9-11 x 6-7 μ; cistidios de paredes delgadas, sin cristales. **Hábitat**: VI-X; bajo planifolios, en parques, zonas herbosas, cerca de álamos, tilos, robles y otros; de disperso a raro.

Inocibe lobulado, Bruja

Inocybe erubescens A. Blytt Sin.: *I. patouillardii*
in. Red-staining inocybe

Caracteres: Sombrero de 3-8(12) cm de ancho, joven de blanquecino a color paja, rojo teja en las zonas dañadas, y paulatinamente en todo el c. fr. (en especial en tiempo seco), finalmente pardo rojo, de esférico-campanulado a emarginado-arqueado, cutícula glabra, sin restos del velo, margen con fibrillas y grietas radiales; láminas jóvenes casi incoloras, después de oliváceo sucio a pardo herrumbroso; pie más claro que el sombrero, enrojece igualmente al envejecer, fibroso; carne blanca, pronto enrojece; olor afrutado de joven, al envejecer espermático; esp. lisas, 10-12(14) x 6-7,5 µ; cistidios de paredes delgadas, sin cristales. **Hábitat**: V-VII; en bosques de planifolios y mixtos, parques, jardines, prados, suelos con calcio; relativamente frecuente. **Nota**: A causa de su aparición temprana se puede confundir con la *Calocybe gambosa* (p. 142).
Tóxico; contiene grandes cantidades de muscarina. Tiempo de latencia: 1/4-4 horas, causa sudoración, problemas visuales, náuseas y vómitos, cólicos gastrointestinales; en casos graves incluso la muerte por deficiencia circulatoria.

Inocybe rimosa

Inocybe rimosa (Bull.: Fr.) P. Kumm. Sin.: *I. fastigiata*

Caracteres: Sombrero de 3-8 cm de ancho, beige pálido, paja, ocre o pardo, cónico y agudo o con el ápice redondeado, zona apical como cubierta por pruina gris claro o totalmente glabra, muy variable; láminas jóvenes gris claro, después con leve tonalidad olivácea y finalmente marrones; pie de blanquecino a pardusco claro, fibroso, cilíndrico; olor espermático o inapreciable; esp. lisas, 9-13(16) x 6-8(9) µ; cistidios de paredes delgadas, sin cristales. **Hábitat**: VI-X; en bosques de planifolios o coníferas, jardines, parques, prados; frecuente. **Nota**: Es una de las especies más variables de *Inocybe* y se subdivide en diversas variedades.

Inocybe adequata

Inocybe adequata (Britzelm.) Sacc. Sin.: *I. jurana*

Caracteres: Sombrero de 4-8(10) cm de ancho, marrón oscuro con fibras rojo vino, pardo violeta o con fibras pardo vinosas sobre fondo claro, oscuras escamas aplicadas en el centro; láminas de tonos entremedios, como vinoso; pie de blanquecino a vinoso, en especial en la parte inferior; olor de afrutado a levemente espermático; esp. lisas, 9,5-12(14) x 5,5-7,5 µ; cistidios de paredes delgadas, sin cristales. **Hábitat**: VI-IX(X); prefiere bosques de planifolios (hayedos), sobre suelo calizo; frecuente en algunas áreas pero por lo general muy disperso.
Comestible, muy sabroso según algunas fuentes; pero se debe recoger sólo si se reconoce con seguridad.

Inocybe dulcamara

Inocybe dulcamara (Alb. & Schwein.) P. Kumm.

Caracteres: Sombrero de 2-4 cm de ancho, beige, ocre oliváceo o rojizo-pardusco, cutícula finamente tomentosa, fibrosa o escamosa, por lo general plano-convexo, margen sin hendiduras radiales; láminas de amarillo oliváceas a canela pardusco; pie del color del sombrero o pardo rojizo, tomentoso-fibroso, a veces con zona armiloide; olor terroso o mohoso; esp. lisas, 8-10(11) x 4,5-6,5 µ; cistidios de paredes delgadas, articulados, sin cristales. **Hábitat**: V-X; en bosques de planifolios o mixtos, en matorrales, márgenes de bosque, sobre caminos de arena, bajo robles, pinos, abedules, sin necesidad de un tipo concreto de suelo; frecuente. **Nota**: El sombrero tomentoso-fibroso difiere claramente de la apariencia usual de las *Inocybe*. Existen varias especies congéneres parecidas que presentan características propias, pero que sólo se pueden diferenciar con el microscopio.

Inocybe bongardii

Inocybe bongardii (Weinm.) Quél.

Caracteres: Sombrero de 3-6 cm de ancho, con escamas pardo rojizas, aplicadas, sobre fondo claro, totalmente marrón al envejecer, a veces escamoso sólo en la zona apical o totalmente pardo rojizo, con escamas del mismo color, margen joven con restos de cortina; láminas jóvenes blanquecinas, más tarde bastante oscuras, de oliváceas a canela; pie del tono del sombrero, rojizo de la base hacia arriba; la carne enrojece al corte; olor agradable a fruta, caramelos u hojas de peral; esp. lisas, (10)12-14 x 6,5-8 µ; cistidios de paredes delgadas, sin cristales. **Hábitat**: VII-X; en bosques de planifolios o coníferas, bajo hayas, pinos o píceas, sobre suelo calcáreo; relativamente raro. **Nota**: Algunas especies de olor parecido son *Inocybe fraudans* (abajo) e *I. corydalina* (p. 304). Ambas tienen cistidios de paredes gruesas, con cristales. No contiene muscarina.

Inocybe fraudans

Inocybe fraudans (Britzelm.) Sacc. Sin.: *I. pyriodora*

Caracteres: Sombrero de 2-5 cm de ancho, de beige claro a ocre oliváceo, con oscuras fibras radiales, enrojece primero por zonas y después por entero, centro con umbón redondeado; láminas jóvenes gris blanquecinas; pie blanquecino, rojizo al envejecer, levemente fibroso; carne blanquecina, enrojece ligeramente; olor dulzón a fruta, a hojas de peral o flor de magnolia, a menudo con varios olores a la vez; esp. lisas, 7,5-11(12) x 5,5-7(8) µ; cistidios de paredes gruesas, con cristales. **Hábitat**: VIII-X; en bosques de planifolios o coníferas, bajo hayas, píceas, sobre suelo calcáreo; en algunos lugares no es raro. **Confusiones**: *Inocybe corydalina* (p. 304)

Inocibe perfumado

Inocybe corydalina Quél.
e. Inozibe puntaberde, *in.* Greenflash fibrecap

Caracteres: Sombrero de 3-8 cm de ancho, de gris beige claro a gris pardusco, umbón verdoso o gris verdoso (a veces imperceptible), cutícula glabra o con algunas escamas; láminas jóvenes gris claro, después marrón terroso; pie blanquecino, verdoso justo debajo del umbón del sombrero, por lo general no enrojece; olor dulzón, a hojas de peral o flor de magnolia; esp. lisas, 7-9(10) x 4,5-6 μ; cistidios de paredes gruesas, con cristales en los extremos. **Hábitat**: VII-X; en bosques de planifolios o coníferas, en especial bajo hayas o robles, sobre suelo calcáreo; en algunos lugares no es raro. **Nota**: Los tonos verdosos, también presentes en la muscarina, indican la presencia de psilobicina o baeocistina. **Confusiones**: *Inocybe fraudans* (p. 302).

Inocibe de láminas color tierra

Inocybe geophylla (Sowerby: Fr.) P. Kumm.
e. Inozibe zuri, *in.* White fibrecap

Caracteres: Sombrero de 1-4 cm de ancho, joven totalmente blanco, al madurar se tiñe un tanto de amarillo o de marrón desde el centro hacia afuera, centro con umbón redondeado o afilado, cutícula joven con brillo típicamente sedoso, margen con la cortina colgando; láminas primero de blanquecino a gris claro, al madurar marrón terroso; pie blanco, joven con restos de cortina en el ápice, ligeramente fibroso-flocoso; olor espermático; esp. lisas, 6,5-10,5 x 4,5-6 μ; cistidios de paredes gruesas, con cristales en los extremos. **Hábitat**: V-XI; en bosques de planifolios o coníferas, parques, crece en grupo; frecuente. **Nota**: Esta pequeña especie muestra los caracteres típicos de su género, a pesar de que su sombrero no se rasga a menudo. Las variedades de colores distintos existentes no siempre quedan reflejadas por la taxonomía. La forma que enrojece (var. *lateritia*) se clasifica en la actualidad como una especie distinta (*I. whitei*). La *I. geophylla* contiene gran cantidad de muscarina. Sobre los efectos tóxicos V. *I. erubescens* (p. 300).

Inocybe geophylla var. *lilacea*

Sin.: *Inocybe geophylla* var. *violacea* (Peck) Gillet

Caracteres: La forma, el tamaño y los rasgos de la superficie son iguales que los de la variedad blanca. El sombrero y el pie, sin embargo, son de lila claro a violeta vivo. El centro del sombrero y la base del pie son a menudo ocráceos desde el principio. Al madurar el violeta se decolora. El olor, así como la forma y el tamaño de las esporas y los cistidios, son idénticos a los de la variedad principal. También la toxicidad. Por otra parte las dos variantes, blanca y violeta, parecen estar compuestas por micelios distintos, ya que nunca crecen mezcladas.

Inocybe sambucina

RL 3

Inocybe sambucina (Fr.: Fr.) Quél.

Caracteres: Sombrero de 3-8 cm de ancho, joven totalmente blanco, pronto algo amarillento u ocre, arqueado-umbonado, con umbón ancho, redondeado, blanco argénteo, casi pruinoso, en condiciones húmedas cutícula algo glutinosa, por eso a menudo presenta arena o humus enganchado; láminas blanquecinas, más tarde beige o marrones; pie blanco puro, fibroso-agrietado, con el ápice a veces pruinoso; olor espermático; esp. lisas, 7-9 x 4-5 μ; cistidios de paredes más o menos gruesas, sin o con sólo pocos cristales. **Hábitat**: VIII-X; en bosques de planifolios o coníferas, en especial junto a pinos en suelo arenoso, calcífugo; raro. **Confusiones**: Sobre suelo calcáreo, con esporas gibosas: *Inocybe fibrosa* (p. 314).

Inocybe hirtella

Inocybe hirtella Bres.

Caracteres: Sombrero de 1-4,5 cm de ancho, de amarillento paja a ocre, casi blanquecino en el margen, centro levemente umbonado, cutícula con fibras radiales poco visibles, sin restos del velo; láminas jóvenes blanquecinas, más tarde gris beige, pálidas durante bastante tiempo; pie amarillento ocre claro, también con tonos rosa, cárneos, pruinoso en toda su extensión (por los cistidios), cilíndrico, con la base a veces algo bulbosa; olor a aceite de almendras amargas; esp. lisas, 9-11,5 x 5,5-6,5 μ; cistidios de paredes gruesas, con cristales. **Hábitat**: VIII-X; en bosques de planifolios o mixtos de pinos y robles, en caminos y bordes de riachuelos, bajo alisos, sauces, avellanos; disperso. **Nota**: Se puede reconocer con facilidad gracias al olor a aceite de almendras amargas. En la var. *bispora* las esporas pueden llegar a medir 14 μ.

Inocybe aeruginascens

Inocybe aeruginascens Babos

Caracteres: Sombrero de 2-5 cm de ancho, beige, color paja, amarillo pardusco, a veces con manchas verdosas, cutícula glabra y lisa, después con hendiduras radiales o incluso agrietada en escamas, al principio con restos flocosos del velo colgando del margen; láminas claras durante bastante tiempo, no muy densas; pie blanquecino amarillento, con aspecto vidrioso cuando está húmedo, excepto en el ápice, pruinoso, liso y glabro, la parte inferior pronto se tiñe de verde o azul verdoso (no siempre); carne blanquecina vidriosa, a menudo verdosa en el pie; olor espermático al madurar; esp. lisas, 7-9(10) x 4-5 μ; cistidios de paredes gruesas, con cristales. **Hábitat**: V-VIII; en bosques de planifolios mixtos, parques y jardines, bajo robles, alisos, álamos, pinos, en especial sobre suelo arenoso; localmente frecuente. **Nota**: Esta especie no demasiado conocida fue descrita por primera vez en 1968 cerca de Budapest. Los característicos tonos verdosos del pie indican que contiene el alcaloide alucinógeno psicocibina.

Inocybe flocculosa

Inocybe flocculosa Sacc. Sin.: *I. gausapata*

Caracteres: Sombrero de 2-4(6) cm de ancho, ocre, avellana o pardo rojizo, algo más claro en la zona marginal, forma por lo general esférico-campanulada, cutícula primero tomentoso-flocosa, más tarde con fibras radiales, los restos de cortina desaparecen pronto; láminas gris beige durante bastante tiempo (en la var. *crocifolia* son naranja amarillentas); pie algo más claro que el sombrero, sólo pruinoso en la parte superior por efecto de los cistidios, el resto flocoso fibroso; olor espermático sólo al madurar; esp. lisas, 9-11,5 x 5,5-6,5 µ; cistidios de paredes gruesas, con cristales. **Hábitat**: VI-X; en bosques de coníferas o planifolios, bajo robles, abedules, píceas o pinos, en suelos de casi todo tipo; relativamente frecuente, ampliamente distribuido. **Nota**: El característico sombrero marrón oscuro, flocoso-escamoso, es muy variable.

Inocybe lacera

Inocybe lacera (Fr.: Fr.) P. Kumm.

Caracteres: Sombrero de 1-3,5(5) cm de ancho, color coriáceo, ocre o avellana, cutícula tomentosa-flocosa, a menudo con fibras entrelazadas o escamas escuarrosas, la cortina cuelga bastante tiempo del margen; láminas pronto gris pardusco sucio, apenas densas, con las aristas más claras; pie del color del sombrero, de apendiculado-tomentoso a flocoso; carne pardusca en la zona del pie; olor espermático; esp. lisas, a menudo alargadas, 10-14(16) x 4-6(7) µ (fig. 58); cistidios de paredes más o menos delgadas, con cristales en los extremos. **Hábitat**: V-XI; en bosques de coníferas o mixtos, sobre todo en suelo arenoso, la var. *helobia* también en turberas; frecuente. **Confusiones**: *Inocybe dulcamara* (p. 302), *I. impexa* (abajo).

Inocybe impexa RL 2

Inocybe impexa (Lasch) Kuyper Sin.: *I. maritima*

Caracteres: Sombrero de 1,5-3 cm de ancho, de beige a avellana, forma convexa, con umbón pronunciado, cutícula tomentoso-fibrosa, con margen y centro cubiertos por restos fibrosos y blanquecinos del velo; láminas ya desde pronto parduscas, algo densas, más o menos anchas; pie aprox. del color del sombrero, con la sup. de fibroso-apendiculada a flocosa-fibrosa; carne pardusca especialmente en el pie; olor no apreciable, no espermático; esp. lisas, 8,5-13(15) x 5,5-7 µ; los basidios pueden tener entre 1 y 4 esporas; cistidios de paredes gruesas, provistos de cristales. **Hábitat**: VIII-X; en zonas húmedas con musgo, terrenos con dunas, cerca de pinos y sauces; raro. **Nota**: Esta especie, poco conocida, se puede encontrar en costas marítimas arenosas de Escandinavia. Los ejemplares mostrados se encontraron en Bornholm y crecían a poca distancia de la playa. **Confusiones**: *Inocybe lacera* (ctro.).

Inocybe cincinnata

Inocybe cincinnata (Fr.: Fr.) Quél. Sin.: *I. phaeoconis*

Caracteres: Sombrero de 0,8-2(2,5) cm de ancho, de pardusco a avellana, joven con un brillo violáceo que pronto desaparece, superficie cubierta de escamas escuarrosas; láminas primero violeta claro, después marrón sucio; pie del color del sombrero, con tonos lilas pasajeros en el ápice, fibroso-escamoso hacia la parte inferior; carne violácea en la parte superior del pie; olor espermático; esp. lisas, alargadas, 8,5-11(12) x 4,5-6 μ; cistidios delgados, de paredes gruesas, con cristales, a veces con contenido amarillo. **Hábitat**: VII-X; en bosques de coníferas o planifolios, parques y jardines, sin necesidad de un tipo específico de suelo; disperso. **Nota**: Los tonos violetas son realmente fugaces y en ocasiones difíciles de percibir. Los ejemplares más voluminosos se distinguen como var. *major.*

Inocybe lanuginosa

Inocybe lanuginosa (Bull.: Fr.) P. Kumm.

Caracteres: Sombrero de 2-5 cm de ancho, pardo beige, avellana oscuro o pardo rojo, cutícula toscamente tomentosa o con escamas pequeñas, escuarrosas, margen algo colgante, joven con restos de cortina; láminas primero beige blanquecino, después marrón canela; pie del color del sombrero, más oscuro hacia la parte inferior, totalmente cubierto de escamas fibrosas; carne color blanquecino sucio sólo en el sombrero, en el pie tirando a pardusca; olor algo mohoso o inapreciable; esp. claramente gibosas, 7-11(12) x 5,5-7(8) μ; cistidios de paredes delgadas, sin o con sólo pocos cristales. **Hábitat**: (VI)VIII-X; en bosques de coníferas o planifolios, en especial bajo pinos y píceas, sobre suelos ácidos o turberas; disperso. **Nota**: Típico ejemplo de esporas gibosas. Durante mucho tiempo se diferenció entre esporas lisas (subgénero *Inocybium*) y esporas gibosas (*Inocybe*). Puesto que se dan transiciones en la forma de las esporas esta división cayó en desuso.

Inocybe soluta

Inocybe soluta Velen. Sin.: *I. brevispora*

Caracteres: Sombrero de 2-4 cm de ancho, avellana oscuro, al envejecer también con zonas negruzcas, esférico-campanulado, con dobladillo en el margen, superficie con fibras radiales, algo deshilachadas hacia el margen, con algunos restos de velo; láminas maduras casi marrón, con aristas dentadas; pie del color del sombrero, al envejecer oscurece en la parte inferior, fibroso; carne color blanquecino sucio en el sombrero, en el pie pronto negruzca; olor levemente espermático; esp. provistas de pocas gibas, a menudo cuadradas, 7-8 x 4,5-6 μ (fig. 60); cistidios de paredes delgadas, con pocos cristales. **Hábitat**: VIII-X; en bosques de coníferas, bajo píceas, sobre suelos ácidos o musgosos; raro. **Confusiones**: Con esporas más grandes: *Inocybe subcarpta.*

Inocybe bresadolae

RL 3

Inocybe bresadolae Massee

Caracteres: Sombrero de 3-8 cm de ancho, con fibras rojizas u ocráceas, o escamas aplicadas, sobre fondo pálido, sin restos de velo, esférico-campanulado, con umbón por lo general redondeado; láminas jóvenes blanquecino crema, maduras pardusco claro; pie de blanquecino a rosa amarillento, glabro, pruinoso en toda su extensión (por los cistidios, lupa), base a menudo provista de pequeño bulbo; carne blanquecina rosa, al secarse enrojece levemente; olor al principio levemente dulzón afrutado, después espermático; esp. gibosas, 7-9 x 4,5-6 µ; cistidios de paredes gruesas, con cristales. **Hábitat**: VII-IX; en bosques de planifolios, menos entre coníferas, por lo general bajo robles o hayas, sobre suelo calcáreo; raro, pero frecuente en algunos lugares.

Inocybe piceae

Inocybe piceae Stangl & Schwöbel

Caracteres: Sombrero de 2-6 cm de ancho, pardo rojo oscuro, castaño, por lo general con el umbón afilado, de aspecto gris sedoso, con el margen rasgado en típicas fibras radiales, superficie húmeda algo glutinosa; láminas gris blanquecinas durante largo tiempo; pie de blanquecino sucio a rosa amarillento claro, pruinoso por efecto de los cistidios en toda su extensión, base a menudo provista de pequeño bulbo excéntrico; carne blanquecina en el sombrero, levemente rojiza en el pie; olor algo ácido, no espermático; esp. con pocas y toscas gibas, (8)10-13 x 5,5-7(8) µ; cistidios de paredes gruesas, con cristales. **Hábitat**: VI-X; en bosques de coníferas y mixtos, sobre todo bajo píceas o pinos, sobre suelo calizo; no es raro. **Nota**: Esta especie era antes confundida con *Inocybe oblectabilis*, de la cual sin embargo se diferencia por el color pardo rojo del sombrero y las esporas, más grandes y gibosas.

Inocybe mixtilis

Inocybe mixtilis Britzelm.

Caracteres: Sombrero de 2-4 cm de ancho, color paja, ocre o beige pardusco, centro por lo general con umbón afilado, cutícula húmeda algo glutinosa; láminas de gris blanquecinas a gris beige durante largo tiempo; pie de blanquecino hialino a amarillento claro, glabro, pruinoso en toda su extensión, base provista de bulbo periférico; carne blanquecino sucio; olor algo espermático; esp. gibosas, 7-9(10) x 5-6 µ; cistidios de paredes gruesas, con cristales. **Hábitat**: VII-X; en bosques de coníferas o planifolios, bajo píceas, pinos, robles, sobre suelo calizo, arenoso o arcilloso; disperso. **Nota**: La característica identificatoria más importante es el bulbo periférico. En *Inocybe napipes* el bulbo está muy marcado pero desprovisto de margen. **Confusiones**: Con esporas más grandes: *Inocybe praetervisa*.

Inocybe fibrosa

Inocybe fibrosa (Sowerby) Gillet

Caracteres: Sombrero de 4-8(12) cm de ancho, de blanco a marfil, después amarillo ocráceo, centro con umbón generalmente ancho, margen provisto de dobladillo, cutícula lisa y glabra, en condiciones húmedas ligeramente glutinosa; láminas gris blanquecinas durante largo tiempo, algo distantes; pie blanquecino, amarillento al envejecer, cilíndrico, no deshilachado, pruinoso en el ápice; carne blanquecina, en algunas partes también amarillenta; olor espermático, al madurar también dulzón; esp. gibosas, 8-10(11) x 5,5-7 µ; cistidios de paredes gruesas, con cristales en los extremos. **Hábitat**: VII-X; en bosques de coníferas, bajo píceas y pinos, en especial en montañas, sobre suelo calcáreo; raro, común en zonas concretas (Alpes, zonas prealpinas). **Confusiones**: Con esporas lisas: *Inocybe sambucina* (p. 306).

Inocybe petiginosa

Inocybe petiginosa (Fr.: Fr.) Gillet

Caracteres: Sombrero de 0,5-2 cm de ancho, zona apical glabra, de color cárneo a pardo rojizo, ancha zona marginal, de gris claro a blanco tomentoso, a menudo incluso piloso, al envejecer glabrescente a partir del centro excepto en una pequeña franja del margen; láminas jóvenes amarillo ocre, densas; pie de cárneo a pardo rojizo, cilíndrico, finamente blanco flocoso en toda su extensión; olor levemente espermático; esp. gibosas, con una gota oleosa en el centro, 6,5-8 x 4,5-6 µ; cistidios de paredes gruesas, delgados, con cristales en los extremos. **Hábitat**: VI-X; en bosques de planifolios, bajo hayas o robles, en especial sobre suelo calizo, pero también sobre ácido; relativamente raro, común en algunas zonas. **Nota**: Fácil de reconocer por el tomento piloso del sombrero y el color concentrado en la zona apical. **Confusiones**: *Inocybe jacobi* (abajo).

Inocybe jacobi

RL 3

Inocybe jacobi Kühner

Caracteres: Sombrero de 0,5-2(3) cm de ancho, de ocre a pardo rojizo, beige claro hacia el margen, centro con umbón redondeado, cutícula de finamente tomentosa a apendiculado-fibrosa, sobre todo en la zona del margen; láminas jóvenes color beige, muy distantes, cortamente adheridas al pie; pie pronto pardo rojizo como el sombrero, en toda su extensión finamente flocoso o toscamente pruinoso; olor levemente espermático o inapreciable; esp. gibosas, 8-10 x 5-7,5 µ; cistidios de paredes gruesas, con cristales en los extremos. **Hábitat**: VIII-X; en bosques de coníferas y mixtos, bajo pinos, píceas, robles, sobre suelos arenosos pobres en calcio; raro. **Nota**: Los dos tonos del sombrero de esta especie no se perciben tan claramente como en *Inocybe petiginosa*. El tomento del sombrero tampoco es tan marcado. En caso de duda, observe las esporas, más grandes en *I. jacobi*. **Confusiones**: *Inocybe petiginosa* (ctro.).

Género **Ripartites**
Fam. Tricholomataceae

C. fr. parecido al de los géneros *Clitocybe* y *Tricholoma*, sombrero híspido-ciliado o casi glabro, cutícula ligeramente glutinosa; láminas levemente decurrentes; pie seco, no armillado; espp. color arcilla; esp. ampliamente elipsoidales, verrucosas o espinosas, sin p. g.; tr. regular; saprotrófico terrícola.

Ripartites tricholoma

Ripartites tricholoma (Alb. & Schwein.) P. Karst.

Caracteres: Sombrero de 2-4 cm de ancho, blanco o gris blanquecino, en el centro pronto encarnado, superficie pilosa, margen finamente ciliado (a veces imperceptible); láminas blanquecinas durante largo tiempo, luego de cárneo a pardusco arcilla, densas; pie cárneo pardusco, finamente blanco flocoso; esp. verrucosas, 4-5 x 3-4 μ (fig. 61). **Hábitat**: IX-XI; en bosques de coníferas o planifolios, aislado; no es raro. **Nota**: Es la única especie del género con el sombrero ciliado, por consiguiente, fácil de identificar.

Ripartites metrodii

Ripartites metrodii Huijsman

Caracteres: Sombrero de 1,5-4 cm de ancho, blanco, pronto cubierto de manchitas ocres, centro por lo general hundido, cutícula con brillo mate, glabra, con el margen ligeramente tomentoso o dentado; láminas blanquecinas durante largo tiempo, luego color cárneo; pie cárneo pardusco, totalmente blanco flocoso; esp. espinulosas pero romas, 4,5-6 x 3,5-5 μ (fig. 62). **Hábitat**: IX-X; en bosques de coníferas y mixtos, en especial en bosques musgosos de píceas; disperso, localmente frecuente. **Nota**: Es muy fácil confundirlo con una especie de *Clitocybe* de tonos blancos.

Kuehneromyces mutabilis

Kuehneromyces mutabilis (Schaeff.: Fr.) A. H. Sm.
(Fam. Strophariaceae)

Caracteres: Sombrero de 2-6 cm de ancho, amarillo oliváceo, ocre o pardo rojizo, higrófano, se decolora a partir del centro, margen largo, más oscuro, cutícula seca, glabra o finamente flocosa; láminas color cárneo pardo o pardo rojizo, ampliamente adnatas; pie amarillento pálido, pardusco hacia la parte inferior, con anillo membranoso y flocoso escamoso por debajo; espp. pardo herrumbroso; esp. elipsoidales, lisas, 6,5-8 x 3,5-4,5 μ, con p. g. (fig. 63), tr. regular. **Hábitat**: V-XI; por lo general sobre madera de planifolio muerta, más raramente de conífera, en fascículos abundantes; frecuente; saprotrófico. **Confusiones**: *Galerina marginata* (mortal, p. 380), V. géneros *Pholiota* e *Hypholoma*.

Comestible; excelente, se puede usar en sopas y mezclado con otras especies, pero se recomienda usar sólo los sombreros.

Género **Bolbitius**
Fam. Bolbitiaceae

C. fr. gráciles, sombreros de carne delgada, colorido, glutinoso en condiciones húmedas; láminas cortamente adheridas; pies secos, no armillados; espp. pardo herrumbrosa; esp. elipsoidales, lisas, con p. g.; dermis celular; tr. regular; saprotrófico coprófilo, raramente sobre madera.

Bolbicio amarillo yema

Bolbitius vitellinus (Pers.: Fr.) Fr. (foto superior)
e. Bolbizio hori, *in.* Yellow fieldcap

Caracteres: Sombrero de 1-5 cm de ancho, amarillo dorado vivo, amarillo verdoso u oliváceo, al envejecer se decolora, anchas estrías en el margen; láminas blanquecino amarillentas, al madurar de amarillo ferruginoso a pardo herrumbroso, muy delgadas, densas; pie de blanco a amarillo, de totalmente flocoso a dibujado en zigzag, hueco y muy quebradizo; esp. 10(12)-15 x 7,5-9 µ (fig. 64). **Hábitat**: V-XI; sobre bostas de vaca y caballo, suelos abonados, cultivos, prados, sobre tierra y troncos pequeños; frecuente. **Nota**: En lo que respecta a color, forma y tamaño es una especie muy variable. La var. *titubans* tiene la carne muy delgada y estriada, mientras que la var. *variicolor* es más consistente y tiene el sombrero amarillo verdoso u oliváceo. Como todas las especies coprófilas, el tamaño depende mucho de las condiciones ambientales.

Bolbitius coprophilus

Bolbitius coprophilus (Peck) Hongo (foto central)

Caracteres: Sombrero de 2-8 cm de ancho, rosa al principio, pronto gris blanquecino, marrón en la zona estriada del margen; láminas color tierra a pardo herrumbroso al madurar; pie blanquecino, muy flocoso-escamoso, a veces radicante; esp. casi romboidales, de sección aplanada, 12-16 x 9-12 x 7,5-8 µ (fig. 65). **Hábitat**: V-VIII(X); sobre bostas de caballo mezcladas con paja, raro. **Nota**: Esta especie poco conocida es desde hace algunos años muy frecuente en Berlín.

Bolbitius reticulatus

Bolbitius reticulatus (Pers.: Fr.) Ricken (foto inferior)
Sin.: *B. aleuriatus*

Caracteres: Sombrero de 1-4 cm de ancho, de gris a gris liláceo, superficie lisa o con una redecilla de venas oscuras que se inicia en el centro; láminas blanquecinas bastante tiempo, después pardo herrumbrosas; pie blanco, flocoso; esp. 8,5-10(11) x 4,5-6 µ. **Hábitat**: VI-X; sobre madera de planifolio en descomposición, como hayas, abedules, álamos, por lo general aislado; relativamente raro. **Nota**: Por su biotopo, a primera vista parece del género *Pluteus*, pero no tiene láminas libres. Durante mucho tiempo se separó en dos especies las variedades de sombrero liso y venoso, pero esta división no obedecía a un argumento consistente.

Género **Agrocybe**
Fam. Bolbitiaceae

C. fr. de delgados a carnosos, sombreros por lo general glabros, de seco a glutinoso, higrófano o no, en ocasiones con restos del velo; láminas anejas adheridas o sinuadas; pies secos, con o sin anillo, a veces radicantes; espp. marrón o pardo herrumbrosa; esp. elipsoidales, lisas, con o sin p. g.; dermis celular-himeniforme; tr. regular; saprotrófico, raramente parásito.

Agrocybe praecox

Agrocybe praecox (Pers.: Fr.) Fayod

Caracteres: Sombrero de 3-8 cm de ancho, amarillento paja, ocre claro, a menudo bicolor cuando está húmedo, algo higrófano, centro por lo general umbonado, cutícula seca, en condiciones secas se agrieta; láminas claras durante bastante tiempo, maduras marrones, anejas adheridas; pie amarillento claro, con anillo membranoso teñido de marrón por las esporas; olor a cacao cuando no está dañado, a harina rancia al madurar; sabor amargoso; esp. 8-12 x 5,5-7 µ, p. g. apreciables. **Hábitat**: V-VI; en bosques de planifolios o mixtos, parques, jardines; frecuente. **Confusiones**: *Agrocybe dura* (ctro.).

Agrocybe dura

Agrocybe dura (Bolton: Fr.) Singer

Caracteres: Sombrero de 3-10 cm de ancho, amarillento ocre o blanquecino, carnoso, de semiesférico a convexo-aplanado, cutícula ligeramente glutinosa, en condiciones secas se agrieta, margen cubierto por restos fibrosos del velo; láminas sinuadas, jóvenes a menudo violeta, más tarde marrón; pie blanquecino, algo flocoso, con una zona anular fibrosa y fugaz bastante arriba; carne bastante consistente; olor a cacao cuando no está dañado, a hierba cuando se frota; sabor suave; esp. 9-12 x 6-7 µ, p. g. apreciables. **Hábitat**: VI-VII(IX); zonas herbosas del bosque, prados, pastos, cultivos, parques adobados; bastante frecuente. **Confusiones**: *Agrocybe praecox* (arriba).

Agrocibe pardo

Agrocybe erebia (Fr.: Fr.) Kühner
in. Dark fieldcap

Caracteres: Sombrero de 2-8 cm de ancho, de chocolate a pardo oscuro, higrófano, seco sólo pardo cartón, cutícula glutinosa, zona marginal con restos flocosos del velo; láminas adnatas, jóvenes pardusco claro; pie pardo pálido, más oscuro hacia la base, con estrías longitudinales y anillo membranoso; sabor de suave a amargoso; esp. 9,5-14 x 5,5-7 µ, sin p. g. **Hábitat**: VI-IX(X); en bosques de planifolios y mixtos, márgenes de caminos, parques y jardines, a veces en fascículo; disperso. **Nota**: Gracias a los colores oscuros no es fácil confundirlo.

Seta de chopo

Agrocybe cylindracea (DC.: Fr.) Maire Sin.: *A. aegerita*

c. Pollancró, *e.* Makal ziza, *g.* cogumelo de choupos, *in.* Poplar fieldcap

Caracteres: Sombrero de 4-10 cm de ancho, joven casi pardo chocolate, pero pronto se decolora casi hasta beige desde el margen hacia el centro, cutícula mate, seca, ya de joven escrobiculado-arrugada, en condiciones secas se agrieta; láminas blancas durante bastante tiempo, al madurar color tabaco, muy densas, delgadas, a veces levemente decurrentes; pie blanquecino, con estrías longitudinales y anillo grueso con estrías en la parte superior; carne blanquecina, relativamente consistente; olor y sabor agradable, neutro; esp. 8,5-12(15) x 5-6(7) μ, p. g. pequeños. **Hábitat**: V-X; crece en fascículo sobre troncos de planifolios vivos o muertos, en especial de chopos, en Europa central sólo en tiempo cálido o zonas propicias (como en zonas vinícolas); raro. **Nota**: Es una especie frecuente en la zona mediterránea, donde se puede encontrar incluso durante meses de invierno. Es el único parásito de su género.

Comestible; buena especie culinaria.

Agrocybe putaminum

Agrocybe putaminum (Maire) Singer

Caracteres: Sombrero de 2-5 cm de ancho, ocre pardusco uniforme, recuerda un poco a *Hebeloma*, sin restos del velo, al principio esférico, luego ampliamente umbonado, carnoso, cutícula seca y mate; láminas ocre, pronto oliváceo herrumbroso oscuro, muy densas, sinuadas; pie del color del sombrero, con fibras longitudinales, pulverulento en toda su extensión (cistidios pilosos), sin anillo, base a menudo con cordones miceliares blanquecinos; carne color madera pálido; olor a cacao cuando no está dañado, levemente harinoso al cortarlo; sabor harinoso y amargo; esp. 9,5-12 x 6-7,5 μ, con p.g. **Hábitat**: VI-VIII; en bosques de planifolios y mixtos, parques, entre restos de madera; raro. **Nota**: Entre compost con restos de madera parece ser bastante común. **Confusiones**: *Agrocybe firma* (abajo).

Agrocybe firma

Agrocybe firma (Peck) Kühner

Caracteres: Sombrero de 2-5 cm de ancho, de oliváceo oscuro a pardo negro, algo higrófano, al secarse se decolora a ocre pardusco, sin rastros del velo, cutícula seca, joven de pruinoso a casi aterciopelado, superficie a veces arrugada o con escrobículas; láminas ocre oliváceo, sinuadas; pie más claro que el sombrero, color madera claro, totalmente flocoso, sin anillo; olor harinoso al cortarlo; sabor harinoso y a la vez amargo; esp. 6-8,5 x 4-5 μ, p. g. pequeños. **Hábitat**: VII-X; sobre madera de planifolio muerta, en descomposición; raro. **Nota**: Pertenece a un grupo de *Agrocybe* cuyos sombreros y pies en lugar de velo presentan densos cistidios filiformes. **Confusiones**: *Agrocybe putaminum* (ctro.).

Agrocybe arvalis

Agrocybe arvalis (Fr.: Fr.) Singer

Caracteres: Sombrero de 1-5 cm de ancho, de amarillento a ocre rojizo, algo higrófano, al secarse se decolora, centro más o menos umbonado, cutícula de aspecto grasiento pero no glutinosa, con arrugas radiales a partir del umbón; láminas sinuadas, muy densas; pie de color madera claro a amarillento, sin anillo, pulverulento en toda su extensión, radicante y con cordones miceliares claros de los cuales emerge un esclerocio oscuro; carne amarillenta-madera; sabor algo amargoso; esp. 8-10 x 5-6 µ, con finos p. g.; pleurocistidios con apéndices digitiformes (fig. 66). **Hábitat**: VII-IX; en campos, cultivos y prados, parques (sobre restos de madera); raro. **Nota**: Los esclerocios que se encuentran en el suelo pasan fácilmente desapercibidos.

Agrocybe semiorbicularis

Agrocybe semiorbicularis (Bull.) Fayod Sin.: *A. pediales*

Caracteres: Sombrero de 1-3 cm de ancho, amarillento ocre uniforme, de esférico a plano-convexo, en condiciones húmedas cutícula algo glutinosa, margen sin restos del velo; láminas beige claro durante bastante tiempo, a menudo con tonos grises, finalmente pardo herrumbrosas, sinuadas; pie de amarillento a ocre claro, algo flocoso-fibroso, por lo general sin restos de velo, relativamente elástico; olor y sabor a harina rancia; espp. no muy oscura (pardo herrumbrosa); esp. 10-14 x 7,5-9 µ, con p. g.; sólo con queilocistidios. **Hábitat**: V-IX; en zonas herbosas, prados, cultivos, céspedes secos, en grupo; frecuente. **Nota**: Es una de las especies más habituales en prados, se reconoce por el olor harinoso-rancio. A menudo habita junto a *Panaeolina foenisecii* (p. 394). **Confusiones**: *Agrocybe splendida* (p. 324).

Agrocybe splendida

Agrocybe splendida Clémençon

Caracteres: Sombrero de 1-4,5 cm de ancho, ocre rojizo, pardo ocre, de esférico a plano-convexo, cutícula glutinosa, húmeda también reluciente, en ocasiones con restos digitiformes del velo en el margen; láminas primero gris beige, más tarde color tabaco, sinuadas; pie del color del sombrero, flocoso-fibroso, a veces con zona anular fugaz, más o menos radicante; olor y sabor a harina rancia; espp. color tabaco oscuro; esp. 12-15 x 7,5-10 µ, con p. g.; con queilocistidios y pleurocistidios. **Hábitat**: VI-IX; en zonas herbosas muy abonadas, márgenes de prados con bostas de caballo, cultivos; raro. **Nota**: esta especie, todavía poco conocida, se distingue de la usual *A. semiorbicularis* por su sombrero reluciente y provisto de restos del velo.

Género **Stropharia**
Fam. Strophariaceae

Sombreros de glutinoso a mucilaginoso, a menudo con flocos; láminas por lo general gris violeta, sinuadas; pies por lo general armillados; olor a hierba fresca al cortarlo (típico olor de este género); espp. de pardo purpúreo a violeta oscuro; esp. elipsoidales, lisas, con o sin p. g.; a menudo con crisocistidios (fig. 13); tr. regular; saprotróficos terrícolas o lignícolas.

Estrofaria verde

Stropharia aeruginosa (M. A. Curtis: Fr.) Quél.
e. Sorgin berdeska, *in.* Green agaric

Caracteres: Sombrero de 3-8 cm de ancho, verde oscuro, azul verdoso, al envejecer amarillento mostaza, cutícula mucilaginosa, con escamas blanquecinas laxamente distribuidas; láminas maduras violeta pardo oscuro, con las aristas blancas; pie verdoso azul, con anillo, por debajo con escamas escuarrosas; esp. 7-9 x 4-5,5 μ, sin p. g.; con queilocistidios capitiformes (fig. 67). **Hábitat**: IX-XI; en bosques de planifolios o coníferas, sobre el suelo o sobre madera muerta; frecuente. **Confusiones**: *Stropharia caerulea* (ctro.).
Comestible; tras retirar la cutícula se puede usar mezclado con otras especies.

Stropharia caerulea

Stropharia caerulea Kreisel

Caracteres: Sombrero de 2-6 cm de ancho, muy parecida a *Stropharia aeruginosa* (arriba), pero sin tonos grises en las láminas; pie con una zona anular poco marcada; esp. 7-10 x 4-5 μ, sin p. g.; con queilocistidios ventricoso-ampuliformes (fig. 68). **Hábitat**: IX-XI; en bosques luminosos, bordes de caminos, parques y jardines, entre ortigas, en zonas ruderales; frecuente. **Confusiones**: *Stropharia aeruginosa* (arriba).
Comestible; V. arriba.

Stropharia rugosoannulata

Stropharia rugosoannulata Farl.

Caracteres: Sombrero de 5-15(20) cm de ancho, de gris a pardo rojo, cutícula casi seca, que se agrieta; láminas con tonos violeta durante tiempo; pie pálido con anillo toscamente dentado y estriado por la parte superior; espp. violeta negra; esp. 10-14 x 6,5-8 μ, con p.g. **Hábitat**: VI-X; en parques, jardines, suelos abonados, restos de madera; disperso, en aumento. El sabor recuerda a patatas crudas. **Confusiones**: *Stropharia hornemannii* (p. 328).
Comestible; si no se calienta bien puede provocar molestias digestivas. Las personas con sensibilidades gástricas deben evitar consumirla.

Stropharia hornemannii

RL 3

Stropharia hornemannii (Fr.: Fr.) S. Lundell & Nannf.

Caracteres: Sombrero de 5-12 cm de ancho, de color marfil, ocre, gris cárneo o pardusco rosa, cutícula húmeda mucilaginosa, por lo general glabra; pie blanquecino amarillento con anillo estriado por la parte superior, con escamas aplicadas por debajo; olor dulce; esp. 10-13 x 6-7 µ, con p.g. **Hábitat**: VIII-X; en bosques de coníferas, sobre astas de pícea muy descompuestas, en piso montano o alpina; raro. **Nota**: Aunque no es muy tóxico, se considera el doble peligroso de *Stropharia rugosoannulata*. Sin embargo, dado que el biotopo de ambas especies es esencialmente distinto, no se deberían confundir. Se debe observar el sombrero mucilaginoso y el anillo diferente. El anillo puede faltar en algunos ejemplares o estar reducido a una zona grasosa cerca de la zona del margen. **Confusiones**: *Stropharia rugosoannulata* (p. 326).

Tóxico; a causa de su rareza no se tiene un amplio conocimiento de los efectos tóxicos.

Estrofaria coronita

Stropharia coronilla (Bull.: Fr.) Quél.

e. Sorgin horiska, *in.* Garland roundhead

Caracteres: Sombrero de 2-4 cm de ancho, blanquecino, amarillento u ocre claro, cutícula glutinosa, glabra; láminas jóvenes gris pálido, maduras púrpura pardo; pie blanco, con anillo delgado, colgante, toscamente estriado en la parte superior; esp. 6-8 x 4-5 µ, sin p. g. **Hábitat**: VII-X; en prados, pastos, céspedes, bordes herbosos, por lo general aislado; frecuente. **Confusiones**: *Stropharia albonitens* (p. 330), *Agaricus comtulus* (p. 70).

Ligeramente tóxico; durante mucho tiempo se consideró inocuo. El consumo de grandes cantidades causa alucinaciones pasajeras, ligadas a otros síntomas desagradables. Tiempo de latencia de 1/4-2 horas. Contiene psilobicina y psilocina.

Stropharia squamosa

Stropharia squamosa (Pers.: Fr.) Quél.

Caracteres: Sombrero de 2-5 cm de ancho, de amarillento a ocre, a menudo con el centro pardusco (sombrero anaranjado: var. *thrausta*), cutícula glutinosa, con flocos laxamente distribuidos; láminas maduras pardo púrpureo oscuro, moteadas (como los *Panaeolus*), aristas más claras; pie blanquecino, tenaz, siempre delgado, a menudo con dobladillo a la altura del anillo, anillo membranoso, con escamas por debajo; sabor de suave a amargo; espp. violeta negruzca; esp. 12-14 x 7-8,5 µ, con p. g. **Hábitat**: (V)VIII-XI; en hayedos, sobre el suelo o sobre madera muerta, enterrada o ramitas, a menudo abundante (foto); relativamente frecuente. **Confusiones**: V. *Agrocybe* (p. 320).

Tóxico.

Stropharia albonitens

Stropharia albonitens (Fr.) P. Karst. (foto izda. superior)

Caracteres: Sombrero de 2-4 cm de ancho, blanquecino, con la zona apical amarillenta, con umbón prominente, afilado, cutícula glutinosa, glabra; láminas maduras pardo púrpura oscuro, con las aristas más claras; pie blanco, con anillo delgado, fugaz; esp. 7-9 (10) x 4-5 μ, con p. g.; con queilocistidios delgados y protuberancias (fig. 69). **Hábitat**: VIII-X; en zonas herbosas, aislado; raro. **Confusiones**: *Stropharia coronilla* (p. 328), *S. semiglobata* (abajo).

Estrofaria semiglobulosa

Stropharia semiglobata (Batsch: Fr.) Quél. (foto dcha. superior)
e. Gorotz-sorgin txiki, *in.* Dung roundhead

Caracteres: Sombrero de 1-4 cm de ancho, de blanquecino a amarillento, con la zona apical ocre claro, esférico primero, después convexo-aplanado, cutícula mucilaginosa; láminas maduras violeta negruzco, manchadas, con las aristas blancas; pie blanquecino, mucilaginoso, con anillo joven ascendente y embudado, radicante; esp. 13,5-20 x 8-10 μ. **Hábitat**: VI-X; sobre suelos con estiércol, montones de abono, prados, cultivos; relativamente frecuente. **Confusiones**: *Stropharia albonitens* (arriba), *Panaeolus semiovatus* (p. 396).

Stropharia aurantiaca

Stropharia aurantiaca (Cooke) P. D. Orton (foto central)

Caracteres: Sombrero de 2-5 cm de ancho, de naranja a rojo sangre, cutícula mucilaginosa, escamas blanquecinas distribuidas por el margen; láminas maduras gris violeta, con tonos suaves (recuerda al género *Hypholoma*), con las aristas más claras; pie de blanquecino a amarillento, delgado, sin anillo membranoso, con escamas fibrosas en la parte inferior; esp. 10-13 x 6-7,5 μ, con p. g. **Hábitat**: IX-XI; sobre restos de madera muerta, ramitas; muy raro. **Nota**: Esta especie todavía poco conocida en Europa central, parece volverse paulatinamente más oscura. **Confusiones**: Ejemplares rojizos de *Stropharia squamosa* var. *thrausta*.

Stropharia inuncta

RL 3

Stropharia inuncta (Fr.) Quél. (foto inferior)

Caracteres: Sombrero de 2-4 cm de ancho, beige pardusco o de violeta a gris púrpura, de carne delgada, cutícula mucilaginosa, glabra, por lo general con restos blanquecinos del velo en el margen; láminas maduras púrpura pardusco; pie blanco, con anillo membranoso, delgado, fibroso por debajo; esp. 7-9 x 4-5 μ, con p. g. **Hábitat**: IX-XI; en bosques de planifolios o mixtos, a menudo en zonas herbosas, húmedas; raro. **Confusiones**: *Stropharia albonitens* (arriba).

Género **Pholiota**
Fam. Strophariaceae

Sombreros de glabro a escamosos, glutinoso o mucilaginoso, no higrófano; láminas sinuadas; pie con o sin zona anular; espp. ocre o pardo herrumbrosa; esp. elipsoidales, lisas, con p. g. a menudo pequeños, raramente faltan; láminas con cristocistidios; tr. regular; parásitos y saprotróficos lignícolas (causa pudrición blanca).

Seta de chopo destructora

Pholiota populnea (Pers.: Fr.) Kuyper & Tjall.-Beuk.
Sin.: *P. destruens*
e. Makalhikari, *in.* Yellow laminated butt rot of poplars

Caracteres: Sombrero de 5-15 cm de ancho, de gris pálido a amarillo pardusco, con escamas fibrosas apendiculadas, que sobresalen del margen, cutícula seca; láminas claras primero, más tarde pardo herrumbrosas; pie compacto, con toscas fibras y zona anular fibrosa; carne blanquecina; sabor amargo; esp. 7,5-9,5 x 5-6 µ, sin p. g. evidentes. **Hábitat**: IX-XI; sobre tocones y ramas de chopo vivas, a veces crece en fascículo; de disperso a frecuente en algunos lugares; parásito y luego saprotrófico mucho tiempo. **Nota**: Se puede reconocer por el color, el hábitat y el sabor.

Foliota escamosa

Pholiota squarrosa (Pers.: Fr.) P. Kumm.
e. Egur-ziza ezkatatzu, *in.* Scaly agaric

Caracteres: Sombrero de 4-8(12) cm de ancho, de amarillo paja a pardo amarillo, con escamas escuarrosas, distantes y oscuras, cutícula seca; láminas de amarillo oliváceas a pardo herrumbrosas; pie con escamas escuarrosas por debajo de la zona anular flocoso escamosa; carne amarillenta pálida, parda en la base del pie; olor intenso a especias; esp. 6,5-8 x 4-4,5 µ, con p. g. **Hábitat**: IX-XI; en la base del tronco de planifolios y coníferas, en fascículo; muy frecuente; parásito sobre las raíces y bases de troncos. **Nota**: Es un parásito temido que afecta árboles frutales. **Confusiones**: Con la esporada blanca: género *Armillaria* (p. 102).
Comestible; se debe hervir previamente.

Foliota de piel dorada

Pholiota aurivella (Batsch.: Fr.) P. Kumm. Sin.: *P. cerifera*
g. Fungo das choupeiras, *in.* Golden scalycap

Caracteres: Sombrero de 5-15 cm de ancho, amarillo dorado vivo, con escamas oscuras laxamente distribuidas, que flotan en el mucílago de la cutícula; láminas de amarillento ferruginoso claro a pardo herrumbroso; pie amarillento, con o sin escamas de amarillentas a pardo herrumbrosas; por lo general seco, glutinoso sólo de joven; carne amarillenta pálida; esp. 7-10 x 4,5-6 µ, con p. g. **Hábitat**: IX-XI; en planifolios vivos o muertos, a menudo en el tronco a cierta altura, en fascículo; relativamente frecuente; parásito y saprotrófico. **Confusiones**: *Pholiota adiposa* (p. 334).

Pholiota adiposa

Pholiota adiposa (Batsch.: Fr.) P. Kumm.

Caracteres: Sombrero de 5-12 cm de ancho, amarillo dorado, con escamas pardo oscuras toscas y como adheridas, cuyos extremos pueden levantarse según las condiciones ambientales, cutícula mucilaginosa; láminas pardo herrumbrosas; pie amarillento-pardusco, con zona anular poco diferenciada debajo de la cual tiene escamas como las del sombrero, en tiempo húmedo, de glutinoso a mucilaginoso; carne amarillenta; esp. 5,5-6,5 x 3-4 µ, con p. g. **Hábitat**: VIII-X; sobre troncos de planifolio muertos, en especial de *Fagus sylvaticus*, prefiere suelo calizo, crece en fascículo; relativamente raro. **Nota**: Las esporas más pequeñas y el pie más viscoso le distinguen de *Pholiota aurivella*. *P. jahnii* tiene también esporas pequeñas pero el pie seco. **Confusiones**: *Pholiota aurivella* (p. 332).

Foliota llameante

Pholiota flammans (Fr.) P. Kumm.

e. Egur-ziza horilaranja, *in.* Flamming scalycap

Caracteres: Sombrero de 3-6(8) cm de ancho, de llamativo amarillo limón a color yema, también anaranjado, con escamas escuarrosas, destacadas, amarillo limón, margen con barba apendiculada, cutícula seca (excepto en clima muy húmedo); láminas amarillo limón al principio, después ferruginoso; pie del color del sombrero, con zona anular escamosa, con escamas escuarrosas amarillas por debajo, superficie seca; carne amarillo limón; olor algo mohoso; sabor amargo; esp. 4-5 x 2-2,5 µ, sin p. g. evidentes. **Hábitat**: VII-X; en ramas y tocones de conífera, en especial píceas y pinos, raramente también sobre planifolios; relativamente frecuente en algunos lugares, sobre todo a partir de piso submontano. **Nota**: En caso de duda, esta especie de colorido vistoso se reconoce por el gusto amargo. **Confusiones**: *Pholiota squarrosa* (p. 332), *P. aurivella* (p. 332).

Incomestible a causa del sabor amargo.

Pholiota astragalina

Pholiota astragalina (Fr.) Singer

Caracteres: Sombrero de 2-7 cm de ancho, naranja azafrán, rosa rojo, naranja rojo, más amarillento hacia el margen y joven cubierto por fibras amarillentas, sedosas, del velo, pronto glabro, cutícula algo glutinosa en clima húmedo; láminas con tonos amarillos, al principio, después naranja herrumbroso; pie cubierto de escamas fibrosas o con zigzag sobre fondo naranja amarillento, seco; carne azafrán amarillento, al cabo de un tiempo ennegrece al corte, sobre todo en el pie; sabor amargoso; esp. 6-7 x 4-4,5 µ, sin p. g. evidentes. **Hábitat**: IX-XI; sobre tocones de conífera, en especial de píceas y pinos, crece en fascículo; disperso. **Confusiones**: *Hypholoma sublateritium* (p. 342).

Incomestible a causa del sabor amargo.

Pholiota lenta

Pholiota lenta (Pers.: Fr.) Singer

Caracteres: Sombrero de 3-10 cm de ancho, de cárneo a pardusco arcilla, casi blanquecino hacia el margen, cutícula mucilaginosa, con dispersos restos blancos del velo, inmersos en el mucílago, borde con cortina durante bastante tiempo; láminas amarillo oliváceas claras, al principio, después casi pardo arcilla; pie blanquecino, fibroso-escamoso, con leve cortina en el ápice (parecido a los *Cortinarius*), seco; carne blanquecina, pardusca en la zona del pie; sabor rafanoide; esp. elipso-faseoliformes, 6-8 x 3,5-4,5 μ, con p. g. **Hábitat**: IX-XI; en bosques de planifolios, más raro entre coníferas, sobre el suelo o gruesas ramas; frecuente. **Nota**: Si no se tiene en cuenta el hábitat, esta especie suele confundirse con *Cortinarius*. **Confusiones**: *P. lubrica* (ctro).

Comestible; buena para mezclar con otras especies. Usar sólo los sombreros.

Pholiota lubrica

Pholiota lubrica (Pers.: Fr.) Singer

Caracteres: Sombrero de 3-8 cm de ancho, de color canela a pardo, margen joven blanquecino, cutícula mucilaginosa, con flocos blancos laxamente distribuidos, inmersos en el mucílago, borde con barbas que cuelgan; láminas jóvenes blanquecinas, después amarillo oliváceo; pie primero blanquecino, paulatinamente pardusco hacia abajo, flocoso-escamoso excepto en el ápice, superficie seca; carne blanquecina, en el pie pronto pardusca; sabor levemente rafanoide; esp. elipso-faseoliformes, 6-7 x 3,5-4 μ, con p. g. **Hábitat**: VIII-X; sobre madera muerta de planifolio o conífera, sobre la tierra, entre acículas de pino u hojarasca, en especial sobre suelo ácido; disperso. **Nota**: Esta especie y la anterior están estrechamente emparentadas y pertenecen a las especies de sombrero especialmente mucilaginoso. Las escamas blancas son muy fugaces. **Confusiones**: *Pholiota lenta* (arriba).

Comestible; valor parecido al de *Pholiota lenta* (arriba).

Pholiota gummosa

Pholiota gummosa (Lasch) Singer

Caracteres: Sombrero de (1)2-6 cm de ancho, de color paja claro a amarillo verdoso, cutícula húmeda evidentemente glutinosa, pronto seca, con pequeñas escamas parduscas, poco densas; láminas primero amarillento claro, después casi color arcilla; pie del color del sombrero, con escamas oscuras, seco; carne verdosa amarillenta pálida; esp. 5,5-(7)8 x 3,5-4(5) μ, con p. g. **Hábitat**: VIII-XI; sobre madera muerta o enterrada, en especial de sauce, aliso, tilo, crece en fascículo; relativamente frecuente. **Nota**: Cuando la lluvia arrastra las pequeñas escamas del sombrero, se puede confundir con una especie de *Hypholoma*.

Comestible; pero sin valor culinario.

Pholiota alnicola

Pholiota alnicola (Fr.) Singer Sin.: *P. amara*

Caracteres: Sombrero de 3-8 cm de ancho, de verde amarillento a pardo amarillo vivo, a veces con manchas herrumbrosas, cutícula glutinosa en tiempo húmedo, por lo general glabra, margen joven cubierto de fibras blancas del velo; láminas primero amarillentas, con tonos oliváceos al madurar; pie amarillento, pardo herrumbroso hacia la base, levemente escamoso o glabro, con o sin zona anular fibrosa; carne amarillenta pálida, pardo herrumbrosa en el pie; olor intenso a especias (recuerda a *Pholiota squarrosa*), a menudo también afrutado, en ocasiones sin olor; sabor suave o amargo; esp. casi amigdaliformes, 7,5-11 x 4-5,5 µ, con p. g. **Hábitat**: VIII-X; sobre madera muerta de planifolio, en bosques húmedos, sobre tocones de aliso, serbal, haya, abedul, etc.; relativamente frecuente. **Confusiones**: *Hypholoma* (p. 342), en bosques de coníferas: *Pholiota spumosa* (abajo), sobre sauces, con esporas pequeñas: *P. conissans.*

Foliota pirófila, F. de las carboneras

Pholiota carbonaria (Fr.: Fr.) Singer Sin.: *P. highlandesis*
e. Baso erretako egur-ziza, *in.* Bonfire scalycap

Caracteres: Sombrero de 1-4 cm de ancho, de color cárneo o amarillo a pardo rojo, amarillento, ocre rojizo, con el margen por lo general más claro, con leves restos filamentosos del velo, cutícula glutinosa; láminas primero pálidas, al madurar pardo oliváceo sucio; pie más claro que el sombrero, de amarillento a pardusco, flocoso-fibroso, con zona anular conspicua en la parte alta; carne blanquecina, pardusca en la base del pie; sabor suave o amargo; esp. 6-8 x 3,5-4,5 µ, con p.g. **Hábitat**: VI-X; en emplazamientos de fuego, entre carboneras, bosques de coníferas quemados, sobre tocones carbonizados, en grupo; relativamente frecuente. **Nota**: Esta especie se reconoce por el hábitat donde aparece. Pertenece a los habitantes típicos de lugares quemados. **Confusiones**: *Pholiota spumosa* (abajo), *Hebeloma mesophaeum* (p. 294).

Pholiota spumosa

Pholiota spumosa (Fr.) Singer

Caracteres: Sombrero de 2-5 cm de ancho, de amarillo limón claro a oscuro, tirando a pardusco en el centro, cutícula glabra, mucilaginosa en tiempo húmedo, con algunos restos del velo en el margen; láminas primero amarillentas hasta amarillo vivo, después pardo oliváceo; pie amarillento pálido, paulatinamente pardusco hacia la base, fibroso en toda su extensión, con una especie de cortina pardusca en el ápice formada por las esporas caídas; carne amarillo limón; sabor por lo general suave, a veces amargoso; esp. 6-8 x 3-4,5 µ, con p. g. **Hábitat**: VIII-X; sobre ramitas muertas de conífera y sobre la tierra en bosques de coníferas, bajo píceas o pinos; disperso. **Confusiones**: *Pholiota alnicola* (arriba), *P. carbonaria* (ctro.), *P. scamba* (p. 340), *Hypholoma capnoides* (p. 342).

Pholiota scamba

Pholiota scamba (Fr.: Fr.) M. M. Moser

Caracteres: Sombrero de 1-3 cm de ancho, de ocre pálido a amarillento oliváceo, cutícula sedosa, mate, glabra y algo glutinosa, con el margen flocoso-dentado por los restos del velo; láminas primero amarillento pálido, después pardo oliváceo; pie amarillento pálido, apendiculado, corto, de forma curva; carne blanquecina-amarillenta; esp. elipso-faseoliformes, 7,5-9 x 4,5-5,5 μ, con p. g. **Hábitat**: VI-X; en bosques de coníferas, lugares húmedos, ramitas húmedas, según algunas fuentes también sobre madera de planifolio, prefiere suelos montañosos; raro. **Nota**: Pertenece a las especies más pequeñas de su género. El sombrero pálido y glabro no parece muy característico del género *Pholiota*. **Confusiones**: *Pholiota spumosa* (p. 338).

Pholiota oedipus

Pholiota oedipus (Cooke) P. D. Orton Sin.: *Phaeogalera oedipus*

Caracteres: Sombrero de 1-3(5) cm de ancho, pardo grisáceo oscuro o color cuerno, con el margen bastante más claro, higrófano, se decolore, cutícula glutinosa, margen joven con restos blancos del velo, después con estrías translúcidas; láminas primero blanquecinas, al madurar ocre parduscas; pie blanquecino, con fibras longitudinales y zona anular conspicua, fibrosa; carne pardusco pálido, sobre todo en el pie; esp. elipsoidales, 8-10 x 4,5-6 μ, p. g. poco evidentes. **Hábitat**: XI-IV; sobre el suelo, entre hojas de chopos o fresnos, en zonas riparias; raro. **Nota**: Es claramente una especie invernal, que crece cuando nadie sale a buscar setas. La foto fue tomada en marzo, en las cercanías de Bad Füssing (Bavaria).

Pholiota myosotis

RL 3

Pholiota myosotis (Fr.: Fr.) Singer Sin.: *Hypholoma myosotis*

Caracteres: Sombrero de 1-3(4) cm de ancho, de amarillo oliváceo a pardo oliváceo, pronto convexo-aplanado, cutícula glutinosa-viscosa, margen sin restos o con sólo un dobladillo pálido del velo; láminas primero amarillento sucio, después progresivamente parduscas aunque al final relativamente claras; pie del color del sombrero, algo flocoso-fibroso, por lo general muy largo y delgado, a menudo radicante, relativamente elástico; esp. amigdaliformes, 14-18,5 x 8-9 μ, con p. g. **Hábitat**: VIII-IX; en bosques húmedos y pantanos, en especial entre esfagno, de aislado a en grupo; raro. **Nota**: El nombre científico de esta especie podría traducirse como "orejitas de ratón". Su pertenencia a un grupo u otro sigue siendo controvertida en la actualidad. **Confusiones**: *Hypholoma elongatum* (p. 346).

Género **Hypholoma**
Fam. Strophariaceae

Sombreros secos, de glabro a fibroso-flocoso (con restos del velo), higrófano; láminas sinuadas; pies secos, sin anillo, a menudo con zona anular fibrosa; espp. marrón oscuro, a veces con tonos violetas; esp. elipsoidales, lisas, por lo general con p. g.; láminas con cristocistidios; tr. regular; por lo general crece en fascículo sobre madera; saprotrófico.

Hifoloma de láminas verdes

Hypholoma fasciculare (Huds.: Fr.) P. Kumm.
c. Bolet de pi, *e.* Suge-ziza mingots, *in.* Tufted yellow agaric

Caracteres: Sombrero de 2-6 cm de ancho, amarillento pálido, azufre o amarillo verdoso, de un solo color o con el centro ocráceo, entre totalmente glabro y fibroso sedoso en el margen o bordeado con restos del velo; láminas con brillo amarillo verdoso, al madurar pardo oliváceas oscuras; pie amarillento pálido, levemente fibroso; sabor muy amargo; esp. 6-8 x 4-4,5 μ, con p. g. evidentes. **Hábitat**: V-XI; sobre madera muerta de conífera o planifolio, ramas caídas y tocones; muy frecuente. **Confusiones**: *H. capnoides* (ctro.).
Tóxico; causa diarrea y vómitos. Tiempo de latencia de 1/2-3 horas. Sustancia tóxica: fasciculoides.

Hifoloma de láminas grises

Hypholoma capnoides (Fr.: Fr.) P. Kumm.
e. Suge-ziza gozo, *in.* Smokey-gilled hypholoma

Caracteres: Sombrero de 2-6 cm de ancho, ocre amarillento pálido, ocre cárneo, con el margen más claro y efímeros restos del velo; láminas gris humo durante largo tiempo, sin tonos amarillos; pie amarillento pálido, pardusco hacia la base, levemente fibroso; sabor crudo algo intenso, suave; esp. 6,5-8(9) x 4-5 μ, con p. g. evidentes. **Hábitat**: IX-X, sobre todo hacia finales del otoño; sobre tocones de conífera, en especial de pino o pícea; frecuente. **Confusiones**: *Hypholoma fasciculare* (tóxico, arriba).
Comestible; buena especie culinaria; usar sólo los sombreros.

Hifoloma de color ladrillo

Hypholoma sublateritium (Fr.) Quél.
c. Bolet de pi rogenc, *e.* Suge-ziza teilakolore, *in.* Brick-red agaric

Caracteres: Sombrero de 3-10 cm de ancho, rojo teja intenso, margen con restos verdoso amarillentos del velo, bastante exuberantes; láminas jóvenes gris verdosas, después pardo oliváceas; pie de blanquecino a amarillo pálido, pardusco hacia la base, superficie fibroso-flocosa, a menudo con una zona anular fibrosa; sabor amargo o amargoso; esp. 6-8 x 3,4-4,5 μ, con p. g. evidentes. **Hábitat**: VIII-XI; sobre tocones de planifolio; frecuente. **Nota**: Es la especie más grande de su género que crece en fascículo. Se puede reconocer por el color rojo teja y el exuberante velo. Al hervirlo el amargor desaparece. Ligeramente tóxico: V. arriba.

Hifoloma disperso

Hypholoma marginatum (Pers.: Fr.) J. Schröt. Sin.: *H. dispersum*
in. Snakeskin browny

Caracteres: Sombrero de 1-4 cm de ancho, amarillento, ocre pardusco u ocre rojizo, claramente higrófano, a menudo bicolor en su hábitat, margen blanco fibriloso a causa del velo; láminas jóvenes gris amarillentas, al madurar gris violeta oscuro con las aristas más claras; pie pardusco, con el ápice a menudo amarillento, oscurece hacia la base, fibriloso y con dibujos blancos en zigzag del velo; sabor amargo; esp. 7-9 x 4-5 μ, con p. g. evidentes. **Hábitat**: IX-XI; sobre madera de pícea o pino en descomposición, no crece en fascículo pero sí en grupo; relativamente frecuente. **Nota**: Se distingue de otros *Hypholoma* parecidos por crecer en grupo. **Confusiones**: *H. radicosum* (ctro.).

Hifoloma enraizado

Hypholoma radicosum J. E. Lange
in. Rooting browny

Caracteres: Sombrero de 2-6 cm de ancho, de amarillento a ocre pardusco, no higrófano, aplanado, margen cubierto por el velo, blanco y aplicado, que desaparece al envejecer; láminas jóvenes con tonos oliváceos, al madurar pardo oliváceas con las aristas más claras; pie con fibras y copos blanquecinos sobre fondo amarillo pardusco, a menudo largamente radicante; olor intenso, mohoso; sabor amargo; esp. 6-7(8) x 4-4,5 μ, p. g. no evidentes. **Hábitat**: VIII-XI; sobre tocones de conífera en avanzada descomposición, sobre todo de pícea, crece aislado; de disperso a frecuente en algunas zonas. **Nota**: La especie diferenciada por algunas fuentes como *Hypholoma epixanthum* es probablemente idéntica. El pie radicante es una característica típica. **Confusiones**: *Hypholoma marginatum* (arriba).

Hypholoma subericaeum RL 3

Hypholoma subericaeum (Fr.) Kühner

Caracteres: Sombrero de 0,8-4 cm de ancho, ocre amarillento, rojizo pardusco o pardo oliváceo, higrófano, se decolora al secarse, de hemisférico a convexo-aplanado, cutícula glabra, no glutinosa, en lugares muy húmedos, con brillo cristalino, sin restos del velo, estrías translúcidas en el margen sólo al envejecer; láminas primero gris amarillento pálido, más tarde pardo violeta; pie de blanquecino a amarillo miel, pardea hacia la base, casi glabro, finamente flocoso sólo en el ápice; olor levemente mohoso; sabor suave; esp. 7,5-9,5 x 4,5-5,5 μ, p. g. no evidentes. **Hábitat**: IX-XI; en bosques húmedos de planifolios, turberas o suelo fangoso, bordes de estanques y zanjas con agua; raro. **Nota**: *Hypholoma ericaeus* e *H. ericaeoides* son muy parecidas, se diferencian a nivel microscópico por las esporas.

Hypholoma elongatum

Hypholoma elongatum (Pers. em. Fr.) Ricken
Sin.: *H. elongatipes*

Caracteres: Sombrero de 1-2(3) cm de ancho, de ocre amarillento a amarillo oliváceo, seco, por lo general con estrías translúcidas en el margen, joven con cortina amarillenta; láminas primero blanquecinas, al madurar amarillas oliváceas, distantes; pie amarillento pardusco, con algunos copos blancos, dispersos, a menudo muy largo; esp. 9,5-11(13) x 5,5-7 µ, p. g. no evidentes. **Hábitat**: VII-XI; entre turberas (*Sphagnum* y *Polytrichum*), zonas boscosas húmedas, pantanosas, ciénagas; localmente frecuente.

Género **Coprinus**
Fam. Coprinaceae

Sombreros y láminas delicuescentes (se reducen a tinta al madurar); sombreros escamosos, hirsutos, brillante o glabros, con pliegues o surcos radiales; láminas primero pálidas, más tarde grisáceas, ennegrecen paulatinamente, anejas adheridas, raras veces libres; pies no (o muy raramente) armillado; espp. marrón oscuro o negra; esp. lisas o verrucosas, con p. g.; tr. regular; saprotrófico sobre madera o coprófilo.

Coprino micáceo

Coprinus micaceus (Bull.: Fr.) Fr.
e. Urbeltz mikadun, *g.* Puchos das cañotas, *in.* Glistening inkcap

Caracteres: Sombrero de 2-4 cm de ancho, de beige a ocre pardusco, glandiforme, con escamas finamente divididas, blancas u ocráceas, delicuescente; láminas densas, anejas; pie blanquecino, glabro; esp. en forma de mitra, aplanadas en sección transversal, lisas 7-10 x 5-7 x 4,5-5,5 µ, p. g. evidentes (fig. 70); gránulos redondeados en el sombrero (velo). **Hábitat**: V-XI; sobre tocones o madera de planifolio enterrada, crece en fascículo; frecuente. **Confusiones**: *Coprinus truncorum* (abajo).
Tóxico en asociación con alcohol (V. efectos de *C. atramentarius*, p. 350).

Coprinus truncorum

Coprinus truncorum (Scop.) Fr.

Caracteres: Sombrero de 2-6 cm de ancho, de beige a ocre pardusco, ampliamente esférico campanulado, joven con escamas ocres, pequeñas, flocoso-granulosas; láminas densas, adheridas; pie de blanquecino a ocre claro, joven algo pruinoso; esp. elipsoidales, no achatadas, lisas, 7-9,5(10) x 4,5-6 µ, p. g. no evidentes (fig. 71); velo compuesto por células redondeadas. **Hábitat**: V-VIII; sobre ramas o tocones de planifolio o sobre el suelo, a veces crece en fascículo; no es raro. **Nota**: Externamente no se puede diferenciar de *Coprinus micaceus*. **Confusiones**: *Coprinus micaceus* (arriba).
Valor comestible desconocido.

Coprino de las casas

Coprinus domesticus (Bolton.: Fr.) Gray

e. Urbeltz, *g.* Fungo dos pendellos, *in.* Firerug inkcap

Caracteres: Sombrero de 2-5 cm de ancho, beige claro, con el centro pardusco ocre, joven con velo que forma gránulos no muy densos, blanco pero pronto ocráceo; láminas muy densas, adheridas; pie blanco, con la base un poco bulbosa, a veces amarilla pardusca, con tomento miceliar pardo herrumbroso, más o menos desarrollado; espp. marrón oscuro; esp. faseoliformes, ligeramente reniformes de perfil, lisas 7,5-10 x 4-5(5,5) µ, (fig. 73); velo compuesto por células utriformes y alargadas. **Hábitat**: V-IX, sobre todo a principios de verano; sobre madera de planifolio muerta, en especial gruesas ramas caídas; relativamente frecuente. **Nota**: En esta especie el tomento miceliar pardo herrumbroso, a partir del cual surge el carpóforo, puede ser muy llamativo y estar cubierto por una fibra de varios decímetros, a veces difícil de apreciar u oculta bajo la corteza. *Coprinus disseminatus* (p. 356) puede presentar un tomento miceliar parecido. **Confusiones**: *Coprinus xanthothrix* (abajo).

Coprinus xanthothrix

Coprinus xanthothrix Romagn.

Caracteres: Sombrero de 2-4 cm de ancho, color marfil, beige u ocre claro, joven cubierto por un velo finamente granulado, de amarillento a pardusco; láminas densas, adheridas; pie blanco, muy quebradizo, con la base ligeramente bulbosa, a menudo blanco flocosa; espp. marrón oscuro; esp. elipsoidales, lisas, 8,5-10,5 x 5-6 µ; velo compuesto por células utriformes y alargadas. **Hábitat**: V-VIII, sobre el suelo o en ramitas de planifolio, por lo general aislado; en algunos lugares no es raro. **Nota**: Esta especie no presenta por lo general ningún ozonio (V. arriba). **Confusiones**: *Coprinus domesticus* (arriba).

Coprinus flocculosus

Coprinus flocculosus (DC.) Fr.

Caracteres: Sombrero de 1,5-4 cm de ancho, blanquecino, gris blanquecino, con la zona apical de beige a pardusca, joven totalmente cubierto por el velo afelpado, blanquecino, pronto deshecho en copos; láminas densas, adheridas; pie blanquecino, con copos blancos en la base a modo de corona; espp. negra; esp. elipsoidales, lisas, 12-16 x 7-9 µ; p. g. vistos de perfil laterales (fig. 72); velo compuesto por células e hifas cortas. **Hábitat**: VI-VIII, sobre suelos abonados, entre serrín y restos de madera, parques con abono, jardines; raro. **Nota**: Gracias al tomento miceliar blanco y cerrado se puede diferenciar externamente de especies parecidas. Con el microscopio se observan las grandes esporas con p. g. laterales.

Barbuda, Matacandil

Coprinus comatus (Müll.: Fr.) Pers.

c. Bolet de tinta, *e.* Urbeltz galpardun, *g.* Pucho de meigas, *in.* Maned agaric

Caracteres: Sombrero de 5-12 cm de altura, joven blanco puro, cilíndrico, con escamas blanquecinas, escuarrosas, zona apical glabra, algo más oscura, delicuescente, al madurar forma un líquido rojizo a partir del margen, finalmente negro y con aspecto de tinta; láminas primero blancas, después de rojizo a negro, muy densas, adnatas; pie blanco, con anillo en forma de cinturón, caduco, algo radicante; olor agradable, fúngico; especiado; espp. negra; esp. elipsoidales, lisas, 10-15 x 6-8 µ. **Hábitat**: V-XI, prados abonados, campos, cultivos, márgenes de caminos; frecuente. **Confusiones**: *Coprinus atramentarius* (ctro.), *C. picaceus* (p. 352).

Comestible; buena especie culinaria al principio. Se usan sólo ejemplares muy jóvenes, todavía cerrados y totalmente blancos.

Coprino alcohólico

Coprinus atramentarius (Bull.: Fr.) Fr.

e. Urbeltz gorritzaile, *g.* Fungo das sogras, *in.* Ink mushroom

Caracteres: Sombrero de 4-8 cm de ancho, de gris ceniza a gris pardusco, rara vez beige pardusco, superficie glabra, con pliegues radiales, zona apical a veces finamente escamosa; láminas primero grises, muy densas, adnatas; pie blanquecino, con escamas en la zona ensanchada, a veces radicante; espp. negra; esp. elipsoidales, lisas, 8-10(11) x 4,5-6 µ. **Hábitat**: V-XI, en bosques de planifolios y mixtos, parques, jardines, prados, márgenes de caminos, a menudo sobre madera enterrada, crece aislado o en fascículos; frecuente. **Confusiones**: *Coprinus comatus* (arriba), *C. acuminatus* (abajo) y *C. alopecia* (p. 352).

No puede consumirse junto con alcohol. La coprina que contiene mezclada con alcohol (antes o después de consumirlo) causa rosácea, acaloramiento, disnea y mareos.

Coprinus acuminatus

Coprinus acuminatus (Romagn.) P. D. Orton
Sin.: *C. atramentarius* var. *acuminatus*

Caracteres: Sombrero cerrado 2-4 cm de alto, de gris ceniza claro a gris pardusco, forma parabólica delgada, con la zona apical más o menos afilada, oscura, superficie finamente acanalada hasta el ápice; láminas jóvenes grises, muy densas, adheridas; pie blanquecino, algo escamoso en la parte inferior, ligeramente radicante; espp. negra; esp. elipsoidales, lisas, 9-12 x 4,5-5 µ. **Hábitat**: VIII-X, en bosques de planifolios, p. ej. bajo hayas, sobre suelo calizos o arcillosos, crece en fascículos o en grupo; raro. **Nota**: Esta especie es más pequeña y delgada que la parecida *Coprinus atramentarius*. Sin embargo, las esporas son más largas y delgadas. Valor comestible V. ctro.

Coprinus alopecia

Coprinus alopecia Lasch Sin.: *C.insignis*

Caracteres: Sombrero cerrado 3-7 cm de alto, de gris a gris pardusco, más pardo en la zona apical, de cilíndrico a parabólico, redondeado en el ápice, superficie joven cubierta por escamitas pilosas, pero rápidamente se vuelve glabrescente a partir del centro (de ahí el nombre *alopecia*); láminas jóvenes grises, muy densas, adnatas; pie blanco, cilíndrico, totalmente flocoso; espp. negra; esp. casi citriformes, toscamente verrucosas, 10-13 x 6,5-8 μ (fig. 74). **Hábitat**: VII-IX, sobre madera muerta o al pie de planifolios, crece en fascículos o en grupo; raro. **Confusiones**: *Coprinus atramentarius* y *C. acuminatus* (p. 350).

Tóxico en asociación con alcohol (V. *Coprinus atramentarius*, p. 350).

Coprino blanco y negro

Coprinus picaceus (Bull.: Fr.) Gray

c. Bolet de femer, *g.* Pratos de meiga, *in.* Magpie inkcap

Caracteres: Sombrero cerrado 4-10 cm de alto, pardo negro, joven totalmente cubierto por el velo blanco y afelpado, que se rasga de forma irregular al abrirse y entonces recuerda al plumaje de un pájaro; láminas densas, adnatas; pie blanco, por lo general largo, finamente flocoso en toda su extensión, base algo bulbosa; espp. negra; esp. elipsoidales, lisas, 14-18 x 10-12 μ; velo compuesto por hifas finas. **Hábitat**: VIII-X, en bosques de planifolios, más raro entre coníferas, preferentemente bajo *Fagus sylvaticus*, sobre suelo calcáreo, a menudo aislado; relativamente raro. **Nota**: En Mallorca se puede encontrar en bosques de coníferas bajo pinos carrascos. A causa de su tamaño no se suele confundir.

Valor comestible desconocido.

Coprinus echinosporus RL 3

Coprinus echinosporus Buller

Caracteres: Sombrero cerrado 1-3 cm de alto, gris claro u oscuro, casi negruzco en la zona apical, joven casi digitiforme, cubierto por un denso velo blanco afelpado que pronto se escinde en copos y más tarde desaparece; láminas jóvenes grises, densas, adnatas; pie blanco, cilíndrico, relativamente flocoso en toda su extensión; espp. negra; esp. casi citriformes, verrucosas, 8,5-11 x 5,5-7 μ (fig. 75); velo compuesto por finas hifas ramificadas. **Hábitat**: VI-IX, en bosques de coníferas o planifolios, sobre ramas en descomposición o entre acículas de pino, de aislado a en grupo; raro. **Nota**: *Coprinus silvaticus* (p. 358) es igual de rugoso, pero tiene las esporas más grandes. Su sombrero, sin embargo, es glabro en vez de afelpado. **Confusiones**: Con esporas lisas: *Coprinus lagopus* y *C. cinereus* (p. 354).

Coprinus cinereus

Coprinus cinereus (Schaeff.: Fr.) Gray (foto superior)
Sin.: *C. macrocephalus*, *C. fimetarius*

Caracteres: Sombrero cerrado 2-4 cm de alto, de gris oliváceo a pardo gris, digitiforme, al principio totalmente cubierto por tomento hirsuto blanquecino, más tarde glabrescente; láminas densas, adnatas; pie blanco, totalmente apendiculado-flocoso, a veces radicante; espp. negra; esp. elipsoidales, lisas, 9-13 x 6-7,5 μ; velo compuesto por hifas. **Hábitat**: V-XI, sobre bostas de caballo, suelos abonados, compost, detritos en jardines, restos de paja, etc., en grupo o en fascículos; frecuente. **Confusiones**: *Coprinus lagopus* (ctro.), *C. echinosporus* (p. 352).

Coprinus lagopus

Coprinus lagopus (Fr.: Fr.) Fr. (foto ctro. izda.)

Caracteres: Sombrero cerrado de 1-2 cm de alto, gris oliváceo o gris, digitiforme, joven blanco piloso, lacerado, al liquidarse el margen se enrolla; láminas casi libres; pie blanco, apendiculado-flocoso; espp. negra; esp. elipsoidales, lisas, 10-13 x 6,5-8 μ; velo compuesto sólo por hifas. **Hábitat**: VII-X, en bosques de planifolios o mixtos, aislado, no coprófilo; relativamente frecuente. **Confusiones**: *Coprinus cinereus* (arriba).

Coprinus phaeosporus

Coprinus phaeosporus P. Karst (foto ctro. dcha.)

Caracteres: Sombrero de 1-3 cm de ancho, joven de blanquecino a marfil, después se agrisa a partir del margen, con copos dispersos; láminas densas, adnatas; pie blanco, glabro, base con bulbo puntiagudo; espp. marrón oscuro; esp. casi redondeadas, lisas, 7-9 x 6-7(8) μ; p. g. muy anchos (fig. 76); velo compuesto por hifas de paredes gruesas, en parte parduscas, ramificadas. **Hábitat**: VI-VIII, en bosques de planifolios o mixtos, sobre la tierra o restos de madera, crece aislado; raro.

Coprinus cothurnatus

Coprinus cothurnatus Godoy in Gillet (foto inferior)

Caracteres: Sombrero cerrado 1-2 cm de alto, joven blanco puro, después se vuelve paulatinamente gris a partir del margen, muy lacerado, con velo granuloso exuberante, primero blanco, más tarde pardusco; láminas densas, adnatas; pie blanco, harinoso-granuloso, hacia la base se tiñe de rosa al envejecer o al roce; espp. pardo negra; esp. elipsoidales, lisas, 12-14 x 7-8,5 μ; velo compuesto por células redondas y lisas. **Hábitat**: VI-VIII, sobre suelos abonados, bostas de caballo, montones de estiércol, crece en fascículos; raro. **Confusiones**: *Coprinus niveus* (p. 356).

Coprino blanco de nieve

Coprinus niveus (Pers.: Fr.) Fr.
e. Urbeltz elurzuri, *in.* Snowy inkcap

Caracteres: Sombrero cerrado 1,5-4 cm de alto, blanco, de digitiforme a campanulado, superficie recubierta por densos gránulos, apendiculada o pulverulenta, sin grietas radiales evidentes; láminas densas, adnatas; pie blanco, densamente harinoso-apendiculado en toda su extensión, más glabrescente que el sombrero; espp. negra; esp. ampliamente elipsoidales, lisas, de sección lenticular, 11-18 x 8-11,5 μ; velo sólo compuesto por células redondas. **Hábitat**: VII-XI, coprófilo, sobre bostas de vaca o caballo, prados abonados, montones de estiércol, cultivos, por lo general crece aislado; disperso. **Nota**: La forma de las esporas es variable en esta especie. Los ejemplares cuyas esporas tienen sección más redonda son var. *latisporus*. **Confusiones**: *Coprinus niveus* (p. 356).

Coprino diseminado

Coprinus disseminatus (Pers.: Fr.) Gray
e. Urbeltz uhari, *g.* Panligacha, *in.* Fairy inkcap

Caracteres: Sombrero 1-2 cm de ancho, joven de beige a ocre amarillento, después gris claro, primero digitiforme, más tarde campanulado, surcado radialmente, cutícula glabra; láminas distantes, adnatas; pie blanquecino, hialino, totalmente pruinoso, a veces con tomento miceliar pardo herrumbroso, escaso, en la base; espp. pardo negra; esp. elipsoidales, lisas, 7-10 x 4-5 μ. **Hábitat**: V-X, sobre madera muerta de planifolio, tocones y ramas, raramente sobre el suelo (madera enterrada), en céspedes densos, formando densos grupos cespitosos; frecuente. **Nota**: Esta especie pertenece a los pocos *Coprinus* cuyos sombreros y láminas no son delicuescentes. Por eso en el pasado se le clasificaba dentro del género *Psathyrella*. Su crecimiento en grupos densos lo hace inconfundible.

Tóxico cuando se mezcla con alcohol (V. *Coprinus atramentarius*).

Coprinus marculentus

Coprinus marculentus Britzelm. Sin.: *C. hexagonosporus*

Caracteres: Sombrero cerrado 0,5-1,5 cm de alto, de color cárneo claro u oscuro a pardo avellana, con el centro más oscuro, forma primero cilíndrica o digitiforme, se aplana antes de liquidar, con profundos surcos radiales, superficie cubierta por cistidios pilosos; láminas densas, adnatas; pie color cárneo recubierto por pruina blanca; espp. negra; esp. de sección hexagonal alargada, lisas, 12-14 x 7-8 x 6-6,5 μ, p. g. de perfil lateral (fig. 77). **Hábitat**: VI-IX, directamente sobre bostas de caballo o vaca; raro. **Nota**: Con el microscopio se identifica típicamente por las esporas hexagonales. *Coprinus angulatus* tiene esporas un tanto parecidas que recuerdan a una mitra. **Confusiones**: *Coprinus angulatus* (p. 358).

Coprinus angulatus

Coprinus angulatus Peck

Caracteres: Sombrero 0,5-3 cm de ancho, pardusco claro u oscuro, al madurar progresivamente gris excepto en el centro, sin velo, joven digitiforme, con estrías radiales más o menos toscas; láminas adnatas; pie blanquecino, hialino, totalmente cubierto por pruina blanca; espp. negra; esp. de perfil parecidas a una mitra, lisas, 9-11 x 7-8 x 5,5-6,5 μ (fig. 78). **Hábitat**: V-VIII, en zonas quemadas hace algunos años, ramas carbonizadas, crece aislado o en grupo; relativamente raro. **Nota**: Los biotopos que han sufrido incendios son característicos de esta especie, pero sobre ese sustrato también pueden darse otros *Coprinus* (como *C. lagopides*). La forma de las esporas es, pues, determinante. **Confusiones**: Sobre estiércol: *Coprinus marculentus* (p. 356).

Coprinus silvaticus

Coprinus silvaticus Peck

Caracteres: Sombrero 1-4 cm de ancho, beige claro, con el centro de ocre amarillento a pardusco, al madurar se agrisa desde el margen, joven digitiforme, mas tarde de esférico a ampliamente campanulado, con surcos radiales, sin restos de velo, pero pruinoso a causa de los cistidios; láminas densas, adnatas; pie de blanco a amarillento, finamente pruinoso; espp. negra; esp. de amigdaliformes a citriformes, verrucosas, 11-14,5 x 7,5-9 μ (fig. 79). **Hábitat**: IV-IX, en bosques, jardines y parques, a menudo asociado a madera, crece en fascículos; raro. **Nota**: Se parece a *Coprinus miccaceus* cuando crece en fascículos, pero le falta la cubierta granulosa (los gránulos pueden ser arrastrados por la lluvia). Con el microscopio se pueden observar las esporas rugosas. **Confusiones**: *Coprinus miccaceus* y *C. truncorum* (p. 346).

Coprinus impatiens

Coprinus impatiens (Fr.) Quél.

Caracteres: Sombrero abierto de 2-3 cm de ancho, de beige claro a ocre pardusco, aunque se agrisa el centro permanece pardusco, con estrías o surcos radiales, sin velo, pruinoso a causa de los numerosos cistidios (lupa); láminas primero beige parduscas, después grises, algo distantes, casi libres; pie blanco, finamente pruinoso, muy quebradizo; espp. pardo negra; esp. elipsoidales, lisas, 8,5-11,5 x 5,5-7 μ; los cistidios de la cutícula miden aprox. 40-100 μ. **Hábitat**: IX-XI, en bosques de planifolios o mixtos, entre hojarasca húmeda, crece aislado o en grupo; no es raro. **Nota**: El sombrero y las láminas de esta especie no son delicuescentes. La longitud de los cistidios de la cutícula es una característica importante a la hora de diferenciarla de otras especies. **Confusiones**: con los cistidios de hasta 150 μ: *Coprinus hiascens*.

Coprinus plicatilis

Coprinus plicatilis (M. A. Curtis: Fr.) Fr.

Caracteres: Sombrero abierto de 1-3 cm de ancho, joven beige pardusco, después se agrisa excepto en el centro, que es liso, con estrías-surcos radiales, no delicuescente al madurar, sin velo; láminas libres, al madurar distantes; pie blanquecino hialino, algo ocre pardusco hacia abajo, totalmente pruinoso, muy quebradizo; espp. pardo negra; esp. de perfil algo angulosas, lisas, 10-13 x 8,5-10 x 6,5-7,5 μ (fig. 80); p. g. laterales. **Hábitat**: V-X, en caminos herbosos, prados, cultivos, parques y jardines, crece en grupo; frecuente. **Nota**: Al abrirse el sombrero las láminas acaban claramente separadas del pie. Puede parecer que estén inseridas en un surco. Las láminas viejas son casi transparentes, ya que se conservan largamente y no son delicuescentes. **Confusiones**: *Coprinus leiocephalus* (ctro.), *C. auricomus* (abajo).

Coprinus leiocephalus

Coprinus leiocephalus P. D. Orton

Caracteres: Sombrero abierto 1-2,5 cm de ancho, joven casi pardo rojizo, al madurar se vuelve paulatinamente gris pardusco o ceniza a partir del margen, con estrías-surcos radiales, sin velo, no delicuescente; láminas distantes, libres; pie blanquecino, pruinoso; espp. pardo negra; esp. de perfil algo angulosas, lisas, 8,5-10,5 x 7,5-8,5 x 5-7 μ. **Hábitat**: V-X, en zonas herbosas, caminos, prados, márgenes, crece en grupo; no es raro. **Nota**: En esencia se distingue de la especie anterior por el sombrero más marrón y las esporas más pequeñas. Las láminas son igualmente libres. **Confusiones**: *Coprinus plicatilis* (arriba), *C. auricomus* (abajo).

Coprinus auricomus

Coprinus auricomus Pat.

Caracteres: Sombrero abierto 2-4,5 cm de ancho, joven de dorado a pardo rojizo, al madurar se vuelve gris pardusco a partir del margen, al principio digitiforme, más tarde aplanado y muy estriado-surcado, sin velo, zona apical con escasos cistidios pilosos (lupa potente); láminas distantes, libres; pie blanquecino, totalmente pruinoso; espp. pardo negra; esp. elipsoidales, lisas, sólo un tanto aplanadas, 11-14 x 7,5-8 x 6,5-7 μ; cistidios parduscos en el ápice del sombrero de unos 80-400 μ. **Hábitat**: V-IX, en bosques, parques, jardines, sobre ramitas, restos de madera, crece en grupo; disperso. **Nota**: Aunque pertenece al mismo grupo que las dos especies anteriores, sus láminas no son tan claramente libres. **Confusiones**: *Coprinus plicatilis* (arriba), *C. leiocephalus* (ctro).

Género **Psathyrella**
Fam. Coprinaceae

C. fr. por lo general quebradizos; sombreros secos, por lo general higrófanos, escamosos, flocosos o glabros, no estriados ni delicuescentes; láminas adnatas, no delicuescentes; pies de glabros a flocosos, a veces radicantes, por lo general sin anillo; espp. marrón oscuro o pardo negra (raramente pardo rojiza o negra); esp. elipsoidales, lisas, generalmente con p. g.; tr. regular; saprotrófico sobre tierra, madera o estiércol.

Psathyrella spadicea

Psathyrella spadicea (Schaeff.) Singer Sin.: *P. sarcocephala*

Caracteres: Sombrero 3-7(9) cm de ancho, marrón oscuro, color chocolate con tonos rojizos, higrófano, se decolora a beige u ocre pardusco, relativamente carnoso, superficie glabra, mate, sin rastros del velo; láminas primero color cárneo, después cacao; pie blanquecino-cárneo, fibroso; espp. con tono rojizo; esp. 8-10 x 4,5-5,5 µ; con p. g.; cistidios de paredes gruesas en las láminas, provistos de cristales (fig. 81). **Hábitat**: X-XI, sobre madera muerta de planifolio, por lo general en fascículos; disperso. **Confusiones**: Con el sombrero ribeteado: *Psathyrella piluliformis* (p. 364).

Psathyrella cotonea

Psathyrella cotonea (Quél.) Honrad & Maubl.

Caracteres: Sombrero 2-7 cm de ancho, blanquecino, marfil, más tarde ocráceo, no higrófano, con escamas oscuras y aplicadas; láminas primero grises, después cacao; pie blanquecino, fibroso, con zona anular también fibrosa, base a menudo coloreada de amarillo por el micelio; esp. 8-9,5 x 3,5-4,5 µ. **Hábitat**: IX-XI, sobre madera muerta de planifolio, en especial de haya, en fascículos; relativamente raro. **Confusiones**: En general más oscura: *Psathyrella maculata*.

Psathyrella caputmedusae

Psathyrella caputmedusae (Fr.) Honrad & Maubl.

Caracteres: Sombrero 3-6 cm de ancho, zona apical pardusco claro u oscuro, zona marginal más clara y cubierta de escamas escuarrosas, apenas higrófano; láminas maduras color chocolate con las aristas más claras, densas, gruesas y anchas; pie blanquecino con grueso anillo membranoso, con escamas escuarrosas y aplicadas por debajo; al madurar olor a apio; sabor desagradable; esp. casi romboidales, 9,5-12 x 5,5-7,5 µ, p. g. poco evidentes (fig. 82). **Hábitat**: VIII-X; sobre tocones de conífera, sobre todo píceas, en fascículos; raro. **Nota**: A causa de las escamas pilosas del sombrero los ejemplares jóvenes se parecen a *Pholiota populnea* (p. 332).

Psathyrella piluliformis

Psathyrella piluliformis (Bull.: Fr.) P. D. Orton Sin.: *P. hydrophila*

Caracteres: Sombrero 2-6 cm de ancho, marrón oscuro con algún tono rojo, higrófano, de beige a ocre pardo en condiciones secas, hemisférico o convexo aplanado, superficie a veces arrugada, el margen presenta finas estrías translúcidas que actúan como un dobladillo; láminas jóvenes beige, más tarde color chocolate; pie blanquecino sucio, primero con leves fibras, después glabro, muy quebradizo; esp. 5,5-6,5 x 3-3,5 µ, sin p. g. **Hábitat**: VIII-XI; sobre tocones de planifolio, en especial de haya, en fascículos abundantes; frecuente. **Confusiones**: *Kuehneromyces mutabilis* (p. 316), *Psathyrella candolleana* (ctro.), *P. spadicea* (p. 362).

Psatirela blanca

Psathyrella candolleana (Fr.: Fr.) Maire

e. Drosofila zuriska, *in.* Pale brittlestem

Caracteres: Sombrero 2-6 cm de ancho, en condiciones húmedas de blanquecino a amarillento miel, higrófano, pronto se decolora, superficie a menudo radialmente arrugada, con flocos dispersos entre blancos y amarillentos, glabrescente, margen ornamentado con pequeños copos de filamentos blancos; láminas jóvenes blanquecinas, al madurar pardo púrpureas, con reflejos lilas (no siempre); pie blanquecino, fibroso o glabro, sin anillo; carne delgada y quebradiza; esp. 6,5-8,5 x 4-5 µ, p. g. evidentes; solamente con queilocistidios. **Hábitat**: V-X; sobre madera muerta de planifolio, restos de madera enterrados, en grupo o en fascículos abundantes; muy frecuente. **Confusiones**: *Psathyrella piluliformis* (arriba).

Psathyrella marcescibilis

Psathyrella marcescibilis (Britzelm.) Singer

Caracteres: Sombrero 1-2,5 cm de ancho, joven gris cuerno claro, higrófano, a partir del ápice se decolora rápidamente, en condiciones secas monócromo blanco o color marfil, de hemisférico a campanulado, flocos del velo blancos colgando del margen, húmedo con finas estrías translúcidas; láminas primero gris claro, al madurar pardo negras, con reflejos lilas, aristas claras; pie blanquecino hialino, de flocoso-fibroso a glabro, muy quebradizo; esp. 10-13,5 x 6-7,5 µ, p. g. evidentes; con queilocistidios. **Hábitat**: V-IX; en bosques de planifolios y mixtos, márgenes herbosos de bosques, parques, en grupo o aislados sobre el suelo; disperso. **Nota**: La cutícula está compuesta por hifas finas, no por células redondas como es característico de este grupo. Las apendiculaciones del margen recuerdan a *Panaeolus papilionaceus* (p. 396).

Psathyrella multipedata

Psathyrella multipedata (Peck) A. H. Sm. Sin.: *P. stipatissima*

Caracteres: Sombrero de aprox. 2 cm de ancho, color cárneo, beige o gris pardusco, higrófano, al secarse se decolora, de parabólico a campanulado, con finas estrías translúcidas, sin restos visibles del velo; láminas maduras color chocolate negro, con aristas más claras, densas, sinuadas; pie blanco, a menudo con una zona flocoso-fibrosa debajo del margen, zona anular poco marcada, glabro por encima de ésta, muy quebradizo; esp. 6,5-8 x 3,5-4,5 μ, p. g. evidentes. **Hábitat**: VII-X; sobre la tierra en bosques de planifolios o mixtos, parques y jardines, también entre hierba; disperso. **Nota**: Los típicos fascículos contienen a menudo hasta 30-50 sombreros. Esta forma de crecimiento recuerda a *Collybia acervata* (p. 168), que vive en bosques de coníferas.

Psathyrella artemisiae

Psathyrella artemisiae (Pass.) Honrad & Maubl.
Sin.: *P. squamosa*

Caracteres: Sombrero de 2-4 cm de ancho, pardusco en tiempo húmedo, pero no muy oscuro, higrófano, beige claro al secarse, con pequeño umbón en el centro, superficie cubierta de copos blancos, que pronto desaparecen; láminas primero claras, después marrón oscuro, sinuadas; pie blanco, flocoso-fibroso en toda su extensión, a veces con zona anular esbozada; esp. 7-9 x 3,5-4,5 μ, p. g. pequeños. **Hábitat**: V-IX; en bosques de planifolios y mixtos, en zonas luminosas, entre musgo y hierba, sobre la tierra, en grupo; disperso. **Nota**: Pertenece a un grupo de *Psathyrella* que presenta cistidios tanto en la superficie de las láminas como en las aristas. Otras especies parecidas también tienen el velo blanco y flocoso. Distinguirlas resulta difícil. **Confusiones**: En lugares quemados: *Psathyrella pennata* (abajo), sobre estiércol: *P. hirta* (p. 368).

Psathyrella pennata

Psathyrella pennata (Fr.) A. Pearson & Dennis

Caracteres: Sombrero de 1-3 cm de ancho, de cárneo a pardo rojizo, higrófano, se decolora hasta gris beige, superficie densamente apendiculada, margen flocoso-apendiculado, centro ligeramente umbonado, pronto glabro; láminas primero beige, después marrón oscuro, densas, sinuadas, con las aristas más claras, finamente flocosas; pie blanquecino, pardusco claro en el interior, totalmente cubierto por copos blancos, apendiculados, sobre todo en la parte inferior; esp. 7-9 x 3,5-4,5 μ, p. g. pequeños; con queilocistidios y pleurocistidios, afilados. **Hábitat**: VI-IX; en lugares quemados, ramas carbonizadas, aislado o en grupo; disperso. **Confusiones**: *Psathyrella artemisiae* (ctro.), *P. hirta* (p. 368).

Psathyrella hirta

Psathyrella hirta Peck

Caracteres: Sombrero de 1-2,5 cm de ancho, pardo rojizo oscuro, higrófano, al secarse se decolora hasta beige pardusco claro, de hemisférico a convexo aplanado, húmedo con leves estrías translúcidas, con algunos copos blancos del velos; láminas maduras marrón oscuro, más o menos densas, sinuadas; pie blanquecino sucio, pardusco cárneo en el interior, cubierto por escamas blancas, escuarrosas y aplicadas, a veces con zona anular flocosa; esp. 9-11(13) x 5,5-6,5 µ, p. g. evidentes; provisto de queilocistidios y pleurocistidios. **Hábitat**: VI-VIII; sobre estiércol, suelos muy abonados, cultivos, sobre todo bostas de caballo, crece en grupo; raro. **Nota**: Se reconoce claramente por el hecho de ser coprófilo y por el sombrero marrón oscuro cubierto de copos blancos. **Confusiones**: *Psathyrella artemisiae* (p. 366), *P. pennata* (p. 366).

Psathyrella prona

Psathyrella prona (Fr.) Gillet Sin.: *P. orbitarum*

Caracteres: Sombrero de 0,5-2 cm de ancho, gris, ocre o pardo rojizo, marrón oscuro, raramente también casi blanquecino, higrófano, se decolora fuertemente, con claras estrías translúcidas en condiciones húmedas, algo arrugado, de carne muy delgada, sin restos visibles del velo; láminas beige parduscas, a veces con tonos grises, maduras marrón oscuro, con o sin aristas rojizas; pie más claro que el sombrero, cárneo hialino, finamente flocoso; esp. 14-17(19) x 6,5-8,5 µ, con p. g.; provisto de queilocistidios y pleurocistidios. **Hábitat**: VI-IX; sobre suelos abonados, márgenes de caminos, parques, jardines; disperso. **Nota**: Los múltiples nombres que existen para esta especie (*Psathyrella albidula, atomata, calcarea, picta, subatomata*) son un indicativo de su variabilidad.

Psathyrella corrugis

Psathyrella corrugis (Pers.: Fr.) Konrad & Maubl. Sin.: *P. gracilis*

Caracteres: Sombrero de 1-3 cm de ancho, de beige a pardo miel, más tarde también gris pardusco, muy higrófano, se decolora casi hasta blanco, eventualmente muestra tonos rosa, de carne muy delgada, por lo general sin restos visibles del velo; láminas gris claras, al envejecer gris negruzcas, con aristas más o menos rojizas (lupa), no muy densas, sinuadas; pie blanquecino hialino, glabro excepto en la parte inferior, levemente fibrosa, más o menos radicante; esp. 10-13 x 6-7 µ, p. g. evidentes; provisto de queilocistidios y pleurocistidios. **Hábitat**: VIII-XI; bosques de planifolios y mixtos, entre hojarasca húmeda, aislado o en grupo; relativamente frecuente. **Confusiones**: *Psathyrella bifrons* y *P. atrolaminata* (p. 370).

Psathyrella bifrons

Psathyrella bifrons (Berk.) A. H. Sm.

Caracteres: Sombrero de 1-4 cm de ancho, joven marrón muy oscuro, más tarde se decolora de marrón a blanco, sin tonos rosas, muy higrófano, superficie arrugada, velo exuberante sólo en ejemplares muy jóvenes, después desaparece totalmente; láminas maduras gris negruzcas, con aristas blancas; pie de blanco a cárneo claro, totalmente flocoso, base estrigosa, con raicillas enrolladas; esp. 11-14,5 x 6-7,5 µ, p. g. evidentes; provisto de queilocistidios y pleurocistidios. **Hábitat**: X-XI; bosques, parques, jardines, entre hojarasca, por lo general sobre ramitas, en grandes grupos; en algunas zonas no es raro (p. ej. en parques con mucha hojarasca). **Nota**: Esta especie es pariente cercana de *Psathyrella corrugis*. Se reconoce por el profuso velo en estadios inmaduros. **Confusiones**: *Psathyrella corrugis* (p. 368), *P. atrolaminata* (ctro.).

Psathyrella atrolaminata

RL R

Psathyrella atrolaminata Kits van Wav. Sin.: *P. caudata*

Caracteres: Sombrero de 1-2,5 cm de ancho, de pardo rojizo oscuro a color sepia, higrófano, pronto pardo gris o gris ceniza, con el ápice ocre pardusco, de hemisférico-campanulado a digitiforme, velo sólo visible en ejemplares jóvenes a modo de margen fibriloso muy fugaz; láminas primero gris pardusco claro, más tarde gris negruzcas, con aristas claras (no rojizas), sinuadas; pie blanquecino, con fibras blancas en la parte inferior, más o menos radicante; espp. negra; esp. 11-14,5(16) x 6,5-7,5(8) µ, p. g. evidentes; provisto de queilocistidios y pleurocistidios. **Hábitat**: IV-IX; sobre suelos abonados, cultivos, márgenes de caminos, sobre estiércol profuso y en fascículos; raro. **Nota**: Especie típicamente radicante, aunque no siempre se pueda observar este rasgo. **Confusiones**: *Psathyrella corrugis* (p. 368), *Psathyrella bifrons* (arriba).

Psathyrella conopilus

Psathyrella conopilus (Fr.: Fr.) A. Pearson & Dennis
Sin.: *P. subatrata*

Caracteres: Sombrero de 2-5 cm de ancho, de rojo intenso a pardo ocráceo, higrófano, se decolora, típicamente hemisférico-campanulado, en condiciones húmedas con estrías translúcidas, sin restos del velo pero con finos pelillos dispersos en la zona apical; láminas maduras violeta negruzco, densas, casi libres; pie blanquecino-amarillento, largo y estrigoso, bastante quebradizo, no radicante, sin restos del velo; esp. 12-17 x 6,5-9,5 µ, p. g. evidentes; provisto sólo de queilocistidios; pilosidad del sombrero marrón, de hasta 300 µ. **Hábitat**: VIII-X; bosques de planifolios, entre hojarasca o ramas, en especial bajo hayas, sobre suelo calcáreo; en algunos lugares no es raro.

Psatirela pardo grisácea

Psathyrella spadiceogrisea (Schaeff.) Maire Sin.: *P. vernalis*
in. Spring brittlestem

Caracteres: Sombrero de 2-5 cm de ancho, pardo miel, dátil o avellana, al madurar a menudo progresivamente pardo gris, muy higrófano, se decolora a beige claro o gris beige, en condiciones húmedas con estrías translúcidas en el margen, joven con restos fibrosos del velo, muy fugaces; láminas primero claras, más tarde pardo púrpura oscuro, sinuadas; pie blanquecino, a veces amarillea al presionarlo, joven cubierto de fibras blancas, más tarde glabro, levemente radicante; esp. 8-10 x 4,5-5,5 µ, p. g. evidentes; provisto de queilocistidios y pleurocistidios. **Hábitat**: IV-VI; bosques de planifolios y mixtos, zonas riparias, parques, jardines, lugares ricos en humus, orillas de riachuelos, etc. Crece aislado o en grupo; frecuente. **Nota**: Esta variable especie se reconoce por el período de aparición.

Psathyrella berolinensis

Psathyrella berolinensis Ew. Gerhardt

Caracteres: Sombrero de 0,4-2 cm de ancho, ocre claro, pardo miel, más tarde ocre gris o gris pardusco, higrófano, se decolora, de hemisférico a esférico campanulado, con estrías translúcidas en condiciones húmedas (pero no plegado), sin restos visibles del velo, pero pruinoso por los cistidios (lupa); láminas primero beige claro, al madurar pardo violetas, sinuadas, distantes; pie blanquecino hialino, pruinoso en toda su extensión, muy quebradizo; esp. 5,5-7,5 x 3-4 µ, con p. g.; provisto de pileocistidios, caulocistidios, queilocistidios y pleurocistidios. **Hábitat**: VII-IX; sobre excrementos de jabalíes, en grupo; raro. **Nota**: Esta especie poco conocida sólo se ha encontrado hasta ahora sobre excrementos de jabalíes. **Confusiones**: Sobre madera muerta: *Coprinus disseminatus* (p. 356), sobre el tallo de plantas acuáticas: *Psathyrella typhae* (abajo).

Psathyrella typhae

Psathyrella typhae (Kalchbr.) A. Pearson & Dennis

Caracteres: Sombrero de 1-2 cm de ancho, cárneo o beige pardusco, higrófano, se decolore, de carne delgada y muy frágil, superficie translúcida excepto en el pequeño umbón central, después progresivamente arrugada-acanalada; láminas color café con leche, al madurar se conservan relativamente claras, densas, casi libres; pie blanquecino, por arriba pruinoso, fibroso flocoso hacia abajo, base a menudo bulbosa; espp. pardo herrumbrosa (muy clara); esp. 9-11,5(14) x 6-7,5 µ, sin p. g.; provisto sólo de queilocistidios. **Hábitat**: (V)VII-IX; sobre el tallo de plantas acuáticas muertas, eneas, juncos (foto), bejucos; raro. **Nota**: A causa de su hábitat esta especie a menudo pasa desapercibida. Los tallos muertos que le sirven de sustrato resultan difíciles de alcanzar.

Psatirela aterciopelada

Lacrymaria lacrymabunda (Bull.: Fr.) Pat.
Sin.: *Psathyrella velutina* (Fam. Coprinaceae)
e. Drosofila malkodun, *in.* Weeping widow

Caracteres: Sombrero de 3-10 cm de ancho, de ocre a pardusco canela, también amarillo leonado o naranja intenso (var. *pyrotricha*), no higrófano, cutícula seca, tomentoso-fibrosa, aterciopelado hacia el margen; láminas maduras color chocolate, con la superficie típicamente moteada, densas, sinuadas, sobre todo al principio desprenden gotas acuosas (nombre científico); pie más claro que el sombrero, con zona anular fibrosa, oscurecida por las esporas, por debajo fibriloso, hueco; carne muy frágil; espp. pardo negra; esp. citriformes, verrucosas, con p. g. (fig. 83); tr. regular. **Hábitat**: VI-X; en márgenes herbosos, prados, cultivos, parques y jardines, sobre suelos ricos en nutrientes, formando haces o fascículos; frecuente; saprotrófico.

Género **Gomphidius**
Fam. Gomphidiaceae

C. fr. carnoso; sombreros mucilaginosos, glutinosos o raramente secos; láminas oscuras al madurar, gruesas, distantes, muy decurrentes; espp. oliváceo oscuro o pardo negra; esp. oblongo-fusiformes, lisas, sin p. g. (fig. 84); tr. bilateral; micorrizógeno.

Gonfidio viscoso

Gomphidius rutilus (Schaeff.: Fr.) S. Lundell
Sin.: *G. viscidus*, *Chroogomphus rutilus*
c. Cama de perdiu, *e.* Lerdeki marroi, *in.* Copper spike

Caracteres: Sombrero de 3-8 cm de ancho, naranja, cobrizo o pardo rojizo, por lo general con umbón puntiagudo, cutícula glutinosa, seco con brillo sedoso; láminas primero gris cobrizas, al madurar pardo púrpura oscuro; pie pardo anaranjado o pardo amarillento, de joven cubierto por un velo ocre, seco, a veces con zona anular, base atenuada; carne de amarillento azafranada a rojo vinosa, cromo en la base del pie; esp. 17-23 x 5,5-7 µ. **Hábitat**: VII-X(XI); bajo pinos; frecuente. **Confusiones**: *Gomphidius helveticus* (abajo).

Gomphidius helveticus

Gomphidius helveticus Singer Sin.: *Chroogomphus helveticus*

Caracteres: Sombrero de 2-6 cm de ancho, amarillo naranja, con algunas zonas rojizas sobre todo al madurar, centro de redondeado a umbonado, cutícula tomentoso-fibrosa, casi seca; láminas amarillentas, oscurecen al madurar las esporas, más tarde con manchas vinosas; pie del color del sombrero, seco, algo tomentoso; carne naranja amarillenta, más tarde vinosa, cromo en la base del pie; esp. 15-20(23) x 6,5-8 µ. **Hábitat**: VII-X; en bosques montañosos de coníferas, sobre todo bajo píceas; localmente frecuente. **Confusiones**: *Gomphidius rutilus* (ctro.).

Gonfidio mucoso

Gomphidius glutinosus (Schaeff.: Fr.) Fr.

c. Cama de perdiu mocosa, *in.* Glutinous gomphidius

Caracteres: Sombrero de 4-12 cm de ancho, gris acero, pardo gris, los tonos grisáceos desaparecen paulatinamente, finalmente pardusco cárneo, centro primero levemente umbonado, más tarde deprimido, cutícula cubierta de espeso mucílago, que sobrepasa el margen y llega al pie; láminas primero blanquecinas, al madurar de gris claro a gris negruzco, inmaduras protegidas por el mucílago; pie blanco, color cromo vivo en la parte interior, con una zona anular en el ápice, parte superior viscosa; carne blanca, color cromo en el tercio inferior; esp. 18-21 x 5,5-6,5 µ. **Hábitat**: VII-X; en bosques de coníferas a partir de piso submontano; frecuente. **Confusiones**: Entre alerces: *Gomphidius maculatus* (ctro.).

Comestible; buena especie culinaria, de carne suave. Se debe retirar la capa mucosa.

Gomphidius maculatus

Gomphidius maculatus (Scop.: Fr.) Fr.

Caracteres: Sombrero de 2-8(10) cm de ancho, amarillo cárneo claro, pardusco o pardo vinoso, oscurece con la edad, a menudo con manchas pardo negruzcas, cutícula mucilaginosa; láminas primero gris blanquecinas, al madurar gris negruzcas; pie punteado de pardo rojo a negro sobre fondo blanquecino, base atenuada; carne blanquecina que enrojece al corte, color cromo en la base del pie; esp. 19-23 x 6-7,5 µ. **Hábitat**: VIII-X; en bosques de coníferas, estrechamente asociado con alerces, en especial en montañas; localmente no es raro. **Nota**: Una característica de esta especie es que al rozarlo enrojece. Los lugares rozados, al envejecer se vuelven negruzcos. Las gotas del mucílago son a veces color ámbar. *Gomphidius gracilis* es probablemente idéntico, pero su carne no enrojece. **Confusiones**: *Gomphidius glutinosus* (arriba).

Gonfidio rosado RL 3

Gomphidius roseus (Fr.) Fr.

c. Cama de perdiu rosada, *e.* Orri-onddo hankaletz, *in.* Dark-downy paxillus

Caracteres: Sombrero de 2-5 cm de ancho, de rosa claro a rojizo intenso, centro pronto algo deprimido, cutícula glutinosa incluso en tiempo de lluvias, no mucilaginosa; láminas blanquecinas, al madurar gris claro, finalmente gris oliváceo; pie blanco, atenuado, con zona anular abultada en la parte próxima a las láminas; carne blanca, de amarillenta a rojiza en la base del pie; esp. 16-21 x 4,5-6,5 µ. **Hábitat**: VII-X; en bosques de coníferas, bajo pinos, en especial sobre suelo ácido, entre brezales, disperso; no es raro. **Nota**: Se encuentra a menudo asociado con *Suilus bovinus* (p. 494), que comparte el mismo tipo de sustrato.

Género **Galerina**
Fam. Cortinariaceae

C. fr. frágiles, de carne delgada; sombreros por lo general secos, higrófanos, con o sin restos del velo; láminas adnatas; pies secos, flocosos o glabros, raramente con anillo membranoso; espp. amarillo ferruginoso, pardo herrumbroso; esp. de lisa a verrucosas, amigdaliformes, por lo general sin p. g.; dermis epitelial, tr. regular; saprotrófico sobre musgos, tierra o madera.

Galerina de los pantanos

Galerina paludosa (Fr.) Kühner
in. Bog bell

Caracteres: Sombrero de 1-3 cm de ancho, de amarillo u ocre a pardo rojizo, esférico acampanado o convexo aplanado, en tiempo húmedo con estrías translúcidas, flocoso-crustáceo, con restos fibrilosos del velo blancos en el margen; láminas amarillo ferruginosas, densas; pie del mismo color que el sombrero o más oscuro, con velo flocoso blanquecino, a veces con zona anular flocosa; olor y sabor a harina; esp. de finamente punteadas a casi lisas, 9-12 x 5,5-7 µ; provisto sólo de queilocistidios. **Hábitat**: VI-X; en zonas pantanosas, entre esfagnos; frecuente, extendido. **Nota**: Son rasgos típicos el hábitat y el velo exuberante.

Galerina badipes

Galerina badipes (Fr.) Kühner

Caracteres: Sombrero de 1-2,5 cm de ancho, amarillo miel, ocre amarillento, esférico acampanado, en tiempo húmedo con marcadas estrías translúcidas, cutícula por lo general glabra, a veces con copos del velo en el margen; láminas amarillo claro, más tarde ferruginosas; pie pronto oscuro en la parte inferior, en el ápice del mismo color que el sombrero, con copos del velo claros y a veces zona anular flocosa; esp. de lisas a punteadas, 10-13,5 x 5,5-7 µ; basidios por lo general bispóricos, con queilocistidios y pleurocistidios. **Hábitat**: IX-XI; en bosques de coníferas y mixtos, ramitas, entre acículas de pino y sobre la tierra; raro.

Galerina atkinsoniana

Galerina atkinsoniana A. H. Sm.
Sin.: *G. vittiformis* var. *atkinsoniana*

Caracteres: Sombrero de 0,5-1 cm de ancho, esférico acampanado, húmedo color miel, con estrías translúcidas, sin restos del velo; láminas de pardo miel a canela, distantes; pie con tonos del sombrero, más oscuro hacia la base, de totalmente pruinoso a flocoso; olor y sabor algo rafanoide; esp. finamente verrucosas, 10-12,5(17) x 5,5-8 µ; basidios bispóricos, con pileo-, queilo- y pleurocistidios. **Hábitat**: VI-XI; entre musgos en zonas húmedas; de raro a disperso.

Galerina rebordeada †

Galerina marginata (Batsch) Kühner
in. Autumn skullcap

Caracteres: Sombrero de 1-5 cm de ancho, de ocre pardusco o ámbar, a pardo rojizo, ocre claro en tiempo seco, a menudo bicolor en su hábitat, esférico, convexo aplanado o acampanado, cutícula por lo general glabra, a veces con fibras fugaces del velo en el margen; láminas amarillentas o pardo herrumbrosas; pie primero del color del sombrero, oscurece con la edad, con anillo membranoso, por debajo levemente fibroso; olor y sabor levemente rafanoides; esp. finamente verrucosas, 7-10 x 4,5-5,5 μ (fig. 85); con queilocistidios y pleurocistidios. **Hábitat**: IX-XI; en general sobre madera muerta de conífera (pinos y píceas), tocones y ramas caídas, raramente sobre madera de planifolio, en grupo; relativamente frecuente. **Nota**: Es una doble peligrosa de la comestible *Kuehneromyces mutabilis* (p. 316) y resulta extremadamente parecida en algunos casos. En caso de duda, esta última no presenta olor harinoso. No se recomienda probarla.
† Mortal; contiene anatoxina como la *Amanita phalloides* (p. 18).

Galerina triscopa

Galerina triscopa (Fr.) Kühner

Caracteres: Sombrero de 0,5-1(2) cm de ancho, color avellana, canela o pardo herrumbroso, algo más oscura que el resto de especies del género, al secarse se decolora, de joven esférico puntiagudo, más tarde esférico acampanado, en condiciones húmedas con anchas estrías translúcidas; láminas color canela, algo distantes; pie más oscuro que el sombrero, pardo oscuro por lo general, pruinoso por arriba, ligeramente fibroso; esp. verrucosas, 7-8,5(9) x 4-4,5 μ; sólo con queilocistidios. **Hábitat**: VIII-X; sobre madera musgosa y en descomposición, por lo general crece aislado; de disperso a relativamente raro. **Nota**: Las características típicas de esta especie son el sombrero puntiagudo, el pie oscuro y el sustrato.

Galerina pumila

Galerina pumila (Pers.: Fr.) M. Lange ex Singer
Sin.: *G. mycenopsis*

Caracteres: Sombrero de 1-2(3) cm de ancho, de amarillo dorado a pardusco miel, de esférico a convexo aplanado, cutícula húmeda un tanto glutinosa, con estrías translúcidas, sin restos del velo; láminas amarillentas, después pardo herrumbrosas, algo distantes; pie con tonos del sombrero, de joven cubierto por un fugaz velo blanco a modo de telaraña; sabor rafanoide; esp. lisas, 9-12(13,5) x 5-6,5 μ; sólo con queilocistidios. **Hábitat**: IX-XI, especialmente en otoño; sobre todo en bosques de coníferas, entre hierba y plantas hepáticas, en grupo; disperso pero ampliamente distribuido. **Confusiones**: *Galerina clavata* (p. 382).

Galerina clavata

Galerina clavata (Velen.) Kühner Sin.: *G. heterocystis*

Caracteres: Sombrero de 0,5-2 cm de ancho, amarillento, ocre claro, pardusco miel, de campanulado a ampliamente esférico, húmedo con amplias estrías translúcidas, joven con leves restos del velo; láminas de amarillentas a pardo herrumbrosas; pie amarillo pardusco, cubierto por el velo blanco; esp. verrucosas, 13-15,5 x 7-8 µ; sólo con queilocistidios, con los extremos capitiformes; hifas sin fíbulas. **Hábitat**: X-XI; en bosques de coníferas o planifolios, parques, prados musgosos y húmedos; disperso. **Nota**: Eventualmente comparte hábitat con la parecida *Galerina laevis*, como se puede ver en la foto a dcha. e izqda. Ésta presenta el pie liso y las esporas más pequeñas, casi lisas. Ambas especies pertenecen a un grupo de *Galerina* cuyas fíbulas están ausentes en el cuerpo fructífero (subgénero *Tubariopsis*).

Alnicola melinoides

Alnicola melinoides (Bull.: Fr.) Kühner Sin.: *Naucoria escharoides* (Fam. Cortinariaceae)

Caracteres: Sombrero de 1-2(3) cm de ancho, amarillento beige, esférico de joven, luego se aplana progresivamente, cutícula seca, siempre mate, finamente tomentoso-crustáceo, margen externo algo flocoso; láminas ocre amarillento pálido, al madurar color canela sucio, sinuadas, más o menos densas; pie amarillo pardusco, con el tiempo oscurece, flocoso; olor rafanoide-terroso; sabor amargo; espp. amarillo ferruginosa; esp. amigdaliformes, finamente subglobosas, 10-12 x 5-6,5 µ, sin p. g.; queilocistidios con extremos finos, capitiformes; tr. regular. **Hábitat**: VIII-XI; en zonas pantanosas, bajo alisos, en grupo; frecuente; micorrizógena. **Nota**: Entre las más de 15 especies que forman su subgrupo, y que podemos encontrar en Europa, ésta se distingue por el sombrero tomentoso-crustáceo y el sabor amargo.

Ramicola reducta

Ramicola reducta (Fr.: Fr.) Watling Sin.: *Simocybe reducta* (Fam. Cortinariaceae)

Caracteres: Sombrero de 0,5-1,5(2) cm de ancho, de amarillento oliváceo a pardo oliváceo, de esférico a convexo aplanado, cutícula seca, pruinoso por los cistidios (lupa), con leves estrías translúcidas; láminas primero beige pálido, al madurar pardo oliváceas, sinuadas; pie de oliváceo a ámbar, pruinoso en toda su extensión; espp. pardusca; esp. en forma de semilla de manzana, lisas, 6,5(8)-9,5 x 4-5 µ, sin p. g.; provisto de pileo-, queilo- y pleurocistidios; tr. regular. **Hábitat**: VIII-X; sobre la tierra o madera de planifolio en descomposición; raro; saprotrófico. **Nota**: El género *Ramicola* se distingue por los tonos pardo oliváceos.

Género **Conocybe**
Fam. Bolbitiaceae

Sombreros secos o glutinosos de jóvenes, higrófanos, a veces aterciopelados por los cistidios; láminas adheridas o adnatas; pies con o sin anillo; espp. pardo herrumbrosa; esp. elipsoidales, lisas, por lo general con p. g.; cistidios típicamente capitiformes (fig. 86); tr. regular; dermis celular; saprotrófico sobre tierra, estiércol o cultivos.

Conocybe lactea

Conocybe lactea (J. E. Lange) Métrod

Caracteres: Sombrero de 1-2 cm de ancho, de blanco a color marfil, al principio digitiforme, después campanulado, nunca del todo aplanado, cutícula joven algo glutinosa, arrugada o plegada; láminas pálidas durante bastante tiempo, al madurar de ferruginosas a canela; pie blanquecino hialino, pruinoso en toda su extensión; esp. 11-15 x 7-9 µ, con p. g.; con queilocistidios capitiformes y caulocistidios filiformes. **Hábitat**: VII-IX; en zonas herbosas, prados, pastos, márgenes de caminos; relativamente frecuente.

Conocybe rickeniana

Conocybe rickeniana Singer ex P. D. Orton

Caracteres: Sombrero de 1(2)-4 cm de ancho, húmedo casi castaño, al secarse beige amarillento, con el centro oscuro durante bastante tiempo, con finas estrías translúcidas; láminas maduras pardo herrumbroso intenso; pie pardusco amarillento, más oscuro hacia la base, a veces con pequeño bulbo, totalmente pruinoso; esp. 7,5-9,5 x 4-5,5 µ, con p. g.; con queilocistidios y caulocistidios capitiformes. **Hábitat**: VII-IX; en bosques de coníferas y planifolios, entre musgos, acículas de pino y hojarasca; disperso. **Confusiones**: *Conocybe digitalina* (p. 386).

Conocybe rickenii

Conocybe rickenii (Jul. Schäff.) Kühner

Caracteres: Sombrero de 1-2,5 cm de ancho, pardo miel pálido, más tarde beige claro o blanquecino, cutícula joven claramente glutinosa, margen generalmente sin estrías; láminas maduras pardo canela, poco densas; pie pardo pálido, totalmente pruinoso-pulverulento; esp. (basidios tetraspóricos) 12-16 x 7-9,5 µ, con p. g.; con queilocistidios capitiformes y caulocistidios filiformes. **Hábitat**: VI-IX; en lugares abonados, estiércol, prados, pastos; de disperso a localmente frecuente. **Nota**: Para identificarlo se precisa la ayuda del microscopio para observar el tipo de caulocistidios (capitiforme o no). Otras especies parecidas presentan sólo cist. capitiformes o de los dos tipos.

Conocybe digitalina

Conocybe digitalina (Velen) Singer (fotos superiores)
Sin.: *C. cryptocystis*, *C. subpubescens*

Caracteres: Sombrero de 1-3(4) cm de ancho, de naranja pardusco a amarillento herrumbroso, joven esférico puntiagudo o digitiforme, más tarde campanulado, superficie aterciopelada (por acción de los cistidios filiformes), con amplias estrías translúcidas; láminas pálidas, al madurar canela intenso, bastante densas; pie blanquecino, pronto pardusco en la parte inferior, totalmente aterciopelado; esp. 12-14 x 7,5-8,5 µ, con p. g.; queilocistidios capitiformes, a veces inapreciables, caulocistidios capitiformes y filiformes. **Hábitat**: VI-IX; en bosques, entre musgos, márgenes de caminos, zanjas húmedas; disperso. **Nota**: La superficie aterciopelada se puede apreciar incluso sin lupa. **Confusiones**: *Conocybe rickeniana* (p. 384).

Conocybe striipes

Conocybe striipes (Cooke) S. Lundell Sin.: *Pholiotina striipes*

Caracteres: Sombrero de 1-3,5 cm de ancho, de cárneo pálido a pardusco ocre, al secarse color café con leche, margen con estrías translúcidas muy finas, sin rastros visibles del velo; láminas de ocre a pardo herrumbroso, también casi doradas, densas, ascendentes, adheridas; pie blanco, en la parte superior con estrías longitudinales y flocoso; esp. 6,5-11 x 4-5,5 µ, con p. g.; pileo-, caulo- y queilocistidios afilados, no capitiformes. **Hábitat**: V-XI; céspedes abonados, parques y jardines; relativamente raro. **Nota**: Durante mucho tiempo esta especie sin cistidios capitiformes se consideró un género distinto *(Pholiotina)*. Excepto en la forma de los cistidios, los caracteres son tan parecidos que esta división no parece tener sentido. A causa del pie sin anillo, también se le puede confundir con una especie de *Psathyrella*. Sin embargo, su esporada es pardo herrumbrosa en lugar de pardo negra.

Conocybe appendiculata

Conocybe appendiculata J. E. Lange & Kühner ex Watling

Caracteres: Sombrero de 1-2,5 cm de ancho, pardo amarillo vivo, casi rojizo en el ápice, beige claro en condiciones secas, cutícula joven levemente glutinosa, después seca, con estrías translúcidas, velo blanquecino, apendiculado por el velo; láminas ocres, al madurar pardo herrumbrosas, ascendentes, adheridas; pie de blanquecino a ocre claro, totalmente cubierto por copos blancos y fibrosos, pero sin anillo membranoso; esp. 6,5-8(9,5) x 4-5 µ, con p. g. poco evidentes; queilocistidios filiformes con los extremos redondeados. **Hábitat**: V-X, en especial a principios de verano; en bosques de coníferas y planifolios, sobre suelos con humus, entre ramitas y hierbas, en lugares abiertos, caminos, etc.; disperso. **Confusiones**: Con el sombrero glutinoso-mucilaginoso: *Psilocybe inquilina* var. *crobula*.

Conocybe aporos

Conocybe aporos Kits van Wav. Sin.: *Pholiotina aporos*

Caracteres: Sombrero de 1,5-3 cm de ancho, ocre, canela o pardo rojo intenso, en condiciones secas se decolora rápidamente a partir del ápice, húmedo con leves estrías translúcidas o liso, cutícula seca, glabra; láminas ocre claro, después pardo herrumbrosas, ascendentes, adheridas, aristas a veces crustáceas; pie más claro que el sombrero, pardo excepto en la superficie estriada, de color blanco, con anillo membranoso estriado por arriba; olor leve a geranios; esp. 7-10 x 4-5,5 μ, sin p. g.; queilocistidios lageniformes, gruesos. **Hábitat**: IV-V; en bosques, parques, jardines, zonas herbosas abiertas, en grupo; localmente no es raro. **Nota**: Una especie muy parecida que crece en otoño y cuyas esporas presentan un poro germinativo es *Conocybe arrhenii*. **Confusiones**: V. ctro. y abajo.

Conocybe blattaria

Conocybe blattaria (Fr.) Kühner sensu Kits van Wav.
Sin.: *Pholiotina blattaria*

Caracteres: Sombrero de 1,5-4 cm de ancho, ocre, canela o pardo rojizo, se decolora, margen generalmente liso, cutícula seca, glabra y mate; láminas de beige a ocre, al final ocre herrumbrosas, ascendentes, adheridas, más o menos densas; pie ocre amarillento, con anillo ancho, compacto, estriado por arriba; olor leve a geranios; esp. 11-14 x 5,5-6,5 μ, p. g. evidentes; queilocistidios ventricosos, de extremo alargado. **Hábitat**: V(VII)-IX; en zonas abiertas de bosques, márgenes de caminos, parques, entre restos de plantas, herbazales, en grupo; disperso. **Nota**: Entre las especies de *Conocybe* armilladas, ésta presenta el anillo más protuberante (V. también *Stropharia coronilla*, p. 328). **Confusiones**: V. arriba y abajo.

Conocybe teneroides

Conocybe teneroides (J. E. Lange) Kits van Wav.
Sin.: *Pholiotina teneroides*

Caracteres: Sombrero de 1-2,5 cm de ancho, húmedo generalmente pardo herrumbroso, con estrías translúcidas y arrugas, beige ocre al secarse, forma de esférica a digitiforme, cutícula seca; láminas maduras pardo herrumbrosas, ascendentes, adheridas, densas; pie a menudo más oscuro que el sombrero, en especial en la parte inferior, marrón oscuro, con anillo delgado, blanco, estriado por arriba; esp. 11,5-13,5 x 5,5-6,5 μ, con p. g.; basidios bispóricos; queilocistidios de sacciformes a ampuliformes. **Hábitat**: VIII-X; en bosques y fuera de ellos, parques, jardines, herbazales abiertos, en grupo; raro. **Nota**: Sólo la observación (microscópica) de los basidios bispóricos permiten identificarlo con seguridad. **Confusiones**: V. arriba y ctro.

Género **Tubaria**
Fam. Strophariaceae

Sombreros secos, higrófanos por lo general, con o sin restos flocosos del velo; láminas de sinuadas a subdecurrentes; pies secos, flocosos, raramente armillados; espp. ocre intenso, raramente pardo herrumbrosa; esp. de elipsoidales a amigdaliformes, lisas, sin p. g.; tr. regular; dermis epitelial; saprotrófico terrícola o lignícola.

Tubaria furfuracea

Tubaria furfuracea (Pers.: Fr.) Gillet

Caracteres: Sombrero de 1-3 cm de ancho, pardusco cárneo, pardo rojo, muy higrófano, se vuelve muy pálido, margen con estrías translúcidas y bordeado con un pespunte; láminas de amarillentas a ocre herrumbrosas, algo densas; pie color cárneo, finamente flocoso, glabro con la edad; esp. 6-8(9) x (3,5)4-5,5 µ, queilocistidios delgados, a menudo capitiformes. **Hábitat**: I-VIII; bosques, parques, jardines, sobre la tierra o trozos de ramas; frecuente. **Nota**: Los ejemplares que aparecen en invierno son clasificados por algunos autores como especie a parte: *Tubaria hiemalis*. Esta distinción parece, sin embargo, arbitraria.

Tubaria conspersa

Tubaria conspersa (Pers.: Fr.) Fayod

Caracteres: Sombrero de 0,5-2 cm de ancho, de beige claro o cárneo a gris pardusco, de joven sombrero totalmente tomentoso, cubierto por el velo pálido, margen externo muy flocoso o como con un pespunte; láminas maduras pardusco canela, apenas densas; pie del color del sombrero, totalmente flocoso, eventualmente con zona anular flocosa; esp. 6,5-9,5(12) x 4-6 µ; queilocistidios por lo general ventricosos. **Hábitat**: VII-IX; bosques de coníferas y planifolios, sobre tierra o restos de madera; moderadamente frecuente. **Confusiones**: *Tubaria furfuracea* (arriba).

Tubaria dispersa

Tubaria dispersa (Pers.) Singer Sin.: *T. autochthona*

Caracteres: Sombrero de 0,5-1,5 cm de ancho, de amarillento claro a ocre pardusco, no higrófano, se aplana rápidamente, cutícula mate, margen a veces con restos cortiniformes del velo; láminas bastante tiempo de amarillo claro a ocráceo; pie blanquecino, flocoso-fibroso; esp. amigdaliformes, 6-7,5(9) x 3,5-4 µ; queilocistidios ampliamente ventricosos. **Hábitat**: V-VIII; parques y jardines, sobre la tierra, bajo espinos blancos; relativamente raro. **Nota**: Las láminas color amarillo vivo son típicas de la especie.

Tubaria confragosa RL 1

Tubaria confragosa (Fr.) Harmaja

Caracteres: Sombrero de 2-7 cm de ancho, pardo rojo oscuro, se vuelve muy pálido al secarse, joven cubierto por el velo blanquecino, casi afelpado, más tarde con sólo algunos copos en el margen; láminas oscuras, pardo herrumbrosas o canela; pie con fibras blanquecinas sobre fondo pardo rojo, con anillo membranoso, de joven embudado; espp. pardo herrumbrosa, más oscura que en las demás especies del género; esp. 6,5-8 x 4,5-5 µ. **Hábitat**: VIII-X; sobre madera muerta de planifolio, sobre todo de abedules; en piso alpino, muy raro en Europa (Selva Negra). **Nota**: Durante mucho tiempo fue clasificado como *Phaeomarasmius*. A causa del pie armillado se puede confundir también con una especie de *Pholiota*.

Género **Psilocybe**
Fam. Strophariaceae

Sombreros por lo general de cutícula glutinosa a viscosa, higrófanos, glabros o con restos flocosos del velo; láminas maduras casi pardo negras, a veces moteadas, sinuadas; pies secos, por lo general sin anillo; espp. marrón oscuro, lila-pardo negra; esp. elipsoidales, algo crestadas, lisas, con p. g.; tr. regular; dermis celular; saprotróficos.

Psilocybe coprophila

Psilocybe coprophila (Bull.: Fr.) Quél.

Caracteres: Sombrero de 0,5-3 cm de ancho, de ocre a oliva amarillento, pardusco, de esférico a convexo, cutícula glutinosa, margen a menudo colgante; láminas parduscas, más tarde casi negras, con la superficie moteada, como en *Panaeolus*, aristas blancas; pie de amarillento a pardusco, fibroso-flocoso, a veces con zona anular esbozada; esp. algo crestadas de perfil, 10,5-15 x 6,5-8,5 µ (fig. 87). **Hábitat**: IV-X; en cultivos, campos, prados, suelos abonados o directamente sobre estiércol; frecuente en algunos lugares. **Confusiones**: Más grande y con el pie radicante: *Psilocybe merdaria*.

Psilocybe montana

Psilocybe montana (Pers.: Fr.) P. Kumm.

Caracteres: Sombrero de 0,5-1,5 cm de ancho, de rojo oscuro a pardo sepia, esférico, con estrías translúcidas, se vuelve muy pálido, cutícula casi totalmente seca, margen por lo general sin restos de velo; láminas maduras marrón oscuro; pie del color del sombrero, ligeramente fibroso; esp. 7,5-9 x 4,5-5,5 µ. **Hábitat**: III-IV(X); en bosques de coníferas, en especial sobre suelos arenosos, entre musgos bajos; disperso. **Nota**: El nombre de esta especie hace referencia a la consistencia elástica de la cutícula.

Psilocybe subviscida

Psilocybe subviscida (Peck) Kauffman

Caracteres: Sombrero de 1-3 cm de ancho, cereza oscuro, se vuelve beige pardusco claro, cutícula con brillo oleoso, joven algo glutinosa, margen por lo general liso, con restos blanquecinos y fugaces del velo; láminas casi marrón chocolate, densas; pie pardo rojizo, al principio con fibras blancas; esp. 6-7,5(10) x 4,5-5 μ. **Hábitat**: V-VIII; suelos abonados, cultivos, prados; relativamente raro. **Nota**: La cutícula es bastante seca y no de consistencia elástica o glutinosa como en el resto de especies. Prefiere suelos con nitrógeno.

Psilocybe semilanceata

Psilocybe semilanceata (Fr.) P. Kumm.

Caracteres: Sombrero de 1-2 cm de ancho, de amarillo oliváceo a ocre oliváceo, de forma típicamente puntiaguda o acampanada delgada, apenas se aplana, cutícula glutinosa, glabra, húmeda con amplias estrías translúcidas en el margen; láminas maduras púrpura negruzcas, con aristas claras; pie de amarillento claro a ocre pardusco, húmedo con aspecto acuoso; esp. 12-15 x 6,5-8 μ. **Hábitat**: VIII-X; prados abonados, en especial pastos de ovejas; disperso. **Nota**: Los ejemplares viejos se tiñen a menudo de azulado o verdoso a causa de las sustancias contenidas. **Confusiones**: V. *Panaeolus* de color oscuro, p. 396.

Tóxico; contiene la sustancia alucinógena psilocibina. Su consumo causa tanto alucinaciones y delirio como euforia y angustia; hipotensión. Se desaconseja probarlo.

Panaeolina foenisecii

Panaeolina foenisecii (Pers.: Fr.) Maire (Fam. Coprinaceae)

Caracteres: Sombrero de 1-3 cm de ancho, de cárneo a pardo rojo, muy higrófano, por lo general bicolor en su hábitat, al secarse se decolora a partir del ápice, beige claro o blanquecino encarnado, cutícula seca, en condiciones húmedas con amplias estrías translúcidas en el margen; láminas primero gris beige, luego marrón oscuro, moteadas en la superficie, ascendentes adheridas; pie más claro que el sombrero, algo hialino, al secarse blanquecino, totalmente flocoso; espp. pardo negra; esp. citriformes, rugosas, (11,5)14-17 (22) x (7,5)8,5-11 μ, con grandes p.g (fig. 88); basidios bispóricos o tetraspóricos; dermis celular, tr. regular. **Hábitat**: V-X; prados abonados, pastos, céspedes, márgenes herbosos; frecuente. **Nota**: En condiciones óptimas, crece directamente sobre prados segados. En Europa es la única especie de su género. Según la mayoría de opiniones, no contiene psilocibina. **Confusiones**: Con la esporada muy oscura: especies del género *Panaeolus* (p. 396).

Género **Panaeolus**
Fam. Coprinaceae

Sombreros parabólicos, esférico-acampanados, hemisféricos, higrófanos por lo general, cutícula seca, raramente glutinosa, con o sin velo; láminas maduras negruzcas, adnatas, con las superficies moteadas (por las esporas maduras); pies raramente armillados; espp. negra; esp. algo crestadas, aplanadas, lisas, raramente rugosas, con p. g.; dermis celular; tr. regular; saprotróficos.

Panaeolus semiovatus

Panaeolus semiovatus (Sowerby: Fr.) S. Lundell Sin.: *P. separatus*

Caracteres: Sombrero de 3-8 cm de ancho, de color marfil a gris pardusco claro, no higrófano, de parabólico a campanulado, relativamente carnoso, cutícula glutinosa o viscosa, al secarse se rasga; pie del color del sombrero, con anillo membranoso, ascendente y estriado por arriba; esp. lisas, 18-24 x 10,5-13 x 9,5-11,5 μ; pleurocistidios con sustancias refractivas (sulfidios, fig. 89). **Hábitat**: VI-X; sobre bostas de caballo, prados, desde llanuras hasta piso alpino; localmente no es raro.

Panaeolus papilionaceus

Panaeolus papilionaceus (Bull: Fr.) Quél.
Sin.: *P. campanulatus*, *P. sphinctrinus*

Caracteres: Sombrero de 1-5 cm de ancho, de gris ceniza a gris pardusco, poco higrófano, campanulado, zona apical de puntiaguda a roma, cutícula seca, de lisa a arrugada, margen con fibrillas blanquecinas de velo colgando; pie del tono del sombrero, por lo general oscuro, rígido, totalmente pruinoso; esp. de perfil típicamente alargadas-hexagonales, lisas, 15-18 x 10-12 x 8-9,5 μ (fig. 90). **Hábitat**: V-X; sobre estiércol de diversos tipos, en especial bostas de caballo, prados abonados, márgenes de caminos, aislado o en grupo; frecuente. **Confusiones**: *Panaeolus acuminatus* (abajo), *Psathyrella marcescibilis* (p. 364).

Panaeolus acuminatus

Panaeolus acuminatus (Schaeff.) Quél. Sin.: *P. rickenii*

Caracteres: Sombrero de 1-3(4) cm de ancho, de rojo oscuro a pardo negro, también gris pardusco, higrófano, se vuelve muy pálido, esférico con umbón agudo, parabólico o campanulado, cutícula seca, glabra, sin restos del velo; pie de rojo a pardo negro, con pruina blanca, a menudo largo y rígido; esp. muy aplanadas, lisas, 13-15 x 9-11 x 7-8 μ (fig. 92). **Hábitat**: V-X; sobre suelos abonados, en bosques, cultivos, prados, márgenes de caminos, por lo general aislado; no es raro. **Confusiones**: *Panaeolus papilionaceus* (ctro.).

Panaeolus cinctulus

Panaeolus cinctulus (Bolton) Sacc. Sin.: *P. subbalteatus*

Caracteres: Sombrero de 1-5(8) cm de ancho, de color cárneo a rojo pardusco, muy higrófano, se decolora rápidamente a partir del ápice, a menudo con cinturones bicolor, de esférico a convexo aplanado, centro generalmente umbonado, cutícula lisa o con arrugas o escrobículas, seca, sin restos del velo; pie de cárneo a pardo rojizo, cubierto por una pruina fina; esp. de perfil algo romboidal, poco aplanadas, lisas, 11-14 x 7,5-10 x 7-8 µ; basidios bispóricos o tetraspóricos. **Hábitat**: V-X; directamente sobre abono o estiércol, en especial bostas de caballo, cultivos, campos, prados abonados y parques, a menudo en fascículo; en algunos lugares no es raro. **Nota**: Es fácil de reconocer por el tamaño y el crecimiento en fascículo. **Confusiones**: *Panaeolus fimicola* (ctro.).
Tóxico, contiene altas cantidades del alucinógeno psilocibina. Sobre efectos tóxicos V. *Psilocybe semilanceata* (p. 394).

Panaeolus fimicola

Panaeolus fimicola (Pers.: Fr.) Gillet Sin.: *P. ater*

Caracteres: Sombrero de 1-2(2,5) cm de ancho, de rojo oscuro a pardo negro, claramente higrófano, se decolora a partir del ápice, durante largo tiempo con el margen oscuro, por lo general esférico, cutícula seca, glabra, lisa o arrugada, margen húmedo con estrías translúcidas, sin restos del velo; pie algo más claro que el sombrero, de beige a pardo rojizo, totalmente pruinoso, a menudo corto y arqueado; esp. poco aplanadas, lisas, 11-14 x 7-8 x 6-8 µ, p. g. un tanto lateral (fig. 91); pleurocistidios con sustancias refractivas (sulfidios), pero relativamente pequeños. **Hábitat**: V-X; zonas herbosas, prados abonados, céspedes, no directamente sobre estiércol, en grupo; no es frecuente. **Confusiones**: Directamente sobre el estiércol: *Panaeolus cinctulus* (arriba), *P. olivaceus* (abajo).

Panaeolus olivaceus

Panaeolus olivaceus F. H. Moeller

Caracteres: Sombrero de 1-3(4) cm de ancho, negruzco oliváceo, color antracita, pardo gris, marrón oscuro, muy higrófano, se decolora rápidamente a partir del ápice, con zona oscura en el margen, tonos beige claro al envejecer, cutícula lisa o con leves escrobículas, joven algo glutinosa, luego seca, sin restos del velo; pie hialino, gris pardusco, de pruinoso a finamente flocoso, a menudo arqueado; esp. casi citriformes, poco aplanadas, finamente rugosas, 11-16 x 7,5-9,5 x 6,5-9 µ (fig. 93); basidios bispóricos o tetraspóricos. **Hábitat**: V-X; suelos abonados, montones de estiércol, parques con abono y prados, en grupo; frecuente en algunos lugares. **Nota**: La fina rugosidad de las esporas, típica de esta especie, se puede observar en el microscopio de luz. **Confusiones**: *Panaeolus cinctulus* (arriba), *P. fimicola* (ctro.).

Tapinella panuoides

Tapinella panuoides (Fr.: Fr.) E. J. Gilbert
Sin.: *Paxillus panuoides* (Fam. Paxillaceae)

Caracteres: Sombrero de 1-6 cm de ancho, ocre, de amarillo pardusco a amarillo oliváceo, de cocleado a lingüiforme, con pie excéntrico o base estrechamente pedicitada, cutícula seca, aterciopelada o tomentosa, mate, margen lobulado u ondulado de forma irregular, por lo general algo involuto; láminas ahorquilladas, anastomosadas, de ocre rojizas a amarillo oliváceas; carne blanquecina; espp. ocre pardusca; esp. elipsoidales, lisas, 5-6,5 x 3-4 μ, sin p. g.; tr. bilateral. **Hábitat**: VII-X; sobre madera muerta de conífera, en especial de pinos, también sobre madera construida; frecuente; saprotrófico, causa pudrición parda. **Nota**: La variedad cuyo sombrero presenta tomento violeta cerca de la base se denomina *ionipus*. **Confusiones**: *Crepidotus mollis* (ctro.), con esporada rosada: *Phyllotopsis nidulans*.

Género **Crepidotus**
Fam. Crepidotaceae

C. fr. cocleados, sésiles o con pie atrofiado; sombreros relativamente pequeños, cutícula seca, raramente gelatinoso; láminas parduscas al madurar; espp. color arcilla; esp. de redondeadas a elipsoidales, lisas o rugosas, sin p. g.; tr. regular; saprotróficos lignícolas.

Crepidoto blando

Crepidotus mollis (Schaeff.: Fr.) P. Kumm.

Caracteres: Sombrero de 1-6(8) cm de ancho, de blanquecino a amarillo oliváceo, algo acuoso o bicolor a veces, con tomento blanco cerca de la base, cutícula glabra o cubierta de finas escamas; cutícula cubierta de capa gelatinosa, elástica; láminas blanquecinas durante bastante tiempo, después con manchas parduscas, densas; esp. de elipsoidales a amigdaliformes, lisas, 6,5-9(10) x 4,5-6 μ. **Hábitat**: VIII-X; madera muerta de planifolio, tocones musgosos y ramas, en grupo; relativamente frecuente. **Confusiones**: *Crepidotus applanatus* (abajo), V. género *Panellus* (p. 222), *Hohenbuhelia* (p. 216).

Crepidotus applanatus

Crepidotus applanatus (Pers.) P. Kumm.

Caracteres: Sombrero de 1-4(6) cm de ancho, de blanquecino a amarillo cera, ocre, cutícula glabra, nunca gelatinosa, al envejecer margen a menudo estriado; láminas no muy densas; esp. redondeadas, finamente verrucosas, 4,5-6,5 μ. **Hábitat**: VIII-X; madera muerta de planifolio o conífera, sobre pinos, en grupo; raro. **Confusiones**: Con la cutícula gelatinosa: *Crepidotus mollis* (ctro.).

Género **Lactarius**
Fam. Russulaceae

C. fr. quebradizo, segrega látex al dañarse; sombreros de glabros a hirsutos, secos o glutinosos, a menudo zonados concéntricamente; láminas adnatas; pies cilíndricos, pronto huecos; espp. de blanca a ocre, amiloide; esp. redondeadas-elipsoidales, rugosas, reticulares o crestadas, sin p. g. (fig. 94-96); carne compuesta por células redondas; setas micorrizógenas. Para la identificación se puede probar en cantidades minúsculas.

Lactario aterciopelado

Lactarius vellereus (Fr.) Fr.

c. Pebrassa vellutada, *e.* Esneki zuri-orrizabal, *g.* Leitarego, *in.* Wooly-white lactarius

Caracteres: Sombrero de 8-20 cm de ancho, blanco puro, a veces manchado de ocre, con el centro hundido, sucio de tierra y humus, cutícula seca, finamente apendiculada-tomentosa; láminas blancas, viejas manchadas de marrón; pie blanco, corto; látex blanco, amarillea lentamente; sabor picante (sólo látex suave); esp. finamente verrucosas-radicosas, 6,5-9 x 5-7 μ. **Hábitat**: VIII-XI; en bosques de planifolios o mixtos, en especial bajo *Fagus* y *Quercus*; muy frecuente. **Confusiones**: *Lactarius bertillonii* (picante, tenaz), *L. piperatus* (abajo), sin látex: *Russula delica* (p. 432).
Incomestible (tenaz, picante), aunque en el este de Europa, sobre todo en Rusia, se consume cocinado en rebanadas asadas.

Lactarius bertillonii

Lactarius bertillonii (Neuhoff ex Z. Schaef) Bon

Caracteres: Esta especie presenta tal parecido con *Lactarius vellereus* que resulta muy difícil de diferenciar; su látex, sin embargo, sí es amargo. **Hábitat**: VIII-X; en bosques de planifolios o coníferas, sobre suelos calcáreos; raro. **Confusiones**: *Lactarius vellereus* (arriba).

Pebraza

Lactarius piperatus (L.: Fr.) Gray

c. Pebràs lleter, *e.* Esneki zuri-orribildu, *g.* Pimenteiro, *in.* Pepper-cap

Caracteres: Sombrero de 5-15 cm de ancho, blanquecino, a veces con manchas herrumbrosas, cutícula seca, a menudo arrugada-escrobiculada, mate; láminas blanquecino crema, muy densas; pie blanco, a menudo bastante largo, atenuado; látex invariablemente blanco; sabor picante; esp. finamente verrucosas-crestadas, 8-9,5 x 5,5-7 μ. **Hábitat**: VI-IX(X); en bosques de planifolios, bajo carpes, *Fagus* y *Quercus*, en suelo calcáreo y arcilloso; frecuente en algunos lugares. **Confusiones**: *Lactarius pargamenus* (p. 404).
Incomestible (picante); se puede comer en forma de delgadas lonchas asadas sobre grasa, también sirve para salarlo.

Lactarius pargamenus

Lactarius pargamenus (Sw.: Fr.) Fr. Sin.: *L. glaucescens*

Caracteres: Sombrero de 5-12(15) cm de ancho, blanco, pronto manchado de ocre, al envejecer zonas dañadas azul verdosas, centro embudado, cutícula seca, mate; láminas primero blancas, pronto ocre amarillentas, muy densas; pie blanco, a menudo con manchas herrumbrosas, atenuado; látex blanco, azul verdoso al entrar en contacto con el aire y gris verdoso al secarse, amarillo naranja al aplicar KOH; sabor picante; esp. redondeadas, finamente rugosas-crestadas o reticuliformes, 7-8,5 x 6-7 µ. **Hábitat**: VI-IX; en bosques de planifolios o coníferas, bajo pinos, píceas, *Fagus* y *Quercus*, en suelo calizo y arcilloso; relativamente raro. **Nota**: Puede aparecer en los mismos biotopos que *L. piperatus* pero es más raro. Se puede diferenciar a simple vista cuando el látex ha cambiado de color. El valor culinario de ambas especies es idéntico. **Confusiones**: *Lactarius piperatus* (p. 402).

Níscalo falso

Lactarius torminosus (Schaeff.: Fr.) Gray

c. Cabra, *e.* Esnegorri faltsu, *g.* Falsa carneira, *in.* Wally lactarius

Caracteres: Sombrero de 4-10 cm de ancho, rosa cárneo, con zonas concéntricas más oscuras, cutícula húmeda algo glutinosa, margen involuto y apendiculado-hirsuto; láminas blancas o crema pálida; pie blanco o rosa pálido; látex invariablemente blanco; sabor muy picante; esp. finamente rugosas-crestadas o semirreticuliformes, 8-10 x 6-8 µ. **Hábitat**: VIII-X; bajo abedules en bosques y parques, en suelo ácido arenoso o arcilloso; relativamente frecuente. **Confusiones**: *Lactarius pubescens* (abajo).

Incomestible (picante); contiene resina de sabor picante que si se consume sin previa preparación causa náuseas, vómitos y diarrea. Tras dejar en remojo y hervir repetidas veces sirve para salar, acidificar o macerar en vinagre.

Lactarius pubescens

Lactarius pubescens Fr. Sin.: *L. blumii*

Caracteres: Sombrero de 5-12 cm de ancho, de blanquecino a rosa pálido, monocromo y no zonado, en tiempo húmedo también con zonas esbozadas, cutícula húmeda algo glutinosa, pronto se seca, margen apendiculado-hirsuto, joven "barbudo"; láminas blancas o rosa cárneo pálido; pie blanquecino con brillos rosa cárneo; látex invariablemente blanco; sabor picante; esp. finamente rugosas-reticuliformes, 6,5-8,5 x 5,5-6,5 µ. **Hábitat**: VIII-XI; bajo abedules, entre hierba, parques, zonas húmedas del bosque, turberas, sin necesidad de un tipo específico de suelo; relativamente frecuente. **Confusiones**: Rosa cárneo más intenso y más zonado: *L. torminosus* (ctro.).

Incomestible (picante); para preparación V. *L. torminosus* (ctro.).

Lactario plomizo

Lactarius turpis (Weinm.) Fr. Sin.: *L. necator*
e. Esneki zikina, *in.* Lead-coloured lactarius

Caracteres: Sombrero de 5-12 cm de ancho, de amarillo oliváceo a verde oliváceo o negruzco, se decolora hacia fuera, cutícula de lisa o granulosa a escrobiculada, húmeda glutinosa, margen joven algo hirsuto o como mínimo tomentoso; láminas blanquecino sucio, al envejecer manchadas de pardo oliváceo; pie del color del sombrero o algo más claro, con depresiones oscuras; látex blanco, gris al secarse; sabor picante; esp. finamente rugosas-reticuliformes, 7-8,5 x 6-7 µ. **Hábitat**: VIII-X; en bosques de coníferas o planifolios, en especial bajo abedules (en piso basal), pero también en bosques de píceas; frecuente. **Confusiones**: *Lactarius blennius* (p. 412).

Incomestible (picante). Se ha descubierto que contiene necatorina, por lo que se debe evitar consumirlo.

Lactarius scrobiculatus

Lactarius scrobiculatus (Scop.: Fr.) Fr.

Caracteres: Sombrero de 8-15(20) cm de ancho, amarillo paja, limón o dorado, con zonas concéntricas y una depresión central, en tiempo de lluvia, cutícula glutinosa o viscosa, margen joven tomentoso-hirsuto; láminas de blanquecino a amarillento pálido; pie algo más claro que el sombrero, siempre escrobiculado; látex blanco, rápidamente se vuelve amarillo azufre; olor afrutado; sabor picante y amargo; esp. verrucosas o reticuliformes, 7-9 x 6-7,5 µ. **Hábitat**: VII-X; en bosques de píceas, a partir de piso montano, sobre suelo calcáreo; localmente frecuente. **Confusiones**: *Lactarius citriolens*, con látex violeta: *L. repraesentaneus*.

Incomestible (picante y amargo); para usos V. *Lactarius torminosus*.

Lactarius lignyotus

Lactarius lignyotus Fr. in Lindblad

Caracteres: Sombrero de 2-6 cm de ancho, marrón oscuro, pardo negro, centro con pequeño umbón agudo, cutícula seca, casi aterciopelada, superficie con escrobículas o arrugas; láminas de blanco puro a crema pálido, contrastan con pie y sombrero; pie marrón aterciopelado, delgado, arrugado en el ápice; látex blanco, vira lentamente a rosa salmón; sabor suave; esp. redondas, con toscas crestas o reticuliformes, 7,5-10 µ. **Hábitat**: VIII-X; en bosques de píceas a partir de piso montano, sobre suelo ácido; frecuente localmente. **Confusiones**: De sabor picante: *Lactarius picinus* (p. 408).

Comestible, buena especie culinaria.

Lactarius picinus

Lactarius picinus Fr.

Caracteres: Sombrero de 3-8 cm de ancho, negruzco, pardo negro, a menudo con manchas decoloradas, cutícula seca, de mate a aterciopelada, sin escrobículas o arrugas por lo general; láminas primero blancas, después amarillento crema u ocre; pie pardo negro, a menudo con manchas más claras, levemente aterciopelado, cilíndrico-ventriculoso; látex blanco, vira lentamente a rosa; sabor al principio suave, después se vuelve picante; esp. redondeadas, verrucosas-reticuliformes, 7,5-10 μ. **Hábitat**: VIII-X; en bosques de coníferas de piso alpino, bajo abetos o píceas, sobre suelo ácido o calizo; frecuente localmente (sur de Alemania, Austria…). **Nota**: A diferencia de *Lactarius lignyotus*, esta especie no presenta ni umbón en el sombrero ni arrugas claras en sombrero y pie. **Confusiones**: *Lactarius lignyotus* (p. 406), de pie claro, picante: *L. pterosporus* (ctro.) y *L. acris* (abajo).

Lactarius pterosporus

Lactarius pterosporus Romagn.

Caracteres: Sombrero de 4-8(10) cm de ancho, de ocre a beige pardusco, coriáceo, a menudo manchado, con o sin papila, superficie con escrobículas, arrugas, o lisa, seca, mate; láminas color crema, pronto ocre amarillentas, rosa rojizo en zonas dañadas; pie blanquecino, que sólo se decolora en las zonas de contacto con carne rojiza; sabor casi suave; látex claramente picante; esp. redondeadas, 6,5-8 μ, con crestas de hasta 2 μ, semejante a unas alas (fig. 96). **Hábitat**: VIII-X; en bosques de planifolios, bajo hayas y especialmente carpes; disperso. **Nota**: La variedad que crece bajo *Fagus sylvatica* presenta láminas más gruesas y distantes, y se denomina *Lactarius ruginosus*. **Confusiones**: *Lactarius acris* (abajo).

Lactarius acris RL 3

Lactarius acris (Bolton: Fr.) Gray

Caracteres: Sombrero de 5-10 cm de ancho, de beige pardusco a pardo negro, cutícula húmeda algo glutinosa, seca pruinosa, hasta aterciopelada; láminas inmaduras blancas, más tarde crema amarillentas u ocres; pie blanco, que vira a rosa al entrar en contacto con el aire; sabor claramente picante sobre todo en el látex; esp. redondas, crestadas-reticuliformes, 5,5-8 μ. **Hábitat**: VII-X; en bosques de planifolios, bajo hayas, sobre suelo calizo; raro. **Nota**: Puede resultar extremadamente parecido a *Lactarius pterosporus*, del cual se diferencia esencialmente por la forma de las esporas y por el látex inmediatamente rojizo. Otras especies que habitan el bosque de planifolios son *L. fuliginosus* y *L. azonites*, de sabor amargo. **Confusiones**: *Lactarius pterosporus* (ctro.).

Níscalo, Nízcalo

Lactarius deliciosus (L.) Gray

c. Pinetell, *e.* Esnegorri, *g.* Fungo da muña, *in.* Milky agaric

Caracteres: Sombrero de 4-10 cm de ancho, de cárneo a naranja rojizo, naranja amarillento, con zonas concéntricas más oscuras, escrobículas que a veces se vuelven verdosas, centro deprimido, cutícula viscosa en tiempo húmedo; láminas naranja amarillentas; pie con tonos del sombrero, a menudo con (escrobículas) pequeñas depresiones de color más intenso; látex color zanahoria vivo, invariable; carne bastante firme; sabor suave, con regusto amargoso; esp. verrucosas-reticuliformes, 7-9 x 6-7 μ. **Hábitat**: VIII-X; bajo pinos, sobre suelo arenoso, pero en especial calcáreo; de disperso a localmente frecuente. **Nota**: El látex no varía al estar en contacto con el aire. **Confusiones**: *Lactarius deterrimus* (ctro.), *L. salmonicolor* (abajo), *L. semisanguifluus* (p. 412), en zonas cálidas: *L. sanguifluus.*

Comestible; excelente especie culinaria; puede empanarse como una escalopa y freírse. El regusto herboso desaparece al cocinarlo.

Lactario de carne anaranjada

Lactarius deterrimus Gröger

in. False safron milkcap

Caracteres: Sombrero de 4-10 cm de ancho, de naranja rojizo a color salmón, con zonas muy verdosas al envejecer, a veces levemente zonado, cutícula húmeda glutinosa; láminas naranja amarillentas o asalmonadas; pie naranja, por lo general sin escrobículas; látex color zanahoria, vira a rojo vinoso pasados 15 minutos, verde pasadas horas; carne poco firme, se tiñe rápidamente de rojo al cortarla; sabor amargoso; esp. 7,5-10 x 6-7,5 μ. **Hábitat**: VIII-X; bajo píceas, sin necesidad de un tipo específico de suelo; el más común de su grupo. **Confusiones**: *Lactarius deliciosus* (arriba), *L. salmonicolor* (abajo).

Comestible; pero a causa del contenido amargoso, menos bueno que el *L. deliciosus*.

Níscalo

RL 3

Lactarius salmonicolor R. Heim & Leclair

c. Pinetell d'avet, *e.* Esnegorri, *g.* Carneira, *in.* Milky agaric

Caracteres: Sombrero de 4-10 cm de ancho, naranja pálido, naranja amarillento, color salmón, con zonas levemente oscuras, sin tonos verdosos al envejecer, cutícula húmeda glutinosa; láminas ocre claro, después naranja; pie del color del sombrero, con o sin escrobículas, pronto hueco; látex anaranjado, vira a rojo minio; carne poco firme, al cortarla sólo se tiñe de rojo pasado un tiempo en pie y láminas; sabor amargoso; esp. subreticuladas-verrucosas, 8,5-10(12) x 6,5-7,5 μ. **Hábitat**: VIII-X; bajo abetos y pinos de Oregón, sobre suelo calcáreo; frecuente localmente. **Confusiones**: *Lactarius deliciosus* (arriba), *L. deterrimus* (ctro.).

Lactarius semisanguifluus RL 3

Lactarius semisanguifluus R. Heim & Leclair

Caracteres: Sombrero de 3-8(10) cm de ancho, de cárneo a naranja rojizo, pardo rojizo, con claras manchas verdes o azul verdosas, concéntricamente zonado y manchado, cutícula húmeda glutinosa; láminas de cárneo rojizas a naranja amarillentas, pronto con algunas manchas verdosas; pie del color del sombrero, a veces con escrobículas; látex rojo anaranjado, vira a rojo al cabo de pocos minutos, verde al cabo de un día; carne firme, al cortarla se tiñe relativamente rápido de rojo; sabor no muy amargo, algo a goma; esp. reticuladas-verrucosas, 8-11 x 7-8,5 µ. **Hábitat**: (VIII)IX-X; bajo pinos, en suelo calizo; bastante raro. **Nota**: La consistencia de la carne y la coloración verde son típicos rasgos de esta especie, fácil de confundir. Se sabe poco de su valor comestible. Dado que no es muy amargoso probablemente se parezca al de *Lactarius deliciosus*. **Confusiones**: *Lactarius deliciosus* (p. 410), *L. deterrimus* (p. 410).

Lactario mucoso

Lactarius blennius (Fr.: Fr.) Fr.

e. Pagadi-esneki berde, *in.* Beech milkcap

Caracteres: Sombrero de 3-7 cm de ancho, oliváceo, gris o pardo verdoso, a menudo con manchas oscuras concéntricas, raramente también zonado o totalmente liso, cutícula en tiempo lluvioso glutinosa; láminas primero blancas, después de blanquecino sucio a amarillento, densas; pie más claro que el sombrero, de blanquecino a gris verdoso claro, un poco glutinoso con la humedad; látex blanco, gris verdoso al secarse; sabor picante pasados unos segundos; esp. verrucosas, con conexiones espinosas, 6-8 x 5-6 µ. **Hábitat**: VII-X; en bosques de planifolios, siempre bajo *Fagus sylvatica*, en suelo ácido o calizo; muy común. **Nota**: La var. *viridis* tiene el sombrero verdoso con tonos más claros. Se puede quitar el amargor de la carne, pero en general no se recomienda. **Confusiones**: *Lactarius fluens* (abajo).

Lactarius fluens

Lactarius fluens Boud.

Caracteres: Sombrero de 4-12 cm de ancho, pardo verdoso, pardo oliváceo, también gris pizarra, zonado en marrón o con manchas concéntricas, bastante carnoso, en condiciones húmedas, cutícula glutinosa; láminas jóvenes color crema, después ocre claro, pardea en las zonas dañadas; pie gris cárneo sucio o gris verdoso, a menudo corto, glutinoso con la humedad; látex blanco, gris verdoso al secarse; sabor picante; esp. verrucosas-crestadas, 7-8,5 x 5,5-6,5 µ. **Hábitat**: VIII-X; en bosques de planifolios, bajo *Fagus sylvatica* o carpes, en suelo calizo; de raro a localmente frecuente. **Confusiones**: *Lactarius blennius* (ctro.).

Lactario húmedo RL 3

Lactarius uvidus (Fr.: Fr.) Fr.
in. Purple staining milkcap

Caracteres: Sombrero de 2-8 cm de ancho, de color cárneo claro u oscuro a gris pardusco, al envejecer se decolora, no zonado, manchado irregularmente, con el roce se vuelve violeta al cabo de poco tiempo, cutícula viscosa en tiempo lluvioso; láminas de blanquecino crema a amarillentas, violetas al dañarse; pie blanquecino, a veces ligeramente ocre, un poco glutinoso con la humedad; látex blanco, al aire se colorea rápidamente de violeta; sabor casi suave, a veces amargo; esp. verrucosas-reticulosas, 9-11 x 7,5-9 µ. **Hábitat**: VIII-X; en bosques de planifolios y coníferas, en especial sobre suelo ácido; disperso. **Nota**: Otras especies cuyo látex vira a violeta son: *Lactarius violascens*, *L. repraesentaneus*, *L. aspideus* y *L. dryadophilus*. Todas son raras. **Confusiones**: Sin látex violeta: *Lactarius albocarneus* (ctro.) y *L. trivialis* (abajo).

Lactarius albocarneus RL 2

Lactarius albocarneus Britzelm. Sin.: *L. glutinopallens*

Caracteres: Sombrero de 2-7 cm de ancho, joven monocromo gris pálido, a veces con reflejos violáceos, después se decolora, cárneo o amarillento coriáceo, en tiempo húmedo cutícula mucilaginosa; láminas de blanquecino a ocre claro; pie blanco, mucilaginoso-glutinoso; látex blanco, amarillento al secarse; sabor muy picante; esp. verrucosas-crestadas, 8-10 x 6-7,5 µ. **Hábitat**: VII-X; en bosques de coníferas, en especial bajo abetos, exclusivamente sobre suelo calcáreo; bastante raro. **Nota**: Es la especie más mucilaginosa de su género. En tiempos de lluvia el mucílago del sombrero recuerda mucho a un *Hygrophorus*. **Confusiones**: *Lactarius uvidus* (arriba).

Lactarius trivialis RL 3

Lactarius trivialis (Fr.: Fr.) Fr.

Caracteres: Sombrero de 5-15(20) cm de ancho, joven gris violeta, gris azul, como si lo recubriese una pruina plateada, pardo cárneo oscuro, se decolora hasta ocráceo cárneo, zonado en oscuro o manchado, raramente monocromo, cutícula viscosa en tiempo lluvioso; láminas de color crema claro a cárneo, después ocre claro; pie por lo general más claro que el sombrero; látex blanco, al aire vira lentamente a amarillento claro, al secarse gris verdoso; sabor picante; esp. espinulosas-crestadas o subreticulosas, 7,5-9(10,5) x 6-7,5 (8,5) µ. **Hábitat**: VIII-X; en bosques de coníferas o planifolios, entre píceas, pinos, abedules, sobre suelo ácido, húmedo; disperso, frecuente en el norte de Europa. **Confusiones**: Con el látex pronto violeta: *Lactarius uvidus* (arriba).

Incomestible (picante); para su uso V. *Lactarius torminosus* (p. 404).

Lactario pálido

Lactarius pallidus (Pers.: Fr.) Fr.
c. Lleterola pàl·lida, *in.* Pale milkcap

Caracteres: Sombrero de 5-15 cm de ancho, de cárneo claro a pardusco claro, no zonado, a veces con manchas dispersas, cutícula viscosa en tiempo lluvioso; láminas blanquecino crema, después cárneo ocre, finalmente con manchas herrumbrosas; pie cárneo pálido, pardusco al presionarlo; látex blanco, invariable o levemente grisáceo al secarse; sabor suave, con regusto áspero; esp. espinulosas-crestadas, 7-9 x 6-7 µ. **Hábitat**: VII-X; en bosques de planifolios, bajo hayas, más raramente robles o carpes, sobre suelo calcáreo o arcilloso alcalinos; localmente frecuente. **Confusiones**: En pinares: *Lactarius musteus* (ctro.), V. ejemplares descoloridos de *L. trivialis* (p. 414).
Incomestible, a pesar de su sabor suave; según algunas fuentes, hirviéndolo se puede hacer comestible; sin embargo, en algunos países nórdicos es considerado tóxico.

Lactarius musteus

RL 2

Lactarius musteus Fr.

Caracteres: Sombrero de 3-6(10) cm de ancho, de blanquecino a rojizo claro, monocromo o manchado, no zonado, cutícula en tiempo húmedo glutinoso-viscosa; láminas blanquecino crema, después rojizas, ocre claro en los lugares dañados; pie blanquecino uniforme, pronto con manchas ocres, sobre todo en la base; látex blanco, invariable, lechoso, gris verdoso al secarse; sabor de suave a un tanto picante; esp. verrucosas, con conexiones reticulosas-crestadas, 7-10 x 5,5-7 µ. **Hábitat**: VIII-X; en pinares con brezos, sobre suelo ácido y húmedo; raro. **Nota**: Esta especie está amenazada y parece ser cada vez más rara. Los ejemplares de la fotografía fueron encontrados en Austria. **Confusiones**: En hayedos de suelo calcáreo: *Lactarius controversus* (arriba).
Comestible tras hervirlo, pero debe ser protegido.

Lactarius controversus

Lactarius controversus (Pers.: Fr.) Fr.

Caracteres: Sombrero de 8-12(30) cm de ancho, blanquecino, pronto con típicas manchas rosado rojizas, nunca zonado, cutícula húmeda glutinosa, margen externo joven algo velloso (no hirsuto); láminas color crema, ya jóvenes con reflejos rosas; pie blanquecino, a menudo corto y arqueado; látex blanco, al aire amarillea lentamente; sabor pronto muy picante; esp. verrucosas-crestadas, hasta subreticulosas, 6,5-7,5 x 4,5-5,5 µ. **Hábitat**: (VIII)IX-XI; entre diversos tipos de *Populus*, en especial álamo negro y temblón, zonas riparias, parques; raro. **Nota**: Los ejemplares viejos a menudo tienen el margen revoluto como *Lactarius vellereus* (p. 402), a éste le faltan, sin embargo, las manchas rosa.

Lactario de leche dorada

Lactarius chrysorrheus Fr.

c. Lleterola de llet groga, *e.* Esnehorikor arrunt, *g.* Latouro, *in.* Yellow-juiced lactarius

Caracteres: Sombrero de 3-6(8) cm de ancho, naranja cárneo naranja-amarillento, con zonas o manchas oscuras, cutícula glutinosa en tiempo húmedo; láminas jóvenes color crema, después cárneo; pie más claro que el sombrero, con tonos rosa cárneos; látex blanco, que al aire vira rápidamente a amarillo azufre o dorado, fluye en abundancia; sabor amargo y muy picante; esp. verrucosas-reticuliformes, 7-9 x 6-7 µ. **Hábitat**: VIII-X; en bosques de planifolios o mixtos, entre robles; en llanos relativamente frecuente. **Nota**: Es muy característico el tono dorado que adquiere el látex ya a los pocos segundos. **Confusiones**: Igualmente entre robles, pero con látex menos amarillento: *Lactarius decipiens* (p. 430), entre alerces en montañas y con látex no amarillo: *L. porninsis* (ctro.).

Lactarius porninsis

Lactarius porninsis Rolland

Caracteres: Sombrero de 2-6(8) cm de ancho, amarillo naranja vivo, naranja dorado, a menudo con zonas estrechas o no zonado, en tiempo húmedo cutícula glutinosa o viscosa; láminas primero amarillentas, después de naranja amarillentas a ocre; pie más claro que el sombrero, monocromo hasta el ápice más claro; látex blanco, invariable; sabor más o menos amargo, sobre todo el látex; esp. finamente verrucosas, con retículo incompleto, 8-9,5 x 6-7 µ. **Hábitat**: VII-X; entre alerces, en especial en montañas; frecuente en algunos lugares (zonas alpinas). **Confusiones**: *Lactarius zonarioides* (abajo), *L. insulsus* (p. 420), *L. chrysorrheus* (arriba).

Incomestible (amargo); se le puede quitar el amargor mediante cocción.

Lactarius zonarioides

Lactarius zonarioides Kühner & Romagn.

Caracteres: Sombrero de 3-8(10) cm de ancho, naranja vivo, amarillo naranja, con zonas más oscuras estrechas, centro deprimido, margen involuto, en tiempo húmedo cutícula glutinoso-viscosa; láminas de amarillentas a naranja pálido; pie más claro que el sombrero, primero blanquecino, después ocre amarillento, con la superficie lisa, sin escrobículas; látex blanco, a menudo gris verdoso al secarse; sabor claramente picante; esp. verrucosas, reticulosas, 8-10 x 7-9 µ. **Hábitat**: VIII-X; en bosques montañosos de píceas, sobre suelo ácido y calizo; disperso en zonas subalpinas y alpinas. **Nota**: Algunas fuentes distinguen entre esta especie y la parecida *Lactarius bresadolianus*, que habita entre abetos blancos y tiene el pie escrobiculado. Eventualmente, ambas son idénticas. **Confusiones**: Entre alerces, de sabor amargo: *Lactarius porninsis* (ctro.), bajo robles: *L. insulsus* (p. 420).

Lactarius insulsus **RL 3**

Lactarius insulsus (Fr.: Fr.) Fr.

Caracteres: Sombrero de 5-15 cm de ancho, naranja ocráceo claro u oscuro, con varias zonas estrechas o manchas, centro claramente deprimido, en tiempo húmedo cutícula glutinosa, margen a veces finamente velludo; láminas blanquecinas, después ocre pálido, muy densas; pie blanquecino, con manchas (escrobículas) ocráceas o liso; látex blanco, invariable; sabor picante; esp. verrucosas, reticulosas, 7-8,5 x 6-7 μ. **Hábitat**: VII-X; en bosques de planifolios, entre robles, preferentemente sobre suelo calizo, pero no ligado a él; raro. **Nota**: El sombrero bellamente zonado recuerda al del *L. deliciosus* (p. 410). Se puede observar, sin embargo, que el látex de esta especie no es rojizo, sino blanco. **Confusiones**: *Lactarius zonarioides* (p. 418), *L. acerrimus* (ctro.), *L. porninsis* (p. 418).

Lactarius acerrimus **RL 3**

Lactarius acerrimus Britzelm.

Caracteres: Sombrero de 6-12(15) cm de ancho, blanquecino ocráceo claro, amarillento ocre, con zonas más oscuras o casi no zonado, centro a menudo muy deprimido, cutícula glutinosa en tiempo húmedo, margen joven de tomentoso a velludo; láminas color crema, después ocre amarillento, poco densas, ahorquilladas hacia el pie y anastomosadas; pie blanquecino, más tarde ocráceo, bastante corto; látex blanco, invariable; sabor picante; esp. muy grandes, verrucosas-crestadas o reticuladas, 10-13(15) x 8,5-10(12) μ; basidios bispóricos. **Hábitat**: VI-IX; en bosques de planifolios, bajo robles, a veces también hayas y carpes, sobre todo en suelo calcáreo; de disperso a raro. **Nota**: Los basidios bispóricos son una excepción en el género *Lactarius*. **Confusiones**: *Lactarius insulsus* (arriba).

Lactarius hortensis

Lactarius hortensis Velen.

Caracteres: Sombrero de 3-8 cm de ancho, gris ocráceo, beige o gris pardusco, también con tonos oliváceos, con zonas levemente más oscuras o uniforme, en tiempo húmedo cutícula algo glutinosa, en tiempo seco casi pruinosa; láminas maduras ocre amarillento vivo, bastante distantes; pie algo más claro que el sombrero, de blanquecino a ocre cárneo; látex blanco, amarillento al secarse, abundante sobre el carpóforo fresco; sabor muy picante; esp. con verrugas y acúleos, 6-8 x 5-6 μ. **Hábitat**: VIII-X; bajo avellanos, en bosques, parques y jardines, crece en grupo; disperso. **Nota**: Exuda látex en las aristas de las láminas al más pequeño roce. **Confusiones**: Bajo carpes: *Lactarius pyrogalus*.

Lactario blando

Lactarius vietus (Fr.: Fr.) Fr.
in. Grey milkcap

Caracteres: Sombrero de 3-6(10) cm de ancho, gris cárneo, pardo cárneo, a menudo con algún tono violáceo, por lo general no zonado, centro joven a menudo con pequeña papila, después levemente deprimido, en tiempo lluvioso cutícula glutinosa; láminas de blanquecino a cárneo, más tarde también ocráceas; pie más claro que el sombrero, con una zona blanquecina en el ápice; látex blanco, de gris a gris oliváceo al secarse; sabor muy picante; esp. verrucoso-reticuladas, 7,5-9 x 6,5-7,5 µ. **Hábitat**: VII-X; entre abedules en bosques de planifolios o coníferas, en especial en turberas de turba ácida, directamente entre esfagno; localmente frecuente. **Confusiones**: Con olor a coco: *Lactarius glyciosmus* y *L. fuscus* (ctro. y abajo).

■ Incomestible (picante); V. *Lactarius torminosus* (p. 404).

Lactario perfumado

Lactarius glyciosmus (Fr.: Fr.) Fr.
in. Coconut milkcap

Caracteres: Sombrero de 2-6 cm de ancho, de gris claro a color cárneo, ocre, por lo general no zonado, centro levemente deprimido, a menudo con pequeña papila, cutícula normalmente mate pruinosa y seca, sólo glutinoso-hinchada si hay lluvias persistentes; láminas de color crema a ocre claro; pie de blanquecino a cárneo amarillento claro, pronto hueco y bastante quebradizo; la carne emblanquece pronto; látex blanco, invariable; olor agradable a coco; sabor picante tras unos segundos; esp. verrucoso-reticuladas, 6,5-8,5 x 5,5-6,5 µ. **Hábitat**: VIII-X; entre abedules en bosques de planifolios o mixtos con coníferas, preferentemente sobre suelo ácido; frecuente. **Nota**: Su característico olor a coco, poco común en los hongos, evita confusiones. Sin tratarlo no se puede consumir a causa del sabor picante. **Confusiones**: Entre píceas: *Lactarius fuscus* (abajo).

■ Incomestible (picante); con todo, V. *Lactarius torminosus* (p. 404).

Lactarius fuscus

Lactarius fuscus Rolland

Caracteres: Sombrero de 3-8 cm de ancho, marrón oscuro, con tonos grises o rojizos, a veces con zonas estrechas esbozadas, centro a menudo levemente umbonado, cutícula seca, de mate a tomentoso-escamosa; láminas primero amarillentas, después ocres; pie más claro que el sombrero, blanquecino, cárneo rojizo; látex blanquecino lechoso, invariable; olor más o menos a coco; sabor pronto claramente picante; esp. verrucoso-reticuladas, 7-9,5 x 5,5-6,5 µ. **Hábitat**: VIII-X; en bosques de coníferas, sobre todo entre píceas y pinos; disperso, localmente frecuente. **Confusiones**: Entre abedules: *Lactarius glyciosmus* (ctro.), inodoro: *L. vietus* (arriba).

Lactario pardo

Lactarius helvus (Fr.: Fr.) Fr.
c. Lactari bru, *in.* Burnt-sugar milkcap

Caracteres: Sombrero de 5-15 cm de ancho, de coriáceo a ocre amarillento, gris ocre o amarillento cárneo, cutícula seca, mate o finamente tomentosa, por lo general no zonado, a veces con manchas concéntricas; láminas primero crema amarillentas, después ocre rojizo; pie del color del sombrero; látex transparente acuoso, escaso; olor a levístico; sabor suave, especiado; esp. verrucoso-reticuladas, 7-9 x 6-7 µ. **Hábitat**: VII-X; en bosques de coníferas ácidos y húmedos, turberas, entre esfagnos; frecuente. **Confusiones**: De olor parecido: *Lactarius camphoratus* (p. 426).
Ligeramente tóxico; si se consumen grandes cantidades, causa náuseas, diarreas y vómitos; en pequeñas cantidades, seco y pulverizado, se utiliza como especia.

Lactario anaranjado RL 3

Lactarius volemus (Fr.: Fr.) Fr.
c. Lleterola roja, *e.* Esnato, *in.* Orange-red lactarius

Caracteres: Sombrero de 5-15 cm de ancho, de naranja amarillento a pardo anaranjado, rojo pardusco, a veces castaño, cutícula seca, mate, lisa o con arrugas o escrobículas; láminas de amarillo pálido a naranja amarillento claro, parduscas al presionarlas; pie naranja amarillento, a veces con manchas pardas, relativamente grueso, claviforme; látex blanco, abundante, glutinoso; carne muy firme, apenas se estropea; olor a arenque o crustáceo; sabor suave; esp. redondas, con verrugas y acúleos, 7,5-10 µ. **Hábitat**: VII-X; en bosques de coníferas y planifolios, entre píceas, pinos, hayas, robles, sobre suelo calcáreo; localmente frecuente, pero en retroceso. **Nota**: No se agusana.
Comestible; excelente especie si se prepara correctamente (en rebanadas finas, frita en fuego muy caliente). El olor a pescado se va al calentarla.

Lactario rojizo

Lactarius rufus (Scop.: Fr.) Fr.
e. Esneki teilamin, *in.* Red lactarius

Caracteres: Sombrero de 3-8(10) cm de ancho, pardo rojo claro u oscuro, no zonado, centro joven provisto de papila pronunciada, que con el tiempo se hunde, cutícula seca, sin brillo o mate; láminas ocre rojizas claras, algo más oscuras al envejecer; pie por lo general más claro que el sombrero, de cárneo a pardo rojizo; látex blanco, invariable; sabor claramente picante al cabo de poco rato; esp. con verrugas delgadas, reticuladas, 7-10 x 5-7 µ. **Hábitat**: (VI)VIII-X; en bosques de coníferas o mixtos, en especial entre píceas o pinos, sobre suelo ácido, en masa; frecuente. **Confusiones**: *Lactarius quietus* y *L. subdulcis* (p. 428), *L. camphoratus* y otros.
Incomestible (picante); se puede hacer comestible V. *Lactarius torminosus* (p. 404). En el este de Europa se consume a menudo.

Lactarius sphagneti

RL 2

Lactarius sphagneti (Fr. in Lindblad) Neuhoff ex Gröger

Caracteres: Sombrero de 2-5 cm de ancho, pardo rojo claro u oscuro, con pequeño umbón agudo, se decolora paulatinamente, cutícula seca, mate; láminas jóvenes blanquecinas cárneas, después pardo ocráceas; pie algo más claro que el sombrero, al crecer rojizo claro; látex blanco, al aire invariable; sabor suave; esp. verrucosas, crestadas, 8-9,5 x 6,5-8 μ. **Hábitat**: VII-IX; en bosques de coníferas húmedos, con turbera, entre esfagnos; raro. **Nota**: Externamente recuerda a *Lactarius rufus* (p. 424) pero no tiene sabor picante. Según fuentes, está asociado con el esfagno. **Confusiones**: *Lactarius camphoratus* (ctro.), *L. thejogalus* (p. 430) y otros.

Valor comestible desconocido, presuntamente no tóxico.

Lactario alcanforado

Lactarius camphoratus (Bull.: Fr.) Fr.
in. Camphor milkcap

Caracteres: Sombrero de 2-5 cm de ancho, de naranja oscuro a pardo rojo, pardo negro, centro con pequeño umbón, cutícula seca, con arrugas radiales o escrobículas, sin brillo; láminas jóvenes cárneo rojizo claro, más tarde pardo rojizo, con una capa harinosa por las esporas caídas; pie pardo rojo oscuro, hueco; látex blanquecino acuoso, invariable; olor a chinche hedionda, cuando está fresco, al secarse, a levístico o achicoria; sabor suave, regusto a veces amargo; esp. con verrugas recias y conexiones espinosas o casi reticuladas, 6,5-8 x 5,5-6,5 μ. **Hábitat**: VII-XI; en bosques de planifolios y coníferas, bajo píceas, pinos, hayas; frecuente. **Confusiones**: Con el mismo olor: *Lactarius helvus* (p.424).

Comestible; seco sirve como especia.

Lactarius rubrocinctus

Lactarius rubrocinctus Fr. Sin.: *L. tithymalinus*

Caracteres: Sombrero de 5-10 cm de ancho, de ocre a naranja pardusco, no zonado, con el centro levemente deprimido, cutícula seca, mate, lisa o arrugada; láminas de color cárneo claro a ocre sucio, joven con tonos lilas en las zonas dañadas, más tarde pardean, a menudo anastomosadas o ahorquilladas cerca del pie; pie del color del sombrero, con zona rojiza o pardo roja delgada en la base de las láminas; látex blanco, invariable; olor leve a chinche hedionda; sabor suave, pasado un rato de amargoso a picante; esp. verrucosas, crestadas, 7-10 x 5-7 μ. **Hábitat**: VII-X; en bosques de coníferas o planifolios, en especial bajo hayas o píceas, sobre suelo calizo; de disperso a raro. **Confusiones**: *Lactarius quietus* (p. 428), *L. rufus* (p. 424).

Valor comestible desconocido, presuntamente no tóxico.

Lactario de los robles

Lactarius quietus (Fr.: Fr.) Fr.

g. Leitarego, *in.* Oak milkcap

Caracteres: Sombrero de 3-8 cm de ancho, de cárneo a pardo teja, con leves zonas concéntricas y manchas, pero de color uniforme, primero esférico convexo, después el centro se hunde, sin umbón por lo general, cutícula seca, mate; láminas de cárneo rojizo a pardo canela; pie del color del sombrero, más oscuro hacia la base; látex blanquecino, algo acuoso, pronto con brillo amarillento; olor a aceite rancio, recuerda a chinche hedionda; sabor suave; esp. con verrugas o casi reticuladas, 7,5-9 x 6,5-7,5 μ. **Hábitat**: VII-X; en bosques de planifolios o mixtos, bajo robles, sin necesidad de un tipo concreto de suelo; frecuente. **Confusiones**: *Lactarius subdulcis* (ctro.), *L. decipiens* (p. 430), *L. rufus* (p. 424), *L. rubrocinctus* (p. 426).

Comestible; se debe asar. Al cocinarlo desaparece el desagradable olor. El regusto amargo que mencionan algunas fuentes no ha sido, hasta la fecha, experimentado por el autor. Se recomienda hervirlo.

Lactario dulciamargo

Lactarius subdulcis (Bull.: Fr.) Gray

c. Lleterola petita, *in.* Mild milkcap

Caracteres: Sombrero de 3-7 cm de ancho, de cárneo pardusco a pardo rojo, en condiciones húmedas, uniforme con brillo oleoso (no glutinoso), algo higrófano, por eso, pronto bicolor, con el margen más claro, a menudo dentado; láminas jóvenes casi blanquecinas, después cárneo claro, con manchas parduscas; pie cárneo pardusco claro o amarillento, con la base a menudo estrigosa; látex blanquecino, algo acuoso, invariable; olor algo a chinche hedionda (aceite rancio); sabor suave o amargoso, raramente con regusto picante; esp. con verrugas y unidas por crestas, 8-9,5 x 6,5-7,5 μ. **Hábitat**: IX-XI, por lo general más tarde que otras especies parecidas; bajo *Fagus sylvaticus*; frecuente. **Confusiones**: *Lactarius quietus* (arriba), *L. rufus* (p. 424) y *L. decipiens* (p. 430).

Comestible siempre que no tenga sabor amargo.

Lactarius mitissimus

Lactarius mitissimus (Fr.: Fr.) Fr.

Caracteres: Sombrero de 3-5(8) cm de ancho, de naranja rojizo a pardusco anaranjado, uniforme o con el margen más claro, casi dorado amarillento, también con manchas amarillentas, pero no zonado, centro con umbón pronunciado; láminas de cárneo claro a ocre anaranjado; pie del color del sombrero; látex blanco, invariable; sabor suave; esp. de verrucosas a levemente crestadas, 7,5-9,5 x 6,5-7,5 μ. **Hábitat**: IX-X; sobre todo en bosques de coníferas a partir de piso montano, bajo píceas, sobre suelo calizo; localmente frecuente. **Nota**: El vivo colorido recuerda al gran *Lactarius volemus* (p. 424). En bosques de planifolios crecen especies parecidas de sabor amargo o picante.

Lactarius decipiens

RL 3

Lactarius decipiens Quél.

Caracteres: Sombrero de 2,5-5(7) cm de ancho, de naranja rojizo a pardusco cárneo, uniforme, centro a menudo con pequeño umbón agudo, cutícula húmeda levemente glutinosa, pronto seca; láminas amarillento cárneas, después algo más oscuras, a menudo con manchas de herrumbre; pie del color del sombrero, pronto oscuro hacia la base; látex blanco, al aire vira lentamente a amarillo azufre; sabor primero amargo, después muy salado, perfumado y muy picante; esp. verrucosas-crestadas, casi reticulosas, 6,5-9 x 6,5-7,5 µ. **Hábitat**: VII-X; en bosques de planifolios o mixtos, bajo robles, sobre suelo seco; localmente frecuente pero no siempre distribuido. **Confusiones**: *Lactarius subdulcis*, *L. quietus*, (p. 428), sobre suelo húmedo: *L. thejogalus* (ctro.)

Lactarius thejogalus

Lactarius thejogalus (Bull.: Fr.) Gray Sin.: *L. tabidus*

Caracteres: Sombrero de 2-5 cm de ancho, de naranja cárneo a rojizo, uniforme y no zonado, de carne bastante delgada, centro con o sin pequeño umbón agudo, cutícula húmeda algo glutinosa, margen con cortas estrías translúcidas; láminas color cárneo claro; pie del color del sombrero, hueco desde muy pronto y en consecuencia quebradizo; látex blanco, al aire amarillea lentamente; sabor suave, a veces con regusto picante o amargo; esp. aisladas, con arrugas y acúleos, 7,5-9 x 6-7 µ. **Hábitat**: VI-X(XI); bajo abedules en lugares húmedos, turberas, directamente entre esfagnos, también en bosques de coníferas con abedules dispersos; frecuente. **Nota**: A causa de la delgadez de la carne, los sombreros se ondulan al envejecer. **Confusiones**: Bajo alisos: *Lactarius obscuratus* (abajo), bajo robles sobre suelo seco: *L. decipiens* (arriba).

Lactarius obscuratus

Lactarius obscuratus (Lasch) Fr.

Caracteres: Sombrero de 1-3 cm de ancho, amarillento cárneo, cárneo pardusco, pardo rojo, joven con tonos oliváceos, por lo general centro con pequeña papila, cutícula seca, glabra, margen con estrías translúcidas y a veces también arrugado o dentado; láminas cárneo pardusco claro; pie del color del sombrero, a menudo con tomento amarillento en la base; látex blanco acuoso, invariable; sabor suave; esp. verrucosas, con pocas conexiones crestadas, 6,5-8,5 x 5,5-6,5 µ. **Hábitat**: VI-X; siempre bajo alisos, en turberas, marjales con alisos, en lugares no demasiado húmedos; localmente frecuente. **Nota**: En los marjales con alisos suele haber también abedules; por eso, esta especie crece junto a *Lactarius thejogalus* (ctro.), aunque no cuando éste crece entre esfagnos. *L. obscuratus* es más pequeño y su látex no amarillea.

Género **Russula**
Fam. Russulaceae

C. fr. frágiles, sin látex; sombreros glabros, glutinosos o viscosos, secos a veces pruinosos, a menudo de colorido bello; láminas adnatas, frágiles (con una excepción); pies cilíndrico-maciformes; espp. blanca, ocre o amarillenta, amiloide; esp. verrucosas, crestadas o reticulosas, sin p. g. (figs. 94-96); carne compuesta por células redondas; setas micorrizógenas. Para reconocerlos se pueden probar en cantidades minúsculas.

Rúsula blanca

Russula delica Fr.

c. Pebràs, *e.* Gibelzun orrizabal, *g.* Netorra terrosa dos soutos, *in.* Whitish russula

Caracteres: Sombrero de (5)8-15 cm de ancho, blanco, pronto manchado, más tarde totalmente ocre pardusco, cutícula (glutinosa) cubierta por partículas de tierra; láminas blanquecinas, jóvenes con brillo azul verdoso; pie blanco, ápice a veces levemente azul verdoso, corto; olor, primero herboso afrutado, a pescado al envejecer; sabor suave, regusto picante; espp. blanca; esp. verrucosas, crestadas, 8-12 x 6,5-9 µ. **Hábitat**: (VII)VIII-X; en bosques de coníferas o planifolios; relativamente frecuente. **Confusiones**: Con látex: *Lactarius vellereus* (p. 402).

Rúsula ennegrecida

Russula nigricans (Bul.)Fr.

c. Carboner gros, *e.* Gibelilun orrizabal, *g.* Netorra negra, *in.* Blackish russula

Caracteres: Sombrero de (8)15-20 cm de ancho, joven blanquecino, bajo la influencia de la luz pronto gris pardo, oscurece hacia negruzco; láminas jóvenes blanquecinas, gruesas, distantes; pie blanco durante más tiempo, después oscurece como el sombrero; carne muy dura, rojiza al herirse, después negruzca; sabor suave, picante en las láminas; espp. blanca; esp. finamente verrucosas, reticuladas, 6,5-8,5 x 5,5-7 µ. **Hábitat**: VII-X(XI); en bosques de coníferas o planifolios, en especial bajo robles y hayas; frecuente. **Confusiones**: Otras especies de la sección *Compactae* con láminas densas.

Russula adusta

Russula adusta (Pers.: Fr.) Fr.

Caracteres: Sombrero de 5-15 cm de ancho, al principio blanquecino, poco a poco se vuelve de pardo rojo a pardo negruzco, cutícula seca con típico brillo; láminas crema blanquecinas, claras durante mucho tiempo; pie blanco, algo rojizo al presionarlo, después se vuelve gris pardo; carne ligeramente rojiza al cortarla, después gris parda; olor inapreciable, a tonel mohoso al envejecer; sabor suave; espp. blanca; esp. con verrugas muy finas, 7,5-9 x 6-7,5 µ. **Hábitat**: VI-X; en pinares de suelo arenoso; disperso. **Confusiones**: Con la cutícula mate: *Russula densifolia* (p. 434).

Russula densifolia

Russula densifolia Gillet

Caracteres: Sombrero de 5-10 cm de ancho, joven blanco, pero pronto gris, oliváceo o pardusco a partir del centro, el margen permanece claro más tiempo, cutícula algo glutinosa de joven, pronto seca, en tiempo seco, sin brillo; láminas crema blanquecinas, claras durante largo tiempo; pie blanco, con la edad oscuro como el sombrero; la carne y otras partes blancas del carpóforo se vuelven rojizas al cortarlas o dañarlas, más tarde de gris a marrón oscuro; sabor suave, picante en las láminas; espp. blanca; esp. con verrugas finas, reticulosas, 6,5-8 x 5-6,5 µ. **Hábitat**: VII-X; en bosques de coníferas o planifolios, bajo hayas, robles, pinos, píceas, en especial sobre suelo ácido; relativamente frecuente. **Confusiones**: *Russula nigricans* (p. 432), *R. adusta* (p. 432), sobre suelo calizo, con las láminas claramente picantes: *R. acrifolia*.

Russula anthracina

RL 3

Russula anthracina Romagn.

Caracteres: Sombrero de 5-10 cm de ancho, joven blanquecino, pronto gris negruzco o marrón oscuro, pero el margen permanece blanco durante más tiempo, cutícula mate; láminas crema blanquecino, con reflejos rosa cárneos; pie blanco durante bastante tiempo, negruzco al presionarlo; la carne y otras partes blancas del carpóforo ennegrecen en las zonas dañadas sin enrojecer previamente; sabor de suave a un poco picante, muy picante en las láminas; espp. blanca; esp. con verrugas finas, reticulosas, 7-9,5 x 6,5-7,5 µ. **Hábitat**: VII-IX(X); en bosques de coníferas o planifolios, en especial sobre suelo calizo; raro. **Nota**: Se distingue la var. *insipida*, cuyas láminas tienen sabor suave. **Confusiones**: Con las láminas jóvenes totalmente blancas: *Russula albonigra* (abajo).

Rúsula blanca y negra

Russula albonigra (Krombh.) Fr.

c. Carboner, *e.* Gibelilun zuri-beltz, *g.* Netorra negra, *in.* Scorched russula

Caracteres: Sombrero de 5-12(15) cm de ancho, joven blanquecino, muy pronto se vuelve marrón o negruzco, cutícula húmeda glutinosa, pero pronto seca; láminas primero blancas, al envejecer oscurecen desde las aristas; pie blanco, al envejecer pardo negro; la carne y otras partes blancas del carpóforo ennegrecen bastante rápido al ser dañadas; sabor de amargoso a picante, con regusto mentolado; espp. blanca; esp. con verrugas finas, reticulosas, 6,5-9 x 5,5-6,5 µ. **Hábitat**: VII-X; en bosques de coníferas o planifolios, sobre suelo calizo o ácido; raro. **Confusiones**: Láminas con reflejos rosas: *Russula anthracina* (ctro.).

Rúsula blanco ocrácea

Russula ochroleuca (Pers.) Fr.
in. Common yellow russula

Caracteres: Sombrero de 4-8(10) cm de ancho, ocre amarillento, amarillo limón o dorado, verde amarillento, cutícula glabra, al envejecer margen dentado o estriado; láminas blancas, más tarde color crema sucio; pie blanco, algo grisáceo al envejecer; carne blanca, ligeramente grisácea en el pie, pronto blanquecina; olor neutro; sabor de suave a un tanto picante; espp. blanca; esp. verrucosas, reticulosas, 8-10 x 6,5-7,5 µ. **Hábitat**: VII-XI; en bosques de coníferas o planifolios, en especial sobre suelo ácido, en masa; muy común. **Confusiones**: *Russula fellea* (picante, ctro.), *R. solaris* (picante, abajo), *R. claroflava* (p. 440), *R. mustelina* (p. 442). Comestible cuando tiene sabor suave pero sin valor culinario. Sirve para mezclar con otras especies. Los ejemplares picantes se deben evitar o hervir antes de cocinarlos.

Rúsula de hiel

Russula fellea (Fr.: Fr.) Fr.
c. Rússula amarga, *e.* Gibelokre konpotausain, *in.* Geranium-scented russula

Caracteres: Sombrero de 3-6(8) cm de ancho, ocre o amarillento, amarillo paja, uniforme o con la zona marginal más clara, en tiempo seco, cutícula mate y sin brillo, margen dentado o estriado; láminas color crema ya de jóvenes, pronto ocráceas, a menudo del mismo color que el pie; pie crema ocráceo claro, no blanco; carne blanquecina, relativamente firme; olor típicamente agridulce, que recuerda a la mostaza; sabor muy picante; espp. blanca; esp. verrucosas, reticulosas, 7-9 x 6-7 µ. **Hábitat**: VIII-X(XI); en bosques de planifolios, menos habitual, de coníferas, en especial bajo hayas, también robles, píceas; frecuente. **Nota**: Esta especie, que a menudo crece junto a *Russula ochraleuca*, se reconoce por el típico olor y las láminas nunca blancas. **Confusiones**: *Russula ochraleuca* (arriba), *R. solaris* (picante, abajo).

Russula solaris

RL 3

Russula solaris Ferd. & Winge

Caracteres: Sombrero de 2-5 cm de ancho, de dorado a amarillo cromo, zona marginal a menudo más clara, de carne delgada, margen canaliculado; láminas blancas durante largo tiempo, después amarillento; carne blanca, no muy firme; olor algo a mostaza o afrutado; sabor picante, en especial en las láminas; espp. color crema u ocre claro; esp. con verrugas aisladas, 6,5-8 x 5-6,5 µ. **Hábitat**: VII-IX(X); en bosques de planifolios, en el centro de Europa especialmente bajo hayas, o más raramente robles; disperso. **Nota**: Es una especie de tamaño reducido que se reconoce por los tonos vivos del sombrero y (microscópicamente) por las verrugas aisladas de las esporas. **Confusiones**: *Russula lutea* (p. 448), *R. ochroleuca* (arriba), *R. fellea* (picante, ctro.), con las esporas reticuladas: *R. raoultii*, picante.

Russula amoenolens

Russula amoenolens Romagn.

Caracteres: Sombrero de 4-8(10) cm de ancho, de pardo cartón a cárneo, con una cubierta gris parduscа, sepia, a veces bastante oscuro, aunque también existen ejemplares albinos, margen con estrías desiguales; láminas jóvenes blanquecinas, pronto adquieren tonos grisáceos; pie de blanco a blanquecino sucio; carne blanquecina, levemente gris parduscа por debajo de la cutícula y de la zona anular; olor típico a queso Camembert; sabor picante; espp. color crema pálido; esp. con verrugas aisladas o verrugas y crestas, 6-8 x 5-6,5 μ. **Hábitat**: VII-X; en bosques de planifolios, siempre bajo robles, en especial sobre suelo arenoso; disperso, localmente frecuente. **Nota**: Para percibir el olor a Camembert fresco se debe oler la parte de láminas que no esté dañada. **Confusiones**: Especie con olor a aceite o pescado, aunque no bajo robles; *Russula pectinatoides* (ctro.).

Russula pectinatoides

Russula pectinatoides Peck Sin.: *R. pectinata*

Caracteres: Sombrero de 3-8 cm de ancho, pardo cartón claro, amarillo parduscо, a menudo con manchas oscuras, o bien oscuro de color bronce a dátil, margen muy acanalado (pectinado); láminas blanquecino crema, pronto con manchas herrumbrosas; pie blanco, a menudo con manchas herrumbrosas en la base; carne blanquecina, no muy firme; olor rancio, a pescado o aceite; sabor suave, el regusto irrita la garganta; espp. crema intenso; esp. verrucosas, formando un retículo, 6-8 x 5-6 μ. **Hábitat**: VI-IX(X); en bosques de planifolios o coníferas, parques, jardines; relativamente frecuente. **Confusiones**: Con olor más intenso: *Russula foetens* (abajo).

Rúsula fétida

Russula foetens (Pers.: Fr.) Fr.

c. Cualbra pudent, *e.* Gibelokre kirastun, *in.* Foetid russula

Caracteres: Sombrero de 5-15 cm de ancho, de amarillo ocre a pardo amarillo, cutícula húmeda mucilaginosa, margen pectinado; láminas amarillento crema pálido, después con manchas ocráceas o pardas, aristas al principio lacrimantes; pie joven blanquecino sucio, más tarde con manchas ocres, cavernoso; carne blanquecina, en el pie a menudo parduscа, dura y compacta; olor intenso a aceite o pescado rancio; sabor muy picante; espp. crema; esp. con verrugas cónicas, 7,5-9(10) x 6,5-8,5 μ. **Hábitat**: VII-X; en bosques de planifolios o coníferas, sobre diversos tipos de suelo; frecuente, en especial en el sur de Alemania. **Nota**: El desagradable olor de esta especie es muy típico. Otras especies de aspecto parecido tienen olor afrutado o a almendras amargas. **Confusiones**: *Russula pectinatoides* (ctro.), con las aristas de las láminas color marrón: *R. illota*, picante, con olor a almendras amargas: *R. grata*, picante.

Russula claroflava

RL 3

Russula claroflava Grove Sin.: *R. flava*

Caracteres: Sombrero de 4-8 cm de ancho, de amarillo limón vivo a amarillo cromo, uniforme o con el centro naranja amarillo oscuro; láminas primero blancas, después amarillentas y en las zonas dañadas pronto grises; pie blanco, pronto amarillento o manchado de ocre, al envejecer grisáceo, especialmente en la zona inferior; carne blanca, grisácea al envejecer; sabor suave; espp. ocre; esp. con verrugas aisladas y acúleos o finamente reticulosas, 7,5-9(10) x 6,5-7,5 µ. **Hábitat**: VII-X; bajo abedules y alisos, en turberas y zonas húmedas; localmente frecuente. **Nota**: Dentro de la sección *Decolorantes* unas cuantas especies tienen sabor suave y al envejecer se vuelven grises. Su carne se tiñe de rojo vivo al aplicar formalina. La carne de *Russula claroflava* vira a gris bastante tarde por lo general. **Confusiones**: *Russula decolorans* (ctro.), *R. ochroleuca* (p. 436).

Russula decolorans

Russula decolorans (Fr.: Fr.) Fr.

Caracteres: Sombrero de 4-10 cm de ancho, de naranja amarillo a naranja rojizo, al envejecer a menudo se vuelve amarillento, se vuelve grisáceo en el margen exterior y las zonas dañadas, margen viejo estriado; láminas de blanquecinas a amarillentas, grisáceas en las aristas; pie blanco, pronto se vuelve grisáceo; carne blanca, que grisea; sabor suave; espp. ocre pálido; esp. con verrugas toscas, aisladas, 9-12(14) x 7-9(10) µ. **Hábitat**: VII-X; en bosques de coníferas, bajo pinos y píceas, sobre suelo ácido, entre brezos; localmente frecuente. **Nota**: Pertenece a las buenas especies culinarias fáciles de reconocer. **Confusiones**: *Russula claroflava* (arriba), con carne que no grisea: *R. paludosa* (abajo), con carne que grisea y sombrero rojo vino: *R. vinosa*.

Russula paludosa

Russula paludosa Britzelm.

Caracteres: Sombrero de 5-12 cm de ancho, rojo más claro u oscuro, también naranja rojizo, eventualmente casi sin tonos rojos, con el centro aplanado, en especial de joven, después usualmente hundido, cutícula joven con típico brillo; láminas blancas durante bastante tiempo, después amarillentas, a veces rojizas en las aristas; pie blanco, a menudo con brillos rojizos; carne blanca, al envejecer grisea levemente (de manera parecida a las especies anteriores pero más levemente); sabor suave; espp. ocre; esp. verrucoso-crestadas, hasta semirreticuladas, 8,5-11(12) x 7-9 µ. **Hábitat**: VI-X; en bosques húmedos de pinos o píceas, turberas, prefiere suelo ácido; relativamente frecuente, en algunos lugares crece en masa. **Nota**: A menudo comparte el hábitat con *Russula decolorans*. **Confusiones**: *Russula decolorans* (ctro.), *R. badia* (picante, p. 456), *R. velenovskyi* (p. 442).

Russula velenovskyi

Russula velenovskyi Melzer & Zvára

Caracteres: Sombrero de 3-6(8) cm de ancho, de rojo teja o rojo a pardusco o anaranjado, cutícula sin brillo, margen con estrías cortas o liso; láminas primero blanquecino crema, después claramente amarillentas, aristas a menudo rojizas hacia el margen externo; pie totalmente blanco o con leves brillos rojizos; carne blanca, relativamente compacta; sabor suave; espp. ocre; esp. con verrugas aisladas y sólo algunas crestas finas, 6,5-8,5 x 5,5-7 μ. **Hábitat**: VII-X; en bosques de coníferas y mixtos, en especial bajo abedules sobre suelo ácido; de disperso a localmente frecuente, pero no en masa. **Confusiones**: *Russula paludosa* (p. 440), *R. vesca* (ctro.), diversas variedades de *R. emetica* (picante, p. 458).

Rúsula comestible

Russula vesca Fr.

c. Llora rosada, *e.* Gibelarrosa goitziar, *in.* Bare-toothed russula

Caracteres: Sombrero de 5-10 cm de ancho, de rosa cárneo a pardusco rosado, en algunos lugares ocráceo, cutícula mate, que no llega al margen; láminas blancas, al envejecer con manchas herrumbrosas; pie blanco, con manchas ocre amarillentas en la base atenuada; carne blanca, más compacta que muchas otras *Russula*; sabor suave; espp. blanca; esp. con verrugas aisladas o punteadas, 6-8,5 x 5-6,5 μ. **Hábitat**: VI-X; en bosques de planifolios y mixtos, bajo hayas, robles, pinos o píceas; común. **Nota**: A diferencia de *R. emetica*, de sabor picante, tiene los colores del sombrero menos vivos y la carne más firme. Una buena característica identificativa es la cutícula que, generalmente, no cubre la carne hasta el margen. **Confusiones**: *Russula velenovskyi* (arriba), diversas variedades de *R. emetica* (picante, p. 458).

Comestible de buena calidad.

Russula mustelina

Russula mustelina Fr.

Caracteres: Sombrero de 8-15 cm de ancho, de amarillo vivo a pardo rojo, castaño o marrón, convexo al principio, después levemente deprimido en el centro, cutícula cubierta de humus o con partículas de arena adheridas; láminas crema amarillentas, al envejecer con algunas manchas color crema; pie blanco, ocre pardusco en algunas zonas, pronto hueco cavernoso; carne blanca, pardea un poco, muy compacta y densa; sabor suave; espp. crema; esp. finamente verrucosas-reticuladas, 7-10 x 6-8 μ. **Hábitat**: VII-IX; en bosques de coníferas a partir de piso montano, bajo píceas sobre suelo ácido; localmente crece en masa. **Nota**: Los sombreros suelen desarrollarse bajo la capa de acículas y por eso arrastran consigo una capa de humus. **Confusiones**: *Russula ochroleuca* (p. 436), sobre suelo calizo: *R. integra* (p. 454).

Comestible, de buena calidad, prolífera y nunca agusanada.

Carbonera

Russula cyantoxantha (Schaeff.) Fr.

c. Puagra llora, *e.* Urritx, *g.* Netorra das carballeiras, *in.* Blue and yellow russula

Caracteres: Sombrero de 5-15 cm de ancho, de violeta, púrpura o gris a lila rosado, verdoso, a menudo con varios tonos mezclados, va adquiriendo manchas ocres, a veces se decolora totalmente, cutícula por lo general sin brillo; láminas blancas, elásticas (rasgo excepcional en este género), láminas cortas mezcladas con largas, que al estirarlas no se rompen; pie blanco, alguna vez con brillos lila rojizos, compacto; carne blanca invariable, relativamente compacta; sabor suave; espp. blanca; esp. con finas verrugas aisladas, 7-9 x 6-7 μ. **Hábitat**: VII-X; en bosques de planifolios o mixtos, bajo robles o hayas, con menos frecuencia, píceas, prefiere suelo calizo; frecuente. **Confusiones**: Más pequeño, con láminas frágiles: *Russula ionochlora* (ctro.), *R. parazurea* y *R. virescens* (p. 446).

Comestible, de buena calidad, prolífera y fácil de reconocer por las láminas elásticas.

Russula ionochlora

Russula ionochlora Romagn.

Caracteres: Sombrero de 4-8 cm de ancho, gris azul, gris violeta, lila rosado, violeta verdoso, con manchas ocres, en las zonas dañadas enrojece, cutícula seca finamente pruinosa; láminas primero blancas, después color crema pálido; pie blanco, alguna vez con tonos lila rosados; carne blanca, sólo al principio relativamente compacta; sabor suave, en las láminas inmaduras a veces picante; espp. blanquecino crema; esp. con finas verrugas casi aisladas, 6,5-7,5 x 5-6 μ. **Hábitat**: VI-IX; en bosques de planifolios o mixtos, bajo robles o hayas, en especial en suelo arenoso; localmente frecuente. **Nota**: Gran parecido con *Russula cyanoxantha*. **Confusiones**: *Russula cyanoxantha* (ar.), *R. parazurea* (p. 446).

Rúsula color cardenillo

Russula aeruginea Lindblad

c. Cualbrallora, *e.* Gibelberde orrikrema, *in.* Green brittlegill

Caracteres: Sombrero de 5-10 cm de ancho, verde claro u oscuro, verdoso amarillento, uniforme o más claro a partir del margen, eventualmente se decolora del todo, cutícula brillante; láminas primero blancas, después crema amarillento; pie blanco, a menudo con manchas herrumbrosas en la base; carne blanca invariable, no muy compacta; sabor de suave a levemente picante; espp. crema; esp. con finas verrugas, crestadas-semirreticuladas, 6-8,5(10) x 5-6,5(7) μ. **Hábitat**: VII-X; en bosques de planifolios o coníferas, en especial bajo abedules, aunque también se puede encontrar en bosques de píceas; frecuente. **Confusiones**: *Russula virescens* (p. 446), *R. cyanoxantha* (ar.) de tonos verdes, *R. elaeodes* (p. 452).

Comestible, pero se recomienda usar sólo en pequeñas cantidades mezclada con otras especies. En grandes cantidades y, sobre todo cruda, causa náuseas y vómitos.

Gorro verde, Seta de cura   RL 3

Russula virescens (Schaeff.) Fr.

c. Llora verda, *e.* Gibelurdin, *g.* Netorra verde, *in.* Greenish russula

Caracteres: Sombrero de 6-12 cm de ancho, de amarillo a azul verdoso, verde, algunas zonas o, eventualmente, entero color mostaza, cutícula escamosa-agrietada, siempre mate y sin brillo; láminas de blancas a crema pálido, al envejecer con manchas marrones; pie blanco, a menudo con manchas herrumbrosas en la base; carne blanca, pronto pardea, bastante dura y seca; sabor suave; espp. blanca, alguna vez crema; esp. con verrugas aisladas, casi reticuladas, 6-8,5(10) x 5-7 μ. **Hábitat**: VII-IX; en bosques de planifolios o coníferas, en especial bajo robles, pero también en bosques de píceas; relativamente frecuente, pero en claro retroceso. **Confusiones**: *Russula aeruginea* (p. 444), formas areoladas de *R. cyanoxantha* var. *cutefracta*.

Comestible, de buena calidad. Una de las mejores especies culinarias de su género.

Russula parazurea

Russula parazurea Jul.Schäff. ex Jul.Schäff.

Caracteres: Sombrero de 3-6(8) cm de ancho, de azul verdoso a gris azulado, pardo verdoso, al envejecer a menudo se decolora hasta pardusco, en tiempo seco cutícula claramente pruinosa, a veces con aspecto mohoso; láminas jóvenes blancas, después crema; pie blanco, a veces con manchas ocres en la base; carne blanca, sólo de joven firme, después se vuelve blanda; espp. crema pálida; esp. verrucoso-reticuladas, 6,5-8 x 5,5-6,5 μ. **Hábitat**: VI-X; en bosques de planifolios o mixtos, en especial bajo robles o hayas, con menos frecuencia, pinos; localmente frecuente. **Nota**: A veces resulta difícil diferenciarla de *Russula ionochlora*, con la cual comparte hábitat. Aquella, sin embargo, presenta las zonas dañadas rojizas, lo que en ésta nunca se da. **Confusiones**: *Russula ionochlora* (p. 444), *R. azurea* (abajo).

Russula azurea

Russula azurea Bres.

Caracteres: Sombrero de 3-6(8) cm de ancho, color amatista, violeta o mezcla de violeta y lila, centro casi negruzco u oliváceo, cutícula claramente pruinosa, casi crustácea; láminas totalmente blancas, invariables; pie blanco, a menudo claviforme; carne blanca, invariable, pronto un tanto amarillenta; sabor suave; espp. blanca; esp. con verrugas aisladas, levemente crestadas, 6,5-9(10) x 6-7(8) μ. **Hábitat**: VI-X; en bosques de coníferas, bajo píceas, en especial en piso alpino; de disperso a raro. **Nota**: El pie y las láminas de blanco puro contrastan con el sombrero. Otras especies de tonos parecidos presentan un suave olor afrutado, el cual anuncia su sabor picante. **Confusiones**: *Russula parazurea* (ctro.), *R. turci* (p. 448), *R. fragilis* (picante, p. 464).

Russula turci

Russula turci Bres. Sin.: *R. amethystina*

Caracteres: Sombrero de 3-8(10) cm de ancho, de lila a violeta, centro violeta oscuro, casi negruzco, coloreado de forma concéntrica, centro deprimido y a menudo manchado de ocre, en tiempo seco cutícula finamente pruinosa; láminas primero blanquecino crema, después amarillentas hasta ocre claro; pie blanco, raramente con tonos rosa; carne blanca, relativamente firme sólo de joven, pronto se vuelve blanda; olor a yodoformo sobre todo al romperse la base, a veces inodoro; sabor suave; espp. ocre vivo; esp. verrucoso-reticuladas, 8-9,5 x 6-7,5 µ. **Hábitat**: VIII-XI, a menudo aparece muy tarde; en bosques de coníferas, bajo pinos, píceas o abetos; relativamente frecuente. **Nota**: Durante mucho tiempo se consideró *Russula amethystina*, de olor más leve, como una especie distinta. **Confusiones**: *Russula azurea* (p. 446), *R. fragilis* (picante, p. 464).

Rúsula graciosa

Russula rosea Pers. Sin.: *R. lepida*, *R. rosacea*

in. Rosy brittlegill

Caracteres: Sombrero de 5-10 cm de ancho, rojo cinabrio vivo, rojo rosado, a menudo con manchas ocre amarillentas, cutícula mate, difícilmente separable del sombrero; láminas pronto amarillentas, con las aristas del mismo color o rojas; pie blanco uniforme, pero a veces parcialmente rojizo o rosado, base manchada de ocre; carne blanca, muy dura y firme; sabor amargoso, recuerda a la madera de un lápiz; espp. crema; esp. verrucoso-reticuladas, 7,5-9 x 7-8 µ. **Hábitat**: VII-X; en bosques de planifolios o mixtos, en especial bajo hayas, sobre suelo calcáreo; localmente frecuente. **Nota**: La carne dura, la cutícula mate y el sabor amargoso ayudan a reconocerla.

Comestible pero sólo tras varias horas en remojo y tras cocción. Sirve para adobar en vinagre.

Russula lutea

Russula lutea (Huds.: Fr.) Gray Sin.: *R. chamaeleontina* var. *lutea*

Caracteres: Sombrero de 3-6 cm de ancho, color limón, yema u ocre, con tonos más concentrados en el centro deprimido o totalmente uniforme; láminas primero amarillento pálido, después amarillo yema; pie blanco uniforme; carne blanquecina, muy quebradiza; olor imperceptible, al envejecer a veces a yodoformo o aceite de mostaza; sabor suave; espp. amarillo yema; esp. con verrugas aisladas y acúleos, 7-8 x 5-6,5 µ. **Hábitat**: VII-IX; en bosques de planifolios o coníferas, bajo robles, hayas, pinos; disperso. **Nota**: A diferencia de otras especies parecidas, la carne de ésta es especialmente blanda. **Confusiones**: *Russula claroflava* (p. 440), *R. ochroleuca* (p. 436), con sombrero de tonos rojizos: *R. risigallina*.

Russula nitida

Russula nitida (Pers.: Fr.) Fr.

Caracteres: Sombrero de 3-6 cm de ancho, de diverso colorido, por lo general rojizo vivo con una mezcla de tonos violetas, púrpuras o vinosos, también color cobre, centro por lo general más oscuro u oliváceo, cutícula brillante, margen visiblemente canaliculado; láminas pronto amarillentas; pie blanco, a menudo rosa rojizo en la parte inferior; carne blanca, invariable, relativamente blanda; olor a veces dulzón al envejecer; sabor suave; espp. ocre vivo; esp. con toscas verrugas aisladas, 8-10(11) x 6,5-8 µ. **Hábitat**: VII-X; en bosques de planifolios o coníferas, en especial bajo abedules, sobre suelo ácido, húmedo; disperso. **Nota**: A causa de la variabilidad de tonos, a veces no resulta fácil de identificar. En lugares muy húmedos, directamente entre esfagnos, crece la var. *sphagnophila*, de color cobre con las aristas de las láminas rojizas. **Confusiones**: Con la carne amarillenta: *Russula puellaris* (ctro.), de olor afrutado: *R. odorata.*

Russula puellaris

Russula puellaris Fr.

Caracteres: Sombrero de 2-6 cm de ancho, de cobrizo, violeta a pardo púrpura, gris oliváceo, rojo vinoso, a menudo de varios colores, amarillea al madurar, cutícula brillante, con el margen pectinado; láminas jóvenes blanquecino crema, después amarillean; pie blanco, cada vez más amarillento; carne blanca, al envejecer amarillenta, bastante blanda; sabor suave; espp. de crema a ocre pálido; esp. con verrugas casi aisladas, 6,5-9,5 x 5,5-7 µ. **Hábitat**: VII-X; en bosques de planifolios o coníferas, sin necesidad de un tipo concreto de suelo; frecuente. **Nota**: Se puede diferenciar fácilmente por su carne blanquecina que amarillea. En ejemplares jóvenes se puede apreciar el amarillo al cabo de un día de haberlos recogido. **Confusiones**: *Russula nitida* (arriba), *R. puellula.*

Rúsula dorada RL 3

Russula aurea Pers. Sin.: *R. aurata*

c. Puagra retgera, *e.* Gibel kuletoa, *in.* Golden russula

Caracteres: Sombrero de 4-8 cm de ancho, rojo vivo, con algunas manchas doradas o naranjas, a veces también totalmente dorado, cutícula brillante, margen estriado al envejecer; láminas de blanquecino a amarillentas, con las aristas visiblemente doradas al madurar; pie blanco, a veces con un toque de amarillo cromo; carne blanca, bajo la cutícula de amarillo limón a cromo, carne joven relativamente firme; sabor suave; esp. verrucoso-reticulosas, 7,5-10 x 6-8 µ. **Hábitat**: VII-IX; en bosques de planifolios o coníferas, bajo robles o píceas, exclusivamente sobre suelo calizo; localmente frecuente. **Nota**: Las aristas de las láminas doradas son el rasgo más característico. Los ejemplares rojos se pueden confundir fácilmente con la picante *Russula emetica* (p. 458).

Rúsula color hoja seca

Russula xerampelina (Schaeff.) Fr.

c. Crualga vinosa, *e.* Gibel karramarro, *in.* Crab brittlegill

Caracteres: Sombrero de 5-10 cm de ancho, rojo púrpura vivo, vinoso oscuro, con el centro a menudo casi negruzco; láminas primero amarillentas, más tarde ocres, con las aristas a menudo rojo púrpura, típicamente escotadas, casi libres; pie con tono rojizo sobre fondo blanco; carne blanca, al madurar pardea, joven bastante, se vuelve verde al aplicar sulfato ferroso; olor joven a menudo inodoro, pronto a arenque; sabor suave; espp. ocre intenso; esp. con toscas verrugas aisladas, 8-11 x 7-8,5 µ. **Hábitat**: VII-X; en bosques de coníferas, bajo pinos o píceas; relativamente frecuente. **Nota**: Todas las especies de la sección *Xerampelina* desprenden un desagradable olor a pescado, que se percibe en especial al secarse, al cabo de un día de la recolección. Existen varias especies, no siempre fáciles de distinguir, que viven bajo los mismos árboles V. ctro. y abajo. **Confusiones**: *Russula badia* (picante, p. 456), *R. rhodopoda* (picante, p. 460).

Comestible, buena especie culinaria. El desagradable olor desaparece al cocinarla.

Russula graveolens

Russula graveolens Romell

Caracteres: Sombrero de 5-10 cm de ancho, de color cárneo, vinoso a pardusco violeta, raramente también rojo sombrío, al envejecer margen estriado; láminas color crema, más tarde amarillentas; pie blanco, sin tonos rojos, pardo amarillento al presionarlo; carne blanca, al madurar o al presionarla pardea, relativamente firme; olor pronto intenso a arenque; sabor suave; espp. ocre; esp. con verrugas finas y crestadas, 8-9,5 x 6,5-7,5 µ. **Hábitat**: VII-X; en bosques de planifolios, en especial bajo robles, sobre suelo arenoso; disperso, localmente no es raro. **Confusiones**: *Russula xerampelina* (arriba), *R. vesca* (p. 442), *R. integra* (p. 454).

Comestible; V. arriba.

Russula elaeodes RL 3

Russula elaeodes (Bres.) Romagn.

Caracteres: Sombrero de 4-10 cm de ancho, de amarillo a verde oliváceo, uniforme o con manchas ocres, cutícula lisa, a veces crustácea, margen sin estrías; láminas amarillentas, más tarde ocre claro; pie de blanquecino a ocre amarillento, con manchas pardas en la base; carne blanca, pardea al madurar, firme; olor a arenque al secarse; sabor suave; espp. ocre; esp. con verrugas y acúleos, a veces crestadas-reticuladas, 6,5-9 x 6-8 µ. **Hábitat**: VIII-X; en bosques de planifolios, bajo robles, abedules, hayas, Sobre suelo ácido; relativamente raro. **Confusiones**: Sin olor a pescado: *Russula aeruginea* (p. 444), ejemplares verdes de *R. cyanoxantha* (p. 444), *R. virescens* (p. 446).

Comestible; V. arriba.

Rúsula umbonada

Russula caerulea (Pers.) Fr.
c. Rússula umbonada, *e.* Gibelubel puntadun

Caracteres: Sombrero de 3-8 cm de ancho, violeta, pardo violeta, purpúreo negruzco o rojo vino, con el centro siempre umbonado, cutícula brillante, margen viejo canaliculado; láminas jóvenes amarillentas pálidas, maduras ocre intenso; pie blanco, a menudo relativamente largo, con la base atenuada; carne blanca, en el pie se vuelve blanda; sabor suave, amargoso en la cutícula; espp. ocre intenso; esp. con verrugas y acúleos, casi crestadas-reticulares, 8-10 x 6,5-8 µ. **Hábitat**: VII-X; en bosques de coníferas, siempre bajo pinos, sobre suelo arenoso, a menudo aislado; relativamente frecuente. **Nota**: El umbón del sombrero, que no suele faltar, así como el sabor amargoso de la cutícula son caracteres distintivos de esta especie poco confundible. En algunas fuentes se encuentra la grafía "coerulea". **Confusiones**: De color rojo: *Russula paludosa* (p. 440).

Russula integra

Russula integra (L.) Fr.

Caracteres: Sombrero de 5-12 cm de ancho, marrón claro u oscuro, a menudo con tonos púrpuras, violetas o amarillo oliváceos, parcialmente manchado de ocre, margen pronto con gibas estriadas; láminas primero amarillentas, después rápido ocre coriáceo; pie blanco, raramente con un ligero toque de rosa, base a veces manchada de amarillo cromo; carne blanca, en estado joven relativamente firme, al envejecer se vuelve blanda, sobre todo en el pie; sabor suave; espp. ocre intenso; esp. por lo general aisladas, con acúleos agudos, 8-11 x 7-9 µ. **Hábitat**: VI-X; en bosques de coníferas, bajo píceas, pinos y abetos, sobre suelo calcáreo; localmente frecuente. **Nota**: Esta especie y la siguiente destacan por su gran sombrero y las láminas teñidas de ocre coriáceo. **Confusiones**: *Russula mustelina* (p. 442), *R. olivacea* (algo picante, abajo).

Russula olivacea

Russula olivacea (Schaeff.) Fr.

Caracteres: Sombrero de 8-20 cm de ancho, de amarillo oliváceo, rojizo vino a pardo purpúreo o gris oliváceo oscuro, a menudo de varios tonos, manchado o con ondas concéntricas, cutícula mate y sin brillo; láminas primero amarillentas, después ocres; pie con tonos lila-rojizos o rosados sobre fondo blanco, raramente sólo blanco; carne blanca, de consistencia firme; sabor suave; espp. de ocre a amarillo yema; esp. aisladas, con verrugas y acúleos, 8-12 x 7-9 µ. **Hábitat**: VII-X; en bosques de coníferas o planifolios, en especial bajo hayas, más raramente píceas, sobre suelo calizo; localmente frecuente. **Confusiones**: Con las esporas más pequeñas, reticuladas-crestadas: *Russula romellii*, algo picante: *R. viscida* (p. 456).

Russula viscida

Russula viscida Kudrna

Caracteres: Sombrero de 5-12(15) cm de ancho, rojo purpúreo, pardo vinoso, violeta pardusco, parcialmente se decolora hasta ocráceo o amarillento oliváceo, margen sin estrías; láminas amarillento crema, pronto manchadas de herrumbroso; pie nunca totalmente blanco, ocre amarillento en la parte inferior y paulatinamente endurecido, firme; carne color blanquecino sucio, más tarde pardea, de joven muy firme; sabor picante especialmente en las láminas; espp. crema; esp. con finas verrugas, reticuladas, 8-11 x 6,5-9,5 µ. **Hábitat**: VII-IX; en bosques de coníferas o planifolios, bajo hayas, píceas, abetos y pinos, en suelo calcáreo; relativamente raro. **Nota**: El pie ocre pardusco, endurecido es un buen distintivo. **Confusiones**: *Russula mustelina* (p. 442), *R. olivacea, R. integra* (p. 454).

Comestible; el picante moderado desaparece al cocinarla.

Russula badia

Russula badia Quél.

Caracteres: Sombrero de 6-10 cm de ancho, pardo rojo oscuro, con toques de rojizo vinoso, más raramente rojo oscuro, centro a menudo pardo negro, cutícula con un ligero brillo mate, al envejecer margen giboso estriado; láminas amarillento crema, después de amarillento a ocre claro, no llegan al pie; pie blanco, a menudo con tonos rojizos; carne blanca, joven bastante firme; olor levemente afrutado, al madurar típicamente a cedro en las láminas y la base del pie; sabor primero suave, más tarde muy picante, a veces picante desde el principio; espp. ocre intenso; esp. con verrugas finas o toscas, de aisladas a crestado-reticuladas, 8,5-10,5 x 7-8,5 µ. **Hábitat**: VI-XI; en bosques de coníferas, en especial bajo pinos en suelo arenoso, a menudo crece en masa; localmente frecuente. **Confusiones**: *Russula xerampelina* (p. 452), *R. paludosa* (p. 440).

Russula firmula

Russula firmula Jul.Schäff.

Caracteres: Sombrero de 3-6 cm de ancho, pardo violeta oscuro, con el centro negruzco, eventualmente se decolora, mezclado con tonos oliváceos, también sólo marrón, sin tonos violetas, cutícula brillante durante bastante tiempo; láminas amarillento crema, después de ocre a color yema; pie blanco uniforme; carne blanca, invariable, relativamente blanda; olor levemente afrutado; sabor picante; espp. amarillo yema; esp. con verrugas finas, de aisladas a espinosas, 8-10 x 6,5-8 µ. **Hábitat**: VII-X; en bosques de coníferas, con menos frecuencia de planifolios, en especial bajo píceas a partir de piso montano, más raramente bajo hayas, en suelo calcáreo; de disperso a raro. **Nota**: Para la identificación se deben tener en cuenta el sombrero brillante, el sabor picante y la esporada color yema de huevo.

Rúsula emética

Russula emetica (Schaeff.) Pers.: var. *emetica*

c. Pebrassa vermella, *e.* Gibelorri okagarri, *g.* Netorra proer, *in.* Emetic mushroom

Caracteres: Sombrero de 4-10 cm de ancho, rojo sangre intenso, color cereza, a veces con manchas ocráceas, cutícula brillante durante tiempo, al envejecer margen estriado; láminas de totalmente blancas a crema blanquecino; pie blanco puro, raramente con algún brillo rojizo; carne blanca, bajo la cutícula rojiza, pronto blanda; olor afrutado; sabor muy picante; espp. blanca; esp. con toscas verrugas y formando una trama, 8,5-11,5 x 6,5-8,5 µ. **Hábitat**: VII-XI; en bosques de coníferas o planifolios relativamente húmedos, en especial bajo píceas, también en turberas; relativamente frecuente. **Nota**: Es bastante variable en cuanto al tamaño y color del sombrero. Sólo se puede garantizar una identificación segura mediante el microscopio, observando el tamaño y la ornamentación de las esporas. Bajo abedules, en zonas palustres, crece una variedad más pálida denominada *betularum*. Menos justificada parece la distinción de la var. *longipes*, que habita en zonas de esfagno y tiene el pie largo. **Confusiones**: *Russula vesca* (p. 442), picante: *R. emetica* var. *silvestris* (ctro.), *R. mairei* (abajo), *R. luteotacta* (p. 460), *R. sanguinaria* (p. 460), *R. pulchella* (p. 462).

Incomestible (picante); su consumo en crudo puede provoca trastornos digestivos, náuseas y vómitos. En caso de probarlo, se debe escupir después.

Rúsula emética

Russula emetica var. *silvestris* Singer

Caracteres: Sombrero de 2-8 cm de ancho, rojo vivo, rojo claro o rosado rojizo, difícil de diferenciar de la variedad principal; láminas totalmente blancas, a veces con reflejos azul verdosos; pie blanco invariablemente; carne blanca; olor afrutado; sabor picante; espp. blanca; esp. verrucosas-casi reticuladas, 7,5-9,5 x 6,5-7,5 µ. **Hábitat**: VII-X; en bosques de coníferas o mixtos de condiciones secas, pinares arenosos, según algunas fuentes también bajo planifolios; relativamente frecuente. **Nota**: Resulta difícil distinguir esta variedad de la var. *emetica*. Con todo, sus esporas son algo más pequeñas y prefiere suelos secos.

Russula mairei

Russula mairei Singer

Caracteres: Sombrero de 3-8 cm de ancho, rojo vivo, carmín, a veces con manchas amarillentas; láminas totalmente blancas, levemente amarillentas en las zonas dañadas y al envejecer, con las aristas finamente dentadas; pie blanco puro; carne blanca, tiende un poco a amarillear; olor levemente afrutado; sabor picante; espp. blanca; esp. con verrugas finas, de crestadas a casi reticulosas, 6,5-8,5 x 5,5-6,5 µ. **Hábitat**: VII-X; en bosques de planifolios, bajo hayas; frecuente. **Confusiones**: *Russula vesca* (p. 442), *R. luteotacta* (p. 460), y otras.

Russula luteotacta RL 3

Russula luteotacta Rea

Caracteres: Sombrero de 2-5 cm de ancho, rosa rojizo, rojo cereza pálido, casi blanco en algunas zonas decoloradas, al presionarlo, al cabo de un tiempo se mancha de amarillo cromo, en condiciones húmedas cutícula mate, sin brillo; láminas blancas, al secarse o ser presionadas, amarillo cromo; pie blanco, raramente con brillos rosas, color ocre al presionarlo; carne blanca, al secarse se vuelve amarillo intenso; olor levemente afrutado; sabor amargo y picante al mismo tiempo; espp. blanca; esp. con verrugas casi aisladas, 7-9 x 5,5-7,5 µ. **Hábitat**: VII-X; en bosques de planifolios y coníferas, en asociación con robles, hayas y carpes, exclusivamente sobre suelo calcáreo; raro. **Nota**: El viraje a amarillo de todas las partes del carpóforo es muy característico, aunque a veces sólo se aprecia al secarse. **Confusiones**: *Russula emetica* y *mairei* (picantes, p. 458) aunque apenas amarillean, de mayor tamaño: *R. sanguinaria* (picante, abajo).

Russula rhodopoda

Russula rhodopoda Zvára

Caracteres: Sombrero de 4-10 cm de ancho, rojo sangre vivo, con la zona apical más oscura, casi negruzca, cutícula con brillo mate, incluso en tiempo seco, sin estrías; láminas jóvenes blancas, al madurar amarillentas, sinuadas; pie con tonalidades rojizas sobre fondo blanco, base con manchas ocres; carne blanca, con tendencia al ocre, pronto se vuelve blanda; olor levemente afrutado; sabor muy picante; espp. ocre claro; esp. retículo-verrucosas, 7-9 x 6,5-7 µ. **Hábitat**: VIII-X; en bosques de píceas a partir de piso montano, sobre suelo arenoso o pantanoso; raro, localmente distribuido. **Confusiones**: *Russula xerampelina* (p. 452), *R. paludosa* (p. 440), *R. sanguinaria* (picante, abajo).

Rúsula sanguínea

Russula sanguinaria (Schumch.) Rauschert Sin.: *R. sanguinea*
c. Marieta, *e.* Pinudi-gibelgorri, *in.* Bloody brittlegill

Caracteres: Sombrero de 4-10 cm de ancho, de rojo claro a cereza, rojo acuoso, a veces se decolore hasta ocre amarillento o blanquecino o como mínimos adquiere manchas, cutícula mate en tiempo seco, inseparable; láminas blanquecinas, más tarde color limón pálido y finalmente gris amarillento, en las zonas dañadas amarillean, algo decurrentes; pie blanco o con tonalidades rojizas; carne blanca, pronto blanda y quebradiza; olor levemente afrutado; sabor más o menos picante y a veces amargoso; espp. ocre claro; esp. con verrugas aisladas, 7,5-9 x 6,5-8 µ. **Hábitat**: VII-X; en bosques de coníferas, en especial bajo pinos, aunque también píceas o alerces, por lo general sobre suelo arenoso o pantanoso, raramente sobre roca calcárea; disperso. **Confusiones**: *Russula vesca* (p. 442), *R. luteotacta* (picante, arriba), *R. rhodopoda* (picante, ctro.), *R. emetica* (picante, p. 458).

Russula pulchella

Russula pulchella I. G. Borshch. Sin.: *R. exalbicans*

Caracteres: Sombrero de 3-8(10) cm de ancho, por lo de general vinoso acuoso a color grosella o rojo claro, pronto con manchas descoloridas, a menudo también mezclado con tonos verdosos, hacia el final casi sin color, con algunos restos rojizos en el margen, cutícula mate; láminas primero blanquecinas, después crema amarillentas, al envejecer con tonos grises; pie blanco, raramente con tonalidades rosa, con manchas ocráceas, al envejecer grisea un poco; carne blanca, al envejecer algo grisácea, pronto relativamente blanda; olor levemente afrutado; sabor primero picante pero al masticarlo se vuelve suave; espp. ocre claro; esp. con verrugas crestadas o reticuladas, 6,5-8,5(9,5) x 5,5-7 μ. **Hábitat**: VI-X; bajo abedules, en bosques, parques y jardines; frecuente en algunos lugares, sino muy raro. **Nota**: Al principio de probarlo se le puede considerar picante, pero sorprendentemente al masticarlo se va volviendo suave. **Confusiones**: Ejemplares descoloridos de *Russula aeruginea* (p. 444), *R. emetica* (picante, p. 458).

Rúsula picante

Russula sardonia Fr.

c. Crualga morada, *e.* Pinu-digibelubel, *in.* Primrose brittlegill

Caracteres: Sombrero de 4-8(10) cm de ancho, de violeta a rojo vinoso, también con tonalidades verdosas, con el ápice negro purpúreo, o incluso rojo sangre, centro a menudo umbonado; láminas primero amarillento pálido, después color limón, algo decurrentes; pie con tonalidades violetas o lila rosadas sobre fondo blanquecino; carne blanca al principio, más tarde ocre amarillenta; olor agradablemente afrutado; sabor muy picante; espp. ocre claro; esp. con verrugas reticuladas, 7-9 x 6-7 μ. **Hábitat**: IX-XI; en bosques de coníferas, bajo pinos, en piso basal, característico habitante de pinares de suelo arenoso; localmente frecuente. **Confusiones**: *Russula turci* (p. 448), *R. queletii* (picante, abajo), *R. torulosa*, especie de zonas cálidas y calcáreas que habita bajo pinos (picante).

Russula queletii

Russula queletii Fr. in Quél.

Caracteres: Sombrero de 3-6(8) cm de ancho, violeta oscuro, pardo púrpureo, violeta rojo con tonos verde oliváceos, pronto se decolora, con cortas estrías en el margen al envejecer; láminas blancas, más tarde amarillentas; pie por lo general con tonalidades lila rosadas, raramente blanco; carne blanquecina; olor dulzón afrutado, recuerda a compota de grosella; sabor picante, al madurar también amargo; espp. ocre claro; esp. con verrugas aisladas y acúleos, 8-10 x 7-9 μ. **Hábitat**: VII-X; en bosques de coníferas, bajo píceas en suelo calizo; frecuente en algunos lugares (Suiza, sur de Alemania, Austria). **Confusiones**: *Russula sardonia* (picante, ctro.), *R. torulosa* (picante).

Russula versicolor

Russula versicolor Jul.Schäff.

Caracteres: Sombrero de 2-5(7) cm de ancho, mezcla de rosa violeta, verdoso y pardo cárneo, con el centro a menudo ocre oliváceo y deprimido, margen pronto estriado; láminas primero casi blanquecinas, más tarde de amarillentas a ocre; pie blanco, primero invariable, después empieza a amarillear a partir de la base; carne blanca, pronto blanda; olor levemente afrutado; el sabor varía entre casi suave y picante; espp. ocre claro; esp. con verrugas crestadas, 6,5-8,5(9) x 5-6(7) µ. **Hábitat**: VI-X; en bosques de planifolios o mixtos, parques, bajo abedules, álamos temblones, alisos, sin necesidad de un tipo concreto de suelo; disperso. **Nota**: Para identificar a esta variable especie con seguridad es necesario comprobar el color de la esporada. **Confusiones**: *Russula fragilis* (picante, ctro.), que amarillea visiblemente: *R. nitida* (p. 450).

Rúsula frágil

Russula fragilis (Pers.: Fr.) Fr.
in. Fragile brittlegill

Caracteres: Sombrero de 2-5(7) cm de ancho, violeta claro u oscuro, mezclado con tonalidades rojizas y verdosas, con bastante pigmento rojo, ápice casi negruzco, se decolora hasta ocráceo o amarillento, cutícula pronto sin brillo, al envejecer margen con cortas estrías; láminas primero blancas, más tarde amarillentas, con las aristas finamente dentadas; pie blanco; carne blanca, invariable; olor afrutado; sabor muy picante; espp. blanca; esp. finamente verrucoso-reticuladas, 7,5-9 x 5,5-7,5 µ. **Hábitat**: VII-X; en bosques de planifolios o mixtos, en especial bajo robles, sobre suelo arenoso; relativamente frecuente. **Nota**: Para identificar a esta variable se debe observar el hábitat bajo robles y la esporada blanca. **Confusiones**: *Russula azurea* (p. 446), *R. ionochlora* (p. 444), *R. turci* (p. 448), y menos picante: *R. versicolor* (arriba).

Rúsula negra purpúrea

Russula atropurpurea (Krombh.) Britzelm.
in. Purple brittlegill

Caracteres: Sombrero de 4-10(12) cm de ancho, a menudo de negro purpúreo a violeta negruzco, también de rojo vinoso a cobrizo, por lo general más oscuro en el ápice, margen sin estrías; láminas primero blancas, más tarde amarillentas, color paja pálido; pie blanco, al envejecer grisea un poco y adquiere manchas herrumbrosas; carne blanca, grisea un poco, bastante firme; olor levemente afrutado; sabor picante en la parte de las láminas pero que desaparece pronto; espp. blanca; esp. verrucoso-reticuladas, 6,5-9 x 5,5-7 µ. **Hábitat**: VI-X; en bosques de planifolios o mixtos, bajo robles y hayas; disperso, de piso basal a montano. **Nota**: Las láminas, que pronto se tiñen de amarillo paja pueden inducir a confundir esta especie con una de esporada coloreada. **Confusiones**: *Russula paludosa* (p. 440).

Género **Boletus**
Fam. Boletaceae

C. fr. compactos, con pie central; sombreros a menudo mates, en condiciones húmedas por lo general glutinosos, nunca mucilaginosos, con un estrato tubular separable en la parte inferior; pies relativamente gruesos, con o sin retículo; espp. de ocre olivácea a pardo olivácea; esp. de largamente elipsoidales a romboidales, lisas, sin p. g. (fig. 98); especies micorrizógenas.

Calabaza, Boleto calabaza (prot.)

Boletus edulis Bull.: Fr.

c. Sureny, *e.* Onto zuri, *g.* Cepe de Bordéus, *in.* Edible boletus

Caracteres: Sombrero de 5-25 cm de ancho, de ocre claro u oscuro a pardo rojo, rara vez casi blanco, en condiciones húmedas cutícula ligeramente glutinosa, pronto mate y seca; tubos jóvenes de blanquecino a crema, al madurar de amarillentos a pardo oliváceos; pie blanquecino o con tonos del sombrero, con un fino retículo que puede llegar hasta casi la mitad del pie; carne blanca; esp. 12-17(20) x 4,5-6 µ. **Hábitat**: VII-X(XI); en bosques de coníferas o mixtos, bajo píceas, pinos, abedules, sobre suelos ácidos o calizos. **Confusiones**: *Tylopilus felleus* (amargo, p. 474), *Boletus reticulatus* (ctro.), *B. pinophilus* (abajo), *B. satanas* (tóxico, p. 470).
Comestible; especie culinaria excelente.

Boleto reticulado de verano

Boletus reticulatus Schaeff. Sin.: *B. aestivalis*

c. Cep, *e.* Onto zuri-mingots, *g.* Madeirudo do vran, *in.* Summer bolete

Caracteres: Sombrero de 5-15(20) cm de ancho, en diversos tonos de marrón, cutícula de aterciopelada a tomentoso-furfurácea; tubos blanquecinos durante bastante tiempo, más tarde amarillo verdosos; pie pardusco claro, totalmente reticulado; carne blanca; esp. 13-16(20) x 4,5-6 µ. **Hábitat**: V-VIII(IX); en bosques de planifolios o mixtos, bajo robles y hayas, también en parques y jardines; relativamente frecuente. **Nota**: A causa del pie totalmente reticulado y de los tonos claros se parece mucho a *Tylopilus felleus*. **Confusiones**: *Tylopilus felleus* (p. 474), *Boletus edulis* (arriba).

Boleto rojizo RL 3

Boletus pinophilus Pilát & Dermek

c. Cep vermellós, *e.* Kaskabeltz, *g.* Andoa dos piñeiros, *in.* Pine bolete

Caracteres: Sombrero de 8-20 cm de ancho, pardo rojo oscuro, raramente también rojo vivo; tubos blanquecinos, más tarde amarillo oliváceos; pie de beige claro a rojo pardusco, con un retículo completo, de color blanco; olor a hierba al cortarlo; carne blanca; esp. 14-17(20) x 4,5-6 µ. **Hábitat**: VII-X; en bosques de coníferas, en especial bajo pinos, pero también píceas, sobre suelo ácido; relativamente raro. **Confusiones**: *Boletus edulis* (arriba), *B. reticulatus* (ctro.), bajo robles, en zonas cálidas: *B. aereus*.

Boletus appendiculatus RL 2

Boletus appendiculatus Schaeff. (Foto izda. superior)

Caracteres: Sombrero de 5-15(20) cm de ancho, color bronce, ocre, cobrizo o castaño, cutícula finamente tomentosa; tubos amarillo cromo, con tonos oliváceos al madurar, al presionarlos azulean levemente; pie amarillento, reticulado del mismo color en la parte superior, base atenuada; carne amarilla, que azulea levemente; esp. 10-16 x 4-6 μ. **Hábitat**: VI-X; en bosques de planifolios, por lo general bajo robles y hayas, alguna vez también bajo coníferas, sobre suelo calcáreo en zonas cálidas; relativamente raro. **Confusiones**: En bosques montañosos de coníferas: *Boletus subappendiculatus*.

Boletus regius RL 1

Boletus regius Krombh. (Foto dcha. superior)

Caracteres: Sombrero de 5-15(20) cm de ancho, rosa, color cereza, rojo intenso o de marrón oscuro a rojo púrpura, cutícula finamente tomentoso-crustácea; tubos de amarillo limón a dorado, después paulatinamente oliváceos; pie amarillento, a veces con manchas rojo carmín, reticulado; carne amarilla, al herirse no azulea o sólo levemente; esp. 10-17 x 3,5-5 μ. **Hábitat**: VII-IX; en bosques de planifolios, bajo robles o hayas, sobre suelo calcáreo; raro. **Confusiones**: *Boletus speciosus,* con tubos rojos: *B. lupinus* (p. 470).

Boleto cetrino

Boletus luridus Schaeff.: Fr. (Foto central)

c. Mataparent de peu reticulat, *e.* Onddo zikin, *g.* Madeirudo das sogras, *in.* Lurid boletus

Caracteres: Sombrero de 5-20 cm de ancho, de amarillento oliváceo a pardo oliváceo, también cubierto de naranja rojizo, cutícula mate, casi aterciopelada; tubos rojo oscuro, al envejecer amarillentos, al presionarlos se vuelven azul intenso; pie de amarillento a naranja con un retículo de rojizo a pardo; carne amarillenta, firme, visiblemente teñida de azul intenso al cortarla; esp. 10-15 x 5-7 μ. **Hábitat**: VI-X; en bosques de coníferas o planifolios, parques, zonas arboladas; frecuente. **Confusiones**: *Boletus erythropus* (abajo).
Comestible; según los conocimientos más recientes el consumo de esta seta junto a alcohol no causa intoxicación.

Pie rojo

Boletus erythropus (Fr.: Fr.) Krombh. Sin.: *B. luridiformis*

c. Mataparent de peu vermell, *e.* Ondo hankagorri, *g.* Andoa de pé vermello, *in.* Slender red-pored bolete

Caracteres: Sombrero de 5-20 cm de ancho, marrón oscuro, algo descolorido, aterciopelado; tubos rojo oscuro, al presionarlos se vuelven azul intenso; pie rojizo con granulaciones, flocoso; carne amarillenta, inmediatamente azul oscuro al corte, firme; esp. 11-16 x 5-6 μ. **Hábitat**: VI-X; en bosques de coníferas o planifolios, en especial bajo hayas, robles o píceas, sobre suelo ácido; frecuente. **Confusiones**: *Boletus luridus* (ctro.).

Boleto de lobo

RL R

Boletus lupinus Krombh.

c. Mataparent de llop

Caracteres: Sombrero de 5-10 cm de ancho, con una cubierta separable rosa sobre fondo rojo intenso, más tarde sólo gris pardusco, cutícula siempre mate a causa de de la pruina; tubos rojo oscuro, al presionarlos se vuelven azul rápidamente; pie amarillo cromo, sin retículo, a veces finamente punteado en color rojo; carne de amarillenta a color cromo intenso, al corte azul intenso, firme; esp. 11-14 x 5-6 μ. **Hábitat**: VIII-X; en bosques de planifolios, bajo hayas o robles, sobre suelo calizo, en zonas cálidas; muy raro. **Nota**: Se distingue de las otras "setas de brujas" (que poseen poros rojos) por el pie liso, amarillo cromo y la pruina rosa. Se sospecha que podría ser venenoso. **Confusiones**: "Setas de brujas" (p. 468), con tubos amarillos y carne que apenas azulea: *Boletus regius* (p. 468).

Boletus rhodopurpureus

RL R

Boletus rhodopurpureus Smotl.

Caracteres: Sombrero de 5-15(20) cm de ancho, joven gris pálido sucio, más tarde rosado o incluso totalmente rojizo vinoso, en las zonas heridas tiende al rojizo, cutícula mate, seca; tubos de rojo intenso a púrpura, al presionarlos se vuelven azul intenso; pie rojo intenso como el estrato tubular, con retículo rojo, amarillento en las zonas heridas; carne amarilla cromo, al corte de seguida azul oscuro; esp. 12-15 x 5-6 μ. **Hábitat**: En bosques de planifolios o mixtos, bajo hayas, robles, píceas, sobre suelo calcáreo; raro (como en el Tirol, Austria). **Confusiones**: Que azulea más levemente: *Boletus satanas* (tóxico, abajo), *B. splendidus* y *B. rhodoxanthus*.

Comestible; se debe calentar suficientemente. Precaución: ¡peligro de confusión!

Boleto de Satanás

RL 2

Boletus satanas Lenz

c. Matagent, *e.* Satan onddo, *in.* Satanic boletus

Caracteres: Sombrero de 8-25 cm de ancho, de blanco puro, gris blanquecino a verde oliváceo claro, amarillento en las zonas dañadas, cutícula mate, seca; tubos rojo intenso, rojizo amarillentos, al envejecer a veces oliváceos, casi sin tonos rojos, algo azules al presionarlos; pie totalmente color carmín o con zonas rojizas sobre fondo amarillo, por ejemplo, sólo rojo en la parte inferior, con retículo rojizo en la parte superior; carne de blanquecina a amarillenta paja, color cromo en el pie, levemente azul al corte; olor al principio dulzón afrutado, al envejecer casi a carne en descomposición; esp. 10-15 x 5-7 μ. **Hábitat**: VII-IX(X); en bosques de planifolios, bajo hayas o robles, sobre suelo calcáreo; raro. **Confusiones**: *Boletus rhodopurpureus* (ctro.), diversas "setas de brujas" (p. 468), con tubos amarillos: *B. calopus* (p. 472).

Tóxico; causa trastornos digestivos.

Pie rojo amargo RL 3

Boletus calopus Fr.: Fr.

c. Mataparent amarg, *e.* Onddo hankaeder, *g.* Madeirudo das meigas, *in.* Bitter beech bolete

Caracteres: Sombrero de 8-15(18) cm de ancho, blanquecino sucio, gris claro, gris ocre o gris pardusco, cutícula mate y seca; tubos de amarillo limón a cromo, más tarde amarillento oliváceos, al presionarlos verdoso azulados; pie de rojizo a rojo intenso, amarillo en la parte superior, reticulado en toda su extensión; carne de blanquecina a amarillenta paja, levemente azul verdosa al corte; sabor amargo; esp. 10-15 x 3,5-5 µ. **Hábitat**: VII-X; en bosques de planifolios o coníferas, en especial bajo píceas o hayas, sobre suelo ácido a partir de piso montano; localmente frecuente. **Confusiones**: Con el pie amarillo: *Boletus radicans* (ctro.), con tubos rojos: *B. satanas* (tóxico, p. 470).

Incomestible (amargo), crudo especialmente tóxico; causa trastornos digestivos.

Boleto blanquecino RL 3

Boletus radicans Pers.: Fr.

c. Mataparent radicant, *e.* Onddo zuri-mingots, *in.* Rooting bolete

Caracteres: Sombrero de 5-20 cm de ancho, gris amarillento o gris pardusco claro, cutícula mate y seca; tubos amarillo limón vivo, al madurar oliváceo amarillentos, al presionarlos azul intenso; pie amarillento, gris claro o blanquecino sucio en la parte inferior, por lo general sin retículo, a menudo bulboso y con la base ligeramente radicante; carne amarillenta, al corte azulea claramente; sabor amargo; esp. 9-15 x 4-6 µ. **Hábitat**: VII-IX(X); en bosques de planifolios, en especial bajo hayas o robles, sólo sobre suelo calizo, en zonas cálidas; raro. **Nota**: Crece en el mismo lugar que *Boletus satanas*, al cual se parece mucho mirado desde arriba. **Confusiones**: Con tonalidades rojas en el pie: *Boletus calopus* (amargo, arriba).

Incomestible (amargo); al cocinarlo persiste el amargor.

Boletus pulverulentus

Boletus pulverulentus Opat.

Caracteres: Sombrero de 3-8(10) cm de ancho, de gris oliváceo a pardusco rojo, cutícula mate, casi aterciopelada, relativamente seca; tubos amarillo limón vivo o dorados, muy sensibles al roce, en seguida azul oscuro; pie del color del sombrero, amarillento en la parte superior, casi siempre fino, superficie finamente flocoso-granulada, sin retículo; carne amarilla, en seguida azul oscuro al corte, casi negruzca; esp. 10-16 x 4-6 µ. **Hábitat**: VII-X; en bosques de planifolios o coníferas, bajo robles, hayas o píceas, en parques y jardines; disperso. **Nota**: La consistencia delgada de esta especie recuerda al género *Xerocomus*. Las tonalidades azules son incluso más intensas que en las "setas de brujas". **Confusiones**: *Xerocomus badius* y *X. subtomentosus* (p. 476), *X. chrysenteron* (p. 478).

Boleto amargo, Camaleón rojo

Tylopilus felleus (Bull.: Fr.) P. Karst. (Fam. Boletaceae)

c. Mataparent amarg, *e.* Onddo mingots, *in.* Bitter boletus

Caracteres: Sombrero de 5-15 cm de ancho, de beige a marrón, cutícula finamente aterciopelada; tubos jóvenes blancos, después rosa claro hasta color cárneo; pie amarillento oliváceo u ocráceo, con un retículo oscuro; carne blanquecina, invariable; sabor amargo, espp.: rosa cárneo; esp. oblongo-fusiformes, lisas, 12-15,5 x 4-5 µ, sin p.g. **Hábitat**: VI-X; en bosques de planifolios o coníferas, en especial bajo pinos y píceas; frecuente; micorrizógeno. **Nota**: Los ejemplares jóvenes se reconocen, por su sabor amargo. **Confusiones**: *Boletus edulis* (p. 466) y *Leccinum scabrum* (p. 482).

Incomestible (amargo); al cocinarlo persiste el amargor. Con todo, no es tóxico.

Género **Gyroporus**
Fam. Boletaceae

Sombreros secos, de aterciopelado a tomentosos; estrato tubular pálido, separable; pies con la edad cavernosos y huecos; espp. amarillenta; esp. elipsoidales, lisas, sin p. g.; setas micorrizógenas.

Boleto castaño

RL 2

Gyoporus castaneus (Bull.: Fr.) Quél.

c. Sureny castany, *e.* Onddo gaztaina, *in.* Chestnut bolete

Caracteres: Sombrero de 3-8(10) cm de ancho, de color canela a pardo rojo oscuro, al envejecer también amarillo pardusco; tubos primero amarillentos, después blancos; pie del color del sombrero o algo más claro, con la superficie finamente granuloso-furfurácea; carne de blanquecina a crema, invariable, relativamente dura; esp. 8-11 x 4,5-6 µ. **Hábitat**: VII-X; en bosques de planifolios o coníferas, parques, en especial bajo robles, sobre suelo arenoso; raro. **Confusiones**: *Xerocomus badius* (p. 476), con las zonas dañadas muy azules: *Gyroporus cyanescens* (abajo).

Camaleón azul

RL 3

Gyoporus cyanescens (Bull.: Fr.) Quél.

c. Mataparent groc, *e.* Onto urdin, *g.* Andoa azul, *in.* Cornflower bolete

Caracteres: Sombrero de 5-10 cm de ancho, de blanquecino a amarillento, con la superficie tomentosa, de tacto rugoso; tubos color crema, después amarillentos, al más mínimo roce se tiñen de azul intenso; pie del color del sombrero, sup. de finamente furfurácea a tomentosa, con una protuberancia en el tercio superior y liso por encima; carne de blanquecina a amarillenta, al corte azul intenso (la var. *lacteus* no se tiñe), quebradizo; esp. 9-10,5 x 5-6 µ. **Hábitat**: VII-IX(X); en bosques de planifolios o coníferas, bajo robles, abedules y pinos, sobre suelo arenoso; disperso. **Confusiones**: Visiblemente azules al roce: "setas de brujas" (p. 468), *Boletus pulverulentus* (p. 472), sin tonos azules: *Gyroporus castaneus* (ctro.).

Género **Xerocomus**
Fam. Boletaceae

Sombreros secos, de mate a tomentosos; estrato tubular separable; pies finos, sin retículo por lo general; espp. pardo olivácea; esp. largamente elipsoidales o fusiformes, lisas, sin o con pocos p. g.; micorrizógenos, raramente parásitos.

Boleto bayo

Xerocomus badius (Fr.) Kühner ex E. J. Gilbert
c. Sureny bai, *e.* Onddo arre, *g.* Madeirudo castaño, *in.* Bai boletus

Caracteres: Sombrero de (3)5-10 cm de ancho, por lo general castaño oscuro o de coriáceo a pardusco, cutícula de mate a brillante, normalmente seca, en tiempos lluviosos algo glutinosa; tubos primero blanquecinos, luego amarillo oliváceos o verdosos, al presionarlos azulean; pie más claro que el sombrero, pardusco, siempre sin retículo; carne de blanquecina a amarillenta pálida, azulea al corte; esp. 11-15 x 4-5 µ. **Hábitat**: (VI)VIII-XI; en bosques de planifolios o coníferas, bajo pinos y píceas, sobre suelo ácido, crece en masa; frecuente. **Confusiones**: *Boletus edulis* (p. 466), *Xerocomus subtomentosus* var. *ferrugineus* (abajo), *X. chrysenteron* (p. 478).
Comestible; excelente, comparable a *Boletus edulis*.

Boleto subtomentoso

Xerocomus subtomentosus (L.: Fr.) Quél.
in. Yellow-cracked boletus

Caracteres: Sombrero de 3-10 cm de ancho, de verde oliváceo a oliva pardusco, cutícula aterciopelada, siempre seca; tubos amarillo intenso durante bastante tiempo, con los poros bastante amplios, al presionarlos no azulean (o sólo ligeramente); pie marmóreo, rojizo pardusco sobre fondo amarillento, con el ápice a veces parcialmente reticulado; carne blanquecina, amarillenta en el pie, por lo general no azulea al corte, relativamente firme; esp. 10-13(15) x 4-5 µ. **Hábitat**: VII-X; en bosques de coníferas o mixtos, en cualquier suelo, frecuente. **Confusiones**: *Xerocomus chrysenteron* (p. 478), *X. subtomentosus* var. *ferrugineus* (abajo).
Comestible; gracias a la consistencia de la carne y el sabor neutro es una de las mejores especies comestibles del género *Xerocomus*.

Boleto subtomentoso

Xerocomus subtomentosus var. *ferrugineus* (Schaeff.) Krieglst.
Sin.: *X. lanatus*, *X. spadiceus*, *X. coniferatum*

Caracteres: Sombrero de 4-10 cm de ancho, pardo rojo oscuro, por lo general sin tonos oliváceos; pie con largo retículo pardo rojizo sobre fondo amarillento. **Nota**: El resto de caracteres son idénticos a los de la variedad principal. **Hábitat**: VIII-X; en bosques de coníferas o mixtos, en especial bajo píceas a partir de piso montano; disperso. **Confusiones**: *Xerocomus subtomentosus* (ctro.), *X. badius* (arriba).

Boleto de carne amarilla

Xerocomus chrysenteron (Bull.) Quél.
c. Mataparent de carn groga, *e.* Ondo urregorri, *in.* Red-cracked boletus

Caracteres: Sombrero de 3-7 cm de ancho, con tonalidades de marrón muy diversas, a menudo mezclado con oliváceo, amarillo o rojizo, en las zonas dañadas o grietas se vuelve rosa rojizo, cutícula finamente aterciopelada, a menudo resquebrajada; tubos de color amarillo sucio, al madurar paulatinamente oliváceos, azulean al presionarlos; pie cubierto de rojizo totalmente o sólo en la parte inferior, amarillo en el ápice, superficie flocosa o con fibras longitudinales; marmóreo, rojizo pardusco sobre fondo amarillento, con el ápice a veces parcialmente reticulado; carne amarillenta pálida, azulea levemente al corte, pronto se vuelve blanda y enmohece; sabor agrio; esp. 10-13(15) x 5-6 µ. **Hábitat**: VII-XI; en bosques de coníferas o planifolios, parques, jardines, sin necesidad de un tipo específico de suelo, bastante extendido; frecuente. **Nota**: El sabor agrio puede resultar desagradable. **Confusiones**: *Xerocomus subtomentosus* (p. 476), *X. poroporus* (ctro.), *X. rubellus* (abajo).

Xerocomus porosporus

Xerocomus porosporus Imler Sin.: *X. truncatus*

Caracteres: Sombrero de 2-6 cm de ancho, beige pardusco, por lo general sin grandes cantidades de rojo, cutícula resquebrajada, incolora en las fracturas, zonas dañadas no rojizas; tubos de amarillo sucio a amarillo verdoso, al presionarlos azulean; pie primero amarillento, más tarde paulatinamente pardusco, parte superior con pocas o ninguna zona rojas; carne amarillenta sucia, joven rojiza en el centro, azulea al corte, pronto se vuelve blanda; sabor neutro, no agrio como *Xerocomus chrysenteron*; esp. 12-16 x 5-6 µ, con p. g. (fig. 99). **Hábitat**: VI-IX; en bosques de planifolios o mixtos, en especial bajo robles; localmente no es raro. **Nota**: A menudo se confunde con *Xerocomus chrysenteron*, pero por su sabor no agrio es el más comestible de los dos. A nivel microscópico, los poros germinativos, poco comunes en este género, son un rasgo distintivo. **Confusiones**: *Xerocomus chrysenteron* (arriba), *X. subtomentosus* (p. 476).

Boleto versicolor

Xerocomus rubellus (Kromh.) Quél. Sin.: *X. versicolor*
in. Ruby bolete

Caracteres: Sombrero de 2-6(8) cm de ancho, de rojo oscuro a vinoso, pero también rosa rojizo o púrpura, cutícula apenas resquebrajada; tubos amarillos, al madurar verde oliváceos, al presionarlos azulean; pie cubierto por puntos o fibras rojo vivo sobre fondo cromo; carne amarilla, azulea al corte, pronto se vuelve blanda; sabor agrio, como *Xerocomus chrysenteron*; esp. 9-14 x 4,5-6 µ. **Hábitat**: VI-X; en bosques de planifolios o mixtos, bajo diversos planifolios, en parques y jardines; de disperso a relativamente frecuente. **Nota**: Dado que *Xerocomus chrysenteron* presenta a menudo los mismos tonos rojos en el sombrero, resulta difícil distinguirlos. **Confusiones**: *Xerocomus chrysenteron* (arriba).

Xerocomus parasiticus RL 3

Xerocomus parasiticus (Bull.: Fr.) Quél.

Caracteres: Sombrero de 2-5(7) cm de ancho, de amarillo pardusco a amarillo oliváceo, finamente tomentoso, recuerda un poco *Xerocomus subtomentosus*; tubos de amarillo limón a dorado, más tarde paulatinamente parduscos, con los poros relativamente toscos; pie pardo amarillento, de flocoso a fibroso; carne amarillenta, invariable; esp. 12-18 x 4,5-6 µ. **Hábitat**: VIII-X; sobre esclerodermas, en bosques de planifolios o coníferas; raro. **Nota**: Los esclerodermas resultan perjudicados por esta relación parasitaria que los ahueca y hace que sus esporas no maduren. Curiosamente, *Xerocomus* no absorbe sus sustancias tóxicas (V. p. 608). A causa del particular sustrato, no es susceptible de ser confundido.

Boleto lívido RL 3

Gyrodon lividus (Bull.: Fr.) Sacc. (Fam. Boletaceae)
in. Alder bolete

Caracteres: Sombrero de 3-12 cm de ancho, por lo general de color paja a ocre amarillento, superficie seca, de mate a finamente tomentosa, pardea al presionarla, margen pronto revoluto; tubos jóvenes de amarillo limón a dorados, oliváceos al madurar, al presionarlos azulean, al principio decurrentes y muy finos; pie del color del sombrero, base atenuada; carne amarillenta en el sombrero, azulea levemente, en el pie pronto se vuelve pardusca; espp. pardo ocre; esp. elipsoidales, lisas, 5-7 x 4-4,5 µ, sin p. g. **Hábitat**: VIII-X; bajo alisos, en pantanos y turberas, orillas y márgenes de arroyo, zonas húmedas en bosques; relativamente raro; micorrizógeno. **Nota**: Se trata de una especie amenazada de extinción y que por lo tanto hay que respetar. Es la única especie de su género. A diferencia del resto de *Boletus*, tiene un estrato tubular visiblemente fino, en especial en los ejemplares jóvenes. Los tubos decurrentes que bajan por el pie son un rasgo distintivo.

Boletinus cavipes

Boletinus cavipes (Opat.) Kahchbr. (Fam. Boletaceae)

Caracteres: Sombrero de 4-10 cm de ancho, de amarillo limón, canela a naranja pardusco, también de rojo a pardo vinoso, a menudo con umbón agudo en el centro, superficie seca, toscamente tomentosa, margen joven a menudo apendiculado con restos del velo; tubos de amarillento a oliváceos, muy toscos, poros romboidales y profundos; pie del color del sombrero, tomentoso, con anillo membranoso, pronto hueco y bastante quebradizo; carne blanquecina, invariable; espp. pardo olivácea; esp. oblongo-fusiformes, lisas, 7,5-10 x 3-4 µ, sin p. g. **Hábitat**: VI-X; en bosques de coníferas, bajo alerces, en especial en piso subalpino y alpino; localmente frecuente; micorrizógeno. **Nota**: A pesar de la variabilidad de los colores del sombrero, es fácil de reconocer por su pie armillado y muy pronto hueco. **Confusiones**: *Suillus tridentinus* (p. 490).

Género **Leccinum**
Fam. Boletaceae

Sombreros secos, de mate a finamente tomentosos, al envejecer un tanto glutinoso por lo general; estrato tubular separable, de aspecto pulviniforme en los ejemplares más maduros; pies rugosos escamosos, finos por lo general; espp. de amarilla a pardo olivácea; esp. oblongo-fusiformes, lisas, sin p. g.; especies micorrizógenas.

Boleto de pie escabroso (prot.)

Leccinum scabrum (Bull.: Fr.) Gray
c. Albereny, *e.* Urki-ondo, *in.* Birch bolete

Caracteres: Sombrero de 4-12 cm de ancho, de marrón claro a oscuro, color canela, pardo rojo, pardo negruzco o blanco, de colorido muy variable, de joven típicamente hemisférico, al crecer se aplana, la cutícula no sobrepasa visiblemente el margen; tubos blanquecinos crema, más tarde manchados o un tanto más oscuros, algo parduscos en las zonas dañadas; pie con escamas escuarrosas negruzcas o pardo grisáceas sobre fondo blanco, más raramente con pequeñas escamas incoloras, pero no reticulado carne blanquecina, en general inmutable al corte, a veces se tiñe muy lentamente de rosa suave, en el sombrero se vuelve esponjosa; esp. 13-18 x 5-6 µ. **Hábitat**: VI-X; bajo abedules, en márgenes de bosque, zonas húmedas, parques y jardines; frecuente. **Nota** Por sus múltiples tonalidades, se le divide en diversas variedades Este uso resulta un tanto exagerado, ya que no siempre es posible trazar una división definida. Por ejemplo, las variedades que crecen en zonas húmedas son a veces de tonos muy claros, pero también se dan formas totalmente blancas en hábitats secos (abajo). El extremo opuesto son los ejemplares de sombrero casi negro (ctro.). Se ha intentado dar un nombre científico a cada una de las variedades, pero en algunos casos se trata tan sólo de meras variaciones de color sin valor taxonómico alguno. **Confusiones**: *Suillus tridentinus* (p. 490).

Leccinum scabrum

Leccinum scabrum var. *melaneum* Smotl. (prot.)

Caracteres: Esta variedad se distingue de la forma principal por su sombrero de pardo negruzco a gris negruzco y las escamas de tonos oscuros que recubren el pie.

Leccinum scabrum var. niveum

Leccinum scabrum var. *niveum*
(Fr. ex Opat.) M.M. Moser (prot.)

Caracteres: el sombrero y pie blancos distinguen a esta variedad de la forma principal. En hábitats húmedos se encuentran variedades muy parecidas con la base del pie verdosa.

Leccinum variicolor (prot.)

Leccinum variicolor Watling

Caracteres: Sombrero de 5-10 cm de ancho, gris, sepia o marrón oscuro, con típicos toques de gris, a menudo con pequeñas manchas ocráceas; tubos blancos durante bastante tiempo, al presionarlos se tiñen primero de rojizo y luego de ocre; pie con pequeñas escamas de gris a negruzcas sobre fondo blanco, al roce se vuelve azul verdoso en la parte inferior; carne blanca, visiblemente rojiza al corte, en la base del pie se tiñe de azul verdoso a azul; esp. 12-16 x 4,5-6 µ. **Hábitat**: VIII-X; en bosques de coníferas o planifolios, bajo abedules, en zonas húmedas; raro, más habitual en el norte de Europa. **Nota**: Se distingue algo de *Leccinum scabrum* por la intensa tinción de la carne. **Confusiones**: Formas oscuras de *Leccinum scabrum* (p. 482), que ennegrece: *L. griseum* (ctro.).

Leccinum griseum (prot.)

Leccinum griseum (Quél.) Singer Sin.: *L. carpini*

Caracteres: Sombrero de 4-10 cm de ancho, pardo amarillo o de gris a pardo negro, superficie típicamente arrugado-alveolada, pronto algo brillante; tubos jóvenes blanquecino crema, más tarde gris amarillentos, con leves tonos oliváceos, al presionarlos ennegrecen; pie gris blanquecino, ornamentado por escamas oscuras de gris a negruzcas; carne blanca, al corte de gris violeta a negra; esp. 14-18 x 5-6 µ. **Hábitat**: VII-X; en bosques de planifolios o mixtos, en especial bajo carpes; disperso pero distribuido. **Confusiones**: Que no ennegrece al presionarlo: *L. scabrum* (p. 482).

Boleto rojizo (prot.)

Leccinum versipelle (Fr.) Snell Sin.: *L. testaceoscabrum*
c. Molleric rogenc, *in.* Orange birch bolete

Caracteres: Sombrero de 5-15(20) cm de ancho, de amarillo naranja a rojizo teja, o también de amarillo a pardusco anaranjado, a veces muy decolorado, los tonos naranja desaparecen paulatinamente, a menudo la cutícula sobrepasa típicamente el margen; tubos jóvenes con tonos grises, pronto gris amarillento claros, al presionarlos apenas varían; pie con escamas escuarrosas negruzcas sobre fondo blanquecino; carne blanquecina, al corte primero rosa lila o gris violeta, más tarde ennegrece, en la parte inferior se tiñe de azul verdoso; esp. 12-16 x 4-5 µ. **Hábitat**: VI-X; bajo abedules, sobre todo en brezales, en suelo ácido, arenoso con brezos; frecuente en algunos lugares. **Nota**: En Escandinavia es todavía una especie bastante común. **Confusiones**: *Leccinum scabrum* (p. 482), *L. rufum* (p. 486), *L. quercinum* (p. 486).

Comestible; de carne consistente mejor especie culinaria que *Leccinum scabrum*.

Leccinum rufum (prot.)

Leccinum rufum (Schaeff.) Kreisel Sin.: *L. aurantiacum*

Caracteres: Sombrero de 6-18 cm de ancho, por lo general de naranja rojo vivo a pardo naranja, cutícula con el margen apendiculado; tubos jóvenes a menudo blancos que se vuelven gris amarillentos relativamente tarde, al presionarlos se tiñen de rojizo; pie blanquecino, al roce a menudo se vuelve verde azulado en la parte inferior, escamas primero poco apreciables, más tarde pardo rojizas; carne blanquecina, ligeramente rojiza al corte, después de gris lila a negra; esp. 13-16 x 4-5 μ. **Hábitat**: VI-X; bajo álamos temblones, en márgenes de bosques y parques, sobre suelo calcáreo; relativamente frecuente. **Confusiones**: *Leccinum quercinum* (ctro.), *L. versipelle* (p. 484), de sombrero marrón: *L. scabrum* (p. 482).

Leccinum quercinum RL 3, (prot.)

Leccinum quercinum (Pilát) Pilát

Caracteres: Sombrero de 6-15 cm de ancho, de naranja a pardo teja o castaño, los tonos marrones predominan, cutícula con el margen apendiculado; tubos de blanquecino a ocre sucio o pardo coriáceo, al madurar oscurecen; pie con escamas pardo rojizas sobre fondo blanquecino, de rojizo a verde azulado al presionarlo; carne blanca, al corte primero rojiza, después de gris violeta a negra; esp. 11-15 x 4-5 μ. **Hábitat**: VIII-X; en bosques de planifolios, en especial bajo robles, pero también hayas o tilos; disperso. **Nota**: Para identificar bien a las especies de *Leccinum* es necesario observar el árbol bajo el cual crecen. Una especie no mencionada hasta aquí es *L. vulpinum*, que crece bajo pinos y píceas. *L. duriusculum*, de sombrero marrón, también pertenece a los *Leccinum* a pesar de la cutícula colgante. **Confusiones**: *Leccinum rufum* (arriba), *L. versipelle* (p. 484).

Boleto picante

Chalciporus piperatus (Bull.: Fr.) Bataille
Sin.: *Boletus (Suillus) piperatus* (Fam. Boletaceae)
c. Molleric pebrer, *e.* Piper-onddo, *in.* Peppery bolete

Caracteres: Sombrero de 1,5-5 cm de ancho, de amarillo a naranja pardusco, raramente casi rojizo vino, de largamente hemisférico a pulviniforme, cutícula glutinosa en tiempo húmedo; tubos jóvenes naranja, al madurar de canela a pardo herrumbrosos, poros bastante toscos; pie del color del sombrero, base amarillo cromo, a menudo muy delgado; carne amarillenta pálida, en la base del pie de color azafrán o cromo, pronto blanda en el sombrero; sabor muy picante al cabo de unos segundos; espp. pardusca ocre; esp. largamente elipsoidales, lisas, 8-10 x 3-4 μ, sin p. g. **Hábitat**: VIII-XI; en bosques de coníferas o mixtos, bajo píceas y pinos; frecuente; micorrizógeno. **Nota**: El sabor a pimienta lo hace inconfundible.

Comestible; se puede cocinar junto a otras especies.

Género **Suillus**
Fam. Boletaceae

Sombreros por lo general glutinosos, secos brillantes, raramente tomentosos o secos; por debajo estrato tubular separable; pies finos, a veces con anillo membranoso o zona anular mucilaginosa; espp. de ocre a pardo olivácea; esp. elipso-romboidales, lisas, sin p. g.; especies micorrizógenas.

Boleto de alerce

Suillus grevillei (Klotsch: Fr.) Singer
e. Onddo apain, *in.* Elegant boletus

Caracteres: Sombrero de 4-10 cm de ancho, amarillo dorado vivo, naranja pardusco o pardo rojo, cutícula mucilaginosa en tiempo húmedo; tubos jóvenes dorados, al madurar pardusco amarillento sucio, a menudo algo decurrentes; pie de amarillo a pardo rojizo, con una zona anular delgada, amarillenta y mucilaginosa; carne amarillenta, pronto blanda; esp. 7-10 x 3-4 µ. **Hábitat**: VI-XI; en bosques de coníferas o mixtos, siempre bajo alerces, sin necesidad de un tipo concreto de suelo; frecuente. **Confusiones**: *Suillus bresadolae* (abajo), *S. luteus* (p. 490), en turberas bajo pinos: *S. flavidus*.

Suillus viscidus

Suillus viscidus (Fr. & Hök) Rauschert Sin.: *S. aeruginascens*

Caracteres: Sombrero de 3-8(12) cm de ancho, gris ceniza, gris amarillento o gris pardusco, cutícula con vetas encarnadas, en condiciones húmedas mucilaginosa, margen joven con grasos restos blancos del velo; tubos de gris blanquecinos a amarillentos, al final gris parduscos, con poros escalonados, angulosos y anchos; pie gris pardusco, con anillo blanco, fugaz; carne blanquecina, parcialmente también gris verdosa; esp. 9-12 x 4-5,5 µ. **Hábitat**: VI-XI; en bosques de coníferas, bajo alerces en suelo calcáreo; no es raro en piso alpino. **Confusiones**: *Suillus bresadolae* (abajo).

Suillus bresadolae

Suillus bresadolae (Quél. In Bres.) Gerhold
Sin.: *S. aeruginascens* var. *bresadolae*

Caracteres: Sombrero de 3-10 cm de ancho, de gris a pardo rojo, dorado hacia el margen, en condiciones húmedas cutícula mucilaginosa; tubos gris amarillentos, al madurar predominantemente grises, con poros escalonados, angulosos y distantes; pie pardo rojo, amarillento en el ápice, con anillo blanco amarillento; carne amarillenta, al menos en el sombrero; esp. 8-12 x 4-6 µ. **Hábitat**: VII-IX; en bosques montañosos de coníferas, bajo alerces en suelo calcáreo, en piso alpino; raro. **Nota**: Se parece a *Suillus grevillei*, del cual se diferencia básicamente por los poros grises. **Confusiones**: *Suillus viscius* (ctro.), *S. viscidus* (ctro.), *S. tridentinus* (p. 490).

Suillus tridentinus

Suillus tridentinus (Bres.) Singer

Caracteres: Sombrero de 4-10 cm de ancho, de naranja pardusco a pardo herrumbroso, cutícula de fibrosa a escamosa o endurecida, en condiciones húmedas por lo general glutinosa, no llega a mucilaginosa, margen joven con restos blanquecinos del velo; tubos naranja amarillentos, al madurar de color herrumbre a canela anaranjado, pardo rojizos al presionarlos, levemente decurrentes, con poros relativamente toscos, angulosos y escalonados; pie de tonos parecidos al sombrero, con fibras o escamas y anillo blanquecino y fugaz; carne rojizo amarillenta, pardusca en el pie, en el sombrero pronto blanda; esp. 9-11,5(14) x 4,5-5,5 μ. **Hábitat**: VII-X; en bosques montañosos de coníferas, bajo alerces en suelo calcáreo; en piso alpino más frecuente o disperso, sino raro. **Confusiones**: *Suillus grevillei* (p. 488), *S. bresadolae* (p. 488), con el sombrero seco: *Boletinus cavipes* (p. 480).

Boleto viscoso anillado

Suillus luteus (L.: Fr.) Gray

c. Pinetell de calceta, *e.* Pinudi-onddo likin, *in.* Brown-yellow boletus

Caracteres: Sombrero de 4-12 cm de ancho, castaño oscuro, pardo rojo, pero también pardo amarillo, cutícula uniforme o con vetas encarnadas, en tiempo húmedo muy mucilaginosa, margen joven cubierto por restos del velo; tubos amarillo claro o color yema, al madurar amarillento oliváceos, con finos orificios redondeados; pie blanquecino, con anillo membranoso, embudado, gris violáceo por debajo, ápice amarillo con puntitos parduscos; carne de blanquecina a amarillenta pálida; esp. 7-9(11) x 3-4 μ. **Hábitat**: VIII-XI; en bosques de coníferas, bajo pinos, sobre suelo arenoso, pero también en s. calcáreo; frecuente. **Confusiones**: *Suillus grevillei* (p. 488), sin anillo: *S. granulatus* (abajo), *S. fluryi*.

Comestible; buena especie culinaria. Se recomienda consumirlos jóvenes y retirar la cutícula. En ocasiones se dan casos de alergia tras el consumo. En tal caso, evitarlos.

Boleto granulado

Suillus granulatus (L.: Fr.) Kuntze

c. Molleric granellut, *e.* Pinudi-onddo bikordun, *in.* Peppery boletus

Caracteres: Sombrero de 4-10 cm de ancho, ocre amarillento, pardusco amarillo o pardo (con toques rojizos), cutícula a menudo con vetas encarnadas, en tiempo húmedo mucilaginosa; tubos amarillo cromo, al madurar amarillento oliváceos, jóvenes exudan látex; pie de blanquecino a amarillento, siempre sin anillo, joven con gutaciones, más tarde a menudo adquiere gránulos parduscos por encima; carne blanquecina-amarillenta; esp. 7-10 x 3-4 μ. **Hábitat**: VII-X; en bosques de coníferas, bajo pinos, en especial sobre suelo calcáreo; localmente frecuente. **Nota**: Por lo general tiene el sombrero más claro que *S. luteus*, el cual además presenta anillo membranoso en el pie. **Confusiones**: *Suillus bovinus* (p. 494), *S. mediterraneensis* (p. 492).

Suillus mediterraneensis

Suillus mediterraneensis (J. Blum & Jacquet.) Redeuih
Sin.: *S. granulatus* var. *mediterraneensis*, *S. leptopus*

Caracteres: Sombrero de 4-12 cm de ancho, de pardo amarillo a rojo oscuro o pardo gris, cutícula con vetas encarnadas más oscuras o finas estrías radiales, en tiempo de lluvias algo glutinosa; tubos amarillo cromo intenso, pero pronto color mostaza u ocre oliváceo, con poros relativamente finos; pie de blanquecino a amarillo cromo, base a menudo rosa violácea, cubierto de toscos puntos marrón oscuro, por lo general corto y sin anillo; carne amarillo cromo intenso; esp. 9-12 x 4-5 µ. **Hábitat**: X-IV; en bosques de coníferas, bajo pinos del Mediterráneo, en especial carrascos, sobre suelo calcáreo; frecuente. **Nota**: En la isla de Mallorca es una especie muy habitual en los meses de invierno, la más común de su género. **Confusiones**: También en la zona del Mediterráneo pero con sombrero marrón, margen blanco y carne blanca: *Suillus boudierii*, en el centro de Europa: V. *S. granulatus* (p. 490).

Suillus plorans

RL 2

Suillus plorans (Rolland) Singer

Caracteres: Sombrero de 3-12(15) cm de ancho, de amarillo paja, pardo amarillo a pardo oliváceo oscuro, cutícula por lo general con vetas oscuras, en tiempo húmedo glutinosa; tubos pronto amarillo oliváceo oscuros, escotados en el pie, al madurar poros angulosos y de largura irregular; pie de amarillo oliváceo a pardusco, cubierto en toda su extensión de manchas oscuras, confluentes, sin anillo; carne de blanquecino a amarillento pálido, en el pie pronto se vuelve pardusca; esp. 8-11 x 3,5-4,5 µ. **Hábitat**: VII-X; en bosques de coníferas, exclusivamente bajo *Pinus cembra*, sobre suelos calizos en piso alpino; raro. **Nota**: En zonas con *Pinus cembra* (como los Alpes o los montes Tatras) esta especie puede encontrarse regularmente, aunque por desgracia tanto la especie de pino como la de hongo experimentan un progreso recesivo. **Confusiones**: *Suillus granulatus* (p. 490), *S. placidus*.

Boleto variegado

Suillus variegatus (Sw.: Fr.) Kuntze
c. Mataparent clapat, *e.* Pinudi-onddo klorousain, *in.* Variegated boletus

Caracteres: Sombrero de 4-10 cm de ancho, de amarillo limón, pardo amarillo a pardusco, cutícula en especial joven, finamente tomentosa, alguna vez tosca, algo glutinosa sólo en caso de lluvias persistentes o al envejecer, pero por lo general seca; tubos jóvenes con tonos oliváceos, más oscuros que en las especies parecidas; pie del tono del sombrero o un poco más claro, superficie vetada-manchada, sin anillo; carne amarilla más o menos clara, al corte levemente azulea; esp. 8-10,5 x 3-4 µ. **Hábitat**: VII-XI; en bosques de coníferas, bajo pinos, sobre todo en suelo ácido; frecuente. **Nota**: La cutícula tomentoso-granulosa parece estar cubierta de arena. **Confusiones**: *Suillus bovinus* (p. 494).

Boleto bovino

Suillus bovinus (L.: Fr.) Kuntze

c. Moleric de bou, *e.* Pinudietako, *g.* Andoa miuda, *in.* Shallow-pored boletus

Caracteres: Sombrero de 3-8(12) cm de ancho, amarillo coriáceo, pardo anaranjado o rojizo, cutícula de tonos bastante uniformes, en condiciones húmedas glutinosa; tubos ocre sucio, más tarde amarillo oliváceo, ligeramente decurrentes, al madurar con orificios relativamente grandes, romboidales angulosos y profundos; pie del color del sombrero, levemente marmóreo o uniforme; carne amarillenta pálida, al corte enrojece levemente, algo tenaz; esp. 7-9(11) x 3-4 µ. **Hábitat**: VII-XI; en bosques de coníferas, bajo pinos, en especial sobre suelo ácido, a veces crece en fascículo; frecuente. **Nota**: Esta especie crece a menudo en asociación con *Gomphidius roseus* (p. 376). **Confusiones**: *Suillus variegatus* (p. 492), *S. granulatus* (p. 490).

Comestible, pero por su carne tenaz se recomienda consumir sólo ejemplares jóvenes.

Boleto escuamoso

Strobilomyces strobilaceus (Scop.: Fr.) Berk.

Sin.: *S. floccopus* (Fam. Strobilomycetaceae)

c. Mataparent d'esquames, *e.* Ondo ezkatatsu, *g.* Madeirudo pina, *in.* Old man of the woods

Caracteres: Sombrero de 5-10(15) cm de ancho, pardo negro, con escamas escuarrosas, gris blanquecino en las grietas que las separan, más tarde todo negro, seco, margen grasoso; tubos jóvenes gris pálido, más tarde pardo negros, con orificios relativamente toscos, redondeados; pie pardo negro, lanoso-apendiculado, fino; carne joven gris blanquecina, se vuelve pardo negra a partir de la base del pie, al corte primero se vuelve roja, después negra, en la base quebradiza; olor y sabor desagradables; espp. marrón oscuro; esp. ampliamente elipsoidales, con oscuro retículo prominente, 10-13 x 9,5-11 µ, sin p. g. (fig. 100). **Hábitat**: VII-X; en bosques de coníferas o planifolios, bajo píceas, abetos o hayas, en especial sobre suelos ricos en nutrientes, nunca en suelo arenoso; disperso; especie micorrizógena.

Porphyrellus porphyrosphorus

Porphyrellus porphyrosphorus (Fr.) E. J. Gilbert

Sin.: *P. pseudoscaber* (Fam. Strobilomycetaceae)

Caracteres: Sombrero de 4-12 cm de ancho, primero de pardo gris a ceniza, finalmente pardo negro, cutícula finamente aterciopelada, mate y seca; tubos jóvenes gris parduscos, después del color del sombrero; pie del color del sombrero, a veces veteado, aterciopelado; carne gris blanquecina sucia, algo rojiza o azul verdosa al corte; olor desagradable; sabor amargoso o picante; espp. pardo rojizo oscura; esp. oblongo-fusiformes, lisas, 14-20 x 6-8 µ, sin p. g. **Hábitat**: VI-X; en bosques de coníferas, con menos frecuencia de planifolios, bajo píceas, abetos, pinos o hayas, sobre suelo ácido; de disperso a localmente frecuente; especie micorrizógena.

Género **Albatrellus**
Fam. Scutigeraceae

C. fr. carnoso, de pie corto; sombreros secos, mates, irregularmente ondeados; con poros finos en la parte inferior, estrato tubular difícilmente separable, decurrente; espp. blanca, inamiloide por lo general; esp. redondeadas o elipsoidales, lisas, sin p. g.; saprotróficos terrícolas.

Albatrellus ovinus

RL 3

Albatrellus ovinus (Schaeff.: Fr.) Kotl. & Pouzar
Sin.: *Scutiger ovinus*

Caracteres: Sombrero de 4-10 cm de ancho, primero blanco puro, más tarde algo amarillento-verdoso, la cutícula se rasga; tubos blancos, cortos, amarillos al presionarlos, de poros muy finos (2-4 por mm); pie a menudo atenuado; sabor siempre suave; esp. casi redondeadas, 3,5-4,5 x 3,5-4 μ; hifas sin fíbulas. **Hábitat**: VII-X; en bosques de coníferas, bajo píceas o pinos, sobre todo en piso montano o alpino, en suelo calizo; localmente frecuente. **Confusiones**: *Albatrellus confluens* (ctro.), con la esporada claramente amiloide: *A. subrubescens*.

Comestible; buena especie culinaria, sabrosa.

Albatrellus confluens

RL 2

Albatrellus confluens (Alb. & Schwein.) Kotl. & Pouzar
Sin.: *Scutiger confluens*

Caracteres: Sombrero de 10-30 cm de ancho, de rojizo-amarillento a pardusco; estrato tubular blanquecino crema, amarillento rojizo al presionarlo, con poros finos; a menudo compuesto por varios pies juntos, a modo de tronco; maduro sabor amargo; esp. oblongas, 4-5,5 x 3-3,5 μ; hifas fibulíferas. **Hábitat**: VIII-X; en bosques montañosos de coníferas, bajo píceas y pinos; relativamente raro, frecuente en algunos lugares (Austria). **Confusiones**: *Albatrellus ovinus* (arriba).

Comestible sólo de joven, al madurar se vuelve amargo.

Albatrellus cristatus

RL 2

Albatrellus cristatus (Schaeff.: Fr.) Kotl. & Pouzar
Sin.: *Scutiger cristatus*

Caracteres: Sombrero de 3-10(15) cm de ancho, de amarillo verdoso a oliváceo, cutícula a menudo muy escabrosa; estrato tubular primero blanquecino, después crema ocráceo, con los poros más anchos que *Albatrellus ovinus* (1-3 por mm); pie de blanco a amarillo oliváceo; esp. oblongas, 5-7(9) x 4,5-5,5 μ; hifas sin fíbulas. **Hábitat**: VIII-X; en bosques de planifolios, con menos frecuencia de coníferas, bajo píceas o hayas, especialmente en piso montano; relativamente raro. **Confusiones**: *Albatrellus ovinus* (arriba), con escamas escuarrosas y poros muy toscos: *A. pescaprae*.

Boletopsis leucomelaena

RL 2

Boletopsis leucomelaena (Pers.) Fayod
Sin.: *B. subsquamosus* (Fam. Thelephoraceae)

Caracteres: Sombrero de 5-10(15) cm de ancho, de gris humo a negruzco, cutícula mate, seca; tubos blancos, muy cortos, poros relativamente finos, angulosos, decurrentes; pie del color del sombrero, mate; carne blanca, al corte se vuelve levemente rosa; sabor de suave a amargoso; espp. gris pardusca pálida, inamiloide; esp. redondeadas, rugosas, 4,5-6 x 3,5-4,5 µ; sin p. g. (fig. 101). **Hábitat**: IX-XI; bajo coníferas; bajo píceas en piso alpino; raro; saprotrófico terrícola. **Confusiones**: V. *Porphyrellus porphyrosphorus* (p. 494).
Comestible; pero a menudo de sabor amargo.

Género **Polyporus**
Fam. Polyporaceae

C. fr. de carnoso a tenaz elástico, de pie central o excéntrico; sombreros secos, tomentosos o escamosos, con estrato tubular fino; espp. blanca, inamiloide; esp. cilíndrico-curvadas (alantoides) u oblongas, lisas, sin p. g. (figs. 102, 103); saprotróficos lignícolas, raramente parásitos; causan pudrición blanca.

Políporo escamoso

Polyporus squamosus (Huds.): Fr.
c. Bolet de noguera, *e.* Ardagai ezkatatsu-handi, *in.* Phesant's back mushroom

Caracteres: Sombrero de 10-40 cm de ancho, amarillo pardusco, color paja, con escamas oscuras aplicadas distribuidas concéntricamente; tubos blanquecinos o amarillentos, con poros amplios, angulosos (de 1-2,5 por mm), decurrentes; pie a menudo corto, con la base negruzca; olor y sabor a harina o pepino; esp. oblongas, 10-13 x 4-5 µ. **Hábitat**: IV-VI(VII-IX); troncos muertos o todavía vivos de planifolios, más raramente de coníferas; frecuente; parásito y saprotrófico. **Confusiones**: *Polyporus tuberaster* (abajo).
Joven comestible pero se debe hervir primero; al madurar la carne se vuelve tenaz.

Polyporus tuberaster

Polyporus tuberaster (Pers.): Fr. Sin.: *P. lentus, P. forquignonii*

Caracteres: Sombrero de 3-8 cm de ancho, de ocre a pardo rojizo, con escamas oscuras concéntricas; tubos blanquecinos, decurrentes y poros anchos, angulosos; pie pálido, con la base a menudo tomentosa; esp. oblongas, 9,5-14,5 x 3,5-4,5 µ. **Hábitat**: V-X; sobre ramas de planifolios en contacto con el suelo, en especial de haya; relativamente raro; saprotrófico. **Nota**: Parece una versión en pequeño de *Polyporus squamosus* (ctro.), pero su olor es neutro. El pie se origina a veces a partir de un pseudoesclerocio hipogeo, que se encuentra en el suelo.

Políporo de invierno

Polyporus brumalis (Pers.): Fr.

c. Bolet de soca pedunculat, *e.* Neguki ondo-ardagai, *in.* Winter polypore

Caracteres: Sombrero de 1,5-8 cm de ancho, de ocre a marrón oscuro, en algunas partes también negruzco, centro a menudo levemente hundido, al madurar margen ondulado, superficie de mate a finamente aterciopelada; tubos blanquecinos o color crema, cortos, poros medianos (1-2 por mm) visibles a simple vista en los ejemplares jóvenes; pie ocre pardusco, con la base a veces pardo roja, cilíndrico y por lo general central, superficie finamente tomentosa, con escamas o glabra; carne tenaz-elástica; esp. cilíndricas, a menudo levemente curvadas, 5-7 x 2-2,5 µ. **Hábitat**: X-III(IV); madera muerta de planifolios, más raramente de coníferas; frecuente; saprotrófico. **Confusiones**: Con poros más finos: *Polyporus ciliatus* (ctro.), con poros más toscos: *P. arcularius* (abajo).

Polyporus ciliatus

Polyporus ciliatus Fr.: Fr. Sin.: *P. lepideus*

Caracteres: Sombrero de 3-6(10) cm de ancho, de gris claro a beige pardusco, a veces con tonos de marrón oscuro, centro de umbilicado a umbonado, superficie de aterciopelada a finamente tomentosa, margen a menudo ciliado; tubos blanquecinos, por lo general algo decurrentes, poros muy finos (4-6 por mm), apenas visibles a simple vista en los ejemplares jóvenes; pie del color del sombrero, superficie finamente tomentosa, a menudo con fino dibujo en zigzag, central; carne tenaz-elástica; esp. cilíndrico-curvadas, 5-7,5 x 1,5-2,5 µ. **Hábitat**: IV-VI; madera muerta de planifolios; frecuente; saprotrófico. **Nota**: Fácilmente confundible con *Polyporus brumalis*, aparece con temperaturas primaverales. Para una identificación segura, observar los poros, muy finos. **Confusiones**: *Polyporus brumalis* (arriba), *P. arcularius* (abajo).

Polyporus arcularius

Polyporus arcularius (Batsch): Fr.

Caracteres: Sombrero de 1-5 cm de ancho, de beige claro a ocre amarillento, forma aplanada convexa o con centro hundido umbilicado, superficie finamente ciliada, cilios visibles especialmente en el margen; tubos blanquecinos crema, muy cortos, poros anchos ya en los ejemplares jóvenes, a menudo con forma romboidal, maduros de hasta 2 mm de ancho; pie del color del sombrero, superficie tomentosa o ciliada, central; carne tenaz-elástica; esp. elipso-oblongas, a veces levemente curvadas, 6,5-8,5 x 2,5-3,5 µ. **Hábitat**: (IV)V-VI; madera muerta de planifolios, en especial avellanos y fresnos, en tiempo cálido; raro, localmente algunos años es más frecuente; saprotrófico. **Confusiones**: *Polyporus brumalis* (arriba), *P. ciliatus* (ctro.), *P. mori* (p. 502).

Polyporus mori

Polyporus mori (Pollini): Fr.
Sin.: *P. alveolarius, Favolus europaeus*

Caracteres: Sombrero de 2-8 cm de ancho, ocre rojizo, superficie pronto cubierta de escamas, al madurar centro generalmente hundido; tubos blanquecino crema, más tarde amarillentos, a menudo ampliamente decurrentes, poros muy anchos, alveolares, al madurar se alargan y llegan a medir 5 mm; pie de blanquecino a amarillento crema, a menudo excéntrico; carne blanquecina, de consistencia blanda; esp. largamente elipsoidales, 8-12 x 3-4 µ. **Hábitat**: IV-V; madera muerta de planifolios, en especial de fresnos; raro, localmente extendido (sur de Alemania, Suiza, Austria); saprotrófico. **Nota**: Parece una versión en pequeño de *Polyporus tuberaster* (p. 498), pero es inodoro y se reconoce por los poros especialmente grandes. **Confusiones**: *Polyporus arcularius* (p. 500).

Políporo variado

Polyporus leptocephalus (Jacq.): Fr. Sin.: *P. varius*
in. Black-footed polypore

Caracteres: Sombrero de 3-10(20) cm de ancho, de gris amarillento claro a ocre rojizo, color leonado o pardusco, superficie por lo general sin brillo y glabra, centro a menudo embudado; tubos blanquecino amarillentos, más tarde incluso amarillo parduscos, ampliamente decurrentes, poros muy finos (4-6 por mm); pie por lo general corto, excéntrico, con la base negruzca; carne tenaz-elástica; esp. largamente elipsoidales, 8-10 x 3-4 µ. **Hábitat**: VI-X; madera muerta de planifolios, en especial de hayas; relativamente frecuente; saprotrófico. **Nota**: Una variedad de sombrero pequeño que crece sobre ramas finas es la var. *nummularius*. A veces se dan ejemplares sésiles. **Confusiones**: *Polyporus badius* (abajo).

Polyporus badius

Polyporus badius (Gray) Schwein.

Caracteres: Sombrero de 5-15(25) cm de ancho, castaño, casi negruzco en el centro, más claro hacia el margen, cutícula glabra, lisa y brillante; tubos blancos durante bastante tiempo, decurrentes, con poros estrechos, casi tan finos como los de *Polyporus ciliatus*, difíciles de ver a simple vista; pie gris negruzco, con la superficie mate, central o excéntrico, con la base estrechada; carne tenaz-elástica; esp. largamente elipsoidales, 6,5-9 x 3-4 µ. **Hábitat**: V-IX; en especial sobre madera muerta de planifolio, en zonas riparias, pastos, álamos temblones, chopos, y otros; relativamente raro. **Nota**: El sombrero brillante y liso es una característica típica. Las hifas no tienen fíbulas, a diferencia de las demás especies del género. **Confusiones**: *Polyporus leptocephalus* (ctro.), especie rara con hifas fibulíferas: *P. melanopus*.

Coltricia perennis

Coltricia perennis (L.: Fr.) Murrill (Fam. Hymenochaetaceae)

Caracteres: Sombrero de 3-10 cm de ancho, pardusco canela, de carne delgada, con finas zonas concéntricas, centro por lo general algo hundido, superficie mate, aterciopelada; tubos de gris claro a pardo canela, muy cortos, decurrentes, poros redondeados, visibles a simple vista (1-4 por mm); pie color canela, aterciopelado, por lo general central, corto, a veces se deforma; carne pardusca, suberosa; espp. pardo amarilla, inamiloide; esp. elipsoidales, lisas, 6-8(9) x 4-5 µ. **Hábitat**: VII-XI; en bosques de coníferas y planifolios, en pinares de suelo arenoso; frecuente; saprotrófico. **Nota**: En el pasado esta bella especie se secaba y se usaba como decoración. **Confusiones**: *Omnia tomentosa* (ctro.).

Género **Omnia**
Fam. Hymenochaetaceae

C. fr. de pie corto; sombreros tomentosos, con lóbulos irregulares, no zonados, con tubos en la parte inferior; carne pardo herrumbrosa, tenaz, suberosa; espp. amarillento ferruginoso, inamiloide; esp. elipsoidales, lisas, sin p. g.; himenio con paredes típicamente gruesas, sétulas marrones; saprotróficos y parásitos, sobre madera o raíces; causan pudrición blanca.

Omnia tomentosa

Omnia tomentosa (Fr.) P. Karst.

Caracteres: Sombrero de 3-10 cm de ancho, de pardo herrumbroso a canela, superficie toscamente tomentosa; tubos primero grises, más tarde pardo canela claros, poros relativamente finos (2-4 por mm); pie pardo herrumbroso, tomentoso, a menudo corto; esp. 4-6,5 x 3-4 µ; sétulas rectas, atenuadas. **Hábitat**: I-XII; en bosques de coníferas, en especial sobre las raíces de píceas y pinos; raro; parásito. **Confusiones**: *Omnia triquetra* (abajo), con el sombrero claramente zonado: *Coltricia perennis* (arriba).

Omnia triquetra

Omnia triquetra (Fr.) Imazeki in Ito

Caracteres: Sombrero de 3-6 cm de ancho, de rojo oscuro a pardo herrumbroso, con el margen externo blanquecino, superficie toscamente tomentosa; tubos con tonos gris blanquecinos, al madurar marrones, toscos poros (de hasta 1 mm de ancho); pie pardo herrumbroso o pardo rojo, tomentoso, corto; esp. 5-7 x 3,5-4,5 µ; sétulas con los ápices curvados (fig. 104). **Hábitat**: VIII-XI; sobre tocones de pinos; raro; saprotrófico. **Nota**: La gruesa carne de los carpóforos tiene aspecto triangular al seccionarla. Parecen copias de *Phaeolus spadiceus* (p. 506) viejos en pequeño. **Confusiones**: *Omnia tomentosa* (ctro.).

Lengua de buey, Hígado de buey

Fistulina hepatica (Schaeff.): Fr. (Fam. Fistulinaceae)
c. Fetge de vaca, *e.* Indi-min, *g.* Lingua de boi, *in.* Beefsteak fungus

Caracteres: Sombrero de 8-20 cm de ancho, de lingüiforme a flabeliforme, estrechado, cara superior de rosa cárneo a pardusca, papilada y áspera, de joven como cubierta de gotitas rojas; cara inferior de blanquecina a amarillenta crema, provista de tubos muy delgados, perpendiculares; carne rojiza rosada, con vetas más claras, consistencia blanda elástica, jugosa, sabor y olor algo ácidos; espp. pardusco claro, inamiloide; esp. redondeadas, en forma de gota, lisas, 4,5-5,5 x 3,5-4 µ, sin p. g. **Hábitat**: VIII-X; al pie de troncos de planifolios vivos y tocones, sobre todo de castaños y robles; no frecuente; parásito; causa pudrición roja (caries roja). **Confusiones**: Se reconoce por la singular construcción de la cara inferior (con pequeños tubos libres).
Comestible de joven, pero hervir para eliminar el ácido tánico.

Políporo azufrado

Laetiporus sulphureus (Bull.: Fr.) Murrill (Fam. Laetiporaceae)
c. Gírgola groga, *e.* Ardagai hori, *in.* Sulphury olyporus

Caracteres: Sombrero de 10-40 cm de ancho, primero lingüiforme o tuberiforme, más tarde flabeliforme, crece de forma horizontal sobre el sustrato, a menudo varios sombreros juntos, cara superior de amarillo yema a naranja, con el margen amarillo claro; tubos amarillo limón, con poros finos; carne amarillenta o naranja, primero blanda y jugosa, al envejecer frágil, como queso, y blanquecina; espp. blanca, inamiloide; esp. ampliamente elipsoidales, lisas, 5-7 x 3,5-5 µ, sin p. g. **Hábitat**: V-VI(VIII-IX); generalmente sobre troncos de planifolios vivos, más raro sobre madera de conífera; frecuente; parásito; causa pudrición parda.
Comestible de joven; hervir un poco, rebozar y freír.

Phaeolus spadiceus

Phaeolus spadiceus (Pers.: Fr.) Rauschert
Sin.: *P. schweinitzii* (Fam. Coriolaceae)

Caracteres: Sombrero de 10-30 cm de ancho, primero color leonado, herrumbroso o amarillo oliváceo, más tarde se vuelve progresivamente pardo herrumbroso, superficie hirsuto-tomentosa; tubos de amarillo oliváceo a verdosos, poros redondeados, alargados o laberínticos, relativamente finos (1-2 por mm); pie central o ausente dependiendo del sustrato; carne pardo herrumbrosa, primero blanda y jugosa, al envejecer casi suberosa; espp. amarillenta, inamiloide; esp. elipsoidales, lisas, 6-8 x 3,5-4,5 µ, sin p. g. **Hábitat**: VII-IX; cerca de pinos o píceas, en la zona de las raíces o sobre tocones, menos veces directamente sobre la madera; frecuente; parásito y saprotrófico; causa pudrición parda. **Nota**: Los sombreros jóvenes exudan gotas de color ámbar. Secos son extremadamente ligeros. **Confusiones**: *Omnia triquetra* (p. 504).

Meripilius giganteus

Meripilius giganteus (Pers.: Fr.) P. Karst. (Fam. Scutigeraceae)

Caracteres: Sombrero de 10-40 cm de ancho, compuesto por varios sombreros planos y flabeliformes, a menudo dispuestos en roseta, mide hasta 1 m de anchura total, cara superior beige o de amarillo a marrón oscuro, con los márgenes amarillos; cara inferior con estrato tubular fino, de blanquecino a amarillento crema, poros muy finos, ennegrecen al envejecer o presionarlos; carne blanquecina, al principio jugosa, más tarde elástica tenaz; espp. blanca, inamiloide; esp. redondeado-elipsoidales, lisas, 4,5-6 x 4,5-5,5 µ, sin p. g; hifas sin fíbulas. **Hábitat**: VII-X; en la zona de las raíces de planifolios vivos, también tocones; frecuente; parásito; causa pudrición blanca. **Nota**: Este hongo obstruye la circulación de savia en árboles grandes, que pronto mueren. **Confusiones**: *Grifota frondosa* (ctro.), *Bondarzewia mesenterica* (abajo).
Comestible cuando es joven; luego la carne se vuelve tenaz e incomestible.

Grifola frondosa

RL 3

Grifola frondosa (Dicks.: Fr.) Gray (Fam. Scutigeraceae)

Caracteres: Sombrero de 3-10 cm de ancho, varios sombreros dispuestos en roseta o fascículo, llega a medir hasta 30-50 cm de anchura total, cara superior parda gris, con algunas fibras radiales o arrugada, incluso granulosa; tubos blanquecinos, con poros redondos que no ennegrecen al presionarlos (V. *Meripilus giganteus*); carne blanca, elástica; espp. blanca, inamiloide; esp. elipsoidales, lisas, 5-7 x 3,5-5 µ, sin p.g; hifas fibulíferas. **Hábitat**: VIII-X; en la zona de las raíces de robles o castaños, más raro sobre tocones; relativamente raro; parásito; causa pudrición blanca. **Nota**: Este hongo puede formar un pseudoesclerocio sobre el suelo. Los elásticos sombreros pedunculados chocan unos con otros al agitarse. **Confusiones**: *Meripilus giganteus* (arriba), con sombreros ahorquillados: *Polyporus umbellatus*.
Comestible cuando es joven, al envejecer se vuelve tenaz.

Bondarzewia mesenterica

RL 2

Bondarzewia mesenterica (Schaeff.) Kreisel
Sin.: *B. montana* (Fam. Bondarzewiaceae)

Caracteres: Sombrero de 10-30 cm de ancho, formado por varios sombreros flabeliformes que brotan de una misma base, cara superior de beige a ocre o pardusca clara, levemente zonada; tubos blanquecinos, decurrentes, poros redondeados angulares, algo más anchos que en *Meripilus giganteus* (1-3 por mm); carne blanquecina, tenaz elástica; espp. blanca, amiloide; esp. redondeadas, con la superficie rugosa, 5-6,5 µ, sin p. g. (fig. 105); hifas sin fíbulas. **Hábitat**: VIII-X; al pie de abetos vivos, con menos frecuencia píceas; en piso montano relativamente raro, en basal inexistente; parásito; causa pudrición blanca. **Confusiones**: *Meripilus giganteus* (arriba).

Yesquero del abedul

Pitoporus betulinus (Bull.: Fr.) P. Karst. (Fam. Polyporaceae)
c. Bolet d'esca de bedoll, *e.* Urki-ardagai, *g.* Carrocha dos bidueiros, *in.* Birch polypore

Caracteres: Sombrero de 10-30 cm de ancho, estrechados en la zona de contacto con el sustrato, cara superior de gris blanquecina a pardusca, glabra y sin brillo; tubos blancos, con poros redondeados y finos; carne blanca, compacta al corte, no fibrosa, tenaz; espp. blanca, inamiloide; esp. cilíndrico curvadas, lisas, 4,5-6 x 1,5 µ, sin p. g. **Hábitat**: VIII-X empieza a aparecer pero se encuentra todo el año; sobre ramas vivas o debilitadas de abedul; frecuente; parásito; causa pudrición parda. **Nota**: Ejemplares jóvenes irrumpen en el tronco del abedul como bulbos blanquecinos y más tarde forman un estrato tubular. Los tubos de ejemplares maduros se separan de la carne con facilidad. **Confusiones**: *Buglossoporus pulvinus* (ctro.).

Buglossoporus pulvinus

Buglossoporus pulvinus (Pers.) Donk
Sin.: *Piptoporus quercinus* (Fam. Polyporaceae)

Caracteres: Sombrero de 10-30 cm de ancho, cara superior primero blanca, más tarde amarillenta hasta pardusca, con manchas más oscuras, mate; tubos de blanquecino a crema, con poros redondeados, finos; carne blanquecina, al presionarla primero rojiza, después pardusca, compacta, tenaz; sabor amargo cuando está maduro; espp. blanca, inamiloide; esp. oblongo-elipsoidales, lisas, 6-9 x 2,5-3,5 µ, sin p. g. **Hábitat**: VIII-X; sobre ramas debilitadas de robles viejos; muy raro; parásito; causa pudrición parda. **Confusiones**: *Piptoporus betulinus* (arriba).

Género **Gloeophyllum**

Fam. Coriolaceae

Sombreros por lo general pequeños, de aplanados a flabeliformes, de carne delgada, raramente compactos, casi sin sombrero; estrato tubular a menudo laberíntico, hasta laminar; carne de herrumbrosa a color canela, tenaz o casi suberosa; espp. blanca, inamiloide; esp. oblongo-elipsoidales, lisas, sin p. g.; saprotróficos lignícolas; causan pudrición parda.

Gloeophyllum odoratum

Gloeophyllum odoratum (Wulfen: Fr.) Imazeki
Sin.: *Osmoporus odoratus*

Caracteres: Sombrero de 5-20 cm de ancho, de flabeliforme a verrucoso, cara superior casi gris negruzca en zonas viejas, con los bordes más claros, naranja o pardo canela, finamente aterciopelado, margen por lo general hinchado; tubos de herrumbroso a pardo canela, con poros redondeados, finos; olor a hinojo; esp. 6-8(11) x 3-4,5 µ. **Hábitat**: I-XII; sobre tocones de pícea, menos en pino; a partir de piso montano frecuente. **Nota**: Se reconoce por su olor a hinojos. V. *Trametes suaveolens* (p. 528).

Yesquero de las cercas

Gloeophyllum sepiarium (Wulfen: Fr.) P. Karst.

e. Esola-ardagai, *in.* Conifer mazegill

Caracteres: Sombrero de 3-10 cm de ancho, aplanado flabeliforme, a veces soldados en filas largas, carne relativamente delgada, cara superior pardo herrumbroso oscuro, con zonas hirsuto-tomentosas, margen exterior amarillento; cara inferior fresca de gris blanquecina a color madera pálida, al presionarla pardea, con los tubos muy variables, de alargados a laberínticos, a veces incluso casi laminares; esp. 7-10 x 2,5-3 μ. **Hábitat**: I-XII; sobre madera de conífera muerta, en especial de pícea o pino; muy frecuente. **Nota**: También puede aparecer en construcciones de madera dañadas, ya que es bastante insensible a las sustancias que protegen la madera. **Confusiones**: *Gloeophyllum abietinum* (ctro.), *G. trabeum* (abajo).

Gloeophyllum abietinum

Gloeophyllum abietinum (Bull: Fr.) P. Karst.

Caracteres: Sombrero (en caso de tener) de 1-3 cm de ancho, de tonos bastante uniformes pardo rojizos, superficie de mate a finamente tomentosa, márgenes algo más claros, pero de colorido poco llamativo; tubos laminares, toscos (más grandes que en el *G. sepiarium*), de color madera pálida; esp. 8-13 x 3-4,5 μ; con las paredes gruesas, cistidios incrustados por cristales (fig. 106). **Hábitat**: I-XII; sobre madera de conífera descortezada, en especial de pícea o abeto; relativamente frecuente. **Nota**: En esta especie a menudo se forman sombreros pequeños. Los carpóforos se limitan, pues, a los himenóforos laminares que se forman en la cara inferior. Éstos aparecen en largas hileras sobre hendiduras de ramas o vigas y se hinchan. **Confusiones**: Sin cistidios incrustados: *Gloeophyllum sepiarium* (arriba), *G. trabeum* (abajo).

Gloeophyllum trabeum

Gloeophyllum trabeum (Pers.: Fr.) Murrill

Caracteres: Sombrero de 1-10 cm de ancho, pero zona de inserción de 1-2 cm de ancho, a menudo soldados en hilera, cara superior pardusco pálida, aterciopelada-tomentosa, apenas o sólo sutilmente zonada, con los márgenes del mismo color o blanquecinos; en la cara inferior tubos gris pardusco claros, alargados, de laberínticos a laminiformes, pero más finos que en otras especies del género, con paredes delgadas; esp. 7,5-11 x 3-4 μ. **Hábitat**: I-XII; sobre ramas y tabiques de conífera o planifolio; relativamente raro. **Nota**: Esta especie prefiere claramente zonas cálidas, es habitual en el sur de Europa, donde crece sobre madera de algarrobo. **Confusiones**: *Gloeophyllum sepiarium* (arriba), *G. abietinum* (ctro.).

Hapalopilus rutilans

Hapalopilus rutilans (Pers.: Fr.) P. Karst.
Sin.: *H. nidulans* (Fam. Coriolaceae)

Caracteres: Sombrero de 3-8 cm de ancho, de color arcilla a pardo canela uniforme, o anaranjado, flabeliforme, con la zona de inserción relativamente ancha y los márgenes afilados, superficie no zonada, mate y escabrosa; tubos del mismo color que el sombrero, poros redondeados, relativamente finos (2-4 por mm); carne color canela, casi blanquecina, al aplicar solución de potasa se tiñe de violeta; espp. blanca, inamiloide; esp. elipsoidales, lisas, 3,5-5,5 x 2,5-3 μ, sin p. g. **Hábitat**: VII-XI; sobre madera de diversos tipos muerta, raramente sobre coníferas; frecuente; parásito, pero mayoritariamente saprotrófico; causa pudrición blanca. **Confusiones**: *Aurantioporus croceus* (ctro.).

Tóxico; el ácido polipórico perjudica el hígado y los riñones.

Género **Aurantioporus**
Fam. Coriolaceae

Sombreros flabeliformes, de carne relativamente gruesa, al principio jugosos; tubos relativamente largos, algo decurrentes por el sustrato, de poros redondos; espp. blanca, inamiloide; esp. elipsoidales, lisas, sin p. g.; parásitos y saprotróficos; causan pudrición blanca (V. *Spongiporus*, p. 516).

Aurantioporus croceus RL 1

Aurantioporus croceus (Pers.: Fr.) Kotl & Pouzar
Sin.: *Hapalopilus croceus*

Caracteres: Sombrero de 5-15 cm de ancho, de color azafrán vivo a naranja, superficie finamente aterciopelada; tubos del color del sombrero, a menudo manchados por la esporada blanca, poros bastante finos (2-3 por mm); carne color azafrán, al aplicar KOH se tiñe de rojizo carmín; esp. 4-5,5 x 2,5-3,5 μ. **Hábitat**: VII-IX; en bosques de planifolios, sobre robles debilitados, viejos; muy raro. **Nota**: Los ejemplares viejos ennegrecen y a menudo se les puede ver al año siguiente sobre la misma rama. **Confusiones**: *Hapalopilus rutilans* (arriba), *Pycnoporus cinnabarius* (p. 528).

Aurantioporus fissilis RL 3

Aurantioporus fissilis (Berk. & M. A Curtis) H. Jahn

Caracteres: Sombrero de 4-15 cm de ancho, primero blanquecino, más tarde amarillento o rosa crema, finalmente gris pardusco sucio, superficie finamente piloso-tomentosa; tubos del color del sombrero, frescos son sensibles al roce, se tiñen de rosado, poros relativamente finos (2-3 por mm); carne blanca, al envejecer se ensucia como todo el cuerpo fructífero, al secarse se vuelve bastante duro, con brillo grasoso; esp. 4-5,5 x 2,5-4 μ. **Hábitat**: VII-X; sobre diversos tipos de planifolios vivos, en especial manzanos o abedules; relativamente raro. **Confusiones**: *Spongipellis spumeus* (p. 520), *Climacocystis borealis* (p. 516), *Leptoporus mollis*.

Climacocystis borealis

Climacocystis borealis (Fr.) Kotl. & Pouzar (Fam. Coriolaceae)

Caracteres: Sombrero de 4-10(15) cm de ancho, de blanco a crema, más tarde amarillento, crecen en grupos, superficie blanda tomentosa; tubos blancos o amarillentos, poros a menudo alargados-laberínticos (1-2 por mm); carne blanquecina, distribuida en dos estratos (estructura dúplex), con el estrato superior más ligero y consistencia blanda-esponjosa; espp. blanca, inamiloide; esp. elipsoidales, lisas, 4,5-6,5 x 3-4,5 µ; cistidios de paredes gruesas, con pocos cristales. **Hábitat**: VII-X; sobre madera de conífera muerta, sobre todo de píceas y abetos; frecuente en montañas; causa pudrición parda. **Confusiones**: V. diversas especies de *Spongiporus*.

Género **Spongiporus (Postia)**
Fam. Coriolaceae

Sombreros de flabeliformes a pulviniformes, con consistencia blanda-jugosa; tubos de poros finos (por lo general de 2-5 por mm), algo decurrentes por el sustrato; espp. generalmente blanca, inamiloide; esp. cilíndrico-curvadas, lisas, sin p. g.; saprotróficos lignícolas; causan pudrición parda (V. *Aurantioporus*, p. 514).

Spongiporus caesius

Spongiporus caesius (Schrad.: Fr.) A. David

Caracteres: Sombrero de 1-5 cm de ancho, con fibras azules sobre fondo blanco o totalmente azulado o gris azulado, de flabeliforme a pulviniforme, superficie a menudo piloso-estrigosa; tubos blanquecinos, al presionarlos azulean; carne blanca o azulada blanquecina; espp. a menudo con brillo azulado, levemente amiloide; esp. 4-5,5 x 1,5-2 µ, con 2 pequeñas gútulas lipídicas. **Hábitat**: VI-XII; sobre madera de conífera muerta, píceas pero también abetos y pinos, raramente planifolios; frecuente. **Confusiones**: Sobre madera de planifolio, con las esporas más pequeñas: *Spongiporus subcaesius*.

Spongiporus stypticus

Spongiporus stypticus (Pers.: Fr.) A. David

Caracteres: Sombrero de 3-8 cm de ancho, blanquecino, al madurar amarillento, en forma de gruesas consolas, en parte soldados y formando largas filas, superficie finamente tomentosa; tubos blancos; sabor astringente y amargo; esp. 3,5-4,5 x 1,5-2 µ. **Hábitat**: VIII-X; sobre madera de conífera muerta, raramente de planifolios, en especial pinos o píceas; frecuente. **Nota**: En condiciones húmedas, los ejemplares jóvenes exudan gotitas de látex muy amargas (V. foto). **Confusiones**: *Spongiporus tephroleucus* (p. 518), de sabor sólo amargoso: *S. lacteus*.

Spongiporus tephroleucus

Spongiporus tephroleucus (Fr.) A. David
Sin.: *S. lacteus* var. *tephroleucus*

Caracteres: Sombrero de 3-10(15) cm de ancho, gris blanquecino o grisáceo, al secarse amarillea levemente, en forma de consolas o aplanados, superficie a menudo relativamente lisa y glabra, pero también escabrosa y desigual; tubos blanquecinos, inmutables al presionarlos; carne blanca; sabor suave; esp. 4-5(6) x 1-1,5 µ. **Hábitat**: VIII-XI; sobre madera de planifolio muerta, en especial de hayas y abedules; relativamente frecuente. **Nota**: Los ejemplares pequeños, totalmente blancos y con leve sabor amargoso se denominan *Spongiporus lacteus*, pero la frontera entre estas dos especies no está definitivamente trazada. **Confusiones**: Sobre madera de coníferas, con sabor muy amargo: *Spongiporus stypticus* (p. 516), sobre planifolios, de sabor suave, que causa pudrición blanca: *Tyromyces chioneus*.

Spongiporus fragilis

Spongiporus fragilis (Fr.) A. David

Caracteres: Sombrero de 1-4 cm de ancho, joven totalmente blanco, al roce inmediatamente color azafrán o con manchas pardo amarillentas, más tarde se vuelven pardo rojas, al madurar generalmente pardusco, a menudo varios sombreros soldados, superficie tomentosa; tubos blancos, con manchas; carne blanca, al principio muy blanda y jugosa, pardea; esp. 4-5,5 x 1,5-2 µ. **Hábitat**: VIII-XI; sobre madera muerta de pinos y píceas, en especial ramas y tocones; muy raro. **Nota**: Se reconoce fácilmente por su colorido intenso. A pesar de su consistencia blanda, la carne es bastante tenaz. **Confusiones**: Con carne quebradiza y colores ligeros: *Spongiporus leucomallellus* (abajo).

Spongiporus leucomallellus

Spongiporus leucomallellus (Murrill) A. David
Sin.: *Tyromyces gleocystidiatus*

Caracteres: Sombrero de 1-3(5) cm de ancho, pero poco levantado del sustrato, a menudo con los márgenes delgados, joven blanquecino, más tarde paulatinamente amarillento, hasta pardusco, eventualmente zonado, superficie fibroso-tomentosa; tubos blanquecinos, al presionarlos adquieren lentamente manchas pardusco anaranjadas; carne blanca, bastante quebradiza, se puede desmigajar con los dedos; sabor primero suave, pero con regusto amargoso; esp. 4-5,5 x 1-1,5 µ; con gleocistidios (cistidios de paredes delgadas con contenido oleoso que se tiñen al aplicar sulfovainilla, fig. 107). **Hábitat**: VIII-XI; sobre madera muerta de coníferas, en especial pinos o píceas; disperso. **Confusiones**: Pronto con manchas, sin gleocistidios: *Spongiporus fragilis* (ctro.).

Diplomitoporus flavescens RL 3

Diplomitoporus flavescens (Bres) Dománski
Sin.: *Antrodia flavescens* (Fam. Coriolaceae)

Caracteres: Sombrero de 2-5 cm de ancho, de blanquecino a crema, al final amarillento, con la zona de inserción ancha, a menudo incluso decurrente, cara superior finamente aterciopelada, no zonada, con el margen hinchado, más tarde afilado; tubos del color de la cara superior, poros de redondeados a angulosos, visibles a simple vista (1-3 por mm); carne blanca, de consistencia relativamente firme; espp. blanca, inamiloide; esp. corto-elipsoidales, algo curvadas, 6-8 x 2,5-3 µ. **Hábitat**: VIII-XI; sobre madera muerta de coníferas, en especial pinos, pero también píceas, alerces y abetos; raro, pero al parecer en aumento en algunas zonas (por ejemplo en Brandemburgo); saprotrófico y parásito; causa pudrición blanca. **Confusiones**: *Antrodia serialis* (p. 530), sobre planifolios: *A. hoehnelii* (p. 530).

Género **Spongipellis**
Fam. Coriolaceae

Sombreros claramente en forma de consola o poco formados; carne compuesta por dos estructuras tubulares diferentes (dúplex), estructura superior esponjosa e inferior compuesta por fibras radiales, tenaz; la cara inferior presenta tubos normales o anchas espinas; espp. blanca, inamiloide; esp. de redondeadas a elipsoidales, lisas, sin p. g.; parásitos; causan pudrición blanca.

Spongipellis spumeus RL 3

Spongipellis spumeus (Sowerby: Fr.) Pat.

Caracteres: Sombrero de 5-20 cm de ancho, de blanco a crema, más tarde amarillento gris, de carne gruesa, cara superior tomentoso-estrigosa; tubos blancos, más tarde de color crema a ocre amarillento, bastante largos, con poros finos y redondos (2-4 por mm); carne blanca, al principio bastante jugosa; esp. elipsoidales, 6-8 x 4,5-5,5 µ. **Hábitat**: VII-IX; sobre planifolios debilitados, en especial maderas blandas (olmos, álamos temblones, castaños); raro. **Confusiones**: *Aurantioporus fissilis* (p. 514).

Spongipellis pachyodon RL 3

Spongipellis pachyodon (Pers.) Kotl. & Pouzar

Caracteres: Sombrero de 2-5 cm de ancho, blanquecino, de forma compacta, cara superior finamente tomentosa; cara inferior blanquecina, compuesta por gruesas espinas dentelladas, a menudo decurrentes sobre el sustrato, varios sombreros crecen juntos; carne blanca, con consistencia bastante firme; esp. redondas, 5-6,5 µ. **Hábitat**: IX-XI; sobre madera de planifolios viva o muerta, en especial de haya, roble o arces; raro.

Género **Ischnoderma**
Fam. Coriolaceae

Sombreros en forma de consola aplanada, oscuros, a menudo con manchas oscuras por encima o como cubiertos por una costra resinosa; espp. blanca, inamiloide; esp. cilíndrico-curvadas, lisas, sin p. g.; saprotróficos lignícolas; causan pudrición blanca.

Ichsoderma benzoinum

Ichsoderma benzoinum (Wahlenb.) P. Karst.

Caracteres: Sombrero de 5-20 cm de ancho, pardo rojo oscuro con bandas radiales pardo negras, márgenes de crecimiento más claros, amarillos ferruginoso, superficie aterciopelado-tomentosa, en las regiones negruzcas tiene aspecto de alquitranado, con arrugas radiales; tubos blanquecino-ocráceos, de poros finos (4-6 por mm); carne joven blanquecina, más tarde pardusca corcho, elástico-tenaz; esp. 5-6 x 2-2,5 µ. **Hábitat**: VIII-X; sobre tocones y ramas muertas de conífera, en especial de pícea; relativamente raro. **Confusiones**: *Ichsoderma resinosum* (ctro.).

Ichsoderma resinosum RL 3

Ichsoderma resinosum (Schrad.: Fr.) P. Karst.

Caracteres: Sombrero de 3-15 cm de ancho, rojizo amarronado, finalmente pardo negro, con los márgenes de crecimiento blanquecinos, superficie mate, no zonada por lo general, pero a menudo con arrugas radiales, exuda gotitas rojas, que al secarse parecen alquitrán; tubos blanquecino, al presionarlos pardean, decurrentes sobre el sustrato, poros finos (4-6 por mm); carne primero blanca, más tarde color madera pálida (más clara que en *Ichsoderma benzoinum*), elástico-tenaz; esp. 5,5-8 x 1,5-2 µ. **Hábitat**: VIII-X; sobre madera muerta de planifolios, en especial de hayas; muy raro (localmente frecuente en los Países Bajos). **Confusiones**: *Ichsoderma benzoinum* (arriba).

Heterobasidion annosum

Heterobasidion annosum (Fr.) Bref. (Fam. Coriolaceae)

Caracteres: Sombrero de 5-10 cm de ancho, pardo marrón, en la zona interior también pardo negro, con los márgenes de crecimiento blancos, superficie mate, formando una fina costra, a menudo desigualmente gibosa; tubos blanquecino crema, estratificados en ejemplares viejos, poros relativamente finos (2-4 por mm); carne blanquecina, tenaz-suberosa; espp. blanca, inamiloide; esp. elipso-redondeada, finamente punteada, 5-6 x 4-4,5 µ. **Hábitat**: I-XII; sobre madera de conífera viva o muerta, más raramente de planifolio, p. ej. píceas, pinos, serbales, en la región de las raíces y sobre tocones; frecuente; parásito y saprotrófico; causa pudrición (caries) roja. **Nota**: Esta especie puede durar varios años, pero por lo general se halla con un solo estrato tubular.

Género **Trametes**
Fam. Coriolaceae

Sombreros en forma de consola aplanada o de roseta, siempre de carne clara; tubos de profundidad diversa, hundidos en la carne; espp. blanca, inamiloide; esp. cilíndricas, a menudo algo curvadas, lisas, sin p. g.; saprotróficos lignícolas o parásitos; causan pudrición blanca.

Yesquero multicolor

Trametes versicolor (L.: Fr.) Pilát

c. Bolet de soca versicolor, *e.* Larruki koroleanitz, *g.* Alborelle de crores, *in.* Common zoned polyporus

Caracteres: Sombrero de 2-6(8) cm de ancho, de carne delgada, cara superior marrón claro u oscuro, de olivácea a pardo negra, siempre visiblemente zonada, finamente tomentosa, parcialmente con brillo sedoso, márgenes de crecimiento reciente blancos; estrato tubular fino, blanco, con poros redondeado-angulares, finos (3-5 por mm); carne delgada incluso en las zonas de inserción (V. *Trametes multicolor*); esp. 5-7 x 1,5-2,5 µ. **Hábitat**: I-XII; sobre madera muerta de planifolio, más raramente de conífera; muy frecuente. **Nota**: Esta habitual especie de políporo es usada con fines decorativos (en la técnica Ikebana, p. ej.). **Confusiones**: *Trametes multicolor* (ctro.), *T. pubescens* (p. 526).

Trametes multicolor

Trametes multicolor (Schaeff.) Jülich Sin.: *T. zonata, T. zonatella*

Caracteres: Sombrero de 3-10 cm de ancho, con diversas zonas marrones, pero sin brillo entre las zonas, superficie finamente aterciopelado-tomentosa; tubos de blanquecinos a ocre claro, poros redondeados (3-4 por mm); la carne se vuelve más gruesa del exterior hacia el interior, zonas de inserción a menudo ventricosas (V. *Trametes versicolor*); esp. 5-7 x 2,5-3 µ. **Hábitat**: I-XII; sobre madera muerta de planifolio, en especial abedules y hayas; relativamente frecuente. **Confusiones**: *Trametes versicolor* (arriba).

Trametes cervina

RL R

Trametes cervina (Schwein.) Bres.

Caracteres: Sombrero de 1-3 cm de ancho, delgado y aplanado, a menudo soldados en hilera y unos sobre otros a modo de teja, cara superior de color crema a pardusco claro, más tarde oscurece, velloso-aterciopelada, a penas zonada; tubos de blanquecino sucio a pardusco claro, decurrentes sobre el sustrato, poros bastante toscos, 1-1,5 mm de ancho, algo angulosos o incluso laberínticos, con los márgenes irregulares; carne blanquecina o del color del sombrero, delgada; esp. 5-6,5 x 1,5-2,5 µ. **Hábitat**: VIII-XI; en especial sobre planifolios, como hayas, en lugares cálidos; muy raro. **Nota**: En el centro de Europa esta especie apenas es conocida. El ejemplar de la fotografía fue encontrado en Austria.

Yesquero blanco

Trametes gibbosa (Pers.: Fr.) Fr.

c. Bolet de soca blanc, *e.* Ardagai konkordun, *g.* Alborelle, *in.* Gibbous trametes

Caracteres: Sombrero de 5-15(20) cm de ancho, de color crema a gris amarillento, a menudo teñido de verde por la acción de algas, superficie finamente aterciopelada, zonada o no, en forma de consola o aplanado, generalmente engrosado en la zona de inserción (como el nombre científico indica); tubos blanquecinos, con poros alargados radialmente, de 0,5-1 mm de ancho; carne blanca, paulatinamente más gruesa hacia dentro, de hasta 3 mm en las protuberancias; esp. 4-5 x 2-2,5 µ. **Hábitat**: I-XII, crece durante VIII-X; sobre madera muerta de planifolio, en especial de haya; muy frecuente. **Nota**: Esta especie es muy variable y puede crecer aislada o en grandes grupos. Se reconoce por los poros alargados. **Confusiones**: Con poros redondos y carne más fina: *Trametes hirsuta* (ctro.), con poros laminados: *Lenzites betulinus* (p. 532).

Trametes hirsuta

Trametes hirsuta (Wulfen: Fr.) Pilát

Caracteres: Sombrero de 3-8(15) cm de ancho, blanco puro, gris o crema blanquecino, también con la zona de crecimiento pardusca, en las partes más viejas teñido de verde por las algas, bastante aplanado, a menudo varios sombreros apilados a modo de teja, superficie zonada en ondas, estrigosa por los pelos que presenta; tubos blanquecino crema o con un reflejo gris, bastante cortos, con poros bastante toscos, redondos (de aprox. 0,5 mm de ancho); carne blanquecina, uniformemente delgada del margen a la zona de inserción; esp. 5,5-7,5 x 2-2,5 µ. **Hábitat**: I-XII; sobre madera de planifolio muerta, tocones, ramas y raíces, en especial sobre hayas, robles, abedules o serbales; muy común. **Nota**: La superficie hirsuta de ejemplares en crecimiento tiene un tacto similar a la felpa. **Confusiones**: ejemplares delgados de *Trametes gibbosa* (arriba), *Corioiopsis trogii* (p. 532), *T. pubescens* (abajo).

Trametes pubescens

Trametes pubescens (Schumach: Fr.) Pilát

Caracteres: Sombrero de 3-10 cm de ancho, primero blanco puro, después de crema a ocre gris claro, amarillo al secarse, aplanado y delgado, con los márgenes externos afilados, crece en grandes grupos a modo de teja, superficie finamente aterciopelada, mate, visiblemente zonada; tubos de blanco a crema, cortos, con poros bastante finos (3-4 por mm), redondeado-angulosos; carne blanca, al secarse relativamente ligera y quebradiza; esp. 5-7 x 1,5-2,5 µ. **Hábitat**: VII-X; sobre madera de planifolio muerta, en especial en piso alpino; distribuido localmente, relativamente raro. **Confusiones**: Con la superficie estrigosa: *Trametes hirsuta* (ctro.).

Trametes suaveolens

Trametes suaveolens Fr.

Caracteres: Sombrero de 5-15 cm de ancho, blanco puro o con tonos gris claro, al envejecer amarillea un poco, en forma de gruesas consolas, con la cara superior por lo general abombada, finamente aterciopelado-tomentosa, más tarde también glabra, en carpóforos maduros los márgenes son típicamente afilados; tubos jóvenes blancos, más tarde con tonos grises, de 10-15 mm de largo, con poros redondos, relativamente toscos (1-2 por mm); carne blanca, por lo general de varios cm de anchura; olor agradable a anís; esp. 7-11 x 3-3,5 µ. **Hábitat**: I-XII; sobre planifolios débiles o muertos, sobre todo sauces, con menos frecuencia álamos temblones; disperso. **Nota**: El mismo olor presentan *Haploporus suaveolens*, que crece en Escandinavia, y *Gloeophyllum odoratum* (p. 510).

Yesquero bermellón

Pycnoporus cinnabarinus (Jacq.: Fr.) P. Karst. (Fam. Coriolaceae)
c. Bolet de soca cinabri, *e.* Ardagai gorri, *in.* White-rot fungus

Caracteres: Sombrero de 3-10 cm de ancho, rojo cinabrio vivo, más naranja en las zonas de crecimiento reciente, planos, en forma de consola, superficie aterciopelado-tomentosa; tubos rojo cinabrio como el sombrero, poros de oblongo-redondeados a ligeramente alargados (2-3 por mm); carne rojo cinabrio, de consistencia elástico-tenaz, casi suberosa; espp. blanca, inamiloide; esp. cilíndricas, lisas, 4-6 x 2-2,5 µ, sin p. g. **Hábitat**: I-XII, el período de crecimiento es de verano a otoño; sobre madera muerta de planifolio, a la cual tiñe de rojo; frecuente; saprotrófico lignícola; causa pudrición blanca. **Nota**: En Europa es la única especie de su género. De algunas de las especies del género que crecen en climas tropicales, se producen tintes rojos. *Pycnoporus sanguineus* se usa para hacer centros florales. **Confusiones**: *Aurantioporus croceus* (p. 514), *Pycnoporellus fulgens* (abajo).

Pycnoporellus fulgens RL 2

Pycnoporellus fulgens (Fr.) Donk (Fam. Coriolaceae)

Caracteres: Sombrero de 3-12 cm de ancho, joven rojo anaranjado vivo, se vuelve más oscuro, herrumbroso, planos, en forma de consola, superficie tomentosa, zonada en ondas; tubos naranja, más tarde del color del sombrero, poros de anguloso-redondeados a laberínticos (1-3 por mm), al envejecer también denticulados; carne rojo anaranjada, rojo intenso al aplicar KOH; espp. blanca, inamiloide; esp. elipsoidales, lisas, 5-6 x 2,5-3(4) µ, sin p. g. **Hábitat**: VII-X; sobre madera muerta de conífera, con menos frecuencia de planifolio; muy raro; saprotrófico lignícola; causa pudrición parda. **Nota**: Los ejemplares de la fotografía fueron hallados en diciembre en la isla de Mallorca sobre un pino carrasco. En Escandinavia la especie crece también sobre abedules y álamos temblones. **Confusiones**: *Pycnoporellus cinnabarinus* (arriba).

Antrodia serialis

Antrodia serialis (Fr.) Donk (Fam. Coriolaceae)

Caracteres: Sombrero de 1-3 cm de ancho, delgado, a menudo varios s. crecen en hilera o a modo de teja, superficie finamente tomentosa, primero blanca, después amarillo pardusca, finalmente marrón oscuro, márgenes de crecimiento blanquecino-amarillentos; tubos blanquecinos, más tarde ocre amarillentos, decurrentes por el sustrato hasta llegar a otros sombreros, poros de redondeado a alargados (2-4 por mm); carne de blanquecina a pardusca, elástico-tenaz; espp. blanca, inamiloide; esp. elipsoidales, lisas, 6-10 x 3-4 µ, sin p. g. **Hábitat**: I-XII; sobre madera muerta de conífera, a menudo en los costados de ramas caídas o en madera de construcciones, por lo general de píceas; relativamente frecuente; saprotrófico lignícola; causa pudrición parda. **Nota**: Mientras que la mayoría de especies del género forman carpóforos anuales, los de ésta pueden durar varios años. **Confusiones**: *Heterobasidion annosum* (p. 522).

Género **Antrodiella**

Fam. Coriolaceae

Sombreros pequeños, en forma de consola; algunas especies sin sombrero (resupinadas), muy parecido al género Trametes, de carne algo menos tenaz; espp. blanca, inamiloide; esp. de elipsoidales a cilíndrico-curvadas, lisas, sin p. g.; saprotróficos lignícolas; causan pudrición blanca (V. *Trametes*).

Antrodiella hoehnelli

Antrodiella hoehnelli (Bres. in Höhn.) Niemelä
Sin.: *Trametes hoehnelii*

Caracteres: Sombrero de 1-3 cm de ancho, joven blanquecino crema, pronto amarillento o casi pardusco, superficie aterciopelada y plumosa, al secarse con haces de hifas finamente conglutinados que la hacen áspera; tubos blanquecinos, que amarillean, poros de redondeado a alargados, relativamente finos (3-4 por mm); carne blanquecina, tenaz; esp. algo curvadas, 3-4 x 2 µ. **Hábitat**: VI-XI; sobre madera muerta de planifolio, en especial de haya (sucesor del *Inonotus nodulosus*) y aliso; disperso. **Confusiones**: *Antrodiella semisupina* (abajo).

Antrodiella semisupina

Antrodiella semisupina (Berk. & M. A. Curtis) Ryvarden

Caracteres: Sombrero de 0,5-3 cm de ancho, blanquecino, con tendencia a amarillear, por lo general no zonado, fino, crece a modo de teja o simplemente como delgados repliegues conspicuos sobre el subsuelo, superficie finamente tomentosa; tubos blanquecinos, a menudo decurrentes, poros de redondeado a alargado-laberínticos, finos (4-7 por mm); carne blanquecina; esp. ovaladas, 2,5-3,5(4) x 1,5-2 µ. **Hábitat**: VII-X; en especial sobre madera muerta de planifolio, serbales y cerezos alisos; disperso. **Confusiones**: *Antrodiella hoehnelii* (ctro.).

Lenzites betulinus

Lenzites betulinus (L.) Fr.
Sin.: *Trametes betulina* (Fam. Coriolaceae)

Caracteres: Sombrero de 2-8 cm de ancho, gris blanquecino, de tono casi uniforme o con zonas parduscas, al envejecer cubierto de algas, de aplanado a flabeliforme, superficie estrigoso-tomentosa; cara inferior blanquecina, con láminas, los poros forman un entramado laberíntico; carne blanquecina, elástico-tenaz; espp. blanca, inamiloide; esp. cilíndrico-curvadas, lisas, 4,5-6 x 2-2,5 µ, sin p. g. **Hábitat**: I-XII; sobre madera muerta de planifolio, en especial de abedul, haya o roble; relativamente frecuente; saprotrófico lignícola; causa pudrición blanca. **Nota**: A causa de la superficie estrigosa, vista desde arriba esta especie se parece a *Trametes hirsuta* (p. 526). **Confusiones**: *Trametes gibbosa* (p. 526), *Daedaleopsis confragosa* (p. 534).

Género **Coriolopsis**
Fam. Coriolaceae

Sombreros flabeliformes o planos, cara superior siempre toscamente vellosa; carne de color madera pálido a marrón, tenaz, suberosa; espp. blanca, inamiloide; esp. oblongo-elipsoidales, lisas, sin p. g.; saprotróficos lignícolas y parásitos de vegetales debilitados; causan pudrición blanca.

Coriolopsis gallica RL 3

Coriolopsis gallica (Fr.) Ryvarden
Sin.: *Funalia gallica, Trametes extenuata*

Caracteres: Sombrero de 3-10 cm de ancho, en tonos de color marrón, con los márgenes de crecimiento en marrón más oscuro, superficie hirsuto-estrigosa, en especial al envejecer; tubos marrones, poros angulosos, redondeados, relativamente toscos (1-2 por mm); carne marrón oscura, ennegrece al aplicar KOH; esp. 7-12(14) x 3-4 µ. **Hábitat**: VII-X, aunque se puede encontrar durante todo el año; sobre madera muerta de planifolio; relativamente raro. **Nota**: Es una especie de clima cálido, habitual en la zona Mediterránea. En Alemania se encuentra en zonas riparias. **Confusiones**: *Coriolopsis trogii* (abajo).

Coriolopsis trogii RL 2

Coriolopsis trogii (Berk. in Trog) Domanski Sin.: *Funalia trogii*

Caracteres: Sombrero de 5-12 cm de ancho, gris blanquecino, pronto teñido de verde por las algas, superficie hirsuto-estrigosa; tubos blanquecinos, con poros más bien toscos, redondos (1-2 por mm); carne joven blanquecina, más tarde pardusca pálida, al aplicar KOH no ennegrece; esp. 7-11 x 3-4 µ. **Hábitat**: I-XII; sobre madera muerta de planifolio, p. ej. hayas, álamos temblones y sauces; raro. **Nota**: Es una especie típica de zonas riparias cálidas, en el centro de Europa a menudo crece junto a *Coriolopsis gallica* (ctro.).

Género **Bjerkandera**
Fam. Coriolaceae

Sombreros flabeliformes planos, a menudo en grupos soldados entre sí, elástico-tenaces; estratos tubulares con poros grises, separados de la carne del sombrero por una delgada línea oscura (observable con lupa al seccionarlos); espp. blanca, inamiloide; esp. elipsoidales, lisas, sin p. g.; saprotróficos lignícolas y parásitos sobre vegetales debilitados; causan pudrición blanca.

Bjerkandera adusta

Bjerkandera adusta (Willd.: Fr.) P. Karst.

Caracteres: Sombrero de 3-7 cm de ancho, de carne delgada, gris blanquecino, levemente zonado, con los márgenes de crecimiento blancos, superficie finamente tomentosa; tubos bastante cortos, a veces ampliamente decurrentes, con finos poros color gris humo, que ennegrecen al presionarlos (4-6 por mm); carne color madera pálido, con línea claramente oscura en el estrato tubular; esp. 4-5,5 x 2-3 μ. **Hábitat**: I-XII; sobre tocones y ramas (vivas) de diversos planifolios, en especial hayas; muy común. **Confusiones**: *Bjerkandera fumosa* (ctro.).

Bjerkandera fumosa

Bjerkandera fumosa (Pers.: Fr.) P. Karst.

Caracteres: Sombrero de 4-10 cm de ancho, gris pardusco o color madera sucio, con los márgenes de crecimiento blancos, no zonado, con manchas irregulares, superficie bastante glabra; tubos con poros primero gris claro y más tarde gris amarillentos (2-4 por mm), al ser presionados sólo pardean un poco; carne de hasta 1 cm de anchura, color madera pálido, separada del estrato tubular por una línea marrón oscuro; esp. 4-5,5 x 2,5-3,5 μ. **Hábitat**: X-IV; sobre madera muerta de planifolio, en especial sauces, álamos temblones o arces; disperso. **Confusiones**: *Bjerkandera adusta* (arriba).

Daedaleopsis confragosa

Daedaleopsis confragosa (Bolton.: Fr.) J. Schröt.
Sin.: *Trametes confragosa* (Fam. Coriolaceae)

Caracteres: Sombrero de 3-12(15) cm de ancho, ocre, canela o pardo rojizo, con los márgenes de crecimiento blanquecinos, al envejecer todo él pardusco, superficie glabra, arrugada; tubos jóvenes blancos, al ser presionados enrojecen, más tarde parduscos, poros de alargados a laberínticos (1-2 por mm), raramente laminares (en la var. *tricolor*); carne pardusco pálida, tenaz, suberosa; espp. blanca, inamiloide; esp. cilíndricas, lisas, 7-10 x 2-3 μ, sin p.g. **Hábitat**: VII-X; sobre madera muerta de diversos planifolios; muy frecuente; saprotrófico; causa pudrición blanca. **Confusiones**: *Lenzites betulinus* (p. 532), *Trametes gibbosa* (p. 526), *Daedalea quercina* (p. 536).

Dedalea del roble

Daedalea quercina (L.) Pers. (Fam. Coriolaceae)
e. Haritz-ardagai, *in.* Oak daedalea

Caracteres: Sombrero de 10-20 cm de ancho, color madera pálido, al envejecer más gris pardusco, con los márgenes exteriores beige blanquecinos, pronto con zonas amarillas, formando gruesas consolas; tubos beige claro, himenóforo laminiforme-laberíntico, y sólo localmente formado por poros; carne pardusco pálida, muy tenaz, leñosa; espp. blanca, inamiloide; esp. oblongo-elipsoidales, lisas, 5-7 x 2,5-3,5 µ, sin p. g. **Hábitat**: I-XII; sobre tocones y ramas, en especial de roble, pero también a veces sobre castaños o coníferas; muy frecuente; saprotrófico y parásito sobre vegetales debilitados; causa pudrición parda. **Nota**: Esta especie puede formar c. fr. perennes. El himenóforo no está estratificado, ya que sólo el himenio se renueva. Este caso especial recibe el nombre de "catahimenio".

Género **Trichaptum**
Fam. Coriolaceae

Sombreros de carne muy delgada, coriácea y tenaz; tubos con tonos predominantemente violetas o lila cárneo; la carne forma una trama dimítica; espp. blanca, inamiloide; esp. elipsoidales, lisas, sin p. g.; saprotróficos lignícolas; causan pudrición blanca.

Trichaptum abietinum

Trichaptum abietinum (Pers.: Fr.) Ryvarden

Caracteres: Sombrero de 1-3 cm de ancho o soldados unos con otros formando una banda ancha, cara superior violácea en condiciones húmedas, se descolore hasta gris blanquecina, hirsuto-tomentosa; tubos muy cortos, violeta, pardo lilas al envejecer, ampliamente decurrentes sobre el sustrato, poros de redondeados a oblongos, bastante finos (3-5 por mm); esp. 6-8(9) x 2-3(4) µ. **Hábitat**: I-XII; sobre madera muerta de conífera, en especial de pino, pícea, alerce y abeto, raramente sobre planifolios; muy frecuente. **Confusiones**: *Trichaptum hollii* (abajo), sin estrato tubular, sobre madera de planifolios: *Chondrostereum purpureum* (p. 682).

Trichaptum hollii

Trichaptum hollii (J. C. Schmidt: Fr.) Kreisel
Sin.: *T. fuscoviolaceum*

Caracteres: Sombrero de 1-3 cm de ancho, a menudo varios soldados forman una hilera, de lila a gris violeta, cara superior hirsuto-tomentosa; tubos violáceos, levemente o apenas decurrentes sobre el sustrato, de poros relativamente toscos (claramente más toscos que en *Trichaptum abietinum*), orificios a menudo terminados en laminillas o dentículos; esp. 6-8 x 2-3 µ. **Hábitat**: I-XII; sobre ramas y astas de pino; raro. **Confusiones**: *Trichaptum abietinum* (ctro.).

Skeletocutis amorpha

Skeletocutis amorpha (Fr.: Fr.) Kotl. & Pouzar
Sin.: *Gloeoporus amorphus* (Fam. Coriolaceae)

Caracteres: Sombrero (en caso de estar aislado) de 0,5-2 cm de ancho, a menudo soldados formando una hilera ondeada, carne delgada, cara superior gris blanquecina, tomentosa, a veces finamente zonada; tubos primero blanquecinos, más tarde manchados de amarillento o naranja, poros redondeados, finos (2-4 por mm); carne de trama dimítica, con el estrato interior cartilaginoso y más largo que el superior, al secarse leñoso; sabor amargoso; espp. blanca, inamiloide; esp. cilíndrico-curvadas, lisas, 3-4 x 1-1,5 µ, sin p. g. **Hábitat**: I-XII; sobre tocones viejos de conífera, en especial de pino; de disperso a localmente frecuente; saprotrófico lignícola; causa pudrición blanca. **Confusiones**: Por lo general resupinado y sin poros naranjas: *Skeletocutis carneogriseus*.

Schizopora paradoxa

Schizopora paradoxa (Schrad.: Fr.) Donk (Fam. Coriolaceae)

Caracteres: C. fr. compuesto por estrato tubular sin sombrero (resupinado), forma un recubrimiento de tubos sobre el sustrato a modo de nudos; tubos de pocos mm de largura, blancos, gris blanquecinos o color crema, a finales de otoño también con toques de rojizo, poros de formas muy diversas, redondos, angulosos (1-3 por mm), o alargados, laberínticos, a menudo muy laciniados e incluso acabados en dentículos (puede recordar a un *Sarkodon* resupinado); espp. blanca, inamiloide; esp. elipsoidales, lisas, 4,5-6 x 2,5-4 µ, sin p. g. **Hábitat**: I-XII, crece especialmente a finales de otoño; sobre madera muerta de todo tipo de planifolios; muy común; saprotrófico lignícola; causa pudrición blanca. **Confusiones**: *Datronia mullis* (abajo), con tubos más finos y color salmón: *Schizopora carneolutea*.

Datronia mollis

Datronia mollis (Sommerf.: Fr.) Donk (Fam. Coriolaceae)

Caracteres: C. fr. compuesto por estrato tubular aplanado, forma un recubrimiento que sobre todo en las sup. verticales presenta una zona pileica, con tomento pardo negro en la cara superior; tubos de gris blanquecinos a gris parduscos, poros angulosos, bastante anchos (0,5-1,5 mm), a menudo de alargados a laberínticos; carne pardusco clara, tenaz y leñosa, más delgada bajo el tomento y separada por una línea negra; espp. blanca, inamiloide; esp. cilíndricas, lisas, 8,5-11,5 x 3,5-4 µ. **Hábitat**: I-XII, crece en especial a partir de IX; sobre madera muerta de planifolio, en especial hayas y alisos; relativamente frecuente; saprotrófico lignícola; causa pudrición blanca. **Confusiones**: *Schizopora paradoxa* (ctro.), sin sombrero: *Datronia stereoides*.

Género **Inonotus**
Fam. Hymenochaetaceae

Sombreros flabeliformes, sin capa crustácea; poros irisados cuando la luz incide de través; carne joven jugosa, después fibrosa y tenaz, pardo herrumbrosa; espp. amarillento pálida o pardusca, por lo general dextrinoide; esp. de redondeadas a elipsoidales, lisas, sin p. g.; a menudo con sétulas de paredes gruesas en himenio o cutícula; parásitos y saprotróficos; causan pudrición blanca.

Yesquero radiado

Inonotus radiatus (Sowerby: Fr.) P. Karst.
g. Chancro das mazaeras, *in.* Alder bracket

Caracteres: Sombrero de 3-8 cm de ancho, al corte típicamente triangular, cara superior aterciopelada, de joven exuda gotas, de amarillo leonado a ferruginoso, más claro en el borde de crecimiento, al envejecer pardo herrumbroso; tubos primero amarillos, después pardo herrumbrosos, poros finos (2-4 por mm), redondos; espp. amarillento pálido; esp. 5-6,5 x 3,5-4,5 μ, sétulas en el himenio, con ápices curvados (fig. 108). **Hábitat**: VIII-XI; sobre ramas de planifolio, vivas o muertas, en especial de aliso, abedul, avellano y, con menos frecuencia, haya; frecuente. **Confusiones**: *Inonotus nodulosus* (ctro.).

Inonotus nodulosus

Inonotus nodulosus (Fr.) P. Karst.

Caracteres: Sombrero de 1-4(6) cm de ancho, forma pequeños s. casi como nudos dispuestos sobre una gran superficie, raramente crece aislado, cara superior aterciopelada, pardo herrumbrosa al madurar, con los bordes amarillos, de joven a veces también rosa; tubos muy decurrentes sobre el sustrato, de poros finos (3-4 por mm); espp. amarillento pálido; esp. 5-6,5 x 3-4,5 μ, sétulas en el himenio, no curvadas en el ápice (fig. 109) (V. *Inonotus radiatus*). **Hábitat**: VIII-XI; en especial sobre hayas; frecuente. **Nota**: Los ejemplares aislados sólo se pueden distinguir de *Inonotus radiatus* (arriba) mediante el microscopio.

Inonotus dryophilus RL 3

Inonotus dryophilus (Berk.) Murrill

Caracteres: Sombrero de 5-20(30) cm de ancho, forma gruesas consolas, cara superior de ocre a parda, tomentosa, glabrescente; tubos de hasta varios cm de largo, de ocre a marrón oscuros, jóvenes segregan gutaciones, de poros finos (2-3 por mm); carne en la zona de inserción provista de primordio (estructura recubierta de micelios claros) espp. marrón; esp. 7-8,5 x 5-6,5 μ, sin sétulas. **Hábitat**: VII-IX; sobre gruesas ramas de *Quercus* vivas; raro. **Confusiones**: Siempre sobre *Quercus*, con cutícula joven que exuda: *Inonotus dryadeus*, con primordio miceliar, sobre álamos temblones: *I. rheades*.

Inonotus cuticularis

Inonotus cuticularis (Bull.: Fr.) P. Karst.

Caracteres: Sombrero de 5-15 cm de ancho, muy plano cuando está creciendo (aprox. 1-2,5 cm de ancho), crecen en grupos uno encima de otro, primero amarillo pardusco, después pardo herrumbroso oscuro, superficie hirsuto-tomentosa, con zonas concéntricas y fibras radiales, de joven segregan gutaciones; tubos al principio gris amarillentos, después pardo herrumbrosos, de poros finos (2-5 por mm); espp. pardusca; esp. 5,5-7 x 4-5,5 µ; sétulas ahorquilladas, en forma de ancla o alabarda (fig. 110), también presentes en el tomento. **Hábitat**: VII-X; sobre ramas vivas y tocones de diversos planifolios, en especial hayas; relativamente raro. **Nota**: A simple vista se reconoce por su constitución aplanada; en el microscopio, por la forma bifurcada de las sétulas, que sólo en esta especie están presentes en el tomento. **Confusiones**: De carne más gruesa: *Inonotus hispidus* (ctro.).

Yesquero híspido

Inonotus hispidus (Bull.: Fr.) P. Karst.

c. Bolet de soca vellutat, *g.* Chancro das mazaeras

Caracteres: Sombrero de 10-30 cm de ancho, en forma de gruesas consolas, por lo general crece aislado, cara superior de amarillo ferruginoso vivo a rojizo, con la cubierta aterciopelada; tubos de hasta varios cm de largo, jóvenes secretan unas gútulas color ámbar, poros pronto amarillentos o pardo herrumbrosos, al ser presionados se manchan de oscuro, finos (2-3 por mm); espp. pardusca; esp. redondeadas, elipsoidales, 9-11 x 8-9 µ; sétulas inexistentes o pequeñas, casi inapreciables. **Hábitat**: VI-X; sobre todo en troncos de manzano, aunque también de otros planifolios; disperso. **Nota**: Los c. fr. jóvenes, de colores vivos, son muy jugosos y de carne blanda. Hacia finales del año ennegrecen y se vuelven más duros. **Confusiones**: *Inonotus cuticularis* (arriba), en clima cálido: *I. tamaricis* (abajo).

Inonotus tamaricis

Inonotus tamaricis (Pat.) Maire

Caracteres: Sombrero de 5-20 cm de ancho, en forma de gruesas consolas, pardo amarillo vivo, al envejecer se vuelve paulatinamente pardo herrumbroso oscuro y finalmente casi negro, superficie hirsuta como *I. hispidus*; tubos de hasta 2 cm de largo, jóvenes segregan gutaciones, con poros redondos, finos (1-3 por mm); carne provista de gran núcleo miceliar en el cual se encuentra el micelio blanquecino amarillento; espp. pardusca; esp. redondeadas, elipsoidales, 6,5-9 x 5-6,5 µ; sin sétulas. **Hábitat**: X-III; sobre troncos vivos de tamarisco (*Tamarix*); en la zona Mediterránea no es raro. **Nota**: Además del hábitat, se diferencia de *Inonotus hispidus*, que crece en el centro de Europa, por la presencia de núcleo miceliar y por las esporas más pequeñas y de paredes finas.

Yesquero del pino, Y. marginado

Fomitopsis pinicola (Sw.: Fr.) P. Karst. (Fam. Coriolaceae)

c. Bolet d'esca marginat, *e.* Ardagai ezpaingorri, *g.* Caripochas dos piñeiros, *in.* Red-banded polypore

Caracteres: Sombrero de 10-30 cm de ancho, los de varios años son por lo general de tres colores, zonas marginales pardo rojizas, brillantes, las más viejas e interiores de gris oscuro a negruzco, zona de crecimiento blanquecina; durante la esporulación tubos de blanco a crema, en invierno (inactivos) con resina amarilla, poros redondos, finos (3-4 por mm); carne color madera pálido, tenaz y leñosa; olor agradable, fúngico; espp. blanca, inamiloide; esp. oblongo-elipsoidales, 6-8 x 3,5-4 µ, sin p. g. **Hábitat**: I-XII; sobre madera de conífera viva o muerta, sobre todo píceas, más raramente de planifolios; muy frecuente; parásito y saprotrófico; causa pudrición parda. **Nota**: El sombrero está cubierto por una costra resinosa que se deforma al presionarla con un dedo. Al aplicar solución de potasa se disuelve y al calentarla se deshace. **Confusiones**: *Perenniporia fraxinea* (ctro.), *Ganoderma lipsiense* (p. 546).

Perenniporia fraxinea

Perenniporia fraxinea (Fr.) Ryvarden
Sin.: *Fomitopsis cytisina* (Fam. Coriolaceae)

Caracteres: Sombrero de 10-30 cm de ancho, beige, gris o pardo rojizo, con la zona de crecimiento blanquecina, superficie gibosa, recubierta por una costra delgada, seca y pardusca; tubos blanquecinos (cuando esporulan) hasta color madera pálido, poros redondos, finos (4-5 por mm); carne color madera pálido, leñosa; espp. blanca, dextrinoide; esp. redondo-elipsoidales, lisas, 6,5-8 x 5,5-6,5 µ, con p. g. finos. **Hábitat**: I-XII; sobre las raíces de fresnos en pic, raramente sobre otros planifolios (*Robinia, Fagus, Populus* y otros); muy raro; parásito y saprotrófico; causa pudrición blanca. **Nota**: Dado que esta especie daña la zona de las raíces, el árbol pronto pierde la estabilidad y se derrumba. **Confusiones**: *Fomitopsis pinicola* (arriba), género *Ganoderma* (p. 546).

Oxyporus populinus

Oxyporus populinus (Schumach.: Fr.) Donk (Fam. Coriolaceae)

Caracteres: Sombrero de 3-10 cm de ancho, crece aislado o tectiforme, uno encima de otro, cara superior gris amarillenta o pardusco claro, finamente aterciopelada, en ejemplares jóvenes a menudo cubierta de algas o musgo; tubos bastante cortos, de 1-2 mm de largo, de blanco a color crema, con poros redondos, muy finos (5-7 por mm); carne blanquecina, tenaz y elástica; espp. blanca, inamiloide; esp. redondas, lisas, 4-5 µ, sin p. g.; con cistidios de paredes gruesas con cristales. **Hábitat**: I-XII; sobre ramas de planifolio vivo, debilitado; disperso; parásito y saprotrófico; causa pudrición blanca. **Nota**: El ejemplar de la fotografía crecía sobre un serbal y tenía alrededor de 10 años (10 estratos).

Yesquero, Casco de caballo

Fomes fomentarius (L.: Fr.) Fr. (Fam. Coriolaceae)
c. Bolet d'esca, *e.* Supizteko ardagai, *g.* Caripochas

Caracteres: Sombrero de 10-30(50) cm de ancho, en forma de sombrero, cara superior de gris claro a pardusco claro, mate, con una fina costra seca; tubos marrones, con los poros blancos, redondos, finos (2-4 por mm); carne pardo herrumbrosa, leñosa, suberosa, en el sombrero con estructura tosca y núcleos miceliares; espp. blanca, inamiloide; esp. oblongo-elipsoidales, lisas, 15-20(24) x 5,5-6,5 µ, sin p .g. (fig. 111). **Hábitat**: I-XII; sobre ramas de planifolio debilitadas, sobre todo hayas y abedules; muy frecuente; parásito agresivo (pudrición blanca). **Nota**: De abril a mayo esporula (polvo blanco). En el pasado servía para la elaboración de algunas prendas de vestir, así como para hacer yescas, impregnándola en salitre. **Confusiones**: Género *Ganoderma*.

Género **Ganoderma**
Fam. Ganodermataceae

C. fr. anuales o de varios años; sombreros flabeliformes, raramente pedunculados, con una costra lacada o resinosa; tubos marrones, con finos poros, blanquecinos; carne de tenaz a elástica o leñosa; espp. pardo herrumbrosa; esp. elipsoidales, verrucosas, con saco epispórico (a veces sin episporio), sin p. g. (fig. 5); parásitos y saprotróficos; causan pudrición blanca.

Yesquero aplanado

Ganoderma lipsiense (Batsch) G. F. Atk. Sin.: *G. applanatum*
e. Ardagai zapal, *in.* Artist's fungus

Caracteres: Sombrero de 10-40(75) cm de ancho, por lo general aplanado, cara superior marrón, mate, lacada, con costra fina (menos de 1 mm), zona de crecimiento blanca; estrato tubular marrón al presionarlo (se podría usar como pizarra), cuando tiene más de un año estratificado y con una capa de trama entre los estratos; carne pardo herrumbrosa, con finas vénulas blanquecinas; esp. 6-8(9) x 4,5-5,5(6) µ. **Hábitat**: I-XII; sobre madera muerta de planifolio, más raramente de conífera; muy frecuente. **Nota**: Es un parásito peligroso ya que a menudo el carpóforo aparece solamente después de haber derribado al árbol. **Confusiones**: *Ganoderma adspersum* (abajo), *Fomes fomentarius* (arriba).

Ganoderma adspersum RL 3

Ganoderma adspersum (Schulzer) Donk Sin.: *G. europaeum*

Caracteres: Sombrero de 10-40 cm de ancho, en forma de gruesas consolas, marrón, zona de crecimiento blanquecino-amarillenta, cara superior gibosa o hinchada, con una costra lacada de 0,5-1,5 mm; tubos estratificados pero sin capa de trama entre ellos; carne pardo herrumbrosa oscura, sin venas blanquecinas; esp. 9-11 x 6-7,5 µ. **Hábitat**: I-XII; sobre madera de planifolio viva o muerta; relativamente raro. **Confusiones**: *Ganoderma lipsiense* (ctro.).

Ganoderma pfeiferri RL 2

Ganoderma pfeiferri Bres. in Pat.

Caracteres: Sombrero de 10-50 cm de ancho, en forma de gruesas consolas, de rojo oscuro a pardo cobrizo, joven con el margen claro, zona de crecimiento blanca, en invierno (época inactiva) también gris, cuando no está cubierta por la esporada pardo herrumbrosa, en condiciones húmedas superficie brillante, con una capa cérea encima de la delgada capa lacada; poros blancos durante el período de esporulación (de agosto a octubre), en invierno obstruidos de cera amarillenta; carne pardo roja oscura, suberoso-leñosa; esp. 9-11(12) x 6,5-7,5(8) µ. **Hábitat**: I-XII; sobre ramas vivas, raramente también tocones de planifolio, sobre todo de haya o roble; raro. **Nota**: Se reconoce fácilmente por su gruesa capa de cera, que se extiende sobre la verdadera capa lacada. Prefiere bosques húmedos. **Confusiones**: Con carne de color más claro: *Ganoderma resinaceum*.

Pipa

Ganoderma lucidum (Fr.) P. Karst.

c. Pipa, *e.* Ardagai pipa, *g.* Paipa, *in.* Shining polyporus

Caracteres: C. fr. pedunculado, anual; sombrero de 5-15 cm de ancho, pardo rojo oscuro en las zonas más viejas, hacia el margen amarillo pardusco y borde exterior blanquecino crema, superficie brillante como si estuviese lacada, gibosa-ondulada; poros de blanquecino a amarillentos, muy finos (4-6 por mm); pie como el sombrero, cubierto por costra lacada, a menudo muy largo, central o excéntrico; carne blanquecina primero, más tarde amarillenta, pronto tenaz-leñosa; esp. 8,5-10(12) x 5,5-6,5(7,5) µ. **Hábitat**: I-XII; en la zona de las raíces de planifolios vivos o sobre tocones, en especial robles, raramente en coníferas, pero no en abetos blancos (V. *G. carnosum*); disperso. **Nota**: En el este asiático se atribuyen grandes poderes curativos a esta especie. También es usado en la técnica del ikebana. **Confusiones**: Sobre abetos blancos: *Ganoderma carnosum* (abajo).

Ganoderma carnosum RL 3

Ganoderma carnosum Pat. Sin.: *G. atkinsonii*

Caracteres: C. fr. más o menos pedunculado, anual; sombrero de 5-20 cm de ancho, de pardo rojo a negruzco, pronto relativamente oscuro, margen joven naranja amarillento, pero en conjunto más oscuro que *Ganoderma lucidum*, superficie con costra lacada; tubos de un solo estrato, amarillento crema, poros redondos, finos (2-4 por mm); pie del color del sombrero, cubierto por costra lacada; carne pronto pardusco claro, al principio blanda, después leñosa; esp. 10-13,5 x 7-8,5 µ. **Hábitat**: I-XII; sobre tocones o raíces de abetos blancos, raramente sobre otras coníferas y nunca planifolios; raro. **Nota**: En caso de duda se diferencia de *Ganoderma lucidum* por el tamaño superior de sus esporas.

Género **Phellinus**
Fam. Hymenochaetaceae

C. fr. flabeliformes o resupinados (sin sombreros), siempre de varios años; sombreros sin costra diferenciada; carne y estrato tubular pardo rojo o herrumbroso, de consistencia leñosa; espp. de blanquecina a pardo amarillenta, inamiloide, a veces dextrinoide; esp. redondas o elipsoidales, lisas, sin p. g.; himenio por lo general provisto de sétulas; parásitos de vegetales debilitados y saprotróficos; causan pudrición blanca.

Falso yesquero

Phellinus igniarius (L.: Fr.) Quél.
c. Bolet d'esca negre, *e.* Ardagay, *in.* Flecked-flesh polypore

Caracteres: Sombrero de 10-30 cm de ancho, cara superior mate, al principio pardo herrumbroso, más tarde de gris a negruzco y cubierto de algas verdes, bordes de crecimiento pardo herrumbrosos y obtuso redondeados; tubos de amarillento a pardo ferruginoso, poros muy finos (4-6 por mm); esp. redondas, 5-7 μ; sétulas cortas, de ápice subulado (fig. 112). **Hábitat**: I-XII; sobre planifolios vivos o muertos, sauces, abedules, alisos, entre otros; frecuente. **Nota**: Se parece mucho a *Fomes fomentarius.* Su carne no sirve como yesca para iniciar un fuego pero sí como leña. **Confusiones**: *Phellinus igniarius* var. *trivialis* (ctro.), *P. tremulae*, *P. populicola*.

Falso yesquero

Phellinus igniarius var. *trivialis* (Bres.) Niemelä

Caracteres: Muy parecido a la especie principal (arriba), pero de mayor extensión, decurrente sobre el sustrato y con bordes afilados desde joven. Los caracteres microscópicos son idénticos. **Hábitat**: I-XII; sobre ramas y tocones de sauce, abedul, aliso y otros árboles; disperso. **Nota**: En la actualidad apenas se apoya la distinción taxonómica de esta variedad como especie independiente (como se hacía en el pasado).

Phellinus robustus

Phellinus robustus (P. Karst) Bourdot & Galzin

Caracteres: Sombrero de 10-30(40) cm de ancho, a menudo en forma de densas masas deformes, con márgenes redondeados, cara superior de herrumbroso a gris pardo, verdosa a causa de las algas; tubos pardo ferruginosos, poros muy finos (4-6 por mm); espp. dextrinoide; esp. redondas, 6-8,5 μ; sétulas escasas. **Hábitat**: I-XII; en especial sobre ramas vivas de roble; relativamente frecuente. **Nota**: Cuando crece sobre ramas caídas puede ser casi resupinado. **Confusiones**: *Phellinus hippophaecola* (p. 554).

Phellinus hartigii RL 2

Phellinus hartigii (Allesch. & Schnabl) Pat.

Caracteres: Sombrero de 5-20(30) cm de ancho, flabeliforme o en forma de densas masas deformes, cara superior pardo herrumbrosa, al envejecer de gris pardo a negruzco, verdosa cuando está cubierta por algas, zonas de crecimiento de color beige; tubos jóvenes beige amarillentos, después color canela, poros redondos, muy finos (4-6 por mm); espp. dextrinoide; esp. redondas, 6-8 µ; sétulas ausentes. **Hábitat**: I-XII; sobre ramas vivas o muertas de conífera, sobre todo de abeto blanco, raramente sobre otras especies (como píceas, pinos o tejo); localmente no es raro (zonas alpinas, sur de Alemania). **Nota**: En los c. fr. de varios años los estratos no están separados por una trama, como pasa en *Phellinus robustus* (p. 550), sino directamente unos sobre otros. *Phellinus hartigii* es una amenaza para la salud de los abetos (*Abies alba*).

Phellinus pini RL 3

Phellinus pini (Brot.: Fr.) L. M. Ames

Caracteres: Sombrero de 4-10(15) cm de ancho, crece en forma de consolas aisladas, cara superior marrón oscura, con estrechas zonas y sup. tomentoso-híspida, a menudo cubierta de algas o líquenes; tubos pardo herrumbrosos, poros de redondos a alargados, relativamente toscos (1-2 por mm); esp. redondeada-oviformes, 5-6 x 4-5 µ; con sétulas. **Hábitat**: I-XII; sobre ramas vivas de pino (raramente sobre píceas o alerces), en agujeros o rasgaduras de ramas, dura poco tiempo sobre tocones o ramas caídas; raro. **Nota**: En la zona del Mediterráneo no es raro que crezca en pinos carrascos. **Confusiones**: En píceas en piso alpino, con los sombreros en forma de tejas: *Phellinus chysoloma*.

Phellinus ribis

Phellinus ribis (Schumach.: Fr.) P. Karst. Sin.: *Phylloporia ribis*

Caracteres: Sombrero de 3-10 cm de ancho, en forma de consola, con frecuencia soldados unos a otros, cara superior pardo herrumbrosa, más tarde negruzca, pardo amarillenta hacia las zonas de crecimiento, aterciopelada, zonada o no; tubos de amarillo a pardo herrumbrosos, poros redondos, muy finos (5-7 por mm); esp. elipsoidales, 3-5 x 2,5-4 µ; sin sétulas. **Hábitat**: I-XII; en la base de ramas vivas de arbustos, sobre todo de groselleros (*Ribes*) y boneteros; disperso. **Nota**: Este parásito, como muchos de los demás *Phellinus*, permite que el árbol al que invade siga muchos años con vida.

Phellinus hippophaecola

Phellinus hippophaecola H. Jahn

Caracteres: Sombrero de 3-8 cm de ancho, en forma de consola, cara superior pardo herrumbrosa uniforme, cubierto de algas al envejecer, zonas de crecimiento finamente aterciopeladas; tubos de color canela a pardo herrumbroso, poros redondos, muy finos (5-6 por mm); esp. redondeado-oviformes, 5,5-8 x 5-7 µ, dextrinoide; sétulas escasas o ausentes. **Hábitat**: I-XII; sobre ramas vivas de espino cerval; raro. **Nota**: En el pasado se consideraba una variedad de *Phellinus robustus*. En 1979, Jahn informó de una especie que habitaba en troncos de espinos cervales. A mí me llamó la atención que el hongo a menudo está cubierto por telas de larvas (V. foto). **Confusiones**: Sobre robles, más grandes: *Phellinus robustus* (p. 550).

Phellinus torulosus

RL 2

Phellinus torulosus (Pers.) Bourdot & Galzin

Caracteres: Sombrero de 8-30 de ancho, en forma de consola, pero por lo general aplanado, cara superior finamente aterciopelada, margen hinchado, romo, zonas de crecimiento de herrumbroso a pardo canela, zonas más viejas oscuras; tubos color canela, poros redondos, muy finos (5-7 por mm); esp. oblongo-elipsoidales, de paredes delgadas, 4-6 x 3-4 µ; con sétulas. **Hábitat**: I-XII; al pie de troncos vivos de encina, castaños o arbustos de grosellas; frecuente en la zona Mediterránea, donde crece durante los meses de invierno, muy raro en Alemania. **Nota**: El ejemplar de la fotografía crecía en Mallorca sobre un arbusto de grosellero, hábitat bastante habitual de la especie.

Phellinus ferruginosus

Phellinus ferruginosus (Schrad.: Fr.) Pat.

Caracteres: C. fr. resupinado, con grandes zonas de la base aplanadas cuando crece en sentido vertical, recubierto de protuberancias a modo de nudos; tubos pardo herrumbrosos, a menudo estratificados, formando estratos de hasta 6 mm, poros redondos, muy finos (4-6 por mm); esp. elipsoidales, 4-5 x 3-3,5 µ; con sétulas. **Hábitat**: I-XII; sobre ramas caídas o gruesas astas de planifolio, en especial de fresnos, avellanos y alisos; relativamente frecuente. **Nota**: En el margen de la zona miceliar, carente de tubos, se pueden ver (con una lupa) sétulas que alcanzan los 0,5 mm de largo. **Confusiones**: Sobre planifolios, de poros más grandes (2-4 por mm): *Phellinus contiguus*, con sétulas presentes sólo en el himenio: *P. ferreus*, sin sétulas: *P. punctatus*, sobre coníferas: *P. ferrugineofuscus*.

Género **Cantharellus**
Fam. Cantharellaceae

C. fr. con sombrero y pie diferenciados, pie central, a menudo de carne delgada, con venas a modo de pliegues o láminas en la parte inferior del sombrero; espp. crema amarillenta, inamiloide; esp. elipsoidales, lisas, sin p.g.; con basidios de 2-8 esporas; micorrizógeno.

Rebozuelo, Cabrilla RL 3, (prot.)

Cantharellus cibarius Fr.: Fr.
c. Rossinyol, *e.* Zizahori, *g.* Cantarela, *in.* Chanterelle

Caracteres: Sombrero de 2-6(10) cm de ancho, de limón a color yema, al madurar centro levemente deprimido, cutícula seca, joven pruinosa; pliegues o vénulas del color del sombrero, ahorquilladas, anastomosadas, decurrentes; pie amarillento, macizo, atenuado hacia la base; olor agradablemente afrutado; sabor (crudo) primero suave, al masticarlo se vuelve picante; esp. 7-10 x 4-5,5 µ. **Hábitat**: VI-X(XI); en bosques de planifolios, pero sobre todo de coníferas, en especial cerca de píceas, pinos y hayas; frecuente, en algunos lugares crece en masa pero en los últimos años sufre un retroceso. **Nota**: Es una especie muy variable y se divide en distintas variedades. Se diferencia la var. *amethysteus*, con sombrero lila o la var. *pallens*, totalmente pálida (ctro.). **Confusiones**: *Hygrophoropsis aurantiaca* (p. 172), más anaranjado: *Cantharellus friesii*.
Comestible; especie popular y de apreciado valor culinario; no se suele estropear.

Cantharellus cibarius var. pallens (prot.)

Cantharellus cibarius var. *pallens* Pilát

Caracteres: En general de tonos pálidos, de estructura compacta. Los demás caracteres son los mismos que en la variedad principal. **Hábitat**: Sobre todo en bosques de planifolios, bajo hayas o robles; disperso.
Comestible; valor culinario (V. arriba).

Trompeta de los muertos RL 3, (prot.)

Cantharellus cinereus Pers.: Fr. Sin.: *Pseudocraterellus cinereus*
c. Trompeta cendrosa, *g.* Panchica, *in.* Ashen chanterelle

Caracteres: Sombrero de 1-6 cm de ancho, pardo negro, de carne delgada, con el centro umbilicado o embudado, cutícula sedoso-tomentosa; vénulas gris claro u oscuro, gruesas y distantes, decurrentes; pie pardo grisáceo o del color del sombrero, hueco; esp. 8-10 x 5,5-6,5 µ. **Hábitat**: VIII-X; en bosques de planifolios o mixtos, en especial en hayedos, sobre suelo calizo; relativamente raro. **Confusiones**: *Craterellus cornucopioides* (p. 560), en zonas incendiadas: *Faerberia carbonaria* (p. 560).

Rebozuelo atrompetado (prot.)

Cantharellus tubaeformis (Bull.): Fr. Sin.: *C. infundibuliformis*
c. Fals camagroc, *e.* Saltsa-perretxiko horilun, *g.* Trompeta pregada, *in.* Trumpet chanterelle

Caracteres: Sombrero de 2-6 cm de ancho, pardo amarillento, gris amarillento o pardo gris, pardo oliváceo, de carne delgada, con el margen ondulado y el centro embudado, al envejecer, abierto hacia el interior del pie, hueco; vénulas gris amarillento sucio, bien formadas, gruesas y aplanadas, anastomosadas, más o menos decurrentes; pie amarillento gris sucio, claramente hueco; olor poco apreciable, a menudo levemente mohoso; esp. 8,5-11 x 7-9 µ. **Hábitat**: VII-X(XI); en bosques de planifolios o coníferas, zonas húmedas con musgos, sobre suelo ácido o calizo, crece en grupo; frecuente. **Nota**: La forma normal de esta especie contiene poco amarillo. Los ejemplares con tonalidad naranjo-amarillento vivo se denominan var. *lutescens* (ctro.). **Confusiones**: *Cantharellus xanthopus* (abajo).
Comestible; pero no muy recomendable; sirve para secarlo, aunque no es tan gustoso como *Craterellus cornucopioides*.

Rebozuelo atrompetado (prot.)

Cantharellus tubaeformis var. *lutescens* (Fr.) Gillet

Caracteres: Sombrero de 1-5 cm de ancho, joven amarillo intenso, más tarde pardo amarillento, cutícula algo tomentoso-fibrosa, centro de umbilicado a perforado; vénulas amarillo cromo o gris amarillento; pie amarillo cromo vivo. **Nota**: Tanto el olor como las características de las esporas y el hábitat coinciden con la forma principal (arriba). En ocasiones se pueden observar ejemplares que difieren un poco en forma y coloración. **Confusiones**: *Cantharellus xanthopus* (abajo).
Comestible; V. arriba.

Cantharellus xanthopus (prot.)

Cantharellus xanthopus (Pers.) Duby

Caracteres: Sombrero de 2-6 cm de ancho, de diversos tonos marrones, a menudo con bastante amarillo, de carne delgada, centro de umbilicado a embudado, más tarde perforado como *Cantharellus tubaeformis*, cutícula con pequeñas escamas fibrosas, oscuras; vénulas de color crema a rosa cárneo, a veces reducidas a venas planas o arrugas; pie de naranja a amarillo cromo, hueco y bastante quebradizo; olor dulce, como de ciruelas amarillas, casi penetrante; esp. 9,5-11 x 7-8 µ. **Hábitat**: VIII-X; en bosques montañosos de coníferas, bajo píceas y abetos, sobre suelo calcáreo; localmente frecuente (sur de Alemania, zona de los Alpes). **Confusiones**: Sin olor intenso: *Cantharellus tubaeformis* var. *lutescens* (ctro.).

Trompeta de los muertos RL 3

Craterellus cornucopioides (L.: Fr.) Pers. (Fam. Cantharellaceae)
c. Trompeta, *e.* Saltsa-perretxico beltz, *g.* Trompeta dos mortos, *in.* Horn-like craterellus

Caracteres: C. fr. de 2-6 cm de ancho, en forma de cornucopia, con el interior hueco y de carne muy delgada, margen irregularmente ondulado y arqueado; interior de pardo gris a negruzco, de joven algo escamoso-tomentoso; parte externa (himenio) gris, con la superficie venoso-arrugada; carne elástica, tenaz al envejecer; espp. blanca, inamiloide; esp. elipsoidales, lisas, 10-14 x 7-8,5 µ; basidios bispóricos. **Hábitat**: VIII-X (XI); en bosques de planifolios, más raramente de coníferas, en especial bajo hayas y robles, en suelo calcáreo o arcilloso; localmente frecuente; micorrizógeno. **Confusiones**: *Cantharellus cinereus* (p. 556), *Pseudocraterellus undulatus*.
Comestible; cocinado de forma habitual decepciona, pero excelente como condimento.

Gomphus clavatus RL 2, (prot.)

Gomphus clavatus (Pers.: Fr.) Gray (Fam. Cantharellaceae)

Caracteres: C. fr. de 5-10 cm de ancho, en forma de peonza irregular, a menudo rajado, muy carnoso; parte superior lila, más tarde pardusca, lisa y glabra, primero plana, después infundibuliforme; lado externo de lila a violeta cárneo (himenio), con la sup. venoso-arrugada, como plegada; carne de consistencia blanda, amarillento ocrácea y con bandas hidratadas (marmorada), blanquecina al secarse; espp. ocre; esp. en forma de semilla de manzana, oblongas, finamente verrucosas, 9-12 x 4-5,5 µ, sin p. g. **Hábitat**: VIII-X; en bosques de planifolios o coníferas, bajo píceas, abetos o hayas, sobre suelo calcáreo; localmente frecuente, en retroceso; micorrizógeno. **Nota**: Se le suele colocar cerca de las *Cantharellaceae*, con las que apenas está emparentado. Sí lo está de las *Ramariaceae*.
Comestible; de muy buena calidad, con sabor apimentado; se debe proteger.

Faerberia carbonaria

Faerberia carbonaria (Alb. & Schwein.: Fr.) Pouzar
Sin.: *Geopetalum carbonarium* (Fam. Polyporaceae)

Caracteres: Sombrero de 2-6 cm de ancho, marrón oscuro o pardo negro, centro primero convexo, con la edad infundibuliforme, de carne delgada, cutícula seca, sedoso-tomentosa; zona inferior gris o gris blanquecina, con vénulas anastomosadas, ahorquilladas, decurrentes; pie gris beige sucio o pardusco; espp. blanca, inamiloide; esp. elipsoidales, lisas, 8,5-11 x 3,5-5 µ, sin p. g; cistidios de paredes gruesas, con cristales. **Hábitat**: VI-XI; en bosques de coníferas o mixtos, zonas quemadas, entre troncos carbonizados; raro. **Nota**: La forma del basidioma hace que no sea fácil confundirlo.

Género **Sarcodon**
Fam. Thelephoraceae

C. fr. de pie central o excéntrico; pliegues grises o parduscos en la parte inferior del sombrero; carne no zonada, de consistencia densa, no leñosa; espp. marrón; esp. redondeadas o elipsoidales, toscamente gibosas, sin p. g. (fig. 113); micorrizógenos.

Hidno imbricado RL 3

Sarcodon imbricatus (L.: Fr.) P. Karst.

c. Sabatera d'esquames, *e.* Tripakilun ezkatatsu, *g.* Lingua de boi mouro, *in.* Imbricated hydnum

Caracteres: Sombrero de 5-15 cm de ancho, de gris a pardo rojo o negro, cubierto por densas escamas escuarrosas, que recuerdan al plumaje de un azor, centro infundibuliforme; agujas blanquecinas, decurrentes; pie más claro que el sombrero, de gris blanquecino a beige pardusco, a menudo corto y macizo; carne blanquecina o color madera pálido; esp. 5-7,5 x 4,5-6 µ. **Hábitat**: VIII-XI; en bosques de coníferas, bajo píceas y pinos; localmente frecuente. **Confusiones**: De sabor amargo: *Sarcodon scabrosus.*

Comestible; pero se debe usar sólo ejemplares jóvenes y hervirlos antes de cocinarlos.

Sarcodon leucopus RL 1

Sarcodon leucopus (Pers.) Maas Ges. & Nannf.

Caracteres: Sombrero de 5-20 cm de ancho, gris, gris pardusco, púrpura o marrón, superficie lisa, con escrobículas o rasgada, raramente con escamas; agujas gris blanquecinas, luego parduscas, más o menos decurrentes; pie del color del sombrero o más claro, bastante corto; carne blanquecino sucio; olor desagradable; sabor de suave a amargoso-picante; esp. 7-8 x 4,5-5,5 µ. **Hábitat**: VIII-X; en bosques de coníferas o planifolios, bajo píceas, pinos o hayas, en especial en piso alpino; muy raro.

Bankera cinerea RL 1

Bankera cinerea (Bull.: Fr.) Rauschert
Sin.: *B. violascens* (Fam. Bankeraceae)

Caracteres: Sombrero de 3-8(15) cm de ancho, de gris blanquecino a gris pardusco, con algunos toques de violeta, margen a menudo más claro, cutícula mate, no escamosa, seca; agujas blanquecinas o grises, decurrentes; pie del color del sombrero o más pardusco, atenuado; carne color blanquecino sucio, con reflejos lilas, no zonada; olor a ligústico, en especial al secarse; espp. blanca; esp. espinosas, 4,5-5,5 x 4-4,5 µ, sin p. g. (fig. 114). **Hábitat**: VIII-X; en bosques de coníferas o mixtos, bajo píceas; raro; micorrizógeno. **Confusiones**: Con el sombrero siempre cubierto de humus: *Bankera fuligineoalba.*

Género **Hydnum**
Fam. Hydnaceae

C. fr. de pie central o excéntrico; agujas claras y quebradizas en la parte inferior del sombrero; carne blanquecina, no zonada, de consistencia quebradiza; sabor parecido a copos de avena, al masticarlo un rato, picante; espp. blanca, inamiloide; esp. redondeadas o elipsoidales, lisas, sin p. g.; micorrizógenos.

Gamuza, Lengua de gato

Hydnum repandum L.: Fr.
c. Llengua de bou, *e.* Tripaki, *in.* Hedgehog mushroom

Caracteres: Sombrero de 4-10(15) cm de ancho, blanquecino crema, amarillento o pardusco, cutícula mate, lisa y glabra; agujas blanquecinas o color crema, de sinuadas a subdecurrentes; pie blanquecino, con manchas color cromo en las partes heridas, macizo; esp. redondas, 6,5-9 x 5,5-8,5 µ; basidios de 3 o 4 esporas. **Hábitat**: VII-X (XI); en bosques de coníferas o planifolios, en suelo calcáreo; frecuente. **Nota**: La carne seca se conserva bastante tiempo; por eso es una especie culinaria apreciada. **Confusiones**: *Hydnum repandum* var. *rufescens* (ctro.), especie de zonas cálidas, blanca: *H. albidum* (abajo).

Lengua de gato rojiza

Hydnum repandum var. *rufescens* (Fr.) Barla
c. Picornell de pi, *e.* Tripaki gorriska

Caracteres: Sombrero de 3-8 cm de ancho, cárneo, naranja rojiza a pardusco; agujas del color del sombrero. Todas las demás características coinciden más o menos con las de *Hydnum repandum* (arriba). **Nota**: Esta especie de colorido variable se puede confundir, en especial desde lejos, con un *Cantharellus*. En ocasiones se dan formas de transición y es difícil clasificarlas; por eso desde hace un tiempo se dividen en dos especies distintas.

Gamuza blanca RL 3

Hydnum albidum Peck
c. Llengua de bou blanca, *e.* Tripaki zuri

Caracteres: Sombrero de 3-10 cm de ancho, con aspecto parecido al *H. repandum*, pero de colorido blanco, amarillento al secarse; esp. elipsoidales, 4,5-5,5 x 3-4 µ; basidios de 5 a 6 esporas. **Hábitat**: VIII-X; en bosques de coníferas o mixtos, sobre suelo calcáreo; muy raro en el centro de Europa, más habitual en la zona del Mediterráneo. **Nota**: Se diferencia de los ejemplares albinos de *Hydnum repandum* por tener esporas más pequeñas. Los ejemplares fotografiados procedían del sur de la Selva Negra.

Género **Phellodon**
Fam. Bankeraceae

C. fr. pedunculado; agujas elásticas en la parte inferior del sombrero; carne leñosa, zonada en la parte interior; olor a levístico, sobre todo al secarse; espp. blanca, inamiloide; esp. redondeadas, con espinas aisladas, sin p. g. (fig. 115); saprotróficos terrícolas.

Hidno negro RL 2

Phellodon niger (Fr.: Fr.) P. Karst.

c. Bolet d'agulles negre, *e.* Larrutripaki beltz, *in.* Black tooth

Caracteres: Sombrero de 2-6 cm de ancho, aislado o soldado a otros, de pardo negro a negro, con tonos azulados cuando es joven, a menudo blanquecino azulado en el margen, superficie tomentosa, por lo general no zonada; agujas gris blanquecinas, jóvenes con tonos azulados; pie negro, a menudo muy corto, con la sup. mate; carne negruzca, verde olivácea al aplicar solución de potasa, cubierto por una gruesa capa tomentosa (estructura dúplex); esp. 3-4(4,5) µ. **Hábitat**: VIII-XI; en bosques de coníferas o planifolios, bajo píceas o pinos sobre suelo calcáreo; de raro a disperso. **Confusiones**: *Phellodon connatus* (ctro.).

Phellodon connatus RL 2

Phellodon connatus (Schulz.: Fr.) P. Karst. Sin.: *P. melaleucus*

Caracteres: Sombrero de 2-8 cm de ancho, a menudo crece soldado a otros, cara superior de pardo negro a negra, tomentosa, glabrescente al envejecer y entonces con leves zonas esbozadas, margen blanquecino; agujas gris blanquecinas, por lo general sin tonos azulados; pie negro, con la sup. lisa, más bien delgado; carne pardo negruzca, verde olivácea al aplicar solución de potasa, pero sin estructura doble ni tomentosa (V. *Phellodon niger*); esp. 3,5-4,5 µ. **Hábitat**: VIII-X; en bosques de coníferas o mixtos, también sobre suelo ácido; raro. **Confusiones**: *Phellodon niger* (arriba).

Phellodon tomentosus RL 2

Phellodon tomentosus (L.: Fr.) Banker Sin.: *P. cyathiformis*

Caracteres: Sombrero de 2-6 cm de ancho, a menudo crecen en una explanada en grupo, de gris a pardo beige, superficie aterciopelada, zonado concéntricamente, con el margen blanquecino y el centro por lo general hundido; agujas de blanquecino a pardusco claro, muy densas y cortas; pie pardusco, sin estructura doble o apenas esbozada; carne pardusca, al aplicar solución de potasa no verdea; esp. 3-3,5 µ. **Hábitat**: VIII-XI; sobre todo en bosques de coníferas, bajo píceas; de disperso a raro. **Confusiones**: Con el sombrero no zonado, por lo general en bosques de planifolios: *Phellodon confluens*.

Género **Hydnellum**
Fam. Thelephoraceae

C. fr. pedunculado; parte inferior provista de agujas elásticas, parduscas al madurar; carne leñosa, zonada; olor harinoso al corte; espp. marrón; esp. oblongo elipsoidales, con protuberancias toscas, a veces espinosas, sin p. g.; saprotróficos terrícolas.

Hydnellum peckii **RL 2**

Hydnellum peckii Banker in Peck

Caracteres: Sombrero de 3-6 cm de ancho, joven blanco tomentoso, exuda gotas color rojo sangre, más tarde pardo rosado a partir del centro, oscurece, cara superior gibosa, irregular; agujas jóvenes gris blanquecinas, rojizas al presionarlas; carne pardusca; olor agradable, especiado; sabor muy picante; esp. con protuberancias y aplanadas en el ápice, 4,5-6 x 3,5-4,5 µ (fig. 116). **Hábitat**: VIII-X; en bosques de coníferas, bajo píceas y pinos, en especial en piso montano, sobre suelo calizo; raro. **Nota**: Esta especie se reconoce muy bien por su sabor picante, que conserva incluso al secarse.

Hydnellum aurantiacum **RL 2**

Hydnellum aurantiacum (Batsch: Fr.) P. Karst.

Caracteres: Sombrero de 3-10 cm de ancho, joven blanco aterciopelado, más tarde pardo anaranjado a partir del centro, superficie gibosa, con protuberancias o crestas; agujas jóvenes blanquecinas; pie de color canela a pardo anaranjado, tomentoso; carne de tonos naranjas, naranjo amarillenta en el sombrero; olor harinoso, a veces también a almendras amargas; esp. con protuberancias toscas y aplanadas en el ápice, 4,5-6,5 x 4-5,5 µ. **Hábitat**: VIII-X; en bosques de coníferas de piso alpino, bajo píceas y abetos sobre suelo calizo; raro. **Confusiones**: Con la carne naranja y zonas azuladas: *Hydnellum caeruleum* (abajo).

Hydnellum caeruleum **RL 2**

Hydnellum caeruleum (Hornem.) P. Karst.

Caracteres: Sombrero de 3-12 cm de ancho, joven de color azul o violáceo azulado, más tarde pardo o azul negruzco, con el margen más claro, superficie densamente tomentosa, con protuberancias o crestas; agujas jóvenes con tonos gris azulados; pie pardo sucio, rudimentario; carne con zonas azuladas en el sombrero, progresivamente pardo anaranjada hacia el pie; olor levemente harinoso; esp. con protuberancias y aplanadas, 5-6 x 3,5-4,5 µ. **Hábitat**: VIII-IX; en bosques de coníferas o mixtos, bajo píceas, pinos y hayas, sobre suelo calizo; raro. **Confusiones**: Con la carne sólo naranja: *Hydnellum aurantiacum* (ctro.), con la carne sólo azul y olor anisado: *H. suaveolens*.

Hydnellum scrobiculatum RL 3

Hydnellum scrobiculatum (Fr.) P. Karst.

Caracteres: Sombrero de 4-8 cm de ancho, al principio blanquecino, después se vuelve pardo a partir del centro, finalmente castaño, margen blanquecino amarillento, en forma de roseta o trompo, superficie finamente aterciopelada, crestada, lobulada y ondulada, por lo general sin zonas diferenciadas; agujas jóvenes gris blanquecinas, pronto marrones; pie pardusco, con sup. aterciopelada; carne pardusca; olor casi aromático cuando no presenta heridas, a harina cuando se corta; esp. con protuberancias redondeadas, 5-6 x 4-5 µ (fig. 117). **Hábitat**: VIII-X; en bosques de coníferas o mixtos, entre píceas, pinos, robles o hayas; raro. **Nota**: A nivel microscópico se reconoce por las esporas con protuberancias redondeadas y prominentes, mientras que en la mayoría de especies del género las esporas tienen las protuberancias aplanadas. **Confusiones**: Con esporas espinosas: *Hydnellum cumulatum* (ctro.), con esporas de protuberancias aplanadas: *H. concrescens* y *H. ferrugineum*.

Hydnellum cumulatum

Hydnellum cumulatum K. A. Harrison

Caracteres: Sombrero de 2-7 cm de ancho, tectiforme, crece en grupo, en tonalidades de marrón, con el margen casi blanquecino, superficie de aterciopelada a vellosa, sin zonas diferenciadas; agujas jóvenes con tonos gris claro, pronto pardusco sucio; pie del color del sombrero, con sup. aterciopelada; carne marrón; olor mohoso, a tierra, harinoso cuando se corta; esp. espinosas, 3,5-5 x (2,5)3-4 µ (fig. 118). **Hábitat**: VIII-X; en bosques de coníferas o mixtos, bajo píceas, pinos o hayas; raro. **Nota**: En el centro de Europa esta especie es muy poco conocida. Las esporas están provistas de extremos típicamente afilados. Los ejemplares fotografiados procedían de Austria. **Confusiones**: Con esporas redondeadas en las protuberancias: *Hydnellum scrobiculatum* (arriba).

Hydnellum geogenium RL 1

Hydnellum cumulatum (Fr.) Banker

Caracteres: Sombrero de 1-3 cm de ancho, de forma irregular, siempre crece en grupo, primero amarillo azufre, más tarde verde oliváceo a pardo oliváceo, margen amarillento durante más tiempo; superficie aterciopelada, sin zonas diferenciadas; agujas de amarillo a pardo amarillas; pie apenas formado; carne joven amarillo azufre, luego verde oliváceo; olor por lo general harinoso; esp. con protuberancias aplanadas, 4-5 x 3-3,5 µ. **Hábitat**: VIII-X; en bosques de píceas en piso alpino, sobre suelo calizo; muy raro. **Nota**: Es la única especie de su género que presenta carne amarilla, verde olivácea al envejecer. Por ello se ha creado para ella una sección especial: *Viriditextum.*

Género **Hericium**
Fam. Hericiaceae

C. fr. compuesto por un denso grupo fasciculado de largas agujas o en forma de coral, sin que se forme sombrero; carne blanquecina, elástica; espp. blanca, amiloide; esp. redondeado-elipsoidales, de lisas a punteadas, sin p. g.; saprotróficos lignícolas y parásitos; causan pudrición blanca.

Hongo coral RL 2

Hericium coralloides (Scop.: Fr.) Gray
Sin.: *H. clathroides, H. ramosum*
c. Greixa d'avet, *in.* Comb tooth mushroom

Caracteres: C. fr. de 10-30 cm de ancho, en forma de masa con ramificaciones, con agujas péndulas de 0,5-2 cm de largo, de color blanco a crema, más tarde ocre amarillento; esp. lisas, 4-5 x 3-4 µ. **Hábitat**: VIII-X; sobre tocones o ramas musgosas de planifolio, en especial de haya; raro. **Nota**: Muy difícil de localizar. **Confusiones**: *Hericium erinaceum* (ctro.), en abetos de zonas alpinas: *H. flagellum*.

Hidno erizado, Cabeza de león RL 2

Hericium erinaceum (Bull.: Fr.) Pers.
c. Bolet carner, *e.* Ahuntz-bizar, *in.* Lion's mane

Caracteres: C. fr. de 5-15(25) cm de ancho, compuesto por un denso grupo fasciculado colgante, que crecen de un mismo tronco, de color blanquecino crema, ocráceo al envejecer; esp. muy finamente punteadas, 5-6 x 4-5 µ. **Hábitat**: IX-X; sobre ramas de planifolio, en especial robles, pero también hayas, manzanos o nogales; raro. **Confusiones**: *Hericium coralloides* (arriba), *Creolophus cirrhatus* (abajo).
Comestible de joven; especie culinaria muy apreciada y cultivada en China y Japón, a la que se atribuyen diversas propiedades medicinales.

Creolophus cirrhatus RL 3

Creolophus cirrhatus (Pers.: Fr.) P. Karst. (Fam. Hericiaceae)

Caracteres: C. fr. formado por varias unidades con aspecto de sombrero soldadas, una mide 5-15 cm de ancho, de color blanquecino crema, después amarillento o pardo amarillo; cara superior (estéril) cubierta por cortas agujas espiciformes; cara inferior con densas agujas blanquecinas en sentido vertical, donde se producen las esporas; carne blanquecina, que amarillea, frágil de joven, al envejecer tenaz; espp. blanca, amiloide; esp. redondeado-elipsoidales, lisas, 3-4 x 2,5-3,5 µ, sin p. g. **Hábitat**: VIII-XI; sobre madera muerta de planifolio, en robles, abedules, hayas; raro; saprotrófico; causa pudrición blanca. **Confusiones**: Sin sombrero definido: *Hericium erinaceum* (ctro.).

Climacodon septentrionalis RL 2

Climacodon septentrionalis (Fr.) P. Karst.
(Fam. Climacodontaceae)

Caracteres: C. fr. formado por unidades sésiles, compactas, tectiformes y apiladas, que presentan agujas en la cara inferior, mide de 10-30 cm de anchura y hasta 50 cm de altura; cara superior pilosa, rugosa, de blanquecino a amarillo; agujas del color del sombrero, muy finas y densas, de hasta 8 mm de largo; carne blanquecina, que amarillea, elástico tenaz, al secarse relativamente compacta; espp. blanca, inamiloide; esp. elipsoidales, algo curvadas, lisas, 4-5,5 x 2-2,5 µ, sin p.g. **Hábitat**: VIII-X; sobre ramas vivas de planifolio; muy raro; parásito de vegetales debilitados; causa pudrición blanca. **Nota**: A causa de su forma, puede parecernos una especie de políporo desde lejos, pero al acercarnos se aprecian las agujas que tiene en la cara inferior. Es la única especie de su género. El ejemplar representado procede de Austria, donde se encontraba sobre un castaño de Indias.

Sistotrema confluens

Sistotrema confluens Pers.: Fr.
(Fam. Ceratobasidiaceae)

Caracteres: C. fr. de aprox. 1-2 cm de ancho, pedunculado, en forma de trompo, a veces parcialmente rasgado o lingüiforme, a menudo con numerosos sombreros unidos; blanco, amarillento o anaranjado al presionarlo, de color blanquecino, con agujas irregulares, de aplanado ondulado a deprimido, o parcialmente porioide-hidnoide, con las agujas decurrentes; carne delgada, blanda; olor aromático-dulce; espp. blanca, inamiloide; esp. elipsoidales, lisas, 3,5-5 x 2-3 µ, sin p. g. **Hábitat**: VIII-X; en bosques de coníferas o planifolios, entre hierba y musgo, en grupo; relativamente raro. **Nota**: Es la única especie de su género, emparentada con la familia de las *Corticiaceae*.

Hidno de las piñas

Auriscalpium vulgare Gray
(Fam. Auriscalpiaceae)
e. Pinotxa-tripaki, *g.* Irto das piñas, *in.* Fir-cone hydnum

Caracteres: Sombrero de 0,5-2 cm de ancho, de beige a pardo rojizo, más tarde marrón oscuro, convexo, cutícula hirsuto-tomentosa; cara inferior con agujas que acaban en el pie, primero claras, pero pronto parduscas; pie bien formado, de pardo rojo a marrón oscuro, piloso-tomentoso, siempre excéntrico; carne elástica, tenaz; espp. blanca, amiloide; esp. redondeadas, finamente punteadas, 4-5,5 x 4-4,5 µ, sin p. g. **Hábitat**: I-XII, crece hacia mayo; sobre piñas caídas o enterradas; frecuente; saprotrófico. **Nota**: La forma del c. fr. recuerda a una oreja. Es la única especie de su género. Los ejemplares que se encuentran después del invierno son de color negruzco y a menudo están recubiertos de algas.

Género **Clavariadelphus**
Fam. Clavariaceae

C. fr. típicamente claviforme, carnoso, relativamente grande; la carne se colorea de verde con solución de sulfato de hierro; espp. blanca, inamiloide; esp. elipsoidales, lisas, sin p. g.; supuestamente saprotróficos terrícolas.

Mano de mortero **RL 3**

Clavariadelphus pistillaris (L.: Fr.) Donk
c. Bossa, *g.* Xardolo, *in.* Large-dubted clavaria

Caracteres: C. fr. 6-15(25) cm de altura, joven casi amarillo limón, después de ocre a amarillo coriáceo, más tarde pardo rojizo, eventualmente con tonos púrpuras, ápice típicamente redondeado, al madurar superficie arrugada-plegada; carne blanquecina, pronto algo tenaz; sabor amargoso o amargo; esp. 10-13(16) x 5-7(10) µ, con basidios a veces bispóricos. **Hábitat**: VIII-XI; en bosques de planifolios, en especial hayas, sobre suelo calizo, crece de aislado a en grupo; relativamente frecuente en algunos lugares. **Confusiones**: En bosques de coníferas, con el centro aplanado: *Clavariadelphus truncatus* (ctro.).
Incomestible a causa del sabor amargo.

Clavariadelphus truncatus **RL 3**

Clavariadelphus truncatus (Quél.) Donk

Caracteres: C. fr. 5-15 cm de altura, de amarillo limón a ocráceo, también con algunos tonos parduscos, ya desde joven con el centro aplanado, más tarde truncado o incluso levemente hundido, arrugado-plegado en el centro, con aristas en el margen; carne blanca, blanda; sabor suave, dulce; esp. 9-13 x 5-7 µ. **Hábitat**: VIII-X; en bosques de coníferas o mixtos, en especial en bosques de píceas, sobre suelo rico en nutrientes; relativamente raro. **Nota**: Se distingue bien de *Clavariadelphus pistillaris* a causa de su olor dulce. Además, la superficie enrojece al aplicar solución de potasa. **Confusiones**: *Clavariadelphus pistillaris* (arriba).

Clavariadelphus ligula **RL 3**

Clavariadelphus ligula (Schaeff.: Fr.) Donk

Caracteres: C. fr. 3-8 cm de altura, amarillo ocráceo, por lo general claviforme, delgado, con la superficie arrugada; carne blanca, invariable; esp. oblongo-elipsoidales, 8-14 x 3-5 µ. **Hábitat**: VIII-X; en bosques de coníferas en piso alpino, entre acículas de pícea, crece en grupo; relativamente raro. **Confusiones**: Con carne que enrojece al corte: *Clavariadelphus helveticus*, con esporas más grandes: *C. sachalinensis*.

Género **Macrotyphula**
Fam. Clavariaceae

C. fr. filiformes, claviformes, a veces típicamente huecos; al aplicar solución de sulfato de hierro la carne no se colorea de verde (V. *Clavariadelphus*); espp. blanca, inamiloide; esp. elipsoidales, lisas, sin p. g.; saprotróficos sobre restos de vegetales.

Macrotyphula fistulosa

Macrotyphula fistulosa (Holmsk.: Fr.) R. H. Petersen
(Fam. Clavariaceae)

Caracteres: C. fr. 10-20(30) cm de altura, pero de tan sólo milímetros de ancho, amarillo ocráceo, de cilíndrico a claviforme, muy delgado, hueco en el interior, superficie lisa o con finas estrías longitudinales, base tomentoso-estrigosa, a menudo radicante; carne color madera pálido, elástica; esp. 12-18 x 5-7 µ. **Hábitat**: IX-XI; sobre ramitas caídas o enterradas de planifolios, sobre todo de abedules o alisos, crece aislado o en grupo; disperso. **Nota**: A pesar de su tamaño esta especie a veces queda camuflada y no se ve. Su consistencia elástica y carpóforo hueco la hacen inconfundible.

Macrotyphula filiformis

Macrotyphula filiformis (Bull.: Fr.) Pacen. Ex Rauschert
Sin.: *M. juncea*

Caracteres: C. fr. 3-6 cm de altura, de blanquecino amarillento a ocráceo, filiforme, macizo de joven, con el ápice atenuado o redondeado, base ligeramente estrigosa, finamente tomentosa, curvada sobre el sustrato; carne elástica; esp. 6-10 x 3-5 µ. **Hábitat**: X-XI; sobre el suelo, sobre hojas de abedul en descomposición, aliso, haya o roble, crece en grupo; disperso. **Nota**: Los carpóforos filiformes son difíciles de ver. Por lo general lama la atención por su forma de crecimiento, graminiforme. **Confusiones**: Especie que forma un esclerocio lentiforme: *Typhula phacorrhiza*.

Clavaria falcata RL 3

Clavaria falcata Pers.: Fr. Sin.: *C. acuta* (Fam. Clavariaceae)

Caracteres: C. fr. 1-4(6) cm de altura, blanco puro, claviforme delgado, con la superficie lisa o arrugada, ápice atenuado o redondeado, con parte del pie más o menos depositada; carne blanquecina, translúcida, quebradiza; espp. blanca, inamiloide; esp. redondeadas, elipsoidales, lisas, 7-10 x 4,5-6,5 µ, sin p. g. **Hábitat**: IX-X; en bosques de planifolios, sobre la tierra o entre musgos superficiales, en suelo calcáreo, crece en grupo o aislado; raro; saprotrófico terrícola. **Confusiones**: Crece en fascículos: *Clavaria vernicularis*.

Ramariopsis kunzei

RL 2

Ramariopsis kunzei (Fr.) Corner (Fam. Clavariaceae)

Caracteres: C. fr. 1-4(12) cm de altura, por lo general de blanco a color crema, coraloide, ramificado escasa o densamente, varias ramas se originan de una misma base, tomentoso-plumoso; carne blanquecina, translúcida, elástica, al secarse amarillea ligeramente; espp. blanca, inamiloide; esp. elipsoidales, punteadas-espinosas, 4-6 x 2,5-3,5 µ, sin p. g. **Hábitat**: VIII-X; en bosques de coníferas o planifolios, sobre la tierra o más raramente sobre madera en descomposición; raro; saprotrófico. **Confusiones**: Con los extremos de las ramas bifurcados y estriados: *Clavulina coralloides* (ctro.).

Género **Clavulina**
Fam. Clavulinaceae

C. fr. claviforme o coraloide, de blanquecinos a grisáceos; carne blanquecina, quebradiza; espp. blanca, inamiloide; esp. redondeado-elipsoidales, lisas, con una gútula lipídica, sin p. g. (fig. 119); basidios bispóricos; saprotróficos terrícolas o lignícolas (V. *Ramaria*).

Clavaria en forma de cresta

Clavulina coralloides (L.: Fr.) J. Schröt. Sin.: *C. cristata*
in. Cristed clavaria

Caracteres: C. fr. 2-5(8) cm de altura, por lo general blanco o blanquecino, aunque también puede ser gris claro o tener tonos cárneos, coraloide ramificado, con las puntas de las ramas aplanadas y típicamente estriadas o bifurcadas; esp. 7-9 x 6-8 µ. **Hábitat**: VIII-X; en bosques de coníferas o planifolios, sobre la tierra o madera en estado avanzado de descomposición, crece en grupo; frecuente. **Nota**: La gran diversidad de colores de esta especie hace que se subdivida en diversas variedades. Se reconoce por las ramas estriadas. **Confusiones**: *Clavulina cinerea* (abajo), V. *Ramariopsis kunzei* (arriba).

Comestible, aunque como el resto de especies del género, no tiene un sabor especial.

Clavaria cenicienta

Clavulina cinerea (Bull.: Fr.) J. Schröt.
c. Peu de rata gris, *e.* Atzapar hauskara, *in.* Cinereous clavaria

Caracteres: C. fr. 3-6(10) cm de altura, coraloide ramificado, ramas de grises a violeta, algo arrugadas, con los ápices más claros y punta roma o dentada, pero no aplanada ni estriada (V. *Clavaria coralloide*), tronco basal blanquecino amarillento; esp. 8-11 x 7-8 µ. **Hábitat**: VIII-X; en bosques de planifolios, raramente de coníferas, por lo general sobre la tierra; relativamente frecuente. **Nota**: *Clavaria cinerea* se puede confundir muy fácilmente con la variedad gris de *C. coralloides* o con ejemplares grises de *C. rugosa* (p. 582).

Clavaria rugosa

Clavulina rugosa (Bull.: Fr.) J. Schröt.

Caracteres: C. fr. 4-8(12) cm de altura, blanco, blanquecino, ocre sucio o con tonos grises, claviforme aplanado, con cortos apéndices, a veces también ramificados, superficie arrugada o longitudinalmente acanalada; esp. 9-14 x 8-11 μ. **Hábitat**: VIII-XI; en bosques de planifolios o coníferas, sobre la tierra, a menudo en forma gregaria; relativamente frecuente. **Nota**: Especie muy variable, se divide en diversas variedades y formas. **Confusiones**: *Clavulina cinerea* (p. 580), especies blancas del género *Clavaria*.

Género **Ramaria**

Fam. Ramariaceae

C. fr. coraloide ramificado, de tonos por lo general amarillentos, ocres o salmón; de consistencia carnosa, frágil; espp. ocre amarillenta; esp. oblongo-elipsoidales, verrucosas, espinosas o fimbriadas (ornamentación cianófila), sin p.g.; hifas con o sin fíbulas; saprotróficos terrícolas o lignícolas; algunas especies son tóxicas (V. *Clavulina*).

Ramaria coliflor

RL 2

Ramaria botrytis (Pers.: Fr.) Ricken

c. Peu de rata coliflor, *e.* Atzapar puntagorri, *in.* Coral fungus

Caracteres: C. fr. 5-15(20) cm de altura, ramificado, con el fondo blanquecino salmón, de joven con las ramas rojizas o rojo parduscas; tronco basal de carne blanca, acuoso-marmórea; esp. ornamentadas con finas estrías longitudinales, 12-18 x 4,5-7 μ (fig. 120); con hifas fibulíferas. **Hábitat**: VII-X; en bosques de planifolios o coníferas, bajo hayas o píceas; raro. **Nota**: En los ejemplares adultos los ápices de las ramas se decoloran y entonces tienen un aspecto muy parecido a la tóxica *Ramaria pallida* (abajo).

Comestible de joven; al envejecer los ápices tienen sabor amargo y pueden ser tóxicos.

Ramaria pallida

RL 3

Ramaria pallida (Schaeff. Em. Bres.) Ricken Sin.: *R. mairei*

Caracteres: C. fr. 8-15 cm de altura, de joven totalmente rosa pálido, después de tonos claros y sólo cárneo lila hacia los ápices, ramas con típicas estrías longitudinales; carne blanca uniformemente, no marmórea en el tronco basal (V. *Ramaria botrytis*); esp. con verrugas planas, a menudo unidas en filas, 8-12 x 4,5-6 μ (fig. 121); hifas sin fíbulas. **Hábitat**: VIII-X; en bosques de planifolios o coníferas, en especial de suelo calcáreo; frecuente en algunas zonas (Austria, Suiza), sino raro. **Confusiones**: *Ramaria botrytis* (ctro.).

Tóxica; causa trastornos digestivos, vómitos y diarrea; tiempo de latencia de 1/2 -3 horas.

Pie de gallo

RL 2

Ramaria aurea (Schaeff.) Quél.

c. Peu de rata, *e.* Atzapar urregorri, *g.* Pe de rata, *in.* Golden coral

Caracteres: C. fr. 6-12 cm de altura, con el fondo amarillo dorado, a menudo con brillos rosa salmón en las ramas, ápices jóvenes amarillo intenso, más tarde del mismo color que las ramas; carne blanca en el tronco basal, algo marmórea al hidratarse; esp. verrucosas, 11-15 x 4-5,5 µ; hifas sin fíbulas. **Hábitat**: VIII-X; en bosques de planifolios o coníferas, bajo píceas, pinos o hayas; muy raro. **Nota**: En el pasado esta especie raramente faltaba en los libros de hongos, donde constaba como frecuente, no obstante, en la actualidad se sabe que se tendía a confundirla con varias especies de tonos dorados. Para identificarla con seguridad se deben observar sus caracteres microscópicos, así como la ausencia de fíbulas. **Confusiones**: Con hifas fibulíferas: *Ramaria flavescens* (ctro.), *R. largentii* (p. 586), *R. formosa* (tóxica, p. 586).

Comestible de joven (V. *R. botrytis*, p. 582).

Ramaria flavescens

RL 2

Ramaria flavescens (Schaeff.) R. H. Petersen

Caracteres: C. fr. 10-20 cm de altura, primero color yema o naranja amarillento, con los ápices de las ramificaciones amarillos, después se decolora; carne blanquecina en el tronco basal, acuoso-marmorada; esp. verrucosas, (9)10,5-13 x 3,5-5 µ; hifas fibulíferas. **Hábitat**: VIII-X; en bosques de planifolios o coníferas, bajo píceas, pinos o hayas; relativamente frecuente (Austria, Suiza). **Nota**: es una de las especies de *Ramaria* más frecuentes en la zona de los Alpes. Un típico representante de la sección *Laeticolores*, que destaca por sus tonos salmón o anaranjados. **Confusiones**: *Ramaria aurea* (arriba), *R. largentii* (p. 586), *R. formosa* (tóxica, p. 586).

Comestible de joven (V. *R. botrytis*, p. 582).

Ramaria sanguinea

RL 2

Ramaria sanguinea (Pers.) Quél.

Caracteres: C. fr. 5-12 cm de altura, ramificaciones amarillo limón más o menos intenso, más vivo hacia los ápices, tronco blanquecino, al envejecer o en las zonas dañadas con manchas rojas o rojizo vino; carne blanca, acuoso-marmorada; esp. con verrugas a menudo en fila, 8-11(12) x 3,5-5,5 µ; hifas sin fíbulas. **Hábitat**: VIII-X; en bosques de planifolios o coníferas, bajo píceas o hayas, presuntamente en suelo calcáreo; raro. **Nota**: No siempre se aprecian las manchas rojizas del tronco. **Confusiones**: Con hifas fibulíferas y carne que se tiñe de rojizo: *Ramaria eosanguinea*, de carne invariable: *R. flava*.

Ramaria largentii

Ramaria largentii Marr & Stuntz

Caracteres: C. fr. 10-20 cm de altura, amarillo intenso o naranja amarillento, con tonos rojizos en la parte más alta de las ramas, amarillo limón en las partes dañadas y en los ápices; carne blanca en el tronco, acuoso-marmorada; esp. casi cilíndricas, con verrugas prominentes, 11-15,5 x 4-5,5 μ (fig. 122); con fíbulas en la base de los basidios y casi ausentes en todo el c. fr. **Hábitat**: VII-X; en bosques de coníferas, en piso montano o alpino, sobre suelo calizo; no es raro en piso montano. **Nota**: Pertenece a las especies más bellas y grandes de *Ramaria* que habitan en bosques montañosos de coníferas. Se sospecha que en el pasado se la confundía con *Ramaria aurea*. **Confusiones**: *Ramaria aurea* (p. 584), *R. flavescens* (p. 584), *R. formosa* (tóxico, ctro.).
Comestible de joven (V. *Ramaria botrytis*, p. 582).

Ramaria elegante

Ramaria formosa (Pers.: Fr.) Quél.
c. Peu de rata bord, *e.* Atzapar eder, *in.* Beautiful clavaria

Caracteres: C. fr. 5-15 cm de altura, ramas color rosa salmón, con los ápices amarillentos y el tronco blanquecino; carne blanca, no marmorada, al corte se tiñe levemente de de rosa; esp. verrucosas, 8-13 x 4,5-6 μ; con hifas fibulíferas. **Hábitat**: VIII-X; en bosques de planifolios, bajo hayas; raro. **Nota**: La típica gradación de colores de esta especie, así como el hecho que las ramas inferiores se bifurcan en forma de U, facilita su identificación. Además, al secarse, la carne adquiere una consistencia quebradiza, no leñosa. Los ejemplares viejos pierden los típicos colores y sólo son identificables mediante el microscopio, lo cual los hace poco aptos como comestibles.
Tóxico; trastornos digestivos, actúa como un fuerte laxante.

Ramaria fagetorum RL 3

Ramaria fagetorum Maas Ges. Ex Schild

Caracteres: C. fr. 4-10 cm de altura, ramas jóvenes rosa intenso, pronto ocre amarillentas, con brillos color salmón, ápices o parte superior ocre amarillento, tronco blanco; carne blanquecina, marmórea en el tronco; esp. con verrugas aplanadas y alargadas, 9-10,5 x 3,5-4 μ; sin fíbulas. **Hábitat**: VIII-X; en bosques de planifolios, bajo hayas; raro. **Nota**: Esta especie poco conocida y descrita hace muy poco tiempo se distingue de otras parecidas en sus caracteres microscópicos. Su valor culinario es todavía desconocido. **Confusiones**: *Ramaria formosa* (tóxica, ctro.).

Ramaria lutea

Ramaria lutea (Vittad.) Schild

Caracteres: C. fr. 10-20 cm de altura, joven totalmente amarillo, más tarde amarillento y de color intenso sólo en los ápices, ramas sin tonos salmón, abundantes y muy ramificadas, con ápices redondeados; carne blanca, acuoso-marmórea en las partes carnosas (tronco, astas gruesas); esp. verrucosas, 7,5-10 x 4-5 µ; hifas sin fíbulas. **Hábitat**: VIII-X; en bosques de planifolios bajo hayas o en bosques mixtos de hayas y píceas, sobre todo montañas de suelo calcáreo; raro. **Nota**: Esta especie, de tamaño considerable, se reconoce por los tonos amarillos, las esporas relativamente pequeñas y la ausencia total de fíbulas en el c. fr. **Confusiones**: Con carne que enrojece: *Ramaria sanguinea* (p. 584), con fíbulas y esporas más grandes: *R. flava*.

Comestible de joven (V. *Ramaria botrytis*, p. 582).

Ramaria apretada

Ramaria stricta (Pers.: Fr.) Quél.

c. Peu de crist bord, *in.* Upright coral

Caracteres: C. fr. 4-10 cm de altura, amarillento, ocre o cárneo, se tiñe de rojizo, ápices algo más claros, ramas lisas y rectas, tronco delgado, poco formado, base provista de cordones miceliares radicantes; carne de blanquecina a color coriáceo, elástica; sabor amargoso; esp. con verrugas aplanadas, 7-10 x 4-5 µ; hifas fibulíferas. **Hábitat**: VIII-XI; en bosques de planifolios, más raramente de coníferas, sobre madera descompuesta, ramas caídas o tocones, raramente sobre tierra; relativamente frecuente. **Nota**: *Ramaria stricta* pertenece a un grupo cuyos representantes presentan cordones miceliares en la base. En esta especie están formados por hifas esqueléticas, de paredes gruesas y carentes de fíbulas. **Confusiones**: Con esporas espinosas: *Ramaria eumorpha* (p. 590) y *R. flaccida* (abajo), verde en las zonas dañadas: *R. abietina*.

Ramaria flaccida

Ramaria flaccida (Fr.) Bourdot

Caracteres: C. fr. 3-7 cm de altura, de amarillento a ocre, con astas delgadas, densas y rectas, base poco carnosa, provista de cordones miceliares radicantes, blanquecino amarillentos; carne blanquecina, relativamente elástica, sin reacción al aplicar solución de potasa (V. *Ramaria eumorpha*); sabor amargoso; esp. verrucoso-espinosas, 5-8(9) x 2,5-4 µ; hifas fibulíferas. **Hábitat**: VIII-X; en bosques de coníferas o planifolios, sobre humus, a menudo crece en fascículos; relativamente raro (o especie poco conocida y confundida con otras parecidas). **Confusiones**: *Ramaria stricta* (ctro.), con carne que enrojece al aplicar solución de potasa: *R. eumorpha* (p. 590).

Ramaria eumorpha

Ramaria eumorpha (P. Karst.) Corner Sin.: *R. invalii*

Caracteres: C. fr. 3-8 cm de altura, ocre amarillento, con los ápices levemente más claros, astas bastante rectas y densas, tronco poco desarrollado, apenas carnoso, base provista de cordones miceliares blanquecinos, que recorren libremente el sustrato; carne blanquecina, relativamente frágil, que se tiñe de rojizo anaranjado al aplicar solución de potasa; sabor de suave a amargoso; esp. verrucoso-espinosas, 8-10 x 3,5-4,5 µ (fig. 123); hifas fibulíferas. **Hábitat**: VIII-X; en bosques de coníferas, raramente de planifolios, bajo píceas, pinos, abedules, robles y entre otros; no es raro. **Nota**: Se puede confundir fácilmente con *Ramaria stricta*, pero a diferencia de ella, en los cordones miceliares no tiene hifas esqueléticas de paredes gruesas. Además, las astas tampoco se tiñen de pardo rojo al ser dañadas. **Confusiones**: Con carne invariable al aplicar KOH: *Ramaria flaccida* (p. 588), con verrugas aplanadas en las esporas, a menudo sobre madera: *R. abietina*.

Ramaria gracilis

Ramaria gracilis (Pers.: Fr.) Quél.

Caracteres: C. fr. 3-10 cm de altura, de blanco a blanquecino sucio, al envejecer ocre cárneo, con las ramificaciones finas, que se dividen de dos en dos, tronco poco desarrollado, a menudo con tan sólo una formación similar a un fino pie central, base provista de cordones miceliares blanquecinos; carne blanquecina, relativamente blanda y elástica; olor a anís; sabor amargoso; esp. finamente verrucosas, 5-7 x 3-4,5 µ; hifas fibulíferas. **Hábitat**: VIII-X; sobre todo en bosques de coníferas, bajo píceas, sobre tierra o madera muy descompuesta, crece en grupo o en corros de brujas; raro (frecuente en algunas zonas). **Nota**: El olor anisado y los tonos claros facilitan la identificación. Como en *Ramaria stricta* los cordones miceliares contienen hifas esqueléticas de paredes gruesas.

Ramaria testaceoflava

Ramaria testaceoflava (Bres.) Corner

Caracteres: C. fr. 6-12 cm de altura, de pardo cárneo oscuro a pardo rojo, con los ápices amarillos más claros, astas apenas ramificadas, con arrugas típicamente longitudinales, ápices por lo general como trucados, tronco poco desarrollado, base delgada a modo de pie; carne blanquecina, se tiñe lentamente de rojizo cárneo o pardusco al corte; sabor amargoso; esp. finamente verrucosas, 9-13 x 4-5 µ; hifas fibulíferas. **Hábitat**: VIII-X; en bosques montañosos de coníferas, en zonas musgosas bajo píceas, sobre suelo calizo; raro. **Confusiones**: Con carne invariable (que no se tiñe de pardusco): *Ramaria fennica*.

Artomyces pyxidatus RL R

Artomyces pyxidatus (Pers.: Fr.) Jüglich
Sin.: *Clavicorona pyxidata* (Fam. Clavicoronaceae)

Caracteres: C. fr. 4-12 cm de altura, de cárneo claro a ocre amarillento, parecido a *Ramaria*, pero con ramas ascendentes, casi erectas y bifurcadas, con los ápices truncados y a menudo ensanchados, formando una corona, astas densas, base a modo de tronco; carne blanquecino amarillenta, elástica, que pardea al frotarla; olor fuerte, aromático; sabor de suave a amargoso, muy picante tras masticarlo un rato; espp. blanca, amiloide; esp. elipsoidales, lisas, 3,5-4(5) x 2-2,5(3) µ; sin p.g. **Hábitat**: VII-IX; madera muerta de coníferas o planifolios, tocones, ramas caídas de pinos, álamos, sauces; raro; saprotrófico. **Confusiones**: *Ramaria stricta* (p. 588).

Género **Sparassis**
Fam. Sparassidaceae

C. fr. en forma de esponja, rizados, ondulados al madurar, provistos de elementos foliiformes que surgen del mismo tronco (recubriendo ambos lados del himenio); espp. amarillento crema, inamiloide; esp. elipsoidales, lisas, sin p. g.; saprotróficos y parásitos de raíces; causa pudrición parda.

Clavaria rizada, Seta coliflor

Sparassis crispa (Wulfen in Jacq.): Fr.
c. Peu de rata reina, *e.* Azalori belaki, *g.* Colifrol do monte, *in.* Cauliflower mushroom

Caracteres: C. fr. 10-40 cm de altura, de color cárneo a ocre amarillento, compuesta por elementos foliiformes rizados, enlazados entre sí densamente, de color uniforme o con el margen pardusco, de consistencia quebradiza; carne blanquecina en el tronco, acuosa; esp. 5-6 x 4-4,5 µ. **Hábitat**: VIII-XI; sobre el pie de coníferas o sobre tocones, especialmente pinos; localmente frecuente. **Confusiones**: *Sparassis brevipes* (abajo).
Comestible; buena especie culinaria de excelente sabor. Se debe lavar bien y eliminar todos los restos de humus o de insectos que pueda tener. Al madurar puede ser amargo.

Sparassis brevipes RL 2

Sparassis brevipes Krombh. Sin.: *S. laminosa, S. nemecii*

Caracteres: C. fr. 10-50 cm de altura, de blanquecino a amarillento paja, con los elementos externos relativamente erectos, toscamente ondulado o en forma de abanico, con la superficie a menudo zonada; carne blanquecina, algo elástica, tenaz; esp. 4,5-6 x 3,5-4,5 µ. **Hábitat**: VIII-X; sobre pie y raíces de planifolios y coníferas, en robles, abetos blancos (foto) y raramente también píceas; raro. **Confusiones**: *Sparassis crispa* (ctro.).

Género **Lycoperdon**
Fam. Lycoperdaceae

C. fr. obpiriforme, al madurar se vuelve pardo; el interior contienen una masa esporífera, la cual al ser sometida a presión, hace que las esporas salgan por un orificio apical en forma de polvo; la parte del pie es estéril; espp. de pardo olivácea a pardusca; esp. redondas, de lisas a verrucosas, sin p. g.; saprotróficos terrícolas, raramente lignícolas (V. *Calvatia*).

Cuesco de lobo perlado

Lycoperdon perlatum Pers.: Pers.   Sin.: *L. gemmatum*
c. Pet de llop perlat, *e.* Astaputz perladun, *g.* Fungo dos manziñeiros, *in.* Warted puffball

Caracteres: C. fr. 3-8 cm de altura, de joven blanco puro, de blanquecino a crema; cubierto externamente de agujas blancas, gruesas y compactas, que, al desprenderse, dejan un dibujo reticulado; espp. pardo olivácea; esp. finamente verrucosas, 3-4,5 µ. **Hábitat**: VII-XI; en bosques de coníferas o planifolios, en grupo sobre el suelo; muy frecuente. **Confusiones**: *Lycoperdon foetidum* (ctro.), *Calvatia excipuliformis* (p. 600), sobre madera: *L. pyriforme* (p. 598).
Comestible de joven; como todos los *Lycoperdon*, es comestible mientras el interior es blanco, más tarde, aunque no tóxico, no es aprovechable. Sirve como condimento.

Lycoperdon foetidum

Lycoperdon foetidum Bonord.

Caracteres: C. fr. 2-5 cm de altura, de joven blanquecino a gris blanquecino; con agujas desde el principio compuestas por varias agujitas parduscas o negruzcas a partir del ápice, que al desprenderse dejan un dibujo reticulado; olor desagradable sobre todo al principio, metálico; espp. pardo olivácea; esp. punteada o finamente verrucosas, 3,5-4,5 µ. **Hábitat**: VIII-X; en bosques de coníferas o planifolios, sobre el suelo; relativamente frecuente. **Confusiones**: *Lycoperdon perlatum* (arriba).
Comestible de joven; menos sabroso que *Lycoperdon perlatum*.

Bejín blando

Lycoperdon molle Pers.: Pers.
g. Peidos de lobo

Caracteres: C. fr. 2-7 cm de altura, joven color crema, gris blanquecino o color café con leche; con agujas muy finas, formadas por elementos menores, a menudo sólo farinosofurfuráceas, sin dejar marcas reticuladas al desprenderse, pronto glabrescente; espp. por lo general de pardo purpúreo a pardo oscuro; esp. toscamente verrucosas, 4-5,5 µ. **Hábitat**: VIII-XI; en bosques de coníferas o planifolios, bajo abedules, robles, hayas, sobre el suelo; disperso. **Nota**: En las esporas se encuentran entremezclados restos de esterigmas de aprox. 10 µ de largo y rotos (fig. 124).
Comestible de joven (V. *Lycoperdon perlatum*, arriba).

Lycoperdon lividum

Lycoperdon lividum Pers. Sin.: *L. spadiceum*

Caracteres: C. fr. 2-4 cm de altura, de joven gris, ocre o pardusco; externamente granuloso furfuráceo, pero sin espinas, pronto totalmente glabrescente, al secarse se resquebraja; base del pie provista de micelio o de raicillas; espp. pardo olivácea; esp. punteada o finamente verrucosas, 3,5-5 μ. **Hábitat**: VII-IX; por lo general no en bosques, entre hierbas sobre el suelo (céspedes secos) o dunas, en suelo arenoso; disperso. **Nota**: Es una especie de zonas cálidas, que he llegado a encontrar en Sardeña, difícil de reconocer con exactitud. Para ello se deben seguir todos los estadios de crecimiento. **Confusiones**: *Lycoperdon mollis* (p. 594).
Comestible de joven (V. *Lycoperdon perlatum*, arriba).

Lycoperdon umbrinum

Lycoperdon umbrinum Pers.: Pers.

Caracteres: C. fr. 2-4(6) cm de altura, ya desde joven gris pardusco, luego de pardo a pardo oscuro; agujas finas, de apenas 1 mm de largo, densas, que no dejan ningún dibujo reticulado al desprenderse; espp. pardo olivácea; esp. de punteada a finamente verrucosas, 3,5-5,5 μ, con espinas de 0,5-1,5 μ de largo (restos de esterigma). **Hábitat**: VIII-X; en bosques de coníferas, en especial bajo píceas en montañas, sobre el suelo; localmente frecuente aunque disperso en piso basal. **Nota**: Esta variable especie puede ser pedunculada o sésil y casi esférica. **Confusiones**: Con las espinas furfuráceas: *Lycoperdon mollis* (p. 594), con las espinas muy largas: *L. echinatum* (abajo).
Comestible de joven (V. *Lycoperdon perlatum*, arriba).

Bejín erizado

Lycoperdon echinatum Pers.: Pers.

c. Pet de llop d'agulletes, *e.* Trikuputz, *g.* Peido de lobo, *in.* Spiny puffball

Caracteres: C. fr. 2-6 cm de altura, con el tiempo va volviéndose pardo; agujas de hasta 5 mm de largo, algo agudas, densas, que recuerdan a un erizo, al caer dejan un tosco dibujo reticulado y oscuro; espp. pardo purpúrea; esp. toscamente verrucosas-espinosas, 3,5-5 μ. **Hábitat**: VII-X; sobre todo en bosques de planifolios, bajo hayas en suelo calcáreo, sobre el suelo, raramente lignícolas; relativamente frecuente en algunas zonas. **Nota**: Quien haya visto esta especie una vez, no la confundirá gracias a su llamativo aspecto. **Confusiones**: De colores pardos pero con las espinas más cortas: *Lycoperdon umbrinum* (ctro.).
Comestible de joven (V. *Lycoperdon perlatum*, arriba).

Bejín piriforme

Lycoperdon pyriforme Schaeff.: Pers.
c. Pet de llop piriforme, *in.* Pear-shaped puffball

Caracteres: C. fr. 2-5 cm de altura, blanquecino de joven, color crema o amarillento; con la parte externa de glabra a escamoso-furfurácea, pronto glabrescente; con delgados cordones miceliares blanquecinos en la base; carne tenaz, en la base permanece blanca al madurar; olor desagradablemente metálico, sobre todo al principio, recuerda al de los esclerodermas; espp. pardo olivácea; esp. lisas, 3,5-5 µ. **Hábitat**: VIII-XI; sobre madera muerta de planifolios o coníferas, ramas caídas y tocones, a menudo crece en grupos densos, numerosos, eventualmente sobre ramas enterradas; muy frecuente. **Nota**: A causa de su típico sustrato no se suele confundir con otras especies. **Confusiones**: Sobre la tierra, con espinas: *Lycoperdon perlatum* (p. 594).

Incomestible, de carne tenaz.

Bejín de prado

Vascellum pratense (Pers.: Pers.) Kreisel (Fam. Lycoperdaceae)
c. Pet de llop de prat, *in.* Meadow puffball

Caracteres: C. fr. 2-4 cm de altura, joven de blanco a crema, obpiriforme o circular, a menudo típicamente aplanado; exterior con agujas furfuráceas, pronto glabrescente, sin dibujo reticulado; espp. pardo olivácea; esp. redondas, de lisas a finamente verrucosas, 3-4,5 µ, sin p.g. **Hábitat**: VII-X; en zonas herbosas, márgenes de bosque, prados, pastos; frecuente; saprotrófico terrícola. **Nota**: Puede confundirse con otros bejines del género *Lycoperdon* pero se distingue por la parte superior, siempre deprimida al madurar. El c. fr. maduro desarrolla pocas esporas que se dispersan por el orificio apical. Comparte hábitat con *Bovista plumbea* (p. 602).

Comestible de joven (V. *Lycoperdon perlatum*, arriba).

Bovistella radicata RL 2

Bovistella radicata (Durieu & Mont.) Pat. (Fam. Lycoperdaceae)

Caracteres: C. fr. 4-6 cm de altura, joven blanco puro, al madurar progresivamente amarillo pardusco, esférico, oviforme hasta piriforme, externamente sésil (tipo *Bovista*); base provista de cordones miceliares parecidos a raíces; exterior irregular, verrucoso-espinoso o toscamente furfuráceo; al corte transversal se observa la diferencia entre la gleba (masa de esporas) y la subgleba estéril, de células toscas, mediante una capa de células más gruesa; las esporas maduras se dispersan por el orificio apical; espp. pardo olivácea; esp. esféricas, lisas, 3,5-5 µ, con restos de esterigmas (fig. 125). **Hábitat**: VII-IX; en bosques de coníferas o planifolios y mixtos, bajo pinos y robles, sobre suelo arenoso; muy raro; saprotrófico terrícola.

Comestible de joven, pero sin demasiado valor culinario.

Género **Calvatia**
Fam. Lycoperdaceae

C. fr. obpiriforme o sacciforme; al madurar el peridio se deshace, las esporas se dispersan y sólo queda la parte del pie, que es estéril; espp. pardo olivácea o pardo lila; esp. redondas, lisas, verrucosas o espinosas, sin p. g.; saprotróficos terrícolas (V. *Lycoperdon*).

Bejín en forma de bolsa

Calvatia excipuliformis (Scop.: Pers.) Perdeck Sin.: *C. saccata*
e. Zaku-astaputz, *g.* Falopo dos curandeiros

Caracteres: C. fr. 8-15 cm de altura, joven blanquecino, gris blanquecino, hasta beige claro, por lo general estipitado y como un pistilo o más raramente sacciforme; con agujas finas y curvadas; espp. pardo olivácea; esp. de punteadas a verrucosas, 4-5,5 µ. **Hábitat**: VII-XI; en bosques de coníferas o planifolios, en especial de piso basal; frecuente. **Confusiones**: *Lycoperdum perlatum* (p. 594), *Calvatia utriformis* (ctro.).
Comestible de joven, mientras el interior es de color blanco.

Bejín areolado RL 3

Calvatia utriformis (Bull.: Pers.) Jaap
Sin.: *C. caelata, Handkea utriformis*

Caracteres: C. fr. 10-20 cm de ancho, joven de blanco a blanquecino sucio, sacciforme, por lo general sésil y a menudo aplanado; agujas blandas y farinosas, compuestas por varias espínulas; espp. pardo olivácea; esp. lisas, 4-5 µ. **Hábitat**: VI-X; en zonas herbosas, prados, pastos, céspedes secos o semisecos; disperso. **Nota**: La parte inferior permanece en forma de copa durante bastante tiempo. **Confusiones**: Ejemplares de *Calvatia excipuliformis* desprovistos de pie (arriba), *C. cyathiformis* (abajo).
Comestible de joven, mientras el interior es de color blanco.

Bejín lilacino RL 1

Calvatia cyathiformis (Bosc) Morgan Sin.: *C. lilacina, C. fragilis*

Caracteres: C. fr. 5-15 cm de ancho, joven de blanquecino a parduzco claro, bulboiforme aplanado, con parte externa glebulosa, rasgada, sin agujas; espp. pardo lila; esp. toscamente verrucosas o espinosas, 5-7 µ. **Hábitat**: VII-IX; en pastos herbosos; muy raro. **Nota**: Esta especie de clima cálido fue encontrada en un pasto de caballos en Cerdeña. El color lila de las esporas maduras es una característica singular de la especie.
Comestible de joven; de gran valor culinario y excelente sabor. Debe ser protegida.

Género **Bovista**
Fam. Lycoperdaceae

C. fr. a menudo esférico, al madurar, ligeramente suelto del micelio; toda su parte interna suele estar ocupada por la gleba o masa esporal, la subgleba está reducida o ausente; espp. pardo olivácea; esp. redondas, de lisas a verrucosas, sin p. g.; saprotróficos terrícolas; todas las especies son comestibles mientras el interior es blanco (V. especies tóxicas de *Scleroderma*, p. 608).

Bejín negruzco

Bovista nigrescens Pers.: Pers. (fotos superiores)
c. Pet de llop negró, *in.* Brown puffball

Caracteres: C. fr. 3-6 cm de ancho, joven blanquecino, pardea en las zonas presionadas, finamente furfuráceo, al desmenuzarse el exoperidio aparece el endoperidio, de color pardo purpúreo o pardo negruzco; espp. de pardo oscuro a pardo lila; esp. fina o toscamente verrucosas, 5-6 µ, con restos adheridos de esterigmas de 5-8 µ. **Hábitat**: VI-IX; en bosques de coníferas o planifolios, márgenes de caminos; disperso, más frecuente en montañas. **Nota**: La parte exterior se rompe a menudo como la cáscara de un huevo. **Confusiones**: De tamaño menor, en prados: *Bovista plumbea* (ctro.).

Bejín plomizo

Bovista plumbea Pers.: Pers. (foto central)
c. Pet de llop gris, *g.* Fungo do sapo, *in.* Grey puffball

Caracteres: C. fr. 1-4(5) cm de ancho, blanco de joven, con la parte exterior lisa o resquebrajada, ésta, después de romperse como la cáscara de un huevo, adquiere tonos típicamente azules; espp. de pardo oliváceo a pardo oscuro; esp. lisas o finamente verrucosas, 4-6 µ, con restos adheridos de esterigmas de hasta 12 µ. **Hábitat**: VI-X; en zonas herbosas, prados, pastos, márgenes de caminos; frecuente. **Nota**: La característica más particular es el tono azulado que adquiere al romperse la parte externa. **Confusiones**: De tamaño mayor, en bosques: *Bovista nigrescens* (arriba).

Bovista paludosa

RL 1

Bovista paludosa Lév. (foto inferior)

Caracteres: C. fr. 1-3 cm de ancho, joven blanco, con la parte exterior lisa o resquebrajada, de color cobre a pardo negro al madurar, esférico o estipitado, la parte estéril se puede apreciar al seccionarlo transversalmente; espp. pardo olivácea; esp. lisas o punteadas, 3,5-5 µ, con esterigmas. **Hábitat**: VII-X; en prados pantanosos, turberas en suelo calcáreo; disperso en montañas, muy raro en llanuras. **Nota**: Se reconoce por el exterior liso y el biotopo en ambientes pantanosos.

Bovista polymorpha

RL 3

Bovista polymorpha (Vittad.) Kreisel
Sin.: *B. aestivalis, Lycoperdon pusiliforme*

Caracteres: C. fr. 1-3,5 cm de ancho, joven blanquecino, luego amarillo, ocre o pardo rojo, por lo general piriforme-capitiforme, base con o sin cordones miceliares; parte exterior finamente verrucosa o furfuráceo-espinosa; al seccionarlo transversalmente se observa que la parte estéril está levemente desarrollada; espp. pardo olivácea; esp. de lisas a punteadas o finamente verrucosas, 3,5-4,5 µ, sin esterigmas. **Hábitat**: VIII-X; en bosques de planifolios o mixtos, zonas abiertas, márgenes de caminos, cerca de robles, pinos, abedules, sobre suelo arenoso y en bosques con brezo; localmente frecuente, disperso. **Nota**: En el pasado esta especie se clasificaba dentro de los *Lycoperdon*, pero su zona basal es reducida y de células muy finas. A simple vista tiene consistencia compacta, no membranosa como los *Lycoperdon.* **Confusiones**: Fuera de bosques: *Bovista pusilla* (ctro.).

Bovista pusilla

Bovista pusilla (Batsch): Pers.

Caracteres: C. fr. 0,5-2 cm de ancho, joven blanquecino, amarillo pardusco en las zonas dañadas, finalmente gris o pardo oliváceo, de esférico a oviforme, base con cordones miceliares robustos; cara exterior finamente furfurácea; interior por lo general desprovisto de parte estéril; espp. pardo olivácea; esp. finamente punteadas, 3,5-4,5 µ, con esterigmas muy pequeños. **Hábitat**: VII-X; fuera de bosques, en céspedes secos, matorrales, sobre suelo arenoso; de raro a disperso. **Nota**: Esta especie es la más pequeña de su familia. Tiene un capicilo semejante a *Lycoperdon*. **Confusiones**: En márgenes de bosques, algo más grande: *Bovista polymorpha* (arriba).

Disciseda candida

RL 2

Disciseda candida (Schwein.) Lloyd
Sin.: *D. calva* (Fam. Lycoperdaceae)

Caracteres: C. fr. 1-2 cm de ancho, primero blanquecino, luego paulatinamente pardo, finalmente pardo negro; el carpóforo joven, inmaduro es primero esférico y después en forma de copa, formada por los restos del exoperidio, del cual se pierde la parte inferior, la parte esférica está envuelta por el endoperidio, que queda arriba al darse la vuelta el c. fr., ahí se abre un orificio a través del cual son liberadas las esporas; espp. pardo olivácea; esp. redondeadas, de punteadas a finamente verrucosas, 4-5,5 µ, sin p. g. **Hábitat**: VIII-X; fuera de bosques, en céspedes secos, dunas, parques; raro; saprotrófico terrícola. **Nota**: Se distingue del género *Bovista* por el exoperidio, muy duradero y con la forma de plato.

Bejín gigante

Langermannia gigantea (Batsch: Pers.) Rostk.
(Fam. Lycoperdaceae)
c. Bufa del diable, *e.* Astaputz erraldoi, *g.* Bombas, *in.* Giant puffball

Caracteres: C. fr. 15-30(50) cm de ancho, joven blanco puro, al ir madurando se vuelve paulatinamente amarillento, luego pardusco, de forma más o menos esférica y de consistencia firme, se ablanda al madurar; el exoperidio, liso, se desprende como la cáscara de un huevo; el interior deviene masa esporal y finalmente pulveriza; espp. pardo olivácea; esp. redondeadas, de lisas a finamente verrucosas, 4-5,5 µ, sin p. g. **Hábitat**: VII-IX(X); en bosques de planifolios húmedos y luminosos, prados, pastos, jardines y parques, suelos ricos en nitrógeno; relativamente frecuente; saprotrófico. **Nota**: A causa de su tamaño no resulta fácil confundirlo con otra especie.

Comestible de joven, mientras el interior es blanco y la consistencia firme. Se puede asar, rebozar y freír pero se debe retirar la capa externa.

Género **Tulostoma**
Fam. Tulostomataceae

C. fr. de forma esférica y largo pie, que al principio se encuentra bajo la tierra y se libera por efectos de vientos, lluvias, etc.; la parte visible es una esfera cuyo interior se convierte en la masa esporal y en la cual, al madurar, se forma una pequeña abertura fimbriada en el ápice; espp. ocre; esp. redondas, verrucosas, sin p. g.; saprotróficos terrícolas.

Tulostoma de invierno RL 3

Tulostoma fimbriatum Fr.
e. Hankaputz leun, *in.* Sessile earthstar

Caracteres: C. fr. formado por una esfera de 0,5-1 cm de ancho, gris blanquecino, con la parte inferior siempre cubierta de tierra y una pequeña abertura fimbriada en el ápice; pie pardo rojo, fibroso, de 3-8 cm de largo, base bulbosa; esp. 4,5-6,5(8) µ. **Hábitat**: I-XII, el período de crecimiento es en otoño; en bosques y fuera de ellos, céspedes y matorrales secos, sobre suelo arenoso con contenido calcáreo; raro. **Confusiones**: *Tulostoma brumale* (abajo), sin pie: *Bovista pusilla* (p. 604).

Tulostoma brumale RL 3

Tulostoma brumale Pers.: Pers.

Caracteres: C. fr. formado por una esfera de 0,5-1 cm de ancho, de blanquecino sucio a ocre claro, pie rodeado de un delgado cuello colgante, pequeña abertura en el margen liso; pie de amarillento a pardusco, con fibras longitudinales, base bulbosa; esp. verrucosas, 3,5-5 µ. **Hábitat**: I-XII; en bosques, sobre suelo arenoso, calizo, matorrales, céspedes secos, entre dunas; raro. **Confusiones**: *Tulostoma fimbriatum* (ctro.).

Género **Scleroderma**
Fam. Sclerodermataceae

C. fr. de forma bulbosa, recia y consistente; interior pronto gris o casi negruzco; la gleba madura se descompone en una masa esporal pulverulenta; ápice provisto de una gran abertura irregular; olor desagradablemente metálico; espp. pardo olivácea, oscura; esp. redondas, con verrugas aisladas o reticulosas, sin p. g. (figs. 126, 127); micorrizógenas; todas las especies son tóxicas.

Escleroderma amarillo

Scleroderma citrinum Pers. Sin.: *S. vulgare, S. aurantium*
e. Astaputz arrunt, *g.* Feixo do demo, *in.* Common scleroderme

Caracteres: C. fr. de 5-10 cm de ancho, de beige claro, amarillento a ocre pardusco, redondeado bulboso, casi sésil, con la superficie de areolada a escamosa; zona estéril (peridio) de unos 2-3 mm de grosor; esp. con ornamentación reticulosa, 8-13,5 µ. **Hábitat**: VII-XI; en bosques de coníferas o planifolios, en especial sobre suelo ácido, pantanosos, raramente sobre madera muerta; muy frecuente. **Confusiones**: *Scleroderma verrucosum* (ctro.), *S. bovista* (p. 610), V. *Pisolithus arhizus* (p. 610).
Tóxico; en grandes cantidades causa náuseas, vómitos y desvanecimientos; tiempo de latencia de 1/2-3 horas.

Escleroderma pardo

Scleroderma verrucosum (Bull.): Pers.
c. Pota de cavall, *in.* Warty scleroderme

Caracteres: C. fr. de 4-7 cm de ancho, amarillento pardusco, de forma bulbosa, con la base alargada, más o menos estipitada, pseudoestirpe con numerosos cordones miceliares; superficie de lisa a finamente glebulosa, enrojece ligeramente al corte; esp. con espinas aisladas, 8-11,5 µ. **Hábitat**: VI-X; en bosques de planifolios o mixtos; de relativamente frecuente a disperso. **Confusiones**: *Scleroderma areolatum* (abajo), *S. citrinum* (arriba).
Tóxico; V. arriba.

Scleroderma areolatum

Scleroderma areolatum Ehrenb.

Caracteres: C. fr. de 2-5 cm de ancho, pardusco amarillento, ocre o pardo rojizo, de forma bulbosa, con la base brevemente estipitada; superficie típicamente areolada, con areolas más oscuras, que a veces recuerda a la piel de un leopardo; de sección fina (aprox. 1 mm), enrojece ligeramente, al corte; esp. con espinas aisladas, 9-14 µ. **Hábitat**: VII-X; en bosques de planifolios o mixtos; de relativamente frecuente a disperso. **Confusiones**: *Scleroderma verrucosum* (ctro.).
Tóxico; V. arriba.

Scleroderma bovista

Scleroderma bovista Fr.

Caracteres: C. fr. de 3-5 cm de ancho, gris beige, ocre o naranja amarillento, incluso casi pardo rojizo, redondeado-bulboso, sésil por lo general, directamente sobre el suelo; superficie de lisa a finamente escamosa, peridio delgado (de aprox. 1 mm); esp. con toscos retículos, 8-11,5 (13) µ. **Hábitat**: VIII-X; en bosques de planifolios o coníferas, parques, sobre suelos arenosos o arcillosos; disperso. **Nota**: Se diferencia de la más habitual *Scleroderma citrinum* por el peridio liso, más fino al corte, y por las esporas con retículos regulares y más toscos. Otras especies parecidas presentan esporas espinosas y no reticuladas.

Tóxico; (V. *Scleroderma citrinum*, p. 608).

Scleroderma meridionale

Scleroderma meridionale Demoulin & Malençon

Caracteres: C. fr. de 3-8 cm de ancho, blanquecino de joven, después beige sucio o amarillento ocre, bulboso desigual, a menudo con pseudoestirpe grueso, con los caracteres externos de *Scleroderma citrinum* y *verrucosum*; peridio de gruesas paredes (3-6 mm), con la superficie relativamente lisa, se escinde irregularmente en el ápice al madurar; esp. con toscos retículos, 11-15 µ. **Hábitat**: IX-II; en bosques arenosos de coníferas, de la costa mediterránea; contra lo que parece, no es raro. **Nota**: No se puede confundir con especies parecidas del centro de Europa ya que allí no crece. En la zona mediterránea crece otra especie, de gran tamaño y superficie areolada cuyo peridio se rompe típicamente en forma de estrella: *Scleroderma polyrhizum*.

Tóxico; (V. *Scleroderma citrinum*, p. 608).

Pisolithus arhizus RL 3

Pisolithus arhizus (Scop.: Pers.) Rauschert
Sin. *P. tinctorius, P. arenarius* (Fam. Sclerodermataceae)

Caracteres: C. fr. de 5-10 cm de ancho y hasta 20 cm de altura, ocre sucio, pardusco beige a oliváceo, irregularmente bulboso, piriforme o columniforme, a menudo con pie delgado o grueso; superficie lisa, glabra, a veces también con escrobículas, peridio delgado, coriáceo; interior amarillo vivo, con compartimentos del tamaño de guisantes, de color violeta negruzco al corte, se va descomponiendo en una masa pulverulenta de color pardo herrumbroso; olor y sabor agradables, aromático-especiados; espp. pardo herrumbrosa oscura; esp. redondeadas, con verrugas largas y gruesas, 7-9 µ, sin p. g. (fig. 128). **Hábitat**: VII-IX; en bosques arenosos de coníferas, en especial bajo pinos, taludes, terraplenes, escombreras; raro, en la zona mediterránea (Cerdeña, Mallorca) es más frecuente que en otras áreas; micorrizógeno. **Confusiones**: *Scleroderma* (tóxicos, p. 608).

Comestible de joven; excelente especie usada como condimento en salsas y sopas.

Género **Geastrum**
Fam. Geastraceae

C. fr. de forma estrellada al madurar (se abre mediante desgarros radiales), en el centro está el cuerpo esporífero, dentro del cual se hallan las esporas, que se dispersan en forma de polvo a través del peristoma; espp. parda, pardo negra; esp. redondas, verrucoso-espinosas, sin p. g.; saprotróficos terrícolas.

Estrella de tierra

Geastrum fimbriatum Fr. Sin.: *G. sessile*
e. Izarputz argia, *in.* Finged earthstar

Caracteres: C. fr. de 2-5 cm de ancho, de blanquecino a beige claro, de desarrollo hipogeo, que se abre al madurar y se curva hacia fuera; endoperidio sésil con un orificio central (peristoma) fimbriado; espp. pardo pálido; esp. finamente verrucosa, 2,5-3,5 µ. **Hábitat**: VIII-X; en bosques de coníferas o planifolios, en especial entre acículas en bosques de píceas, en pequeños grupos; relativamente frecuente y distribuido. **Nota**: Es la especie más común de su género. Los ejemplares inmaduros se encuentran semienterrados y parecen pequeñas cebollas hasta que se empiezan a abrir. Maduros se pueden encontrar durante casi todo el año. **Confusiones**: *Geastrum rufescens* (p. 614), ejemplares jóvenes de *G. triplex* (ctro.).

Estrella de tierra

Geastrum triplex Jungh.
c. Estrelleta de tres capes, *e.* Izarputz hirurkoitz, *g.* Estreliñas, *in.* Colared earthstar

Caracteres: C. fr. de 4-10 cm de ancho, de color beige a pardo rojizo, el exoperidio se abre en estrella de 5-7 lacinias; endoperidio sésil, al final rodeado por un collar o "gorguera", provisto de peristoma ciliado, a menudo bien delimitado por un halo; espp. pardo oscuro; esp. con verrugas relativamente toscas, 3,5-5 µ. **Hábitat**: VIII-X; en bosques de planifolios o mixtos, entre matorrales en parques y jardines; localmente frecuente pero raro por lo general. **Nota**: La "gorguera" o collar se origina al desarrollarse el c. fr. en torno al endoperidio, que al no ser suficientemente elástico hace que las lacinias se resquebrajen.

Geastrum quadrifidum

Geastrum quadrifidum Pers.: Pers.

Caracteres: C. fr. de 2-4 cm de ancho, el exoperidio por lo general se abre en 4 lacinias, de color beige pardusco; endoperidio gris acero, cortamente pedicitado, con la zona del peristoma en forma de anillo y abertura ciliada; espp. pardo oscuro; esp. finamente verrucosas, 4,5-6 µ. **Hábitat**: VII-X; en bosques de coníferas o mixtos, en especial bajo píceas; disperso. **Nota**: Al curvarse las lacinias el c. fr. se levanta hacia fuera y en la tierra queda una pequeña cuenca reticulada y blanquecina. **Confusiones**: *Geastrum fornicatum*.

Estrella de tierra

Geastrum rufescens Pers.: Pers. Sin.: *G. vulgatum*

c. Estrelleta, *e.* Lur-izar, *in.* Reddish geaster

Caracteres: C. fr. de 4-8(10) cm de ancho, de color blanquecino beige, paulatinamente rosa cárneo, al envejecer pardo rojizo, el exoperidio se abre en 5-9 segmentos, con la superficie pronto rasgada en forma de estrella o de dados; endoperidio del color de las lacinias, sostenido por un corto pedúnculo, casi sésil, con peristoma fimbriado; espp. pardo oscuro; esp. finamente verrucosas, 3,5-4,5(5,5) µ. **Hábitat**: VIII-X; en bosques de planifolios o coníferas, en especial bajo píceas; disperso, localmente no es raro. **Nota**: Esta especie pertenece a un grupo cuya superficie siempre está cubierta de partículas de tierra. En *Geastrum triplex* la superficie siempre está "limpia". **Confusiones**: *Geastrum fimbriatum* (p. 612), *G. coronatum* (ctro.).

Estrella de tierra coronada

Geastrum coronatum Pers. Sin.: *G. limbatum*

in. Rayed earthstar

Caracteres: C. fr. de 4-8 cm de ancho, de gris oscuro a pardo gris cuando está desarrollado por completo, estrellado coroniforme al extenderse el exoperidio, de 7-10 lacinias verticales; endoperidio por lo general gris acero, pronto claramente pedunculado, con una protuberancia anular en la zona inferior y peristoma fimbriado; espp. pardo negra; esp. verrucoso-espinosas, 4-5,5 µ. **Hábitat**: X-XI, de aparición tardía; en bosques de planifolios o coníferas, entre matorrales, en parques (con suelo rico en nutrientes); raro, totalmente ausente en algunos lugares. **Nota**: Por sus lacinias erguidas recuerda a su congénere *Geastrum fornicatum*, pero éste tiene una capa miceliar en forma de nido, ausente en *G. coronatum*. **Confusiones**: *Geastrum rufescens* (arriba), con el endoperidio estriado en la parte inferior: *G. pectinatum*.

Estrella de tierra negra

Geastrum melanocephalum (Czern.) V. J. Stanêk

Sin.: *Trichaster melanocephalus*

e. Lur-izar beltz

Caracteres: C. fr. de 10-20 cm de ancho, maduro pardo negro, después de enrollarse, las lacinias tienen la cara superior pardo negra y tomentosa; gleba pardo negra y libre (no cubierta por el endoperidio como las demás estrellas de tierra), paulatinamente se vuelve pulverulenta; espp. pardo negra; esp. toscamente verrucosas, 3,5-4,5(5) µ. **Hábitat**: VIII-X; en bosques de planifolios con humus, bajo acacias, fresnos, en parques y jardines; muy raro. **Nota**: Se distingue de todas las demás especies porque, después de desarrollarse, la esfera esporal no queda envuelta por el peridio. El endoperidio, que cubre la masa esporal es muy fino. Las lacinias están cubiertas por un tomento negruzco formado por las esporas.

Myriostoma coliforme

RL R

Myriostoma coliforme (With.: Pers.) Corda (Fam. Geastraceae)

Caracteres: C. fr. de 5-8 cm de ancho, de gris ocráceo a ocre pardusco, estrellado al madurar, el exoperidio se divide en 5-12 segmentos y se enrolla como en las estrellas de tierra; las esporas son liberadas por varios orificios peristomiales ciliados, endoperidio y exoperidio unidos por columelas; espp. marrón; esp. redondeadas, cubiertas de crestas aliformes, a veces unidas parcialmente por retículo, 4-5 µ, cresta de hasta 2 µ de altura, sin p. g. (fig. 129). **Hábitat**: IX-XI; en bosques de planifolios, sobre suelos arenosos, en zonas cálidas y secas; muy raro; saprotrófico terrícola. **Nota**: Este interesante hongo se encuentra más en el sur de Europa que en el centro o norte. Se diferencia del género *Geastrum* por tener muchos orificios (hasta 30) y las correspondientes columelas.

Estrella de tierra

RL 3

Astraeus hygrometricus (Pers.) Morgan (Fam. Astraceae)

c. Estrelleta, *e.* Izarputz higrometro, *g.* Estrelo nubeira, *in.* Hygroscopic earthstar

Caracteres: C. fr. maduro de 3-8 cm de ancho, de gris blanquecino a pardusco, el exoperidio se enrolla formando una estrella (como en las especies de *Geastrum*), de 7-15 lacinias; gleba de gris claro a beige, con un pequeño orificio irregular en el ápice; espp. pardo oscuro; esp. redondas, verrucosas, 8-11 µ, sin p. g (fig. 130). **Hábitat**: VIII-X; en bosques claros, zonas arenosas y secas, entre dunas; en Europa central de disperso a raro, más común en el sur; saprotrófico terrícola. **Nota**: Es una especie higroscópica y por lo tanto en tiempo seco se puede volver a cerrar. Algunas especies del género *Geastrum* presentan esta característica (p. ej. *G. floriforme*). Esta especie, sin embargo, es más cercana al género *Scleroderma*.

Mycenastrum corium

Mycenastrum corium (Guers. in DC.) Desv.
(Fam. Mycenastraceae)

Caracteres: C. fr. de 5-10 cm de ancho, joven de gris blanquecino a beige pálido, de forma esférica a bulbosa, con la superficie de lisa a areolada-rasgada, al madurar se abre en forma de estrella y la masa esporífera, marrón oscura y pulverulenta, queda libre; espp. pardo oliváceo oscuro; esp. redondas, cubiertas por un retículo densamente areolado, 8-10,5 µ, sin p. g (fig. 131). **Hábitat**: VI-X; zonas ruderales de bosques, eriales, prados, zonas esteparias, sobre suelos arenosos; raro; saprotrófico terrícola. **Nota**: Se diferencia del género *Bovista* por su eclosión en forma de estrella. Cuando está cerrado puede parecerse a un *Scleroderma*.

Comestible de joven, mientras está cerrado y tiene el interior blanco.

Género **Phallus**
Fam. Phallaceae

Los c. fr. se desarrollan a partir de "huevos del diablo" (estructura ovoide con cubierta gelatinosa), al madurar adoptan forma fálica, con un ápice coronado en un capuchón parecido a un dedal, portador de la gleba que es de color verde oliváceo; esp. elipsoidales, lisas, sin p. g.; saprotróficos o parásitos de raíces.

Falo hediondo

Phallus impudicus L.: Pers. (fotos superiores)
c. Ou del diable, *e.* Etsai erzen, *g.* Carallos, *in.* Stinkhorn

Caracteres: C. fr. maduro de 10-20 cm de altura, blanco puro, con olor dulzón y a carne podrida; antes, en fase de huevo "del diablo", blanquecino, de 3-6 cm de ancho, con cordones miceliares en la base; esp. 3,5-4,5 x 1,5-2 μ. **Hábitat**: V-XI; en bosques de coníferas o planifolios, parques, jardines; frecuente. **Nota**: Cuando está en fase de huevo desprende un olor rafanoide. Al madurar, desarrolla un fuerte olor a carroña que sirve para atraer insectos (moscas, escarabajos, etc.), los cuales se encargan de dispersar las esporas. **Confusiones**: *Phallus hadriani* (ctro.), con velo reticulado bajo la gleba: *P. impudicus* var. *duplicatus*.
Comestible en el estadio de huevo. Se debe retirar la cubierta gelatinosa.

Falo imperial

RL 3

Phallus hadriani Vent.: Pers. (foto central)
c. Ou del diable violaci, *e.* Zakil, *g.* Carallo de ovos rosas, *in.* Sand stinkhorn

Caracteres: C. fr. maduro de 10-15 cm de altura, blanquecino-amarillento, con olor ligeramente a podrido; antes, en fase de huevo "del diablo", blanquecino, al entrar en contacto con el aire, se tiñe de rosa o lila, de 2-5 cm de ancho; esp. 3-4 x 1,5-2 μ. **Hábitat**: VIII-X; fuera de bosques, campos, jardines, dunas, céspedes secos, viñedos; muy raro; presuntamente es un parásito de hierbas, vides y céspedes. **Confusiones**: *Phallus impudicus* (arriba).

Falo perruno

Mutinus caninus (Huds.: Pers.) Fr. (Fam. Phallaceae)
c. Fal·lus caní, *e.* Txakur-zakil, *g.* Carallete, *in.* Common cynophallus

Caracteres: C. fr. maduro de 5-10 cm de altura, del grosor de un dedo, de blanquecino o amarillento a ocre anaranjado, ápice naranja más intenso, al principio cubierto por la masa esporal de color verde oliváceo; olor relativamente leve, recuerda a excrementos de gato; en fase de huevo "del diablo", blanco, alargado, de 1-2 cm de ancho; esp. 4-5 x 1,5-2 μ. **Hábitat**: VII-X; en bosques de planifolios o mixtos, sobre la tierra o tocones en descomposición; relativamente frecuente; saprotrófico. **Nota**: El género *Mutinus* se distingue del *Phallus* por el menor tamaño y el receptáculo no alveolado. **Confusiones**: *Phallus ravenelii* (p. 620).

Mutinus ravenelii

Mutinus ravenelii (Berk. & M. A. Curtis) E. Fisch.
(Fam. Phallaceae)

Caracteres: C. fr. maduro de 5-8 cm de altura y aprox. 1 cm de ancho, de amarillento ocre a rojo frambuesa, ápice cubierto por la masa esporal de color verde oliváceo y rojizo por debajo; intenso olor a carne en descomposición, pero menos penetrante que el de *Phallus impudicus*; en fase de huevo "del diablo", blanco, alargado-oviforme, de 1-1,5 cm de ancho; esp. 4-5 x 1,5-2 µ. **Hábitat**: VI-VIII; en parques y jardines bajo hojarasca y acículas de pino; muy raro. **Nota**: Esta especie aparece esporádicamente, sobre todo en veranos de clima húmedo. Los perros suelen comerlo sin problema. **Confusiones**: *Mutinus caninus* (p. 618).

Género **Clathrus**
Fam. Clathraceae

Los c. fr. se desarrollan a partir de "huevos del diablo", que al madurar se abren originando un receptáculo en forma de pulpo o de esfera enrejada, en cuyo interior se halla la masa esporal de color pardo oliváceo oscuro que desprende olor a excrementos o carroña; esp. elipso-cilíndricas, lisas, sin p .g., con esterigmas; saprotróficos.

Clathrus archeri

Clathrus archeri (Berk.) Dring. Sin.: *Anthurus archeri*

Caracteres: C. fr. maduro de 10-15 cm de altura, compuesto por 4-5 brazos de color rojo vivo a modo de pulpo, terminados en punta; intenso olor a carne en descomposición o a excrementos; huevo "del diablo" de gris blanquecino a gris pardusco claro, de 2-4 cm, de superficie lisa, sin dibujos; esp. 5-6 x 2-2,5 µ. **Hábitat**: VII-X; en bosques de coníferas o planifolios, en grupo; se encuentra en el suroeste de Alemania. **Nota**: Parece que su lugar de origen es Australia y que fue introducida en Europa. Desde los Vosgos se extendió a Alemania, donde se ha distribuido. Los ejemplares más nórdicos se encuentran en la costa del mar Báltico.

Clatro rojo

Clathrus ruber Micheli: Pers.
c. Gita de bruixa, *e.* Kaiola gorri, *g.* Ovos das meigas, *in.* Red cage

Caracteres: C. fr. maduro de 4-15 cm de altura, compuesto por un receptáculo en forma de esfera enrejada de color rojo escarlata, naranja cuando se descolora, dentro del cual se halla la masa esporal, de verde oliváceo a negruzco; olor a carne en descomposición; huevo "del diablo" blanquecino, con dibujos en forma de retículo, de 2-6 cm de ancho; esp. 4-5 x 1,5-2 µ. **Hábitat**: VI-VIII; esporádicamente se introduce en jardines y cementerios; muy raro. **Nota**: Es una especie de clima cálido, bastante frecuente en el Mediterráneo (Mallorca, Cerdeña, Córcega), donde puede crecer en invierno en bosques de coníferas de suelo arenoso o calizo.

Ciato estriado

Cyathus striatus (Huds.) Willd.: Pers. (Fam. Nidulariaceae)
c. Niuet estriat, *e.* Habia ildaskatu, *g.* Dedil, *in.* Fluted bird's nest

Caracteres: C. fr. de 10-15 mm de altura, al madurar se abre en forma de cuenco, la parte interna es gris, con largas estrías longitudinales, y contiene algunos peridiolos grises, lenticulares, donde se encuentran las esporas; parte externa marrón oscuro, cubierta de escamas y filamentos; esp. hialinas, elipsoidales, lisas, 14-18 x 6,5-11,5 µ, sin p. g. **Hábitat**: VIII-XI; sobre madera muerta de conífera o planifolio u otros restos de vegetales, crece en grupo; frecuente; saprotrófico. **Nota**: Los ejemplares jóvenes están cerrados y tienen el ápice cubierto por una membrana protectora. Al abrirse el c. fr. la membrana deja visibles los peridiolos, que están unidos a la base por una especie de cordón umbilical hasta que se sueltan por efecto de la lluvia. **Confusiones**: *Crucibulum laeve* (ctro.), con el interior liso, sobre la tierra: *Cyathus olla.*

Hongo de nido, Crucíbulo común

Crucibulum laeve (Huds.) Kambly (Fam. Nidulariaceae)
c. Niuet groc, *e.* Habia hori, *g.* Oveiro, *in.* White-egg bird's nest

Caracteres: C. fr. de aprox. 10 mm de altura, primero cilíndrico, con la parte externa cubierta por tomento de blanco a amarillo y provisto de un epifragma dorado en el ápice, al madurar se abre en forma de cuenco y deja ver la parte interna que contiene peridiolos blanquecinos, lenticulares, insertos por un funículo delgado; esp. hialinas, elipsoidales, lisas, 8-11,5 x 4,5-6 µ. **Hábitat**: VI-X; sobre madera muerta de conífera o planifolio u otros restos de vegetales, raramente sobre el suelo, crece en tropel; frecuente; saprotrófico. **Nota**: El género *Crucibulum*, que comprende una sola especie, se diferencia de *Cyathus* por la capa membranosa que envuelve a los ejemplares jóvenes (tres capas en el género *Cyathus*). Los peridiolos parecen monedas. **Confusiones**: *Cyathus striatus* (arriba).

Nidularia deformis

Nidularia deformis (Willd.: Pers.) Fr. & Nordholm Sin. *N. farcta*
Fam. Nidulariaceae)

Caracteres: C. fr. de 5-10(15) mm de altura, de blanquecino a beige pálido, inmaduro en forma de esfera cerrada, al madurar el ápice se abre y libera los peridiolos, unidades esporíferas lenticulares de color marrón, que se encontraban inmersos en una masa gelatinosa, hialina; la cara externa del hongo joven es finamente furfurácea; esp. hialinas, elipsoidales, lisas, 8-10 x 4,5-5,5 µ. **Hábitat**: VIII-X; sobre madera muerta de conífera o planifolio caída, crece en grupo; raro; saprotrófico. **Nota**: Es la única especie europea del género y se parece a *Crucibulum*, pero a diferencia de éste, los peridiolos no están unidos a la base por un funículo.

Género **Morchella**
Fam. Morchellaceae

C. fr. compuestos de pie y sombrero, con el interior hueco, quebradizos; sombreros con alvéolos irregulares, que están recubiertos por el himenio; espp. color crema; esp. elipsoidales, lisas (fig. 132); saprotróficos terrícolas.

Colmenilla, Morilla **(prot.)**

Morchella esculenta (L.) Pers. Sin.: *M. rotunda, M. vulgaris*
c. Múrgola, *e.* Karraspina, *g.* Pantorra, *in.* Morel

Caracteres: Sombrero de 3-10 cm de altura, color beige claro a ocre, pero también de gris a casi negro, forma ovalada, redondeada o atenuada; los bordes externos de los alvéolos, estériles, irregularmente ordenados; pie blanco, crema o amarillento, con la superficie furfurácea; esp. 16-23 x 11-14 µ. **Hábitat**: IV-V; en bosques de planifolios o mixtos, zonas riparias, parques, cerca de arroyos, bajo fresnos, prados abonados; relativamente frecuente. **Confusiones**: *Morchella conica* (ctro.), *Gyromitra esculenta* (tóxica, p. 626).
Comestible; especie muy apreciada y de agradable aroma. Sirve tanto fresca como seca.

Colmenilla cónica **(prot.)**

Morchella conica Pers. Sin.: *M. elata, M. deliciosa*
c. Múrgola de bosc, *e.* Karraspina konoko, *g.* Pantorra de pe longo, *in.* Black morel

Caracteres: Sombrero de 4-12 cm de altura, primero gris beige, luego por lo general pardo oliváceo oscuro o negruzco, de forma típicamente esférica con umbón agudo, pero que también puede ser redondeada u ovalada; los bordes estériles de los alvéolos suelen estar en las costillas paralelas; pie de blanquecino a ocre amarillento, furfuráceo; esp. 20-25 x 11-16 µ. **Hábitat**: III-V; en bosques de planifolios o coníferas, zonas riparias, parques y jardines, recientemente también sobre montones de abono; relativamente frecuente. **Confusiones**: *Morchella esculenta* (arriba), *M. gigas* (abajo).
Comestible; muy apreciada y aromática.

Crespillo **(prot.)**

Morchella gigas (Batsch: Fr.) Pers. Sin.: *Mitrophora semilibera*
c. Bolet de greix gran, *in.* Semifree morel

Caracteres: Sombrero de 2-4 cm de altura, pardo oliváceo oscuro, generalmente en forma de capuchón sobre un largo pie, a menudo atenuado, con costillas longitudinales y escasas conexiones con el pie, libres en una tercera parte; pie de blanco a amarillento, furfuráceo; esp. 22-25 x 11-15 µ. **Hábitat**: IV-V; en bosques de planifolios o mixtos, zonas riparias, parques, jardines; relativamente frecuente. **Nota**: En algunas zonas ésta es la especie más común del género, de consistencia algo tenaz y sabor menos apetitoso que las otras. **Confusiones**: *Morchella conica* (ctro.), *Verpa digitaliformis* (p. 626).

Verpa digitaliformis

Verpa digitaliformis Pers.: Fr. Sin.: *V. conica* (Fam. Morchellaceae)

Caracteres: Sombrero de 1-3 cm de altura, pardo claro u oscuro, digitiforme, pegado al pie en el ápice, superficie lisa o algo arrugada; pie de blanco a amarillento, cilíndrico, hueco y finamente furfuráceo; espp. crema; esp. elipsoidales, lisas, 20-25(30) x 10-15 µ. **Hábitat**: IV-V; en bosques húmedos de planifolios o coníferas, zonas riparias, orillas de ríos, jardines; raro; saprotróficos. **Confusiones**: *Ptychoverpa bohemica* (ctro.).

Ptychoverpa bohemica RL 3

Ptychoverpa bohemica (Krombh.) Boud. (Fam. Morchellaceae)

Caracteres: Sombrero de 2-4 cm de altura, de cárneo a pardo oscuro, acampanado, pegado al pie sólo por el ápice, superficie con costillas longitudinales y transversales; pie blanquecino crema, estriado y hueco, por fuera levemente furfuráceo; espp. crema; esp. oblongo-elipsoidales, lisas, 60-90 x 15-18 µ; ascos bispóricos. **Hábitat**: IV-V; en bosques claros, orillas de ríos, zonas cálidas, en especial sobre suelo calcáreo; raro; saprotróficos. **Confusiones**: *Verpa digitaliformis* (arriba), *Morchella gigas* (p. 624).

Género **Gyromitra**
Fam. Helvellaceae

C. fr. compuestos de pie y sombrero, interior sólo parcialmente hueco (V. *Morchella*); sombreros parduscos, en forma de cerebro (himenio); carne frágil; espp. blanca; esp. elipsoidales, de lisas a finamente verrucosas; saprotróficos (V. *Helvella, Discina*).

Bonete

Gyromitra esculenta (Pers.: Fr.) Fr.
c. Bolet de greix, *e.* Mitra muin, *in.* Brain mushroom

Caracteres: Sombrero de 3-8(12) cm de ancho, pardo rojo claro u oscuro, con estrechos pliegues convexos (cerebriforme), a menudo dividido en lóbulos; pie blanquecino cárneo, también con brillos lilas, plegado, pruinoso; olor aromático; esp. lisas, con 2 pequeñas gútulas lipídicas, 18-23 x 9-11,5 µ (fig. 133). **Hábitat**: III-V; en pinares de suelo arenoso; localmente frecuente. **Nota**: Es el doble venenoso de las especies comestibles de *Morchella*. **Confusiones**: *Gyromitra gigas* (tóxico, p. 628), *Morchella* (p. 624).
Tóxico; contiene giromitrina que puede perjudicar el hígado y los riñones; se pueden dar incluso casos mortales; tiempo de latencia: 4-8 horas. En el pasado se solía destruir la toxina mediante la aplicación de altas temperaturas y la deshidratación. Con todo, se pueden producir complejas reacciones alérgicas, así como alteraciones en la sangre.

Gyromitra gigas

RL 3

Gyromitra gigas (Krombh.) Cooke Sin.: *Maublancomyces gigas*

Caracteres: Sombrero de 4-8(10) cm de ancho, de ocre a pardo oscuro, por lo general sin tonos rojos; pie blanquecino, corto y macizo, parcialmente hueco; esp. oblongo-elipsoidales, finamente punteadas, con 1 apéndice romo en cada extremo, 22-32 x 9-12 µ (fig. 134, masa sin apéndices). **Hábitat**: IV-V; por lo general en bosques claros de planifolios, raramente en bosques de coníferas, sobre suelo humoso o tocones en avanzada descomposición; raro. **Nota**: Generalmente aparece más tarde que *Gyromitra esculenta*. **Confusiones**: *Gyromitra esculenta* (tóxico, p. 626).

Levemente tóxico; contiene pequeñas cantidades de giromitrina (V. *Gyromitra esculenta*).

Gyromitra infula

Gyromitra infula (Schaeff.: Fr.) Quél.

Caracteres: Sombrero de 3-8 cm de ancho, color cárneo, canela o castaño, a menudo de forma irregular, con la superficie ondulado-arrugada, venosa o plegada; pie de gris blanquecino a cárneo, bien formado por lo general, pruinoso; esp. lisas, con 2 gútulas lipídicas, 20-23 x 8,5-9,5 µ. **Hábitat**: IX-XI; en bosques de coníferas, bajo píceas o pinos, entre ramas caídas o en puntos con leña almacenada, lugares incendiados o tocones; relativamente raro. **Nota**: Esta especie es de aparición típicamente tardía.

Valor comestible controvertido; por lo general se reseña como comestible.

Género **Helvella**
Fam. Helvellaceae

C. fr. compuestos de pie y sombrero o caliciformes; sombreros crespos o en forma de silla de montar que contienen el himenio; pie liso o longitudinalmente acanalado; de consistencia frágil, raramente elástico; espp. blanca; esp. elipsoidales, de lisas a punteadas, por lo general con una gran gútula lipídica; saprotróficos terrícolas (V. *Gyromitra*).

Oreja de gato blanca

Helvella crispa (Scop.): Fr. Sin.: *H. pithyophila*

c. Orella de gat, *e.* Mitra zuri, *g.* Orella de gato, *in.* White saddle

Caracteres: C. fr. de 6-15 cm de altura; sombrero crespo, irregularmente lobulado, blanco, gris blanquecino, del mismo color en la parte interior, que es estéril, a veces también amarillento o parduzco; pie por lo general blanco, surcado; consistencia frágil en el sombrero, algo tenaz en el pie; olor al principio agradable, dulzón en los ejemplares viejos; esp. elipsoidales, lisas, 16-20 x 10-12 µ. **Hábitat**: VII-X; en bosques de planifolios, más raramente de coníferas; frecuente. **Confusiones**: Con el sombrero y a menudo también el pie de gris a negruzco: *Helvella lacunosa* (p. 630).

Oreja de gato negra

Helvella lacunosa Afzel.: Fr. Sin.: *H. sulcata*

c. Orella de gat negra, *e.* Mitra beltz, *g.* Orellon mouro, *in.* Black saddle mushroom

Caracteres: C. fr. de 3-10 cm de altura; sombrero de gris claro a negruzco, lobulado, en forma de silla de montar, con 2-3 lóbulos crespos que recuerdan a *Helvella crispa*; pie blanquecino sucio o gris blanquecino claro, con profundos surcos y costillas unidas por retículos; consistencia frágil, algo tenaz en el pie; olor al principio agradable, aromático, más tarde a moho; esp. elipsoidales, lisas, 15-18(20) x 10,5-12(13) µ. **Hábitat**: VI-IX; en bosques de planifolios o mixtos, parques y jardines, bajo matorrales; relativamente frecuente. **Nota**: Se reconoce por el pie surcado, que otras especies parecidas no presentan. Algunos ejemplares de tonos gris muy pálido pueden ser tomados por *Helvella crispa.* **Confusiones**: *Helvella crispa* (p. 628), *H. spadicea* (p. 632).

Helvella solitaria

Helvella solitaria P. Karst. Sin.: *H. queletii*

Caracteres: C. fr. de 3-6 cm de altura; sombrero de marrón a pardo negruzco, pero también con tonos grises, en forma de peladura fina, pronto con dos lados dispuestos como una silla de montar, aunque las dos caras suelen ser del mismo color, en tiempos seco la externa es más clara, levemente flocosas; pie blanquecino sucio, con profundos surcos longitudinales; consistencia algo tenaz en el pie; olor y sabor aromáticos, con componentes dulces; esp. elipsoidales, lisas, 16-20,5 x 11-13 µ. **Hábitat**: V-VII(VIII); en bosques claros de planifolios o coníferas, sobre suelo arenoso o calizo-arcilloso; de disperso a raro. **Nota**: A pesar de su aspecto esta especie pertenece al género *Helvella* en el más estricto sentido. En el pasado, las especies de pie liso solían ser clasificadas como *Leptopodia* o *Cyathipodia*. **Confusiones**: Con surcos que llegan hasta el sombrero: *Helvella leucomelaena* (p. 636).

Oreja de gato de pie liso

Helvella elastica (Bull.: Fr.) Boud. Sin.: *Leptopodia elastica*

c. Moraga elàstica, *e.* Mitra malgu, *in.* Brown elfin saddle

Caracteres: C. fr. de 3-6(10) cm de altura; sombrero de ocre a pardo gris, raramente blanquecino, lobulado irregularmente, con los márgenes curvados hacia adentro; pie por lo general más claro que el sombrero, blanquecino, relativamente elástico, sin estrías ni surcos, por lo general con pliegues en la base, pronto hueco; esp. elipsoidales, lisas, 18-20,5 x 11,5-12,5 µ. **Hábitat**: (VII)VIII-X; en bosques de planifolios o coníferas, sin necesidad de un tipo concreto de suelo pero más frecuente en suelos calcáreos y arcillosos; localmente no es raro. **Confusiones**: Con sombrero gris negruzco, irregular: *Helvella spadicea* (p. 632), con sombrero en forma de silla de montar y pie delgado: *H. ephippium* (p. 632).

Helvella spadicea

Helvella spadicea Schaeff. Sin.: *H. leucopus, H. albipes, Leptopodia monachella*

Caracteres: C. fr. de 3-6 cm de altura; sombrero marrón oscuro, pardo gris o negruzco, con 2-3 puntas erectas y el margen parcialmente pegado al pie; pie de blanquecino a color crema, relativamente grueso y macizo, con sólo unos pliegues, pero no surcado; consistencia frágil en el sombrero, relativamente tenaz y elástica en el pie; sabor ligeramente dulzón; esp. elipsoidales, lisas, 17-22 x 12-15 μ. **Hábitat**: III-V; en bosques arenosos de tipo diverso, entre dunas, céspedes secos; raro. **Nota**: Los múltiples nombres científicos que se indican apuntan a una gran variabilidad de la especie. **Confusiones**: *Helvella elastica* (p. 630), con el pie surcado: *H. lacunosa* (p. 630).

Helvella pezizoides

Helvella pezizoides (Afzel.: Fr.) Boud Sin.: *Leptopodia pezizoides*

Caracteres: C. fr. de 2-6 cm de altura; sombrero gris negruzco, pardo negro, negro, de diferentes formas, como peladura, cupuliforme, pronto como una silla de montar o irregular, los márgenes no están pegados al pie, himenio brillante y liso, con la cara externa finamente tomentosa; pie de pardo negro a negro, mate, tomentoso, relativamente largo y delgado, no surcado; de consistencia elástica; esp. elipsoidales, lisas, 18-21 x 10-12 μ. **Hábitat**: VII-X; en bosques de coníferas y planifolios, sobre suelo arenoso; raro. **Nota**: Pertenece a un grupo de *Helvella* cuyos ejemplares jóvenes pueden parecer una especie de *Peziza* con pie largo. Los sombreros deformados y enrollados dieron paso a las formas de *Helvella* (antes *Leptopodia*), mientras que las especies con sombrero acopado solían pertenecer al género *Cyathipodia*, pero dado que se trataba de distinciones meramente de forma, en la actualidad se juntan bajo el gran género *Helvella.* **Confusiones**: *Helvella ephippium* (abajo), negruzco, pero con cara externa glabra: *H. altra.*

Helvella ephippium

Helvella ephippium Lév. Sin.: *Leptopodia ephippium*

Caracteres: C. fr. de 2-5 cm de altura; sombrero gris claro o pardusco claro, ejemplares jóvenes acopados o en forma de peladura, luego como una silla de montar, la parte externa, estéril, es finamente tomentosa; pie del color de la cara externa o algo más claro, largo y delgado, ni acanalado ni surcado, finamente tomentoso; de consistencia elástica; esp. 18-21 x 11-12,5 μ. **Hábitat**: VII-X; en bosques sombríos y húmedos de planifolios o mixtos, sobre suelo arcilloso; raro. **Nota**: Los tonos más pálidos son casi lo único que la diferencia de *Helvella pezizoides* (ctro.).

Helvella corium

Helvella corium (O. Weberb.) Massee Sin.: *Cyathipodia corium*

Caracteres: C. fr. de 1-4 cm de altura; sombrero acopado o en forma de peladura, luego aplanado, no doblado como una silla de montar; parte interna (himenio) muy negra, al principio reluciente, más tarde mate, cara externa de gris a negruzca, tomentosa, gris más claro en la zona marginal, con una cubierta flocoso-furfurácea; pie pardo negro o negro y tomentoso, redondo o aplanado, algo estriado, a menudo con surcos insinuados; carne blanquecina, de consistencia elástica, casi coriácea en el sombrero; esp. 16-20(22) x 9,5-12(13) μ. **Hábitat**: IV-VII(XI); bajo arbustos, en orillas, sobre suelo arenoso, en grupo; raro. **Nota**: Se reconoce por el color negro intenso, el himenio brillante al principio y la cara externa toscamente furfurácea. **Confusiones**: *Helvella villosa* (abajo), *H. bulbosa* (ctro.).

Helvella bulbosa

Helvella bulbosa (Hedw.: Fr.) Kreisel Sin.: *Macropodia macropus*

Caracteres: C. fr. de 3-7 cm de altura; sombrero gris o gris pardusco, acopado o en forma de cuenco, a menudo algo comprimido, interior (himenio) glabro, gris, en plena madurez también marrón, cara externa con la misma cubierta flocoso-tomentosa; pie del color de la cara externa y siempre tomentoso, redondeado, en la parte inferior ligeramente engrosado y aplanado; consistencia elástica; esp. largas y elipsoidales, finamente punteadas, con los ápices romos y 3 gútulas lipídicas, 18-26,5(30) x 8,5-11,5 μ (fig. 135). **Hábitat**: (VI)VIII-X; en bosques de planifolios y mixtos, sobre tierra o madera en descomposición, sobre suelo arenoso y rico en humus; disperso. **Nota**: A causa de la fina rugosidad de las esporas, esta especie se clasificaba en el pasado bajo el género *Macropodia*. El punteado se puede observar en el microscopio sólo cuando las esporas están en plena madurez. Con todo se recomienda pigmentarlas. **Confusiones**: *Helvella villosa* (abajo).

Helvella villosa

Helvella villosa (Hedw.) Dissing & Nannf. Sin.: *Cyathipodia villosa*

Caracteres: C. fr. de 1-5 cm de altura; sombrero de gris a gris pardusco tanto en el interior como en el exterior, acopado o en forma cuenco, al envejecer a menudo se extiende en forma de plato, interior (himenio) glabro, cara externa finamente tomentosa; pie del color del sombrero, redondeado o aplanado, tomentoso; consistencia elástica; esp. elipsoidales, lisas, 17-20 x 9-12 μ (fig. 136). **Hábitat**: VI-X; en bosques de planifolios y mixtos, en parques bajo matorrales; raro. **Nota**: Sólo se puede diferenciar de *Helvella bulbosa* (ctro.), a nivel microscópico, por la forma de las esporas.

Calabacicos

Helvella acetabulum (L.) Quél. Sin.: *Paxina acetabulum*

c. Bocabadat bru, *e.* Kaliza arrunta, *g.* Cunco alorzo, *in.* Deadmens fingers

Caracteres: C. fr. de 3-8 cm de ancho; sombrero acopado, pardusco o pardo gris tanto en el interior como en el exterior, más blanquecino hacia la base, provisto de costillas que llegan hasta el sombrero a modo de venas, pie hueco; carne blanquecina, tenaz sobre todo en el pie; olor algo mohoso, poco agradable; esp. elipsoidales, lisas, 18-20 x 11-13,5 µ. **Hábitat**: IV-VI; en bosques de planifolios o coníferas, claros y márgenes de bosque, sobre suelo arenoso o calizo; disperso. **Nota**: La parte interna de la copa está recubierta por el himenio. Los ejemplares totalmente maduros expulsan las esporas en una nubecilla, visible a simple vista, hecho que se puede comprobar agitándolas bruscamente en el aire. **Confusiones**: *Helvella leucomelaena* (ctro.), *H. costifera* (abajo).
Incomestible a causa de la consistencia tenaz de la carne.

Helvella leucomelaena

Helvella leucomelaena (Pers.) Nannf. Sin.: *Paxina leucomelaena*

Caracteres: C. fr. de 1,5-3 cm de ancho; de gris a pardo negruzco, blanquecino hacia la base, caliciforme, provisto de vénulas más o menos marcadas que llegan hasta el sustrato; costillas dispersas, que generalmente acaban en la base de la copa; carne blanca, algo tenaz; esp. elipsoidales, lisas, 18-22,5 x 10,5-12,5 µ. **Hábitat**: IV-VII; en bosques de coníferas, bajo pinos o píceas, en especial sobre suelo calizo; relativamente raro. **Nota**: Crece sobre todo en los bordes de caminos pedregosos. Se encuentra con relativa frecuencia en la región mediterránea. **Confusiones**: *Helvella acetabulum* (arriba).

Helvella costifera

Helvella costifera Nannf. Sin.: *Paxina costifera*

Caracteres: C. fr. de 4-10 cm de ancho; gris, gris pardusco, blanquecino sobre todo en las costillas del pie, en forma de plato (discoidal), con la base ancha y corta a modo de pie; provisto de gruesas costillas, que se prolongan en la cara externa, pero menos marcadas que en *Helvella acetabulum*; carne blanca, tenaz en la región del pie; esp. elipsoidales, lisas, 14-18 x 10-13 µ. **Hábitat**: VI-IX; en bosques de coníferas o planifolios, calcícola; raro. **Nota**: A causa de la forma del carpóforo se parece un poco al género *Peziza*, pero no por ello se confunde con ellas. **Confusiones**: *Helvella acetabulum* (arriba), *H. leucomelaena* (ctro.).

Peziza anaranjada

Aleuria aurantia (Pers.: Fr.) Fuckel (Fam. Humariaceae)

c. Cassoleta taronja, *e.* Katilu laranja, *g.* Cunco anaranxado, *in.* Orange cup

Caracteres: C. fr. de 5-10 cm de ancho; de discoidal a cupuliforme, con el margen ondeado en forma de cáliz, a menudo abierto lateralmente semejante a *Otidea*, sésil; cara interna (himenio) de amarillo yema a naranja; cara externa en condiciones húmedas, del mismo color, al secarse más clara, levemente farinoso-furfurácea; consistencia frágil y cérea; esp. hialinas, elipsoidales, con ornamentación en forma de retículo, formando un apéndice en cada ápice, 13-16(20) x 7-8(10) µ (fig. 137); paráfisis con contenido granuloso y anaranjado, pigmentado de verde al aplicar lugol. **Hábitat**: (V)VII-X; en lugares abiertos, sobre todo limosos, caminos y taludes, en grupo; frecuente; saprotrófico terrícola. **Nota**: Desde lejos presentan el aspecto de peladuras de manzana. **Confusiones**: De tamaño menor: *Melastiza chateri* (ctro.), en forma de oreja: *Otidea onotica* (p. 650).

Melastiza chateri

Melastiza chateri (W. G. Sm.) Boud. (Fam. Humariaceae)

Caracteres: C. fr. de 1-2(3) cm de ancho; sésil, de discoidal a cupuliforme, con los márgenes ondeados; cara interna (himenio) de naranja a rojo vivo o rojo minio; cara externa del mismo color, pero cubierta de pelos plumosos más oscuros; consistencia frágil y cérea; esp. hialinas, elipsoidales, con retículo y apéndices en los ápices, 16-18 x 9-11 µ (fig. 138); paráfisis con contenido granuloso y anaranjado, que se tiñe de verde con lugol; pelos de las paredes externas de color pardo, de 0,1-0,2 mm de largo. **Hábitat**: IV-X(XII); en lugares abiertos, suelos limosos, arenosos o desnudos, en grupo; disperso; saprotrófico. **Confusiones**: Sin pelos y de mayor tamaño: *Aleuria aurantia* (arriba).

Sarcoscypha austriaca RL 3

Sarcoscypha austriaca (Beck ex Sacc.) Boud.
(Fam. Sarcoscyphaceae)

Caracteres: C. fr. de 1-5 cm de ancho; de discoidal a cupuliforme o acopado, con un pie más o menos largo; cara interna (himenio) rojo cinabrio vivo; cara externa más clara, dependiendo de la humedad varía de blanquecino a rosa o naranja amarillento, cubierta de finos pelos; consistencia tenaz y cérea; esp. hialinas, de oblongo-elipsoidales a cilíndricas, lisas, con los ápices aplastados, 33-50 x 12-14 µ (fig. 139); pelos de las paredes externas hialinos, sinuosos. **Hábitat**: II-V, durante el tiempo de deshielo; sobre ramas de aliso caídas; disperso en zonas alpinas y subalpinas, sino muy raro; saprotrófico. **Nota**: Las 3 especies europeas de este género no se pueden diferenciar por sus caracteres macroscópicos. La más conocida es la *Sarcoscypha coccinea* con las esporas de ápices truncados.

Peziza coronaria, Peziza estrellada

RL 3

Sarcosphaera coronaria (Jacq.) J. Schröt.
Sin.: *S. crassa, S. eximia* (Fam. Pezizaceae)
c. Cassoleta blava, *g.* Cunco estrelado, *in.* Crown cup

Caracteres: C. fr. de 3-10(15) cm de ancho; compuesta por una esfera hueca la mitad de la cual se desarrolla bajo tierra, luego forma una corona o estrella al abrirse por el ápice, al envejecer plano y extendido; cara interna (himenio) color violeta, lila cárneo o sólo de pardo pálido a incoloro; cara externa blanquecina, con algún brillo lila, finamente tomentosa y con partículas de humus; consistencia quebradiza y cérea, algo tenaz; esp. hialinas, elipsoidales, lisas, con 2 gútulas lipídicas, 13-15 x 7-8 µ. **Hábitat**: V-VII; en bosques de coníferas, más raramente de planifolios, bajo píceas, pinos o hayas, sobre suelo calcáreo, crece en grupo; disperso, ausente en algunos lugares; saprotrófico. **Nota**: Gracias a la forma y al tamaño, *Sarcosphaera coronaria* se confunde poco con otras especies. Los ejemplares de color lila se suelen comparar con el género *Peziza*.

Tóxico (especialmente en crudo), aunque bastantes personas la han consumido sin problemas después de cocerla y desechar el agua de la cocción.

Disciotis venosa

RL 3

Disciotis venosa (Pers.: Fr.) Boud. (Fam. Morchellaceae)

Caracteres: C. fr. de 5-15 cm de ancho; de acopado a discoidal extendido, con un pliegue a modo de pie en la zona de crecimiento; cara interna (himenio) de tonos marrones más claros u oscuros, superficie con típicas arrugas o venas; cara externa siempre más clara, de fina a toscamente furfurácea; consistencia quebradiza; olor a cloro; esp. hialinas, elipsoidales, lisas, 20-24 x 11-14 µ. **Hábitat**: IV-V; en zonas riparias bajo fresnos, junto a arroyos, zonas deforestadas, junto a *Morchella*, sobre suelo arcilloso o limoso; disperso, localmente no es raro; saprotrófico. **Nota**: Estrechamente emparentada con *Morchella*.

Comestible; apreciada. El olor a cloro desaparece al cocinarla.

Discina perlata

Discina perlata (Fr.: Fr.) Fr. Sin.: *Gyromitra ancilis*
(Fam. Helvellaceae)

Caracteres: C. fr. de 3-15 cm de ancho; ya desde joven discoidal extendido o en forma de escudo, estrechado en la base formando un pie corto, arrugado; cara interna (himenio) de gris a pardo rojo oscuro, con ondulaciones o arrugas; cara externa en condiciones húmedas del mismo color, al secarse casi blanquecina; consistencia quebradiza, algo tenaz; esp. hialinas, largas y elipsoidales, en plena madurez finamente verrucosas, con apéndices gruesos en los ápices, 28-35 x 12-14 µ (fig. 140). **Hábitat**: IV-VI; en bosques de pinos o píceas, sobre el suelo, tocones o madera en descomposición; localmente no es raro; saprotrófico. **Nota**: Esta especie es una *Discina* con el aspecto de una *Peziza*.

Género **Peziza**
Fam. Pezizaceae

C. fr. por lo general sésil, en forma de cuenco o cáliz, con la parte interna cubierta por el himenio; carne quebradiza, en algunas ocasiones segrega látex coloreado en las zonas heridas; terrícola, lignícola, habitante de zonas incendiadas; esp. hialinas, elipsoidales, lisas, verrucosas a reticulares; paráfisis rectas (V. *Otidea*); ápices de las ascosporas azul al aplicar lugol; género que incluye muchas especies; saprotróficos.

Peziza parda

Peziza badia Pers.: Fr.

c. Cassoleta bruna, *g.* Cunco, *in.* Bay cup

Caracteres: C. fr. de 2-8 cm de ancho; en forma de cuenco, a menudo con abertura lateral, semejante a *Otidea*; cara interna (himenio) de color castaño con tonos oliváceos; cara externa pardo rojiza, finamente furfurácea; en las zonas dañadas segrega un jugo acuoso que se colorea de pardo al secarse; esp. con un retículo incompleto, 15-19 x 8,5-10 μ (fig. 141). **Hábitat**: VI-X; en bosques de coníferas o planifolios, bordes de caminos, terrenos arenosos o limosos, en grupo; relativamente frecuente. **Nota**: El consumo de hongos crudos en ensaladas puede tener efectos tóxicos. **Confusiones**: *Peziza michelii* (ctro.), sobre sustrato húmedo: *P. limnaea.*

Peziza michelii

Peziza michelii (Boud.) Dennis

Caracteres: C. fr. de 2-5 cm de ancho; en forma de cuenco o peladura; cara interna (himenio) pardo rojiza, con brillos violeta por lo general; cara externa del mismo color, algo más clara que el himenio, sin tonos violetas, ligeramente furfurácea; en las zonas dañadas segrega un jugo acuoso amarillento que acaba tiñendo la carne; esp. con verrugas aisladas, 13,5-17 x 7,5-9,5 μ (fig. 142). **Hábitat**: VII-IX; en bosques, parques, jardines; disperso. **Confusiones**: *Peziza badia* (arriba), *P sucrosa* (p. 644).

Peziza tenacella

Peziza tenacella W. Phillips in Cooke Sin.: *P. praetervisa*

Caracteres: C. fr. de 1,5-5 cm de ancho, en forma de cuenco o peladura; cara interna (himenio) pardo violeta; cara externa lila más claro o gris pardusco, algo furfurácea; en las zonas dañadas segrega un jugo acuoso que no se tiñe; esp. con finas verrugas aisladas, 10-13 x 6,5-8 μ. **Hábitat**: IV-XI, crece especialmente en primavera; en zonas incendiadas entre troncos carbonizados, sobre suelo arenoso, en grupo; disperso. **Confusiones**: Con las esporas lisas: *Peziza moseri*.

Peziza saniosa

RL 3

Peziza saniosa Schrad.: Fr.

Caracteres: C. fr. de 1-2(3) cm de ancho, en forma de cuenco o peladura; cara interna (himenio) pardo cárneo oscuro, con tonos violetas o azul negruzcos; cara externa de pardo roja a negruzca, de furfurácea a verrucoso-punteada; carne relativamente gruesa por lo general, al ser cortada exuda un látex azulado, bastante abundante cuando está fresco; esp. cubiertas de verrugas irregulares y aisladas, 12-15 x 6-8(9) µ. **Hábitat**: VIII-X; en bosques de coníferas o planifolios, en el suelo, preferentemente calcáreo; raro. **Nota**: Existen pocas especies de *Peziza* que exuden látex azulado por eso difícilmente se puede confundir con otros congéneres. Aunque *P. badiofusca* y *P. badiofuscoides* comparten esa característica, ambas tienen ornamentación esporal diferente.

Peziza de leche amarilla

Peziza succosa Berk.

c. Cassoleta de llet groga, *in.* Yellowing cup

Caracteres: C. fr. de 1-6 cm de ancho, en forma de cuenco, peladura o cupuliforme, regular o irregularmente ondeado; cara interna (himenio) grisácea, negruzca olivácea o pardo olivácea; cara externa más clara, amarillo olivácea o gris blanquecina, de glabra a finamente furfurácea; carne delgada, en las zonas dañadas exuda un látex que se vuelve amarillo verdoso o amarillo azufre; esp. con verrugas grandes, toscas e irregulares, 16-19(22) x 8,5-11 µ (fig. 143). **Hábitat**: VI-X; en bosques de coníferas o planifolios, parques, jardines, prados musgosos, sobre suelo arcilloso o calizo; de disperso a localmente frecuente. **Confusiones**: Con himenio pardo rojizo: *Peziza michelii* (p. 642).

Peziza varia

Peziza varia Hedw.: Fr. Sin.: *P. micropus*

Caracteres: C. fr. de 4-12 cm de ancho, por lo general con el pie corto, en forma de cáliz, cuenco o peladura; cara interna (himenio) de ocre a marrón, lisa, arrugada o surcada; cara externa del mismo color, pero beige un tanto más pálido, de furfurácea a escamosa, a menudo con el margen dentado; olor aromático, fúngico; esp. lisas, 14-16(19) x 8,5-10 (11,5) µ (fig. 144); paráfisis con protuberancias en la parte inferior (fig. 145). **Hábitat**: IV-X; sobre madera muy descompuesta de planifolios, con menos frecuencia de coníferas, madera de construcciones o papel húmedo; relativamente frecuente. **Nota**: Es una especie muy variable y por eso tiene muchos nombres. Cuando se encuentra sobre el suelo se llama *Peziza remanda*, sobre roca calcárea *P. cerea*, aunque resulta difícil diferenciar una forma de otra. Todas se caracterizan por tener la carne estratificada (lupa) y en el centro de las células redondeadas típicas del género presentan una delgada capa de hifas.

Peziza vesiculosa

Peziza vesiculosa Bull.: Fr.

Caracteres: C. fr. de 4-8 cm de ancho, esférico alargado o vesiculiforme, al madurar abierto discoidal; cara interna (himenio) de cárneo pálido a marrón; cara externa más clara, de blanquecina a beige, lisa o escamosa furfurácea; carne gruesa, formada por células redondeadas o estratificada (lupa, V. *Peziza varia*, p. 644); esp. lisas, 19-22(24) x 10-12,5 (14) µ. **Hábitat**: IV-XI; sobre suelos abonados, campos, estercoleros, macizos de plantas o cultivos de champiñones, a menudo crece en grupos grandes y fascículos; relativamente frecuente. **Nota**: Esta especie se reconoce bien por su hábitat, en lugares abonados. En caso de duda, sus esporas de gran tamaño y de paredes lisas son un carácter definitivo.

Plicaria endocarpoides

(Fam. Pezizaceae) *Plicaria endocarpoides* (Berk.) Rifai
Sin.: *P. leiocarpa*

Caracteres: C. fr. de 2-6 cm de ancho, sésil, de discoidal a en forma de peladura; cara interna (himenio) de marrón a negruzca; cara externa marrón, más clara que la interna, finamente crustácea; carne quebradiza; esp. hialinas, redondas, lisas, 8-10 µ, con varias gútulas lipídicas en el interior; los ascos de los ápices se tiñen de azul con lugol. **Hábitat**: IV-VIII(X); en pinares arenosos, zonas incendiadas; relativamente raro; saprotrófico. **Nota**: Las 3 especies del género *Plicaria* que crecen en Alemania se parecen externamente a las *Peziza*, pero tienen esporas redondas. Ninguna es frecuente. **Confusiones**: *Peziza badia* (p. 642).

Tarzetta catinus

Tarzetta catinus (Holmsk.: Fr.) Korf & Rogers
Sin.: *Pustularia catinus*

Caracteres: C. fr. de 2-5 cm de ancho, con un pequeño pie central, caliciforme o cuculiforme, más tarde discoidal, con el margen dentado y fibroso a la vez; caras interna y externa del mismo color, beige pálido, cara externa por lo general toscamente furfurácea; carne quebradiza; esp. hialinas, elipsoidales, lisas, con 2 grandes gútulas lipídicas en el interior, 17-23 x 11-14 µ (fig. 146). **Hábitat**: V-VIII; en bosques de planifolios o mixtos, jardines o parques, en especial sobre suelo arenoso; no es raro; saprotrófico. **Nota**: *Tarzetta cupularis* es una especie muy parecida, de tamaño algo menor, más aplanada pero microscópicamente idéntica. No siempre se pueden diferenciar. Las especies del género *Sowerbyella* tienen una forma parecida y se distinguen por su pie largo y radicante.

Peziza hemisférica

Humaria hemisphaerica (F. H. Wigg.: Fr.) Fuckel
(Fam. Humariaceae)
in. Glazed cup

Caracteres: C. fr. de 1-3 cm de ancho, sésil, primero hemisférico, más tarde abierto y cóncavo; cara interna (himenio) de blanquecina a gris; cara externa parda y pilosa, finamente ciliada en el margen (lupa); carne tenaz y cérea; esp. hialinas, elipsoidales, de paredes gruesas, 19-21(25) x 11-12 µ, con 2 grandes gútulas lipídicas en el interior; pelos de paredes pardas, apuntados, de hasta 0,5 mm de longitud. **Hábitat**: VII-X; en bosques de coníferas o planifolios, sobre suelos arenosos o arcillosos, entre musgos, raramente sobre madera en descomposición, en grupo; relativamente frecuente; saprotrófico. **Nota**: En lugares quemados, más pequeño y con la esporas finamente punteadas: *Tricophaea hemisphaerioides.*

Pseudoplectania nigrella

Pseudoplectania nigrella (Pers.: Fr.) Fuckel
(Fam. Sarcoscyphaceae)

Caracteres: C. fr. de 1-2(3) cm de ancho, sésil, acopado o en forma de peladura, más o menos negruzco; cara interna (himenio) negra brillante en los ejemplares jóvenes, más tarde mate, a menudo venoso-arrugada; cara externa negra y mate, finamente tomentosa, furfurácea; carne gris clara, gruesa, algo elástica; esp. hialinas, redondas, lisas, 10-12(14) µ. **Hábitat**: (II)III-V; en bosques de coníferas, bajo píceas o pinos, sobre suelo musgoso; relativamente raro; saprotrófico. **Nota**: El género *Pseudoplectania* incluye 3 especies europeas, de las cuales ésta es la más conocida. El brillo del himenio en los ejemplares jóvenes es característico. **Confusiones**: sobre madera de abeto: *Pseudoplectania vogesiaca.*

Sclerotinia tuberosa

Sclerotinia tuberosa (Hedw.: Fr.) Fuckel
Sin.: *Dumontinia tuberosa* (Fam. Sclerotiniaceae)

Caracteres: C. fr. de 0,5-2 cm de ancho, caliciforme o acopado, más tarde aplanado, pardo rojo tanto en el interior como en el exterior, con un largo pie radicante en el suelo, que brota de un esclerocio negro; esp. hialinas, elipsoidales, lisas, 12-17 x 5,5-7 µ. **Hábitat**: III-V; en zonas riparias húmedas y jardines, siempre crece junto a anémonas (*Anemone nemorosa*); no es frecuente pero está localmente extendido; parásito. **Nota**: Algunos años crece en abundantes cantidades y entonces es difícil que pase desapercibido. Los esclerocios, de aprox. 1 cm, están enterrados en el suelo y unidos a las finas raíces de la anémona, a la cual parasita.

Género **Otidea**
Fam. Pezizaceae

C. fr. en forma de oreja, cáliz o copa y más tarde rasgado lateralmente, con la base atenuada formando un corto pie; la cara interior contiene el himenio; esp. hialinas, elipsoidales, lisas, con 2 gútulas lipídicas; las ascosporas no se tiñen de azul al aplicar lugol; paráfisis con el ápice curvado (fig. 147, V. *Peziza*), saprotróficos terrícolas.

Oreja de asno

Otidea onotica (Pers.: Fr.) Fuckel
c. Orella d'ase, *in.* Hare's ear

Caracteres: C. fr. de 5-10 cm de ancho, por lo general en forma de oreja; cara interior naranja o por lo menos parcialmente con tonos rojizos; cara externa amarilla, color yema u ocre amarillenta; esp. 11-13(14) x 6-7 µ (fig. 148). **Hábitat**: VII-XI; en bosques de planifolios o mixtos, crece en fascículos; disperso tanto en piso alpino como basal. **Nota**: Esta especie, la más conocida de su género, se reconoce por el color y el tamaño. **Confusiones**: *Otidea concinna* (ctro.), *Aleuria aurantia* (p. 638).

Otidea concinna

RL 3

Otidea concinna (Pers.) Sacc. Sin.: *Flavoscypha cantharella*

Caracteres: C. fr. de 1-3,5(5) cm de ancho, en forma de oreja de liebre (auriculiforme), raramente acopado, con el margen enrollado; cara interior y exterior del mismo color amarillo limón; esp. 9-11 x 5,5-6 µ. **Hábitat**: VIII-X; en bosques de planifolios o coníferas, en especial bajo píceas o hayas de piso alpino; raro. **Nota**: A diferencia de la mayoría de especies del género, que tienen dos capas de células diferenciadas (*Otidea* en sentido estricto), las células externas del excípulo en ésta son redondas, uniformes y tienen gránulos incrustados (género *Flavoscypha*). **Confusiones**: *Otidea onotica* (arriba).

Otidea leporina

Otidea leporina (Batsch) Fuckel

Caracteres: C. fr. de 2-4 cm de altura, por lo general en forma de oreja alargada y erecta, pero también acopado con un corte lateral; cara interior pardo rojiza; cara externa, en condiciones húmedas del mismo color que la interna, al secarse algo más clara; esp. 12-14 x 6,5-8 µ. **Hábitat**: VIII-X; en bosques de coníferas, bajo píceas en piso alpino; raro. **Confusiones**: De forma más acopada y con el margen enrollado: *Otidea cochleata*.

Oreja de asno oscura RL 3

Otidea bufonia (Pers.: Fr.) Boud. Sin.: *O. grandis*
c. Orella d'ase bruna, *e.* Astabelarri, *in.* Toad's ear

Caracteres: C. fr. de 3-6 cm de altura y hasta 8 cm de ancho, caliciforme, seccionado lateralmente y convoluto, a veces crece en fascículos; cara interior olivácea, color canela o pardo rojizo oscuro; cara exterior coriácea o pardo roja, con tonos lila, lisa, arrugada o finamente furfurácea; esp. 14-16 x 6-7 µ (fig. 149), elipso-fusiformes, con paráfisis en parte bifurcadas. **Hábitat**: VIII-X; en bosques de planifolios o coníferas, bajo píceas, en bosques mixtos de pinos y robles o robledos; raro, extendido en algunas llanuras (como Brandenburgo). **Nota**: Esta variable especie se reconoce en caso de duda por sus esporas típicamente alargadas, fusiformes. **Confusiones**: De colores más pálidos *Otidea alutacea* (ctro).

Otidea alutacea

Otidea alutacea (Pers.) Massee.

Caracteres: C. fr. de 2-5 cm de altura, caliciforme o acopado (no alargado como *Otidea bufonia*), seccionado lateralmente, crece en fascículos; en tiempo húmedo tanto la cara interna como la externa son ocráceas o pardusco claro; en tiempo seco, cara exterior más clara, casi blanquecina; esp. oblongo-elipsoidales, 13-16 x 6-7,5 µ. **Hábitat**: VIII-X; en bosques de planifolios o mixtos, bajo pinos y robles, sobre suelo arenoso; disperso. **Confusiones**: de tonos más oscuros: *Otidea bufonia* (arriba), con las esporas más grandes y anchas: *O. cochleata.*

Wynella atrofusca RL R

Wynella atrofusca (Beck) Svrcek
Sin.: *Helvella silvicola, Otidea auricula* (Fam. Helvellaceae)

Caracteres: C. fr. de 3-7 cm de altura, como una oreja erecta o en forma de cuchara, con base tomentosa, formando un pie; cara interna (himenio) castaña o negruzca; cara externa más clara, de amarillo a pardo rojizo; carne blanquecina amarillenta, de consistencia tenaz, elástica, casi coriácea; esp. hialinas, elipsoidales, lisas, 20-22(24) x 10-13 µ, con 1 gran gútula lipídica; paráfisis no curvadas en los ápices (V. *Otidea*). **Hábitat**: VIII-X; en bosques montañosos de coníferas, bajo píceas, sobre suelo calizo; muy raro. **Nota**: Aunque externamente se parece al género *Otidea*, por sus caracteres microscópicos está más emparentada con *Helvella.* Esta única especie europea del género *Wynella* se clasifica a veces como *Helvella.* En Japón y Norteamérica existen más especies del género.

Género **Xylaria**
Fam. Xylariaceae

C. fr. claviforme, irregular, negro por fuera, blanco por dentro; consistencia de leñosa a tenaz; ascos y esporas presentan pequeños peritecios redondos y negros, que yacen bajo la superficie y afluyen hacia afuera; espp. negra; esp. casi opacas al microscopio, elipsoidales, lisas, con una fisura germinativa (fig. 7); saprotróficos lignícola.

Xylaria polymorpha

Xylaria polymorpha (Pers.: Fr.) Grev.

Caracteres: C. fr. de 4-10 cm de altura y aprox. como un dedo de ancho, claviforme, digitiforme o bulboso, con o sin base formando un pie; superficie arrugada o gibosa; peritecios de aprox. 1 mm de ancho; esp. 20-29 x 5,5-8 µ. **Hábitat**: I-XII, en otoño están maduras las esporas; sobre madera de planifolio muerta, tocones y raíces, en especial de haya y roble; frecuente. **Nota**: La superficie del hongo maduro está punteada por los orificios de los peritecios (lupa). En primavera la cara externa está cubierta por una capa de conidios (esporas asexuales) de color gris. **Confusiones**: *Xylaria longipes* (ctro.).

Xylaria longipes

Xylaria longipes Nitschke

Caracteres: C. fr. de 3-8 cm de altura y menos de un dedo de ancho, claviforme delgado, con un pie redondeado, correspondiente a la parte estéril; superficie casi lisa; peritecios de menos de 1 mm; esp. 10-14,5 x 4,5-6 µ. **Hábitat**: I-XII, en otoño están maduras las esporas; sobre ramas muertas de arce, raramente sobre madera de otros planifolios; de disperso a localmente frecuente. **Nota**: La forma conidiógena que aparece en primavera es atenuada hacia el ápice, como un cuerno. Toda la superficie se cubre de una capa gris de conidios. **Confusiones**: *Xylaria polymorpha* (arriba).

Xilaria de la madera

Xylaria hypoxylon (L.) Grev.

e. Kimo adarzuri, *g.* Mans en pena, *in.* Candle snuff fungus

Caracteres: C. fr. de 2-4 cm de altura, esbelto y claviforme, forma conidiógena a menudo comprimida, con los ápices ramificados y cubierta de polvo blanquecino (conidios); base con pilosidad negra; en primavera maduran los peritecios, de marzo a mayo; esp. 11-15,5 x 4,5-6,5 µ. **Hábitat**: I-XII; sobre madera muerta de diversos planifolios, sobre todo tocones; muy frecuente. **Nota**: Generalmente se encuentra la forma conidiógena (foto). Al formarse los peritecios el hongo pierde los tonos claros y resulta casi invisible.

Género **Hypoxylon**
Fam. Xylariaceae

C. fr. formado por un estroma de forma esférica y consistencia carbonácea; negros por dentro, no zonados (V. *Daldinia*); con peritecios negros en el interior (junto a ascos y esporas), bajo la superficie, repartidos en uno o dos tubérculos; espp. negra; esp. casi opacas al microscopio, elipsoidales-reniformes o faseoliformes, lisas, con una fisura germinativa (fig. 7); por regla general saprotróficos lignícolas.

Hipoxilo en forma de fresa

Hypoxylon fragiforme (Scop.: Fr.) Kickx
e. Garratxo marroi, *in.* Beech woodwart

Caracteres: C. fr. de 4-10 mm de ancho, de rojizo a color canela, semiesférico, superficie toscamente gibosa a causa de los peritecios inmersos bajo ella; esp. elipso-reniformes, 11-15 x 5,5-7,5 μ. **Hábitat**: I-XII; sobre madera muerta de planifolio, sobre todo de haya, crece en grupos; muy frecuente. **Nota**: es la especie más común de su género y no falta en ningún bosque de planifolios. **Confusiones**: Con la superficie lisa, pardo roja, sobre alisos o avellanos: *Hypoxylon fuscum.*

Hypoxylon multiforme

Hypoxylon multiforme (Fr.) Fr.

Caracteres: C. fr. de 5-10 mm de grosor, primero pardo rojizo, al madurar negro, soldado a otros, formando una costra de perímetro irregular y de superficie toscamente gibosa; esp. elipso-reniformes, 8,5-10,5 x 3,5-5 μ. **Hábitat**: I-XII, las esporas maduran a finales de otoño; sobre astas de planifolio muertas, sobre todo de abedul; frecuente. **Nota**: En la etapa de madurez las especies de este género desprenden gran cantidad de esporas, que se posan alrededor como un polvo negro. **Confusiones**: Generalmente sobre hayas: *Hypoxylon deustum* (abajo), compuesto por varios estromas, más delgados, soldados y menos habitual: *H. nummularium.*

Hypoxylon deustum

Hypoxylon deustum (Hoffm.: Fr.) Grev. Sin.: *Ustulina deusta*

Caracteres: C. fr. de 5-20 mm de grosor, negro, formando un grueso estroma crustáceo de límite irregular, superficie punteada por los ostiolos de los peritecios (lupa); esp. alargadas y curvadas, 29-34 x 7-9 μ. **Hábitat**: I-XII, las esporas maduran en otoño; en la zona de las raíces de tocones de haya; frecuente; a veces parásito; causa moho. **Nota**: En primavera se suele encontrar la forma conidiógena, de color gris y crustáceo-aplanada, en la sup. de la cual se forman los conidios asexuales. **Confusiones**: *Hypoxylon multiforme* (ctro.).

Daldinia petriniae

Daldinia petriniae Y. M. Ju, J. D. Rogers & San Martin
(Fam. Xylariaceae) (foto superior)

Caracteres: C. fr. de 2-5 cm de ancho, primero pardo rojo, más tarde negro, semiesférico o en forma de bulbo irregular, con la superficie finamente gibosa cuando está en plena madurez, bajo la cual se hallan los peritecios; carne gris o negra con zonas concéntricas (V. *Hypoxylon*), seco de consistencia carbonácea, finalmente pulverulento; espp. negra; esp. casi opacas, elipso-reniformes, 13-18 x 7-9 µ, con una fisura germinativa (fig. 7). **Hábitat**: V-X; sobre madera muerta de planifolio, en especial de aliso, con menos frecuencia de haya; de disperso a localmente frecuente; saprotrófico. **Nota**: En Europa este género contiene aprox. 10 especies.

Diatrype disciformis

Diatrype disciformis (Hoffm.: Fr.) Fr. (Fam. Diatrypaceae)

Caracteres: C. fr. de 2-4 mm de ancho, formado por un estroma redondeado y aplanado, aislado o soldado a más ejemplares, con restos de la corteza rota en el margen; superficie externa cubierta por las esporas maduras, de color primero gris pardusco claro y más tarde pardo oscuro, punteada por los ostiolos de los peritecios; espp. pardusco pálido; esp. transparentes, cilíndrico-curvadas, lisas, 5,5-9(10) x 1,4-1,6 µ. **Hábitat**: I-XII, las esporas maduran de IV-V; sobre astas muertas de planifolio, en especial de haya, crece en grupo; muy frecuente; saprotrófico. **Nota**: Los ascos del género *Diatrype* son octospóricos. El parecido género *Diatrypella* alberga en cada ascospora un gran número de esporas. **Confusiones**: Sobre madera de sauce: *Diatrype bullata.*

Cordyceps ophioglossoides

Cordyceps ophioglossoides (Ehrh.: Fr.) Link
(Fam. Clavicipitaceae) (fotos inferiores)

Caracteres: C. fr. de 4-6(10) cm de altura, sobresaliendo del suelo unos 2-5 cm, negro, de lingüiforme a claviforme, claramente dividido en una parte estipitada; zona superior finamente punteada por los peritecios; en la base del pie se encuentran unos cordones miceliares de color amarillo, que enraízan profundamente en el suelo; esp. hialinas, filiformes, lisas, pluriseptadas, de hasta 200 x 2 µ, pronto deshechas en fragmentos de 2-5 µ de largo. **Hábitat**: VII-XI; parasita especies subterráneas de *Elaphomyces*, sobre todo en bosques de píceas; disperso, algo más frecuente en la zona mediterránea. **Nota**: Quien tenga suerte de encontrar una especie *Cordyceps* puede escarbar en la tierra y encontrar la trufa (*Elaphomyces granulatus*, p. 666). Otros *Cordyceps* parasitan insectos. **Confusiones**: También sobre *Elaphomyces*: *Cordyceps capitata*, sobre tierra y sin peritecios: género *Geoglossum.*

Género **Rhizopogon**
Fam. Rhizopogonaceae, clase Basidiomycetes

C. fr. redondeado-bulbiformes, hipogeos, cubiertos de peridio delgado, coriáceo; con cordones miceliares que se extienden como finas venas; gleba compartimentada, con aspecto de esponja, al madurar, de color pardo oliváceo y delicuescente; esp. ligeramente amarillentas al microscopio, elipsoidales, lisas, con 2 gútulas lipídicas; basidios de bispóricos a octospóricos; micorrizógenos.

Rhizopogon obtexus

Rhizopogon obtexus (Spreng.) Rauschert Sin.: *R. luteolus*

Caracteres: C. fr. de 2-6 cm de ancho, amarillento, oliváceo, más tarde pardusco sucio, cubierto de cordones miceliares a modo de venas más oscuras; gleba primero amarillenta, después pardo olivácea; olor aromático-fúngico, un tanto desagradable cuando se liquida; esp. 6-9 x 3-3,5 µ. **Hábitat**: VIII-X; en bosques de coníferas, bajo pinos sobre suelos arenosos, pobres en calcio, preferentemente en piso basal; localmente no es raro. **Nota**: Resulta difícil de separar unas especies de *Rhizopogon* de otras. Las verdaderas trufas, que pertenecen a la clase Ascomycetes tienen el interior típicamente marmóreo.
Comestible de joven, mientras tiene consistencia firme; se debe retirar la capa externa.

Rhizopogon roseolus

Rhizopogon roseolus (Fr.: Fr.) Th. Fr. Sin.: *R. rubescens*

Caracteres: C. fr. de 2-4 cm de ancho, primero blanquecino, luego de violeta rosado a pardusco rojizo, cubierto de cordones miceliares delgados; gleba de amarillenta a pardo olivácea; según algunas fuentes al envejecer desprende olor a ajo; esp. 8-11 x 3-3,5 µ. **Hábitat**: VIII-XI; en bosques de coníferas, bajo pinos o píceas, sobre suelo calcáreo; localmente no es raro.
Comestible de joven, V. arriba.

Melanogaster variegatus RL 3

Melanogaster variegatus (Vittad.) Tul. & Tul.
(Fam. Melanogastraceae, cl. Basidiomycetes)
Sin.: *M. broomeianus*

Caracteres: C. fr. de 1-4(6) cm de ancho, de redondeado a bulbiforme alargado, peridio color ocre, más tarde de pardo rojizo a herrumbroso, de paredes lisas; gleba dividida en compartimentos redondeados que contienen la masa esporal, de color negro brillante; paredes de los compartimentos amarillentos, pronto mucilaginosos; olor aromático; esp. de paredes marrones, al microscopio, delgadas, elipsoidales, lisas, 7,5-10 x 3,5-4,5 µ; basidios de bispóricos a pentaspóricos. **Hábitat**: V-IX; en bosques de planifolios o coníferas y jardines; raro; micorrizógeno.
Comestible de joven, mientras la gleba tiene consistencia firme.

Género **Tuber**
Fam. Tuberaceae, clase Ascomycetes

C. fr. bulbiformes; cara externa de lisa a toscamente verrucosa; interior típicamente marmóreo, con vetas formando un dibujo laberíntico; esp. pardusco amarillentas al microscopio, de redondeadas a elipsoidales, reticuladas o espinosas; ascos saquiformes (fig. 3) que contienen 1-6 esporas; micorrizógenos.

Trufa de verano RL 1, prot.

Tuber aestivum Vittad.
c. Tòfona blanca, *e.* Udako boilur, *g.* Trufa de verão, *in.* Summer truffle

Caracteres: C. fr. de 2-5(10) cm de ancho, de pardo negro a negro; peridio ornamentado con grandes verrugas de forma piramidal con 5-6 crestas; gleba blanquecina durante bastante tiempo, con algunas venas finas grises o parduscas; olor aromático o, en ocasiones, desagradable; esp. elipsoidales, toscamente reticuladas (fig. 3), 20-60 x 14-40 μ. **Hábitat**: VIII-XII; en bosques de planifolios, más raramente de coníferas, sobre suelo calcáreo; raro. **Confusiones**: Con esporas espinosas: *Tuber melanosporum* (ctro.), *T. brumale.*
Comestible; se puede usar como condimento.

Trufa violácea prot.

Tuber melanosporum Vittad.
c. Tòfona negra, *e.* Boilur beltz, *g.* Trufa de Périgord, *in.* Truffle

Caracteres: C. fr. de 2-8 cm de ancho, pardo negro; peridio ornamentado con verrugas piramidales; gleba pronto violeta negruzca, con venas blanquecinas o rosadas; olor muy aromático; esp. elipsoidales, con densas espinas, 27-55 x 20-33 μ (fig. 150). **Hábitat**: X-II; bajo robles, sobre suelo calcáreo. **Nota**: Es una especie conocida especialmente en el sur de Francia, donde se cultiva en condiciones naturales y se recoge con la ayuda de perros, que las localizan con el olfato. Se cotiza a precios bastante altos. **Confusiones**: Con esporas reticuladas: *Tuber aestivum* (arriba), con esporas espinosas: *T. brumale*.
Excelente comestible; especie muy apreciada y aromática.

Trufa violácea RL 0, prot.

Tuber macrosporum Vittad.
c. Tòfona, *e.* Boilur beltz

Caracteres: C. fr. de 2-4 cm de ancho, de herrumbroso a pardo negro; cara externa de finamente furfurácea a verrucosa; al madurar, gleba gris olivácea, con venas blanquecinas; olor a ajo o cebolla; esp. elipsoidales, toscamente reticuladas, 45-80 x 25-60 μ. **Nota**: Esta especie que crece bajo robles está totalmente protegida en Alemania desde hace varios años. Crece eventualmente en Francia e Italia y se vende como manjar exquisito, a precios muy elevados. Con todo, algunos autores la consideran casi incomestible.

Tuber rufum prot.

Tuber rufum Pico: Fr.

Caracteres: C. fr. de 1-3 cm de ancho, primero amarillento rojizo pálido, después de herrumbroso a pardo rojizo; cara externa de glabra a furfurácea, raramente cubierto de verrugas formando un retículo; gleba de beige claro a color cárneo, paulatinamente se vuelve rojizo oscuro, con venas blanquecinas; olor poco apreciable, al envejecer algo amargoso; esp. de redondeadas a elipsoidales, 20-35(45) x 14-30 μ, con espinas de 2,5-4. **Hábitat**: VIII-XI; en la capa superior de humus en bosques de planifolios o coníferas, parques y jardines; raro. **Nota**: Fue encontrada por el autor bajo una *Picea sitchensis*, en suelo arcilloso ácido. Algunas especies parecidas son: *Tuber nitium* y *T. ferrugineum.*

Incomestible y sin aroma.

Trufa blanca prot.

Tuber magnatum Pico

c. Tòfona blanca d'Itàlia

Caracteres: C. fr. de 3-8 cm de ancho, siempre de colores claros, blanquecino amarillento, ocráceo, a veces con un brillo verdoso; cara externa lisa o parcialmente furfurácea; gleba blanquecina primero, más tarde cárneo rojiza, con venas blancas; olor muy aromático, parecido al puerro; esp. cortamente elipsoidales, con anchos retículos y crestas, 25-50 x 20-40 μ (fig. 152). **Hábitat**: X-V; bajo planifolios, robles, sauces, álamos o tilos, sobre suelos calizos, en el sur de Europa (especialmente Italia); disperso. **Nota**: Los retículos de las esporas son tan toscos que pueden ocupar casi la mitad de la anchura total de la espora. **Confusiones**: *Choiromyces maeandriformis* (abajo).

Comestible; de excelente aroma y valor comparable al de *Tuber melanosporum*.

Choiromyces maeandriformis RL 2

Choiromyces maeandriformis Vittad. Sin.: *C. venosus*
(Fam. Terfeziaceae, cl. Ascomycetes)

Caracteres: C. fr. de 3-10 cm de ancho, gris blanquecino, ocre amarillento a pardusco, bulbiforme; cara externa lisa, a menudo roída por caracoles; gleba blanquecina crema, marmórea, más tarde también cárneo pardusco, con venas blancas; al madurar, olor aromático, a maíz cocido; esp. al microscopio amarillentas, redondas, con gruesas espinas aisladas, 16-22 μ (fig. 151), espinas con los ápices romos, de 3-5 μ de largo. **Hábitat**: VII-X; en bosques de planifolios o coníferas, en especial sobre suelos arcillosos y limosos, bajo hayas; disperso; micorrizógeno. **Nota**: Esta especie crece a modo de nido, de manera que se hace visible. **Confusiones**: *Tuber albidum*, con esporas reticuladas: *T. magnatum.*

Comestible pero de carne tenaz. Cruda tiene efectos tóxicos.

Hydnotria tulasnei

RL 3

Hydnotria tulasnei Berk. & Broome
(Fam. Pseudotuberaceae, cl. Ascomycetes)

Caracteres: C. fr. de 2-5 cm de ancho, de cárneo rojizo a pardo rojizo, redondeado o reniforme; cara externa de arrugada a surcada, con peridio liso; interior pardo rojizo con venas blanquecinas y ondulaciones cerebriformes, parcialmente conectadas con el exterior; esp. al microscopio parduscas, redondas, con gruesas verrugas, 20-35 μ (fig. 153), ascos claviformes, anchos, pedicitados, octospóricos. **Hábitat**: VII-X; en bosques de planifolios o coníferas, en especial bajo robles; localmente no es raro; micorrizógeno.

Comestible pero no muy sabroso.

Género **Elaphomyces**
Fam. Elaphomycetaceae, clase Ascomycetes

C. fr. esférico-tuberiformes; con el peridio verrucoso o papilado; al madurar, interior pardo negro, uniforme o toscamente compartimentado, no marmóreo, que se acaba convirtiendo en polvo; esp. marrón oscuro al microscopio, redondeadas, espinosas (fig. 154, espinas curvadas, de hasta 4 μ de largo); ascos redondeado-piriformes, de 3-8 esporas; micorrizógenos.

Criadilla de ciervo

Elaphomyces granulatus Fr. Sin.: *E. cervinus*
c. Tòfona de cérvol, *e.* Basahuntz-boilurra, *in.* Hart's truffle

Caracteres: C. fr. de 2-5 cm de ancho, amarillento, ocre pardusco a pardo herrumbroso; peridio maduro cubierto de finos papilomas, de aprox. 1-2 mm de grosor, uniformemente blanquecino al seccionarlo, más grueso de joven y con algún brillo lila; olor no agradable; sabor de suave a amargoso; esp. 23-41 μ. **Hábitat**: I-XII; por lo general en bosques de coníferas, bajo píceas y pinos; frecuente. **Nota**: Esta especie resulta fácil de encontrar cuando está colonizada por *Cordyceps ophioglossoides* (p. 658), que crece encima. Incomestible para los humanos, pero consumido sin problema por corzos y ciervos. **Confusiones**: *Elaphomyces muricatus* (abajo).

Elaphomyces muricatus

Elaphomyces muricatus Fr. Sin.: *E. variegatus*

Caracteres: C. fr. de 0,5-2 cm de ancho, primero ocre amarillento, después color canela o pardo rojizo; peridio cubierto por verrugas o espinas, de aprox. 3-4 mm de grosor, claramente marmóreo al seccionarlo; olor y sabor a tomillo o a ajo cuando está maduro; esp. 16-23(28) μ. **Hábitat**: I-XII; en bosques de planifolios o mixtos, entre robles y pinos; disperso. **Nota**: Las esporas del ejemplar joven son lisas, las espinas se forman cuando está en plena madurez. **Confusiones**: *Elaphomyces granulatus* (ctro.).

Ascotremella faginea

Ascotremella faginea (Peck) Server
(Fam. Helotiaceae, cl. Ascomycetes)

Caracteres: C. fr. de 2-7 cm de ancho, joven color beige, después pardo rojizo oscuro, a menudo con brillos púrpuras, al madurar, superficie replegada en forma de cerebro, sujeta al sustrato por un punto; de consistencia relativamente gelatinosa pero firme; esp. hialinas, largamente elipsoidales, 8,5-10 x 4-4,5 μ, con finas estrías longitudinales casi imperceptibles y 2 gútulas lipídicas (fig. 155). **Hábitat**: VIII-X; en bosques de planifolios, sobre astas muertas, caídas, en especial de haya; relativamente raro; saprotrófico. **Nota**: Se asemeja mucho a una *Tremella* o una *Exidia*. El himenio, que contiene ascos octospóricos y paráfisis filiformes, se halla sobre toda la cara externa. **Confusiones**: *Tremella foliacea* (p. 670), *Exidia saccharina* (p. 674).

Neobulgaria pura

Neobulgaria pura (Fr.) Petrak
(Fam. Helotiaceae, cl. Ascomycetes)

Caracteres: C. fr. de 1-2 cm de ancho, de gris blanquecino a rosa cárneo pálido, con aspecto vidrioso, grueso y turbinado, con una cara externa granulosa e himenio liso, ligeramente curvado hacia adentro; los c. fr. crecen aislados o soldados en grupo; esp. hialinas, elipsoidales, lisas, 6-8,5 x 3-4 μ, con 2 gútulas lipídicas. **Hábitat**: VIII-XI; en bosques de planifolios, sobre madera muerta de haya, con menos frecuencia de otros planifolios; localmente no es raro; saprotrófico. **Nota**: Con el c. fr. plurilobulado: var. *foliacea*.

Bulgaria tiznada

Bulgaria inquinans (Pers.): Fr.
(Fam. Helotiaceae, cl. Ascomycetes)
e. Mukibotoi beltz, *in.* Black bulgar

Caracteres: C. fr. de 1-3(5) cm de ancho, al principio hemisférico u ondulado, curvado hacia adentro, brillante, himenio pardo rojizo y cara externa marrón, flocoso-granulosa, más tarde turbinado-pedunculado y uniformemente negro; de consistencia gelatinosa pero tenaz; espp. negra; esp. marrones al microscopio, elipso-faseoliformes, lisas, 11-14,5 x 6-8 μ, con 1 gútula lipídica. **Hábitat**: IX-XI; gruesos troncos muertos y astas especialmente de robles, crece en grandes grupos; frecuente; saprotrófico. **Nota**: Los ejemplares maduros producen en abundancia esporas, que ennegrecen las superficies próximas. Si se pasa el dedo por el himenio, éste también queda tiznado. Los ascos son octospóricos, pero sólo 4 de las esporas se desarrollan, mientras que las otras se quedan hialinas y pequeñas. **Confusiones**: *Exidia truncata* (p. 674).

Género **Tremella**
Fam. Tremellaceae, clase Basidiomycetes

C. fr. lobulados, sinuados; consistencia generalmente gelatinosa, a veces con un núcleo firme, leñoso al secarse; cara externa totalmente cubierta por el himenio; espp. blanca, inamiloide; esp. redondeado-elipsoidales, lisas, sin p. g.; basidios divididos en paredes, con 4 esterigmas digitiformes (fig. 10); saprotróficos lignícolas (causan pudrición blanca) o más raramente parásitos sobre otros hongos.

Tremela mesentérica

Tremella mesenterica Retz.: Fr. Sin. *T. lutescens*
e. Mukiziza hori, *g.* Merexos das ramalleiras, *in.* Yellow brain

Caracteres: C. fr. de 1-5 cm de ancho, amarillo dorado intenso, más tarde sólo amarillo pálido, a menudo cubierto por las esporas, formado por elementos lobulados y sinuosos, mesenteriformes, con la base estrecha; primero de consistencia relativamente tenaz, al envejecer, en parte delicuescente; esp. 9-15(17) x 8-12 μ. **Hábitat**: I-XII, en especial en primavera y finales de otoño; ramas muertas de planifolio, sobre todo de haya, roble, fresno y avellano; frecuente por lo general. **Nota**: Los ejemplares jóvenes tienen la superficie cubierta por numerosos conidios de color dorado que son redondeados pero claramente más pequeños que las basidiosporas. **Confusiones**: Sobre madera de conífera: *Dacryomyces chrysospermus* (p. 678).

Tremela mesentérica

Tremella mesenterica Retz.: Fr. forma *crystallina* Ew. Gerhardt

Caracteres: C. fr. totalmente incoloro y en consecuencia con aspecto de cristal. Todas las demás características se corresponden con las de *Tremella mesenterica* (arriba). **Nota**: Aunque con el mismo nombre, esta especie carece totalmente del color que caracteriza a *Tremella mesenterica*. Es una forma muy rara que puede ser también confundida con la especie *T. fuciformis*, que se distingue por sus esporas más pequeñas.

Tremella foliacea

Tremella foliacea Pers.: Fr.

Caracteres: C. fr. de 3-12 cm de ancho, de ámbar oscuro a pardo rojo, al secarse se vuelve casi pardo negro, se compone de varias partes onduladas, lobuliformes, agrupadas; esp. 8-12 x 7-10 μ. **Hábitat**: I-XII; por lo general sobre madera muerta, p. ej. de abedul, haya, arce, cerezo aliso; relativamente frecuente. **Confusiones**: Sobre madera de conífera, con esporas cilíndricas: *Exidia saccharina* (p. 674).

Comestible; se pueden servir, tras hervirlas un poco, en ensaladas o en sopas.

Tremela cerebriforme

Tremella encephala Pers.: Fr.
e. Mukiziza garun

Caracteres: C. fr. de 0,5-2 cm de ancho, de blanco a rosa blanquecino, hemisférico, con la superficie cerebriforme, con un núcleo blanco y firme en el interior; esp. 9-12 x 8-10 μ. **Hábitat**: I-XII; sobre ramas muertas de conífera, pinos y alerces; disperso, localmente frecuente; parásito. **Nota**: A menudo aparece junto a *Stereum sanguinolentum* (p. 680) al cual parasita. El "núcleo" interno característico de *Tremella encephala* está formado por sustancias procedentes de *S. sanguinolentum*. El parásito *T. mycophaga* parasita sobre c. fr. de *Aleurodiscus*, pero no tiene un núcleo interno y por ello no se pueden confundir.

Pseudohidno gelatinoso

Pseudohydnum gelatinosum (Scop.: Fr.) P. Karst.
Sin.: *Tremellodon gelatinosum*
(Fam. Tremellaceae, clase Basidiomycetes)
in. Toothed jelly fungus

Caracteres: C. fr. de 1-5(8) cm de ancho, primero lingüiforme, luego forma un corto sombrero semicircular, cortamente estipitado y con agujas blanquecinas en la parte inferior; cara superior híspida, del mismo color blanquecino o pardusca; consistencia gelatinosa, acuosa, su masa se reduce mucho al secarse; espp. blanca, inamiloide; esp. redondeado-elipsoidales, 6-8 x 5,5-6,5 μ; basidios divididos por septos longitudinales (fig. 10). **Hábitat**: VII-XI; sobre madera de conífera muerta, raramente de planifolio, sobre todo píceas, pinos o abetos, sobre tocones, crece en grupo; frecuente; saprotrófico. **Nota**: El himenio se encuentra sobre las agujas de la cara inferior.
Comestible; rehogado se puede usar en ensaladas.

Tremiscus helvelloides

Tremiscus helvelloides (DC.: Fr.) Donk Sin.: *Guepinia helvelloides*
(Fam. Tremellaceae, clase Basidiomycetes)

Caracteres: C. fr. de 3-10 cm de altura, por lo general naranja rojo vivo, embudado o lobulado ondulado, cortado lateralmente y pronto arqueado hacia fuera, con margen agudo y base formando un pie; el himenio, más violeta-rosado, cubre la cara externa del embudo; consistencia blanda, gelatinosa; espp. blanca, inamiloide; esp. elipsoidales, lisas, 8-12 x 5-6,5 μ; basidios divididos por septos longitudinales (fig. 10). **Hábitat**: VII-X; sobre la tierra o madera enterrada en descomposición, de conífera o planifolio (píceas, hayas), sobre suelo calcáreo; relativamente frecuente en piso alpino (sur de Alemania, Alpes), sino raro; saprotrófico.
Comestible; puede añadirse a ensaladas o macerar con vinagre y especias.

Género **Exidia**
Fam. Tremellaceae, clase Basidiomycetes

C. fr. aplanados, sinuados o turbinados, de consistencia gelatinosa y leñosa al secarse; con el himenio punteado por glándulas; espp. blanca, inamiloide; esp. cilíndrico-curvadas, lisas, sin p. g.; basidios divididos en paredes longitudinales (como en Tremella, fig. 10); saprotróficos lignícolas; causan pudrición blanca.

Exidia plana

Exidia plana (F. H. Wigg.) Donk

Caracteres: C. fr. de 10-30 cm de ancho, varios c. fr. crecen juntos a modo de césped, a menudo recubriendo una asta entera, de 0,5-1,5 cm de grosor, negro; con la superficie cerebriforme, totalmente cubierta por el himenio; esp. 10-12(17) x 4-5 μ. **Hábitat**: I-XII; sobre troncos o astas muertos de diversos planifolios, así como tocones, en especial sobre haya; muy frecuente. **Nota**: Este hongo se compone de gran número de cuerpos fructíferos soldados a la madera. **Confusiones**: *Exidia truncata* (ctro.).

Exidia truncata

Exidia truncata Fr.: Fr.

Caracteres: C. fr. de 1-4 cm de ancho, totalmente negro, turbinado, elevado sobre una base estrecha y con el margen libre, aislado o en pequeños grupos; himenio con brillo mate, liso durante bastante tiempo, luego con puntos glandulares o surcado; cara externa verrucoso-granulosa, gruesa; esp. 14-17 x 4,5-6 μ. **Hábitat**: I-XII; sobre astas de planifolio muertas, en especial de roble; frecuente. **Nota**: A diferencia de *Exidia plana* en esta especie siempre hay una clara delimitación entre cara externa e interna. Con los dedos se pueden apreciar los gránulos del himenio. **Confusiones**: *Exidia plana* (arriba), *Bulgaria inquinans* (p. 668).

Exidia saccharina

Exidia saccharina (Alb. & Schwein): Fr.

Caracteres: C. fr. de 3-8 cm de ancho y hasta 2 cm de grosor, de amarillo a pardo rojizo, de pulvinado a subgloboso; superficie (himenio) con puntos glandulares apenas visibles; esp. 9-15 x 3,5-5 μ. **Hábitat**: XI-IV; sobre ramas muertas de conífera, en especial de pino, pero también abeto, pícea o alerce; disperso. **Confusiones**: Con las esporas redondas, sobre madera de planifolio: *Tremella foliacea* (p. 670).

Género **Auricularia**
Fam. Auriculariaceae, clase Basidiomycetes

C. fr. lobulados, casi en forma de oreja; de consistencia gelatinosa, cartilaginosa, a menudo algo tenaz y leñosa al secarse; la cara inferior, de lisa a ondulada, contiene el himenio; espp. blanca, inamiloide; esp. cilíndrico-curvadas, lisas, sin p. g.; basidios divididos por septos transversales, con 4 largos esterigmas (fig. 11); saprotróficos y parásitos de vegetales debilitados; causan pudrición blanca.

Oreja de Judas

Auricularia auricula-judae (Bull.: Fr.) Wettst.
Sin.: *A. sambucina, Hirneola auricula-judae*
c. Orella de Judes, *e.* Judasen belarri, *in.* Jew's ear

Caracteres: C. fr. de 3-6 cm de ancho, de cárneo a pardo rojizo, de carne fina, convexo, en forma de oreja, lateralmente unido al sustrato; cara externa finamente tomentosa, a menudo algo venosa; cara interna de lisa a ondulada, con la superficie (himenio) brillante; esp. 16-23 x 6-7 µ. **Hábitat**: I-XII; sobre ramas vivas y muertas de planifolio, en especial de saúco y arce plateado, raramente sobre coníferas; frecuente. **Confusiones**: Con la cara superior hirsuta: *Auriculariopsis mesenterica* (ctro.), más pequeña: *A. ampla* (abajo).
Comestible; al envejecer es algo tenaz; en la cocina China a menudo se emplean especies más tiernas emparentadas, procedentes del este asiático.

Auricularia mesenterica

Auricularia mesenterica (Dicks.: Fr.) Pers.

Caracteres: C. fr. de 5-10 cm de ancho o en superficies más amplias, pegada al sustrato, relativamente grueso, lobulado, con márgenes sobresalientes, delgados; cara externa gris parda, con zonas tomentoso-hirsutas; cara interna (himenio) de púrpura a pardo gris oscuro, mate, recorrida por vénulas bien diferenciadas; esp. 14-18 x 5-7 µ. **Hábitat**: I-XII; sobre raíces y tocones de diversos planifolios (como arces), en zonas riparias; raro. **Confusiones**: *Auricularia auricula-judae* (arriba).

Auriculariopsis ampla

Auriculariopsis ampla (Lév.) Maire Sin.: *Cytidia flocculenta*
(Fam. Corticiaceae, cl. Basidiomycetes)

Caracteres: C. fr. de 0,5-1,5 cm de ancho, en forma de plato o de cúpula; cara superior convexa, blanquecino crema, finamente tomentosa; cara interna (himenio) de cárneo a ocre pardusco, mate, a menudo recorrida por pliegues o vénulas; consistencia tenaz, gelatinosa; espp. blanca, inamiloide; esp. cilíndrico-curvadas, lisas, 7-10 x 2,5-3 µ, sin p. g. **Hábitat**: IX-XI; sobre ramas muertas caídas, de álamos temblones; disperso; saprotrófico. **Confusiones**: *Auricularia auricula-judae* (arriba).

Calocera viscosa

Calocera viscosa (Pers.: Fr.) Fr.
(Fam. Dacryomycetaceae, cl. Basidiomycetes)

Caracteres: C. fr. de 3-6 cm de ancho, amarillo anaranjado vivo, claviforme, con ramificaciones aisladas o en haces como un coral, superficie glutinoso-untuosa, que contiene el himenio; consistencia tenaz, gelatinosa, elástica y consistente, al secarse, leñosa y de color rojizo anaranjado; espp. amarilla, inamiloide; esp. elipsoidales, lisas, con 1-3 septos, 8-12 x 4,5-5,5 µ, sin p. g. (fig. 157); basidios bifurcados, bispóricos (fig. 9). **Hábitat**: VI-XI; sobre madera muerta de conífera, sobre todo en tocones de pino o pícea musgosos; muy frecuente; saprotrófico. **Nota**: *Calocera viscosa* se parece a una *Ramaria* y por eso a veces se utiliza para condimentar ensaladas. Pertenece, sin embargo, a la familia Dacryomycetaceae y su consistencia es gelatinosa, no frágil. A diferencia de lo que pasa con algunas verdaderas especies de *Ramaria*, la confusión resulta inocua. **Confusiones**: Más pequeña y sin ramificaciones: *Calocera cornea.*

Dacryomyces chrysospermus

Dacryomyces chrysospermus Berk. & M. A. Curtis
Sin.: *D. palmatus*
(Fam. Dacryomycetaceae, cl. Basidiomycetes)

Caracteres: C. fr. de 1-4 cm de ancho, amarillo anaranjado vivo, plurilobulada, en forma de cerebro, rizado; consistencia blanda, al secarse, la masa disminuye de tamaño y se vuelve leñosa; espp. amarillo dorado, inamiloide; esp. largamente elipsoidales, algo curvadas, lisas, al madurar, con 4-8 septos, 13-23 x 6-8 µ, sin p. g. (fig. 156); basidios bifurcados, bispóricos (fig. 9). **Hábitat**: VII-XI; sobre madera muerta de conífera (píceas, abetos); no es raro en piso alpino pero si en basal; saprotrófico. **Nota**: Es la especie más grande de su género. Se diferencia de otras especies parecidas por el color intenso de la esporada y la forma de las esporas. **Confusiones**: *Tremella mesenterica* (p. 670).

Ditiola peziziformis RL 3

(Fam. Dacryomycetaceae, cl. Basidiomycetes)
Ditiola peziziformis (Lév.) D. A. Reid Sin.: *Femsjonia peziziformis*

Caracteres: C. fr. de 3-7(10) mm de ancho, de turbinado aplanado a pedicitado-acopado; himenio amarillo, dependiendo de la edad curvado hacia el interior o exterior; cara externa blanca y tomentosa; consistencia gelatinosa, cartilaginosa; esp. al microscopio, amarillento pálido, largamente elipsoidales, con hasta 13 septos, 20-30 x 8,5-12 µ; basidios bifurcados, bispóricos (fig. 9). **Hábitat**: VIII-XI; sobre madera muerta de conífera o planifolio, astas descortezadas de abeto; raro; saprotrófico.

Género **Stereum**
Fam. Stereaceae, clase Basidiomycetes

C. fr. por lo general aplicados a la madera formando una capa fina, con el margen separado a modo de sombrero, ondeado, más raramente aplanados; el himenio puede encontrarse en la cara externa o interna de la superficie, liso (sin tubos, espinas ni estrías); carne de coriácea a tenaz elástica; espp. blanca, amiloide; esp. cilíndricas, lisas, sin p. g.; saprotróficos o parásitos de vegetales debilitados; causan pudrición blanca.

Estéreo hirsuto

Stereum hirsutum (Willd.: Fr.) Gray
c. Crosta de soca hirsuta, *e.* Azal hori, *in.* Hairy stereum

Caracteres: C. fr. de ocre intenso a amarillo yema; con zona pileica que se separa hasta 1-3 cm de distancia de la madera, superficie estrigoso-aterciopelada, zonada de color pardo amarillo, varios c. fr. soldados en fila o tectiformes, apilados; esp. 6-8 x 2-3 µ. **Hábitat**: I-XII; sobre madera muerta de diversos planifolios, sobre la cara frontal de la madera almacenada, recubriendo ramas y astas; muy frecuente. **Nota**: Es la especie más común de su género y se reconoce por su vivo colorido amarillo y la parte superior estrigosa. **Confusiones**: sobre robles, con las partes dañadas más parduscas o enrojecidas: *Stereum gausapatum* (p. 682).

Estéreo sanguinolento

Stereum sanguinolentum (Alb. & Schwein.: Fr.) Fr.
e. Pinu-azal odoltsu

Caracteres: C. fr. beige o de color cárneo a gris pardusco, con los bordes externos de crecimiento blanquecinos, rojizo en las zonas dañadas; zona pileica que se separa 0,5-1,5 cm de la madera, de carne muy fina, cara superior tomentosa o hirsuta, a menudo zonada; esp. 8-11 x 2,5-3,5 µ. **Hábitat**: I-XII; sobre madera muerta o debilitada de conífera, pinos, píceas, alerces; muy frecuente. **Nota**: A menudo crece junto a *Tremella encephala* (p. 672), especie que la parasita. **Confusiones**: Rojizo, con la zona pileica más delgada, sobre madera de planifolio: *Stereum rugosum*.

Stereum subtomentosum

Stereum subtomentosum Pozuar

Caracteres: C. fr. de ocre a pardusco rojizo, con los bordes de crecimiento externos blanquecinos; apenas decurrente sobre el sustrato, formando sombreros en abanico, a veces cortamente estipitados, 2-5 cm separados de la madera, cara superior finamente tomentosa o aterciopelada, con zonas estrechas; esp. 5-7 x 2-3 µ. **Hábitat**: I-XII; sobre ramas muertas de aliso, fresno, sauce, en zonas húmedas (riparias o marjales con alisos); de disperso a localmente frecuente. **Confusiones**: De tonos más oscuros: *Hymenochaete rubiginosa* (p. 688), en zonas cálidas: *Stereum insignitum*.

Stereum gausapatum

Stereum gausapatum (Fr.) Fr.

Caracteres: C. fr. ocre pardusco primero, más tarde cárneo oscuro o pardo rojo, rojizo en las zonas dañadas; zona pileica crespa, separada unos 1-2 cm de la madera, cara superior toscamente tomentosa, a menudo zonada, formando un recubrimiento aplanado o vertical; esp. 6-10 x 3,5-4,5 µ. **Hábitat**: I-XII; sobre ramas o astas muertas de roble, raramente también sobre otros planifolios (como carpes), a menudo forma una gran capa; disperso. **Nota**: Se parece a *Stereum hirsutum* en su forma de crecimiento, pero le faltan los tonos amarillos. En condiciones húmedas los ejemplares jóvenes pueden segregar gutaciones rojizas o color ámbar. **Confusiones**: No enrojece: *Stereum hirsutum* (p. 680).

Chondrostereum purpureum

Chondrostereum purpureum (Pers.: Fr.) Pouzar
(Fam. Stereaceae, clase Basidiomycetes)

Caracteres: C. fr. dependiendo de las condiciones meteorológicas y de la edad, lila, púrpura, purpúreo pardusco o violáceo; crece formando una capa aplanada separada unos 1-3 cm de la madera, superficie hirsuto-tomentosa; carne elástica, cartilaginosa, algo gelatinosa y al secarse leñosa; espp. blanca, inamiloide; esp. elipso-cilíndricas, lisas, 6-8 x 2-3,5 µ, sin p. g. **Hábitat**: I-XII; sobre madera muerta de diversos planifolios, en especial hayas, abedules o álamos, también sobre madera almacenada; muy frecuente; saprotrófico; causa pudrición blanca. **Nota**: Es la única especie de su género. Si se observa su carne al microscopio se pueden apreciar hifas con terminales en forma de ampolla, que no se hallan en los *Stereum*. **Confusiones**: Diversas especies de *Stereum*.

Merulius tremellosus

Merulius tremellosus Schrad.: Fr.
(Fam. Corticiaceae V. Meruliaceae, clase Basidiomycetes)

Caracteres: C. fr. compuesto por sombreritos delgados y planos que sobresalen unos 4 cm de la madera, a modo de tejas o abanicos, decurrentes sobre el sustrato; cara superior del sombrero de gris blanquecino a rosa pálido, con el margen de crecimiento totalmente blanco, toscamente tomentoso; cara inferior (himenio) de ocre amarillento a rosada, pardusco cárneo al envejecer, replegada sobre sí misma, arrugada o poroso-reticulosa; de consistencia blanda, elástica, algo gelatinosa; espp. blanquecina, inamiloide; esp. cilíndrico-curvadas, lisas, 3,5-4,5 x 1-1,5 µ, con 2 pequeñas gútulas lipídicas en el interior, sin p. g. **Hábitat**: IX-XII; sobre ramas y tocones de planifolios, más raramente coníferas, en especial hayas, abedules o álamos; frecuente; saprotrófico; causa pudrición blanca. **Confusiones**: Sin sombrero: *Phlebia radiata* (p. 684).

Phlebia radiata

Phlebia radiata Fr.: Fr. Sin.: *P. aurantiaca, P. merismoides*
(Fam. Corticiaceae V. Meruliaceae, clase Basidiomycetes)

Caracteres: C. fr. compuesto por capas planas, por lo general formando nódulos pero no sombreros; de color naranja rojizo vivo o amarillo cromo, con tonos rojizos en el interior, al envejecer totalmente cárneo; superficie (himenio) compartimentada, arrugada o surcada; de consistencia algo gelatinosa; espp. blanca, inamiloide; esp. elipsoidales, ligeramente curvadas, lisas, 4-6 x 1,5-2,5 µ, sin p. g. **Hábitat**: IX-XII; sobre ramas muertas, tocones o gruesos troncos de diversos planifolios; frecuente; saprotrófico; causa pudrición blanca. **Confusiones**: Con sombreros: *Merulius tremellosus* (p. 682).

Género **Thelephora**
Fam. Thelephoraceae, clase Basidiomycetes

C. fr. en forma de roseta o a veces coraloide; de colores por lo general oscuros; himenio a menudo cubierto de pequeñas verrugas; de consistencia tenaz-coriácea; espp. marrón; esp. elipsoidales, reniformes, con un margen irregular y verrugas planas o agujas, sin p. g.; micorrizógenas.

Telefora terrestre

Telephora terrestris Ehrh. ex Willd.: Fr.
g. Roseta da terra, *in.* Earth fan

Caracteres: C. fr. de 2-4 cm de ancho, compuesto por rosetas aplanadas, como abanicos; superficie pardo purpúreo oscuro, con los bordes de crecimiento más claros, toscamente tomentosos o estrigosos; cara inferior (himenio) surcada o arrugada; intenso olor amargo al madurar; esp. con verrugas aplanadas, 8-10 x 7-8 µ (fig. 158). **Hábitat**: VII-XI; en bosques de coníferas o planifolios, sobre la tierra desnuda o sobre humus, ramas y plantas bajas, en suelo arenoso, crece en grupo; frecuente. **Nota**: Es la especie más habitual del género. Se reconoce por el cuerpo fructífero en forma de abanico, no laciniado.

Telephora palmata

Telephora palmata (Scop.).: Fr.

Caracteres: C. fr. de 3-8 cm de altura, parecido a una especie de *Ramaria*, con astas rectas, bifurcadas y planas, unido a una o varias bases pedicitadas, pardo violeta, con los ápices más jóvenes gris blanquecinos; olor desagradable, como a col en descomposición; esp. con agujas, 7-10(12) x 5-7(9) µ (fig. 159). **Hábitat**: IX-XI; en bosques de coníferas, en especial bajo píceas, entre acículas; relativamente frecuente. **Nota**: El olor desagradable hace que sea inconfundible.

Telephora anthocephala

Telephora anthocephala (Bull.).: Fr.

Caracteres: C. fr. de 3-6 cm de altura, relativamente erecto, en forma de coral o roseta, muy laciniado, bifurcado y deshilachado en la parte de los ápices, unido en la base pero no pedunculado (V. *Telephora caryophyllea*), de color pardo purpúreo, con los ápices más claros; esp. con agujas, 7-9,5(11) x 5,5-7(8) μ, agujas de 1-1,5 μ de largo. **Hábitat**: VIII-X; sobre el suelo en bosques de coníferas o planifolios, raramente también en parques, bajo robles, hayas o tilos; raro. **Nota**: Externamente se parece tanto a *Telephora palmata* como a *T. caryophyllea*. Otras especies más raras del género resultan difíciles de identificar a simple vista a causa de su gran variabilidad. **Confusiones**: En forma de roseta y con un pie central: *Telephora caryophyllea* (ctro.), con olor a col en descomposición: *T. palmata* (p. 684).

Telephora caryophyllea

Telephora caryophyllea (Schaeff.).: Fr.

Caracteres: C. fr. de 2-5 cm de altura, en forma de roseta, a menudo dividido en diversos pisos, por lo general con un pie central, el margen de las crespas lacinias es delgado y deshilachado; cara superior pardo purpúrea, con los márgenes blanquecinos y fibras radiales; cara inferior (himenio) pardo violeta oscuro; esp. con verrugas y agujas, 6-8 x 5-6,5 μ. **Hábitat**: VIII-X; en bosques de coníferas, sobre suelos arenosos bajo pinos; relativamente raro. **Nota**: Los c. fr. recuerdan a los pétalos de algunas cariofiláceas (de ahí, el nombre). Es típico de esta especie el pie bien formado y central. **Confusiones**: Sin pie y de carne más gruesa: *Telephora terrestris* (p. 684), muy deshilachado: *T. anthocephala* (arriba).

Telephora penicillata

Telephora penicillata (Pers.): Fr.

Caracteres: C. fr. de 2-6(10) cm de ancho, en forma de coral o fasciculado a modo de plumaje, sin pie y, en consecuencia, a menudo dispuesto directamente sobre el suelo, en ocasiones algunas de sus ramificaciones deshilachadas y erectas pueden recordar a pinceles; blanquecino durante bastante tiempo, al madurar, se vuelve paulatinamente pardo purpúreo, empezando por la base o desde dentro, aunque la zona más externa permanece clara; esp. con agujas, 7,5-9 x 5-6,5 μ, agujas de aprox. 1 μ de longitud. **Hábitat**: VIII-X; en bosques de coníferas o planifolios, bajo robles, abedules, pinos, entre otros; raro. **Nota**: A causa de sus colores pálidos, al principio puede no parecernos una *Telephora*. Las partes más blanquecinas del cuerpo fructífero son por lo general estériles.

Hymenochaete rubiginosa

(Fam. Hymenochetaceae, clase Basidiomycetes)
Hymenochaete rubiginosa (Dicks.: Fr.) Lév.

Caracteres: C. fr. compuesto por sombreros delgados, en forma de abanico, parcialmente adnatos y al mismo tiempo decurrentes sobre el sustrato (como algunos *Telephora*), sombrero único de 1-6 cm de ancho; cara superior marrón, zonada, con los márgenes más claros, pardo herrumbrosos, mate, finamente tomentosa; cara inferior (himenio) marrón oscuro; consistencia tenaz-coriácea; espp. pardusco amarillenta; esp. elipsoidales, lisas, 4-6 x 2,5-3 µ; setas de paredes marrones, atenuadas (fig. 14). **Hábitat**: I-XII; sobre madera muerta de planifolio, en especial tocones y ramas gruesas de robles o castaños; frecuente; saprotrófico; causa pudrición blanca. **Nota**: las paredes marrones de las setas del c. fr. (lupa) no se hallan en las especies *Telephora.* **Confusiones**: Género *Telephora* (p. 680).

Ptychogaster albus

(Fam. Coriolaceae, clase Basidiomycetes)
Ptychogaster albus Corda

Caracteres: C. fr. de 3-10(15) cm de ancho, de blanco a rosa amarillento, más tarde también pardusco, semiesférico o pulviniforme irregular, con la superficie hirsuta; carne con fibras radiales, gris pardusca y blanquecina, zonada, primero jugosa, después suberosa. **Hábitat**: VIII-X; en bosques de coníferas, sobre o cerca de tocones de pino o pícea; disperso; saprotrófico; causa pudrición parda. **Nota**: El hongo aquí descrito y fotografiado coincide con el estadio imperfecto de un *Oligoporus ptychogaster*, el cual es de forma más pequeña y puede tener un sombrero provisto de tubos o estrato tubular sin sombrero definido. Se trata de una forma excepcionalmente rara.

Rhizina undulata

(Fam. Helvellaceae, clase Ascomycetes)
Rhizina undulata Fr.: Fr. Sin.: *R. inflata*

Caracteres: C. fr. de 3-8(12) cm de ancho, pulviniforme aplanado, de carne delgada-hueca, con la superficie irregularmente hinchada, pardo rojiza y márgenes blanquecino amarillentos; interior hueco, con cordones miceliares de color claro que unen el c. fr. al sustrato; consistencia primero algo frágil, después tenaz; esp. hialinas al microscopio, largamente elipsoidales, 25-33 x 8-9,5 µ, finamente punteadas cuando maduran y con 1 apéndice en los ápices (fig. 160, masa sin apéndice). **Hábitat**: VI-X; en zonas quemadas de bosques de coníferas, a menudo directamente entre ramas carbonizadas, crece en grupo; no es raro. **Nota**: Esta especie, peculiar e inconfundible, pertenece a la misma familia que el género *Helvella*.

Glosario

amiloide: paredes u otras estructuras celulares (esporada) que se tiñen de violeta o negro con el reactivo de Melzer. Es una característica importante sobre todo para identificar grupos de hongos de esporada blanca.

arista: el borde externo de una lámina, como el filo de un cuchillo; allí se encuentran por lo general las células estériles (cistidios), más raramente los basidios. En algunas ocasiones las aristas son de color diferente al resto de la lámina (*Mycena*). A menudo a través de la lupa se pueden ver flocosas a causa de los cistidios.

asco: ascospora. Célula generalmente cilíndrica o tubiforme, en cuyo interior (en los Ascomycetes) se desarrollan las esporas (aprox. 8 por asco) (fig. 1). En las trufas los ascos son saquiformes (fig. 3).

Ascomycetes: clase de hongos en los que las esporas se forman en el interior de endosporangios llamados ascos.

ascospora: V. asco

basidio: contenedor de esporas. Célula por lo general claviforme (en forma de porra) en la que se forman las esporas de los Basidiomycetes. La mayoría son unicelulares y forman 4 esporas (holobasidios, fig. 8). Es también muy típico el basidio bifurcado de los *Dacryomyces*, que contiene 2 esporas (fig. 9). En otros grupos, los basidios pueden estar divididos por tabiques transversales (fig. 11) o longitudinales (fig. 10). Éstos se denominan fragmobasidios.

Basidiomycetes: clase de hongos en los que las esporas se forman en los basidios.

caliptra: cara externa de la pared esporal (episporio) que se desprende parcialmente en KOH (fig. 6), por ej. en especies del género *Hebeloma.*

cianófilo/a: que se tiñe de violeta con azul de metileno o anilina; sobre todo se aplica para teñir la ornamentación esporal (p. ej. de las especies del género *Ramaria* y *Peziza*).

cistidio: (figs. 12-14). Estructura estéril que destaca entre las otras células. Se puede hallar en el himenio (cistidio himenial), en la cutícula (pileocistidios) o en la superficie del pie (caulocistidios) del cuerpo fructífero. En este libro se han tratado sobre todo los cistidios himeniales decisivos para la identificación del hongo, especialmente los que se hallan en las aristas de las láminas (queilocistidios). Los que se encuentran en la superficie de las láminas se llaman pleurocistidios. Los crisocistidios poseen un contenido refringente, que se vuelve amarillo al aplicarles solución de potasa (fig. 13). Los cistidios de los hongos *Panaeolus*, de estructura parecida, no reaccionan con hidróxido de potasio, pero en sulfovainilla se tiñen de rojo vinoso. Los gleocistidios presentan un contenido oleaginoso que también reacciona vinoso con sulfovainilla.

collar: estructura anuliforme, que separa las láminas del pie (especialmente en las especies del género *Macrolepiota*).

contenedor de esporas: V. basidio.

corro de brujas: formaciones circulares en que aparecen distribuidas las setas; se produce cuando la formación del micelio no encuentra impedimentos, aunque no se da en todas las especies.

cortina: hilos filamentosos o araneosos (velo), generalmente situados entre el margen del sombrero y el pie; muy frecuente en las especies de la familia Cortinariaceae.

crisocistidios: V. cistidios.

cuerpo fructífero: (carpóforo). Parte del hongo generalmente visible donde se forman las esporas (para el recolector, aquello que se denomina seta). En algunos grupos puede ser también subterráneo (V. trufas).

dextrinoide: que se tiñe de rojo vino con reactivo de Melzer; en este libro se refiere sobre todo a paredes celulares y esporada (V. amiloide).

episporio: capa externa de una pared esporal pluriestratificada que en algunos grupos se separa claramente de la pared celular. El episporio abombado es característico de los *Ganoderma* (fig. 5). Un carácter específico de algunas *Galerina* y *Hebeloma* es que el episporio se desprende en parte en KOH (hidróxido de potasio).

esclerocio: tejido endurecido, bulboso o verrucoso, del que en condiciones favorables se originan cuerpos fructíferos.

espora: (figs. 5-7, 15). Propágulos de las plantas esporíferas (hongos, musgos, helechos). Su forma, tamaño y color, así como la estructura superficial, determinan puntos clave pera la identificación de un hongo. Muchas esporas son elipsoidales y al seccionarlas se puede observar la forma redondeada. La medida (en μ) indica la anchura y longitud. Algunos géneros (*Panaeolus*) se caracterizan por la forma achatada (fig. 15) de sus esporas (oval al seccionarlas). En ese caso las medidas necesarias son 3: anchura x longitud x grosor. En las esporas esféricas sólo se da el diámetro. En principio no se hace referencia a la ornamentación esporal (espinosa, reticulada, nodulosa). Sus medidas se suelen dar por separado.

esporada: depósito de esporas en masa para contrastar el color de las mismas, característica especialmente importante para la identificación (sobre todo de agaricales). La esporada se puede obtener en pocas horas. Para ello se debe colocar el sombrero seccionado sobre un trozo de papel (con las láminas hacia abajo) y cubrir. Para una óptima identificación se usa principalmente papel blanco.

esterigma: apéndice de los basidios en forma de cuerno o dedo, en cuyo ápice se forma la espora (figs. 8-11).

estructura doble: trama compuesta por 2 capas o estratos de aspecto diferente.

fíbula: protuberancia semicircular de las hifas en la parte externa de las paredes transversales (fig. 4).

gleocistidio: V. cistidio

hifas: células alargadas filiformes (fig. 4) que componen la mayor parte del carpóforo, pero especialmente el micelio.

hifas esqueléticas: hifas de la trama, de paredes gruesas, por lo general desprovistas de septos, que determinan la consistencia (fig. 4).

himeniforme: de estructura semejante a la de un himenio compuesta por células oblongas, verticalmente yuxtapuestas como, por ejemplo, la cutícula de algunas *Agrocybe*.

himenio: productor de esporas. Capa fértil del carpóforo en la cual basidios o ascos se encuentran verticalmente yuxtapuestos. En los agaricales la superficie de las láminas es recubierta por el himenio.

"huevo del diablo": se dice del carpóforo inmaduro, oviforme o esférico, de consistencia gelatinosa, de algunos Gasteromycetes (fam. Phallaceae, Clathraceae). Al madurar, el "huevo" se rasga y aparece la parte interior del carpóforo.

inamiloide: no amiloide (V.)

láminas: repliegue del himenio dispuesto radialmente en la parte inferior del sombrero en los agaricales, como si fuesen cuchillas. Actúan como una extensión superficial del carpóforo, que se encuentra a un lado. La misma función cumplen las espinas, los tubos o las venas.

línea germinativa, fisura germinativa: canal alargado, lateral, de color más claro (fig. 7) que ejerce las funciones de poro germinativo en algunos Ascomycetes (especialmente en los Xilariaceae).

Lugol: solución de Lugol. Solución yodada utilizada para teñir (de azul) las estructuras de los poros (amiláceas) o de los ascos en los Ascomycetes. Se prepara con 1 g de yodo y 2 g de yoduro potásico, disueltos en 150 ml de agua destilada.

Melzer, reactivo de: solución yodada para comprobar si la espora-da es amiloide, sobre todo la de los Basidiomycetes. Se prepara con 0,5 g de yodo, 1,5 g de yoduro potásico, 20 ml de agua destilada y 20 ml de hidrato de cloral (20 g de cristales de hidrato de cloral en 10 ml de agua destilada).

metuloide: cistidio de paredes gruesas, en general con cristales (fig. 12).

micelio: hifas subterráneas o enterradas en el substrato que no pertenecen al cuerpo fructífero, desde el punto de vista de la botánica, el auténtico hongo (talo).

micorriza: asociación (simbiosis) formada por una planta superior y un hongo, con beneficios mutuos. En este libro se incluye la llamada "ectomicorriza" entre un árbol y un hongo, en la cual los micelios se enredan a las raíces del árbol.

nódulo miceliar: estructura mezclada con los micelios, visiblemente diferenciable, situada en la zona de crecimiento del cuerpo fructífero de algunos *Porysporus*.

parálisis: (fig. 2). Células pilosas, estériles en el himenio de los Ascomycetes, que se encuentran entre los ascos. En algunos casos el color y la forma pueden servir para identificar a la especie.

parásito: hongos que infectan organismos vivos (sanos o enfermos), dañándolos y en algunos casos matándolos.

peridio: estrato celular externo, pluriestratificado del carpóforo de los Gasteromycetes que no se transforma en masa esporal.

peridíolo: estructura esporífera lenticular que se forma en el interior de algunos Gasteromycetes (fam. Nidulariaceae) y que funciona como unidad de diseminación.

peritecio: cuerpo fructífero, piriforme o esférico, en el cual crecen las esporas en algunos Ascomycetes (Pyrenomycete). Por lo general se encuentra cerrado, hundido, en la corteza, y tiene una pequeña obertura. En algunos grupos (no tratados en este libro) el cuerpo fructífero está compuesto por un solo peritecio.

poro germinativo: visible al microscopio, punto en que la pared esporal es delgada y porosa, del que más tarde saldrá el tubo germinativo (fig. 15). Sólo se encuentra en especies concretas de Basidiomycetes (importante característica identificativa).

productor de esporas: V. himenio.

pudrición blanca: alteración causada por algunos hongos en la madera de árboles. El hongo consume la celulosa y la lignina y la madera toma una coloración blanquecina. La consistencia de la madera queda muy perjudicada.

pudrición parda: madera típicamente infectada por hongos, los cuales al consumir sólo la celulosa y dejar la lignina hacen que la madera se vuelva marrón.

saprotrófico: que se alimenta de humus o de putrefacción. El hongo se alimenta de materia orgánica muerta (hojas, pinaza, madera, corteza, cadáveres), descomponiéndola.

seta: (fig. 14) estructura parda, de paredes gruesas, con aspecto de cistidio que se puede hallar en el himenio, en la cutícula o en el micelio. Por lo general sobresale y se puede ver con la ayuda de una lupa potente.

siderófilo: tras un tratamiento con una disolución con iones metálicos y carmín acético, en el interior de los basidios de algunos géneros (*Lyophyllum*) se muestran dos tipos de gránulos negruzcos. Esta reacción sólo es visible al microscopio.

tiempo de latencia: tiempo transcurrido desde la ingestión de la seta, hasta la aparición de los primeros síntomas de envenenamiento.

trama laminar: estructura interna de las láminas, visible si se observa una sección de la lámina en el microscopio. En los casos regulares las hifas están dispuestas paralelamente; en los irregulares las hifas se entrecruzan; en los bilaterales las hifas se arquean desde el centro hacia fuera; en los inversos forman una V desde fuera hacia dentro. La estructura de la trama laminar es una característica importante para identificar géneros o familias.

velo: cubierta araneosa o fibrilosa que envuelve los carpóforos jóvenes y que al crecer se rasga y puede quedar en forma de anillo o filamentos en el margen. El velo hilachoso o araneoso de los *Cortinarius* y otras especies cercanas se llama "cortina". Velo parcial: velo que protege las láminas jóvenes. Velo universal: cubierta que envuelve totalmente algunos hongos jóvenes. Algunas especies no tienen velo de ningún tipo.

Características microscópicas

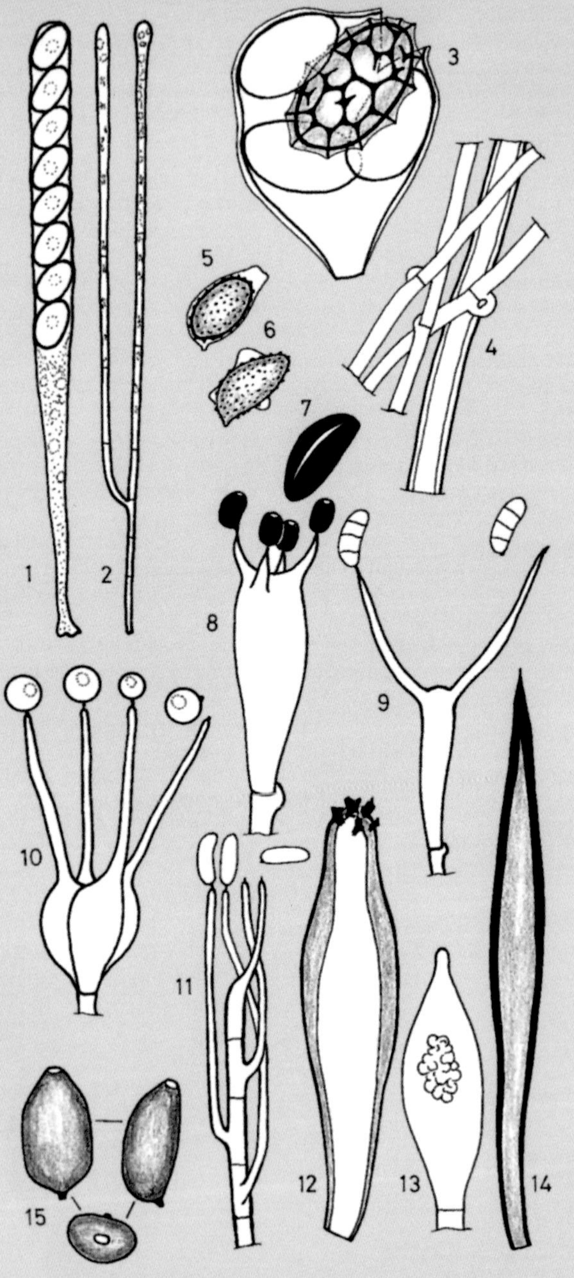

Los números de las figuras se corresponden con los que aparecen en las descripciones de las especies.

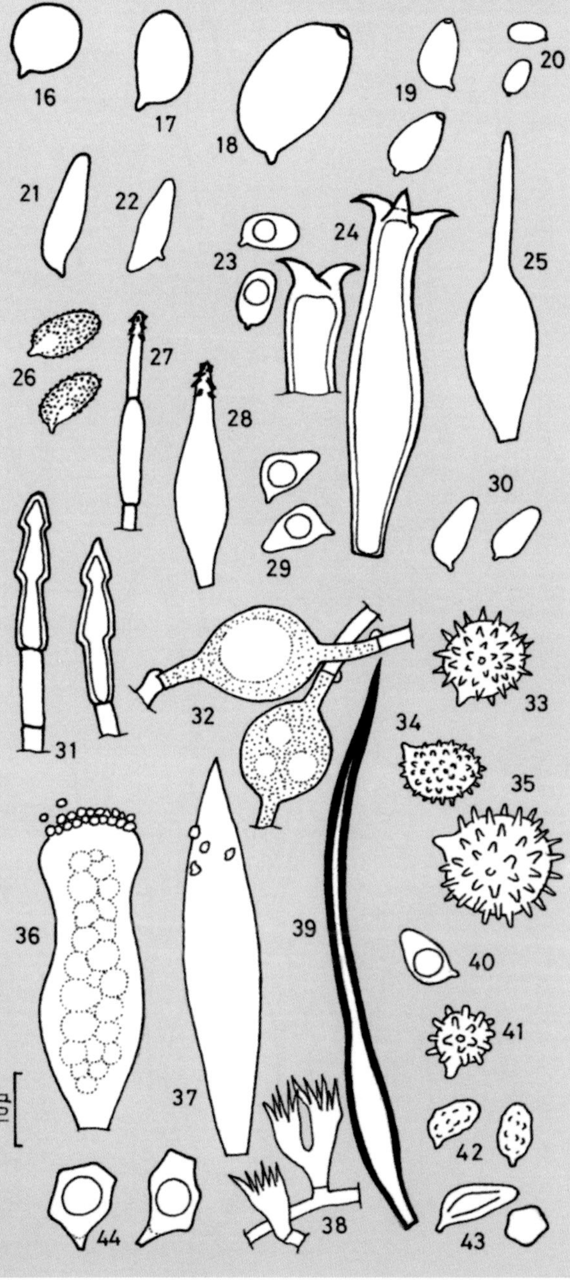

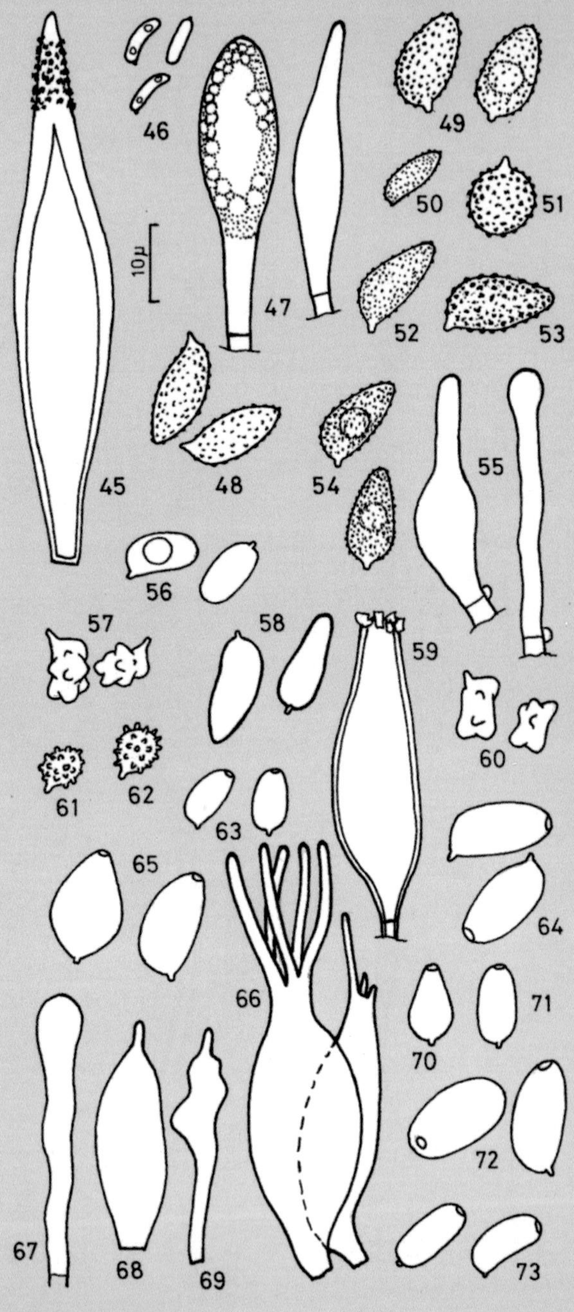
45
46
47
48
49
50
51
52
53
54
55
56
57
58
59
60
61
62
63
64
65
66
67
68
69
70
71
72
73
10µ

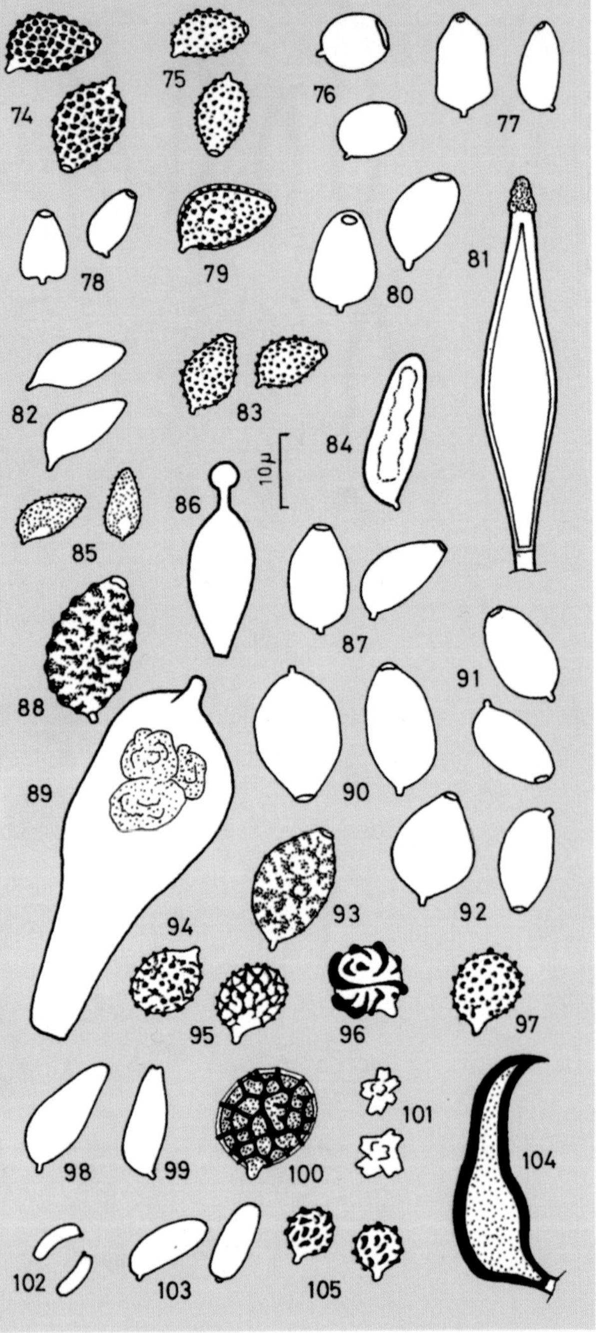
74
75
76
77
78
79
80
81
82
83
84
10µ
85
86
87
88
89
90
91
92
93
94
95
96
97
98
99
100
101
102
103
104
105

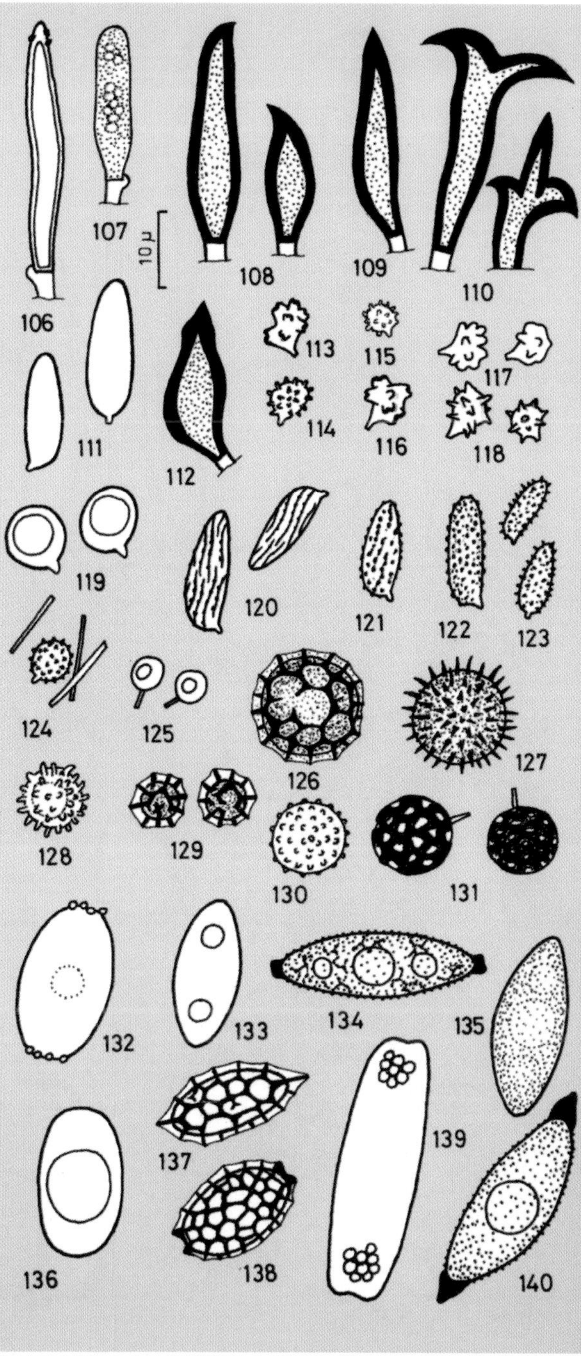
106
107
10 µ
108
109
110
111
112
113
114
115
116
117
118
119
120
121
122
123
124
125
126
127
128
129
130
131
132
133
134
135
136
137
138
139
140

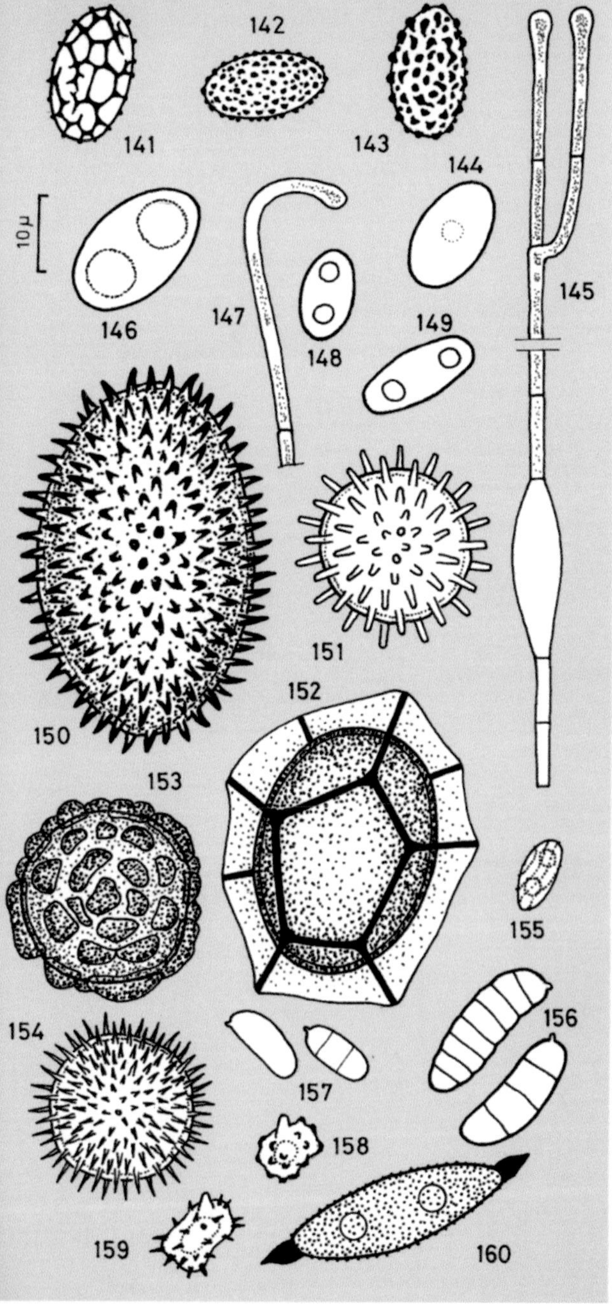
141
142
143
144
145
146
147
148
149
150
151
152
153
154
155
156
157
158
159
160
10 µ

Índice alfabético

C

G

S

Índice de materias